平面设计师职业教程（Illustrator技能实训）

杨力/编著

清华大学出版社
北京

内 容 简 介

本书从平面设计的基础知识入手，讲述平面设计的基础知识以及基本构成元素。进而针对行业中最为常用的应用方向，结合平面设计行业广为使用的软件 Adobe Illustrator，以行业典型案例贯穿讲解内容，使学生在掌握理论知识的前提下有机地将理论与设计实战相融合，逐步掌握平面设计的整个流程。

本书内容共分为两大部分，第 1 部分为前三章，主要介绍了平面设计的基础知识，带领学生认识什么是平面设计，熟悉平面设计的基本类型。在此基础上学习与平面设计息息相关的"平面构成"和"色彩构成"的相关知识。

第 2 部分为第 4～14 章，其针对平面设计行业的常用门类，从设计类型的基础知识开始学习，接着通过典型的设计实例进行练习。每个设计实例的讲解均从设计思路的解析开始，了解案例的制作流程，最后展开案例制作步骤与方法。使读者能够全面了解设计实战的基本流程以及制作技巧。

图书在版编目(CIP)数据

平面设计师职业教程. Illustrator 技能实训/杨力编著. --北京：清华大学出版社，2016
ISBN 978-7-302-44517-3

Ⅰ. ①平… Ⅱ. ①杨… Ⅲ. ①图形软件—教材 Ⅳ. ①TP391.41

中国版本图书馆 CIP 数据核字(2016)第 171799 号

责任编辑：田在儒
封面设计：牟兵营
责任校对：袁 芳
责任印制：杨 艳

出版发行：清华大学出版社
网　　址：http://www.tup.com.cn，http://www.wqbook.com
地　　址：北京清华大学学研大厦 A 座　　**邮　　编**：100084
社 总 机：010-62770175　　**邮　　购**：010-62786544
投稿与读者服务：010-62776969，c-service@tup.tsinghua.edu.cn
质量反馈：010-62772015，zhiliang@tup.tsinghua.edu.cn
素材下载：http://www.tup.com.cn，010-62770175-4278
印 装 者：北京亿浓世纪彩色印刷有限公司
经　　销：全国新华书店
开　　本：210mm×285mm　　**印　　张**：26.5　　**字　　数**：926 千字
版　　次：2016 年 9 月第 1 版　　**印　　次**：2016 年 9 月第 1 次印刷
印　　数：1～3000
定　　价：99.00 元

产品编号：056271-01

前言

平面设计(Graphic Design),也称为视觉传达设计,是以"视觉"作为沟通和表现方式的一种可展示的设计类型。平面设计师的工作就是利用一定的手段对图形、符号、图片、文字等信息进行创作和组合,借此传达思想或信息。现今的平面设计是科技与艺术结合的产物,在设计师进行设计作品的制作时往往需要借助计算机辅助制图,而Adobe Illustrator正是平面设计师最为常用的一款设计制图软件。Adobe Illustrator是由美国ADOBE(奥多比)公司推出的专业矢量绘图工具,被广泛地使用在平面设计、插画创作、网站设计、卡通设计、影视包装等诸多领域。书中案例使用Illustrator CC版本进行制作和编写,建议读者使用Illustrator CC版本进行学习和操作。

本书从零开始介绍平面设计的基础知识,并配合行业内常见设计案例进行练习,涵盖文字设计、标志设计、名片设计、VI设计、导视系统设计、网页设计、海报设计、DM广告设计、包装设计、画册设计、书籍设计,每一章又细分不同类型的应用案例。本书不仅可以作为平面设计初级、中级读者学习用书使用,也可以作为大中专院校相关专业及培训机构的教材使用。本书目录中附带教学视频二维码,读者可用手机扫描观看,本书所有实例的源文件、素材文件请到http://www.tup.tsinghua.edu.cn下载。

本书由杨力编写,参与本书编写和整理的还有柳美余、苏晴、李木子、胡娟、矫雪、崔英迪、丁仁雯、董辅川、高歌、韩雷、李化、李进、李路、马啸、马扬、孙丹、孙芳、孙雅娜、王萍、王铁成、杨建超、于燕香、张建霞、张玉华等,在此表示感谢。

由于时间仓促,加之水平有限,书中难免存在错误和不妥之处,敬请广大读者批评和指正。

编　者

2016年3月

目录

第 1 部分　平面设计基础

第 2 部分 平面设计案例

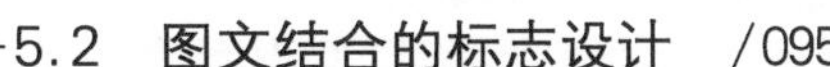

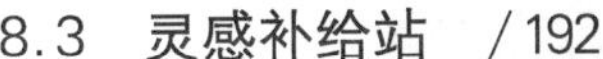

第 12 章 包装设计 /290

第 13 章 画册设计 /319

第 14 章 书籍设计 /361

第 1 部分

平面设计基础

第1章

平面设计概述

- **课题概述**

在本章中首先要了解什么是平面设计以及平面设计的发展历程，然后了解一下平面设计常见类型、设计作品的常见风格等。通过这些知识的学习对平面设计有一个初步的认识。

- **教学目标**

通过对平面设计概念、历史发展等相关知识的了解，来学习平面设计的基本概念，为进一步学好平面设计打下基础。

1.1 平面设计的诞生与发展

平面设计的历史可谓源远流长，在法国的拉斯考克山洞中发现的壁画，绘制于大概一万五千年以前。其画风粗犷，多为动物形象的轮廓外形。是平面设计史上重要的里程碑，对其他以平面设计为基础的相关领域来说也非常重要，如图 1-1 和图 1-2 所示。

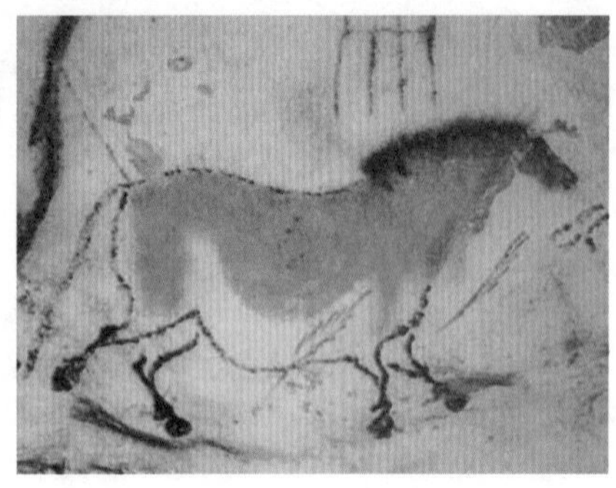

图 1-1

图 1-2

平面设计可以说是从符号及文字创造开始的，在远古时代，我们的祖先就开始从绘画中创造了各种各样的象形符号，这就是平面设计的开始。随着象形文字的产生，也就逐渐产生了布局、版面等日后平面设计的因素。在 3000 年前，底格里斯河和幼发拉底河流域的苏美尔人创造了“楔形”文字，通常这些文字是利用木片在湿泥版上刻画的。图 1-3 所示为楔形文字。

图 1-3

古埃及是四大文明古国之一，也是文字的发源地。埃及的文字被称为“象形文字”，其含义为“神的文字”。因为“象形文字”本身就是图形，而且在排版时，通常图文结合，所以造型十分精美。“象形文字”最具平面设计价值的应该是纸草文书，特别是给去世的人书写的《死亡书》，这些书大部分有精美的插图，插图和文字混合，文字纵排，具有高度的装饰特点，如图 1-4 所示。

图 1-4

中国也是四大文明古国之一，而汉字也是迄今为止依然被采用的世界上绝无仅有的象形文字。与其他文字的发展趋势相同，汉字最早形态是出于简单象形的，甲骨文的排列方式是从右到左、从上到下，奠定了中文书写的基本规范，如图 1-5 和图 1-6 所示。

中国最早的商标广告是宋代“济南刘家功夫针铺”的印刷广告，它也是迄今为止被发现的世界最早的印刷广告实物。广告四寸见方，由铜板印制。上面雕刻着“济南刘家功夫针铺”的标题，中间留白，刻有白兔抱铁杵捣药的图案，相当于今天的商标。左右两边写着“认门前白兔儿为记”，是凸出品牌。下边还有一段文字

图 1-5

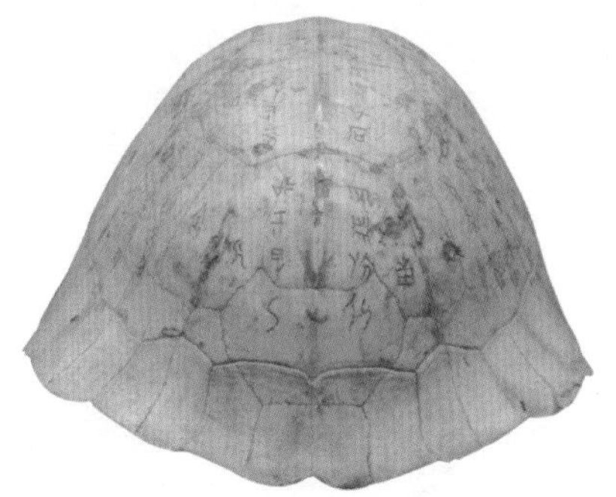

图 1-6

“收买上等钢条，造功夫细针，不偷工，民便用，若被兴贩，别有加饶，请记白”，在这段话中，强调了商品的品质，商铺的信誉和优惠手段。这则广告图文并茂，内容翔实，文字简洁。与我们今天所制作的平面海报的思路不谋而合，如图 1-7 所示。

图 1-7

在我国唐朝(618—906 年)年间，雕刻了花纹的木板用来印制图案于纺织品上，随后也用来印制佛经。在 868 年所印制的佛经是目前所知最早的印刷书籍，如图 1-8 和图 1-9 所示。到了宋朝(960—1279 年)，由于活字印刷术的发明，让书籍变得更加普及。

1450 年，谷登堡的活字印刷术让书籍在欧洲地区开始广泛普及。阿图斯·曼纽修斯(Aldus Manutius)创造出的书籍结构成为西方出版设计的基础。这个年代的平面设计被称为“人文主义”或“旧式风格”。在第一、二次世界大战期间，招贴在宣传“征兵”、“募捐”、“保密防谍”、“节约物资”、“生产救国”等方面，起到了团结人民、教育人民、打击敌人的有力作用，为大众所瞩目，并带动了日后商业招贴的发展，如图 1-10 和图 1-11 所示。

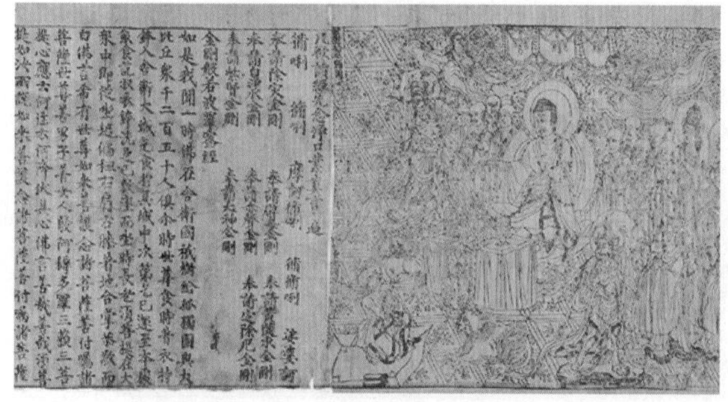

图 1-8

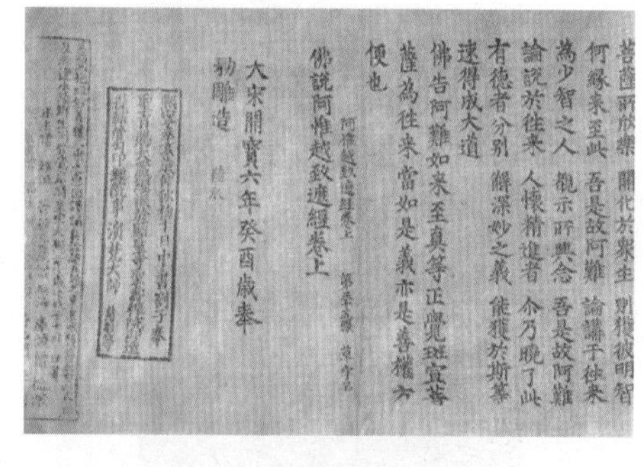

图 1-9

图 1-10

图 1-11

二次大战后，商品经济在世界范围内的大发展，更需广告促进商品流通和竞争，随着印刷技术的日新月异也带来了平面广告的黄金时代。19 世纪晚期是平面设计的转折和发展阶段。在这一时期，艺术家们开始将平面设计从美术领域中分离出来，如图 1-12 和图 1-13 所示。

图 1-12

图 1-13

现今的平面设计是科技与艺术结合的产物，同时也是商业社会的宠儿。作为一种视觉传达的艺术，平面设计与美术有着相通之处。但平面设计与美术又不同，因为设计既要符合大众的审美，又要具有实用性，所以设计不仅仅是用来装饰或者装潢，更多的是通过数字技术和艺术的手段去传递设计者的想法，如图 1-14 和图 1-15 所示。

图 1-14

图 1-15

1.2 现代的平面设计

设计的英文为 Design，其包含很多学科，如平面设计、建筑设计、工业设计、展示设计、服装设计等。平面设计是其中应用最为广泛的设计类型。从狭义上讲，平面设计是指可以用于印刷的作品。从广义上讲，平面设计是以“视觉”作为沟通和表达的方法，将文字、符号和图片通过创造性的手法融合在画面中，借此做出用来传递想法或讯息的视觉表现。所以“平面设计”也被称为“视觉传达设计”。构成一幅美丽画面的元素有很多，但最主要的是创意、色彩以及构图。图 1-16 和图 1-17 所示为优秀的平面设计作品。

1.2.1 创意

“创意”一直都是设计中不可缺少的元素，对产品进行“设计”，最主要的目的就是为了吸引受众的眼球。“平铺直叙”的对产品进行宣传不仅很难吸引人们的注意力，大量相似的宣传方式甚至会让人产生反感，如图 1-18 所示。

而创意元素的融入就不同了，生动、有趣甚至匪夷所思的画面往往能够引起消费者的注意，好奇或是疑惑之感促使人们继续去探索画面传达的内容，而当人们驻足观看这有趣的创意画面时，产品的宣传意图也随之传达给了人们，如图 1-19 所示。

图 1-16

图 1-17

图 1-18

图 1-19

那么创意究竟从何而来呢？其实很简单，有这样一句家喻户晓的话很好地概括了创意的始末：“创意来源于生活”。的确是这样，好的创意要考虑日常生活中受众、传播媒体、文化背景等条件，贴近生活而高于生活。也许是身边随处可见的景物，通过创意的“特殊处理”去表现产品的口味、质感、性能等优势特性，商家的意图也就婉转地传递给了消费者。图 1-20 所示为体现 24 小时营业的快餐店的广告；图 1-21 所示为以航天员为主体进行创意的饮品广告。

图 1-20

图 1-21

图 1-22 所示为以橙子为主体进行创意的作品。这是一款橙子口味的饮料，在版面内容上以一个完整橙子为主体，在橙子上以拟人的形式对橙子外皮进行处理，模拟出一张人类的面孔。充分突出这一产品源于自然，榨取天然橙子原汁，美味而健康的特性。而图 1-23 所示的画面中展现的是一个使用鼻子吹起整个气球的画面。通常来说人们都会用嘴去吹气球，而画面中的人物用的是鼻子，这就产生了一个与常理相悖的画面，很容易引发疑问。那么为什么会这样呢，这时注意力下移使人们注意到了画面左下角的产品，也就是一款治疗鼻炎的药品。到了这里疑问就解开了，原来是通过使用这款药品使鼻炎患者的鼻子“通畅”了，能够自由呼吸甚至能够吹起气球。这也是一款典型的运用夸张手法的创意广告作品。

图 1-22

图 1-23

1.2.2 色彩

我们都知道“色彩”是通过眼、脑和我们的生活经验所产生的一种对光的视觉效应。而在平面设计中色彩既是画面内容的“外皮”，又是装点画面的“花衣裳”。万事万物都有它本身的颜色，不同的色彩给人以不同的视觉感受，在平面设计时往往会利用颜色给人的感受特征来选择合适的颜色。例如，蓝色给人以冷静、理性、清洁之感，所以多用在科技、保洁类产品中，如图 1-24 所示。而粉色则让人联想到少女般的温柔，所以粉色也是女性用品中最为常用的颜色，如图 1-25 所示。

图 1-24

图 1-25

当然，在设计作品中并不是只使用单一的颜色，更多时候是多种颜色共同作用，产生“色调”。可以说一幅作品的色调能够表达画面的大部分情感，如暗调的蓝绿色、暗红色组成的画面给人以神秘、诡异、奇幻之感，如图 1-26 所示。而亮调的黄色、橙色组成的画面则给人以温暖、愉快、向上之感，如图 1-27 所示。

图 1-26

图 1-27

1.2.3 构图

画面的构图往往也被称为版式的布局，画面的构图是整体设计思路的体现。构图布局的方式多种多样，常见的有骨骼型、满版型、分割型、中轴型、曲线型、倾斜型、中间型等。当然除此之外也有很多优秀的构图方式，图 1-28 所示为曲线分割版面的作品，图 1-29 所示为将版面分割为三个不规则形状版面的作品。构图的好坏决定版面的信息传播效果，将图形、文字与色彩结合在一起，做到新颖独特、合理统一才能使人印象深刻。

图 1-28

图 1-29

1.3 平面设计的常见类型

平面设计包含很多的子分类，目前常见的平面设计项目有：标志设计、VI 设计、海报设计、DM 设计、包装设计、卡片设计、画册设计、书籍装帧设计、UI 界面设计、网页设计、导视系统设计、POP 广告设计等。

1.3.1 标志设计

标志是一种特殊的视觉语言，以单纯、简洁、易识别、易记忆的物象、图形或文字进行表述。通常，标志不仅具有象征作用，还会对商品或服务的目的、内容、性质、特点、精神等方面进行总体的表现。同时标志设计还是 VI 的重要组成部分，如图 1-30 和图 1-31 所示。

图 1-30

图 1-31

1.3.2 VI 设计

VI 设计的英文名称为 Visual Identity，被翻译为视觉识别系统。是 CIS（企业形象识别系统）中最重要的一部分。一个成功的 VI 设计是传播企业经营理念、建立企业知名度、塑造企业形象的快速便捷之途，如图 1-32 和图 1-33 所示。

图 1-32

图 1-33

1.3.3 海报设计

海报又被称为招贴，是一种信息传递的艺术。通常悬挂在公共场所，具有通知性。海报特有的艺术效果及美感条件，是其他任何媒介无法比拟的，如图 1-34 和图 1-35 所示。

图 1-34

图 1-35

1.3.4 DM 设计

DM 的英文全称为 Direct Mail Advertising，直译为“直接邮寄广告”。即通过邮寄、赠送等形式，将宣传品送到消费者家里或公司所在地。街上派发的宣传单也是 DM 广告的一种，如图 1-36 和图 1-37 所示。

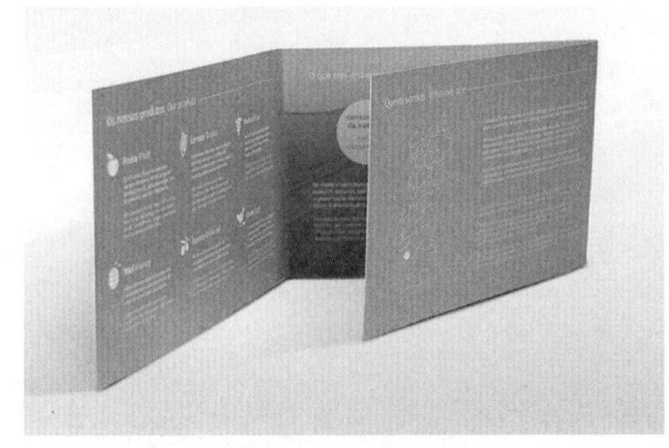

图 1-36

图 1-37

1.3.5 包装设计

传统意义上的包装是为了保护商品、方便储运。而作为产品的“外衣”，更重要的作用是以其良好的外观，吸引消费者的注意达到促进销售的目的，如图 1-38 和图 1-39 所示。

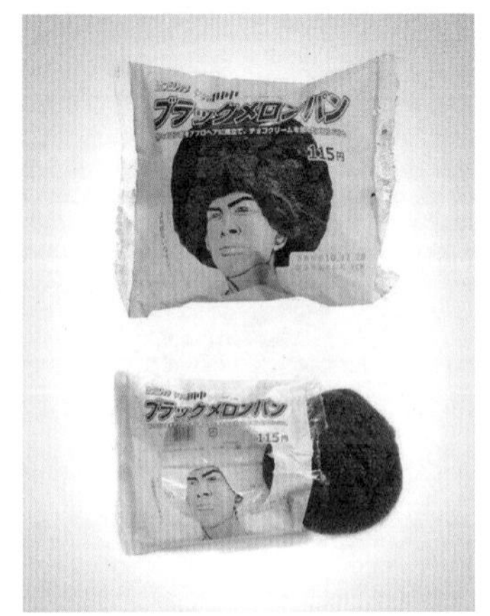

图 1-38

图 1-39

1.3.6 卡片设计

卡片有很多形式，最常接触的就是名片、请柬、贵宾卡等。不同类型的卡片尺寸及内容各不相同，但是总体来说卡片的尺寸较小，内容较少，设计方法也比较灵活，如图 1-40 和图 1-41 所示。

图 1-40

图 1-41

1.3.7 画册设计

画册是一种印刷品，是设计师根据客户的要求将企业文化、商品等编排在一个册子中，以达到宣传商品或企业的目的，如图 1-42 和图 1-43 所示。

图 1-42

图 1-43

1.3.8 书籍装帧设计

书籍设计包括很多内容，其中封面、扉页和插图设计是其中的三大主体设计要素。书籍设计的好坏直接影响书籍的销售，所以在对书籍进行设计时要针对书籍的内容、读者、定价等因素进行全方位的考虑，如图 1-44 和图 1-45 所示。

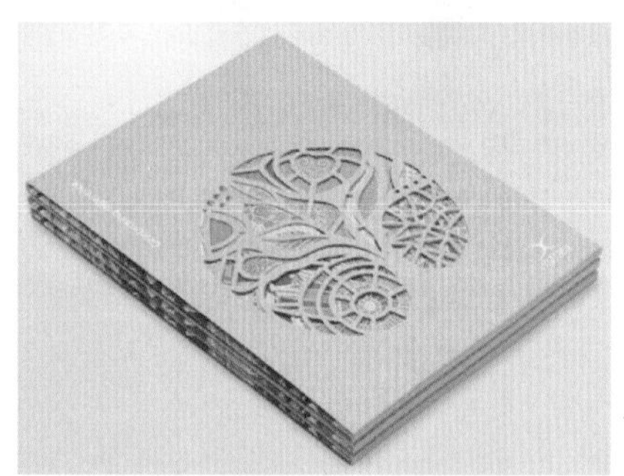

图 1-44

图 1-45

1.3.9 UI 界面设计

UI 的英文全称是 User Interface，意为用户界面设计。是指软件的人机交互、操作逻辑、界面美观的整体设计。UI 设计不仅是美化软件外观，更多的是需要设计师对软件与用户之间的交互性的思考，如图 1-46 和图 1-47 所示。

图 1-46

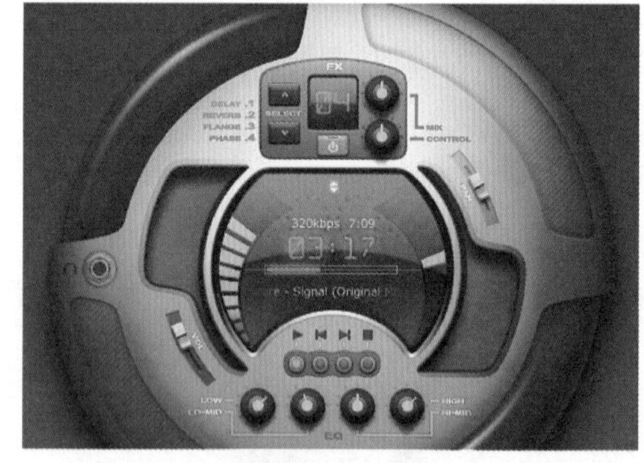

图 1-47

1.3.10 网页设计

通常人们所说的网页设计是指静态页面设计，是通过电脑屏幕与多媒体展示出来的最终效果。对于目前的平面设计师而言，网页的静态页面设计是必备的基本素质，而后台技术往往是靠相关的技术人员配合来完成的，如图 1-48 和图 1-49 所示。

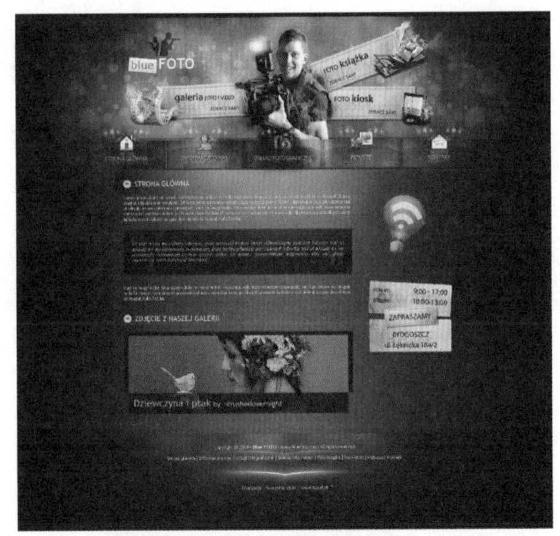

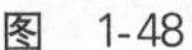
图 1-48

图 1-49

1.3.11 导视系统设计

导视系统是提供空间信息来帮助人们认知、理解、使用空间，帮助人与空间建立更加丰富、深层的关系的媒介。导视系统设计，是基于空间认知方式，帮助人们从此地到达彼地并知道回路的空间信息设计。通常导视系统会出现在商场、医院、写字楼等大型公共场所，如图 1-50 和图 1-51 所示。

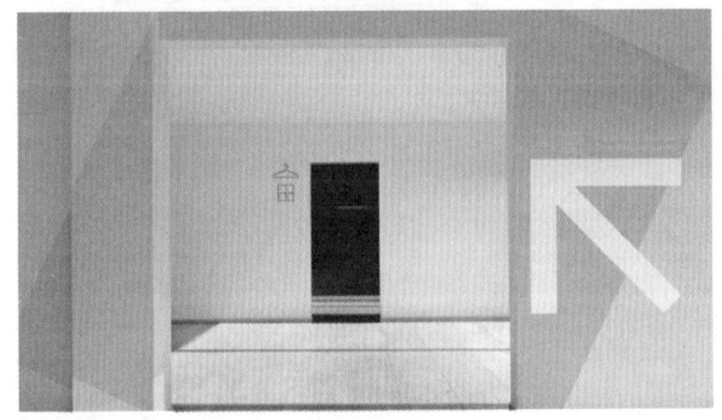

图 1-50

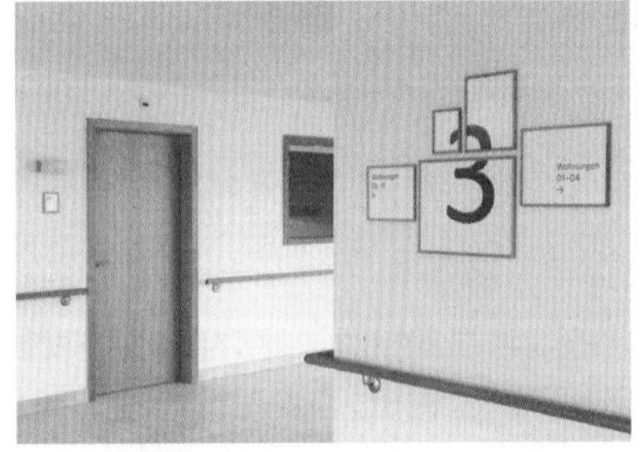

图 1-51

1.3.12 POP 广告设计

POP 广告的英文全称是 Point of Purchase Advertising，译为购物点广告或售卖点广告，在日常生活中也比较常见，如图 1-52 和图 1-53 所示。

图 1-52

图 1-53

1.4 常见的设计风格

设计风格是指在平面设计中表现出来的带有综合性的总体特点。在对平面设计作品进行设计之初，首先需要对其艺术风格进行确立。因为地域、文化、时间等差异，以至于不同时期、不同国家的平面设计风格各有不同。常见的平面设计风格有维多利亚风格、工艺美术风格、新艺术风格、立体主义风格、未来主义风格、达达主义风格、超现实主义风格、装饰艺术风格、俄国构成主义风格、“风格派”风格、国际平面设计风格、纽约平面设计风格。

不同的风格有不同的特点，在确立设计作品时，首先要看它整体上表现出什么样的视觉感受。例如，中国传统风格的作品，常常会借助水墨、传统图案，有较强的国画特点，如图 1-54 所示。新艺术时期的作品装饰感强，而且曲线特征明显，如图 1-55 所示。

图 1-54

图 1-55

1.4.1 维多利亚风格

维多利亚是整个 19 世纪的英国君主，她把 18 世纪和 20 世纪联系起来，创造了一个和平、繁荣的稳定局势。由于生活的安定，物质的日益丰富，经济高速发展，因此人们对艺术、审美的要求也日益增高。维多利亚风格最主要的特点是造型庞大、饱满、装潢不拘一格。而且烦琐装饰、异国风情也占了非常主要的地位，如图 1-56 和图 1-57 所示。

图 1-56

图 1-57

1.4.2 工艺美术风格

工艺美术风格运动发源于 19 世纪 60 年代，到 1878 年左右已经成为一个名副其实的艺术风格。它的特点是：以自然风格、日本装饰风格、中世纪装饰风格为元素，在意大利文艺复兴的设计风格中糅入日本的传统设计和主要来自植物纹样的自然风格，如图 1-58 和图 1-59 所示。

图 1-58

图 1-59

1.4.3 新艺术风格

新艺术运动开始于 19 世纪 80 年代，在 1890 年至 1910 年间达到顶峰。新艺术风格的特点主要表现为：高度装饰化、自然、优美的曲线等特点，如图 1-60 和图 1-61 所示。

图 1-60

图 1-61

1.4.4 立体主义风格

立体主义又称为立方主义，1908 年始于法国。立体主义是在塞尚的绘画思想以及原始艺术的影响下，以几何学的立方体来表现所表达的对象。立体主义风格的主要特点是：在画面上将一切物体形象破坏和肢解，然后再加以主观的拼凑、组合，以求所谓立体地表现出物体的不同侧面，如图 1-62 和图 1-63 所示。

图 1-62

图 1-63

1.4.5 未来主义风格

未来主义是发端于20世纪的艺术思潮。未来主义思潮主要产生和发展于意大利，却也对其他国家产生了影响，俄罗斯尤为明显。未来主义努力表现时代精神，高速运动的汽车、飞机、现代建筑等，他们认为这是在为未来的形式和艺术探索真实的途径。他们的设计表现了对象的移动感、震动感，趋向表达速度和运动，这是未来主义的特点，如图1-64和图1-65所示。

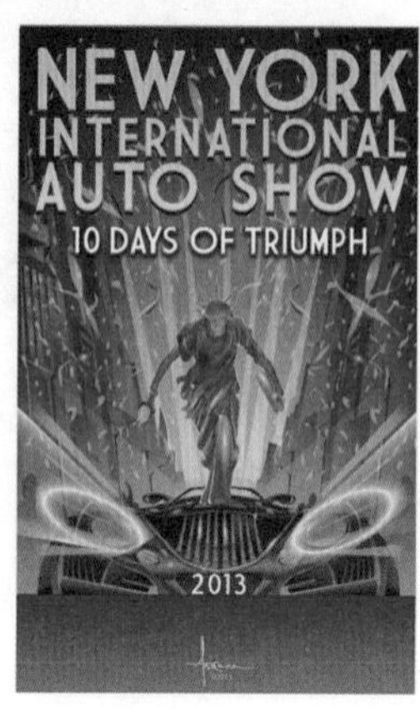

图 1-64

图 1-65

1.4.6 达达主义风格

达达主义艺术，语源于法语“达达”（DaDa），意为空灵、糊涂、无所谓。达达主义是1916—1923年间出现于法国、德国和瑞士的一种绘画风格。达达主义的目的和对新视觉幻象及新内容的愿望，表明了他们在以批判的观念重新审视传统，力图从反主流文化形式中解脱出来。达达破坏的冲动给当代文化以重要的影响，成为20世纪艺术的中心论题之一。达达主义由一群年轻的艺术家和反战人士领导，他们通过反美学的作品和抗议活动表达了他们对资产阶级价值观和第一次世界大战的绝望，如图1-66和图1-67所示。

图 1-66

图 1-67

1.4.7 超现实主义风格

超现实主义艺术风格起源于20世纪20年代的法国，是受弗洛伊德的精神分析学和潜意识心理学理论的影响而发展起来的。“超现实”是凌驾于“现实主义”之上的一种反美学的风格，如图1-68和图1-69所示。

图 1-68

图 1-69

1.4.8 装饰艺术风格

装饰艺术风格(Art Deco)是 20 世纪二三十年代主要的流行风格，衰落于“二战”后。生动地体现了这一时期巴黎的豪华与奢侈，是一种极具有影响力的视觉艺术。装饰艺术风格融合了带有机器时代色彩的传统工艺图案。这种风格经常带有丰富的色彩、醒目的几何图案和大量的装饰特点，如图 1-70 和图 1-71 所示。

图 1-70

图 1-71

1.4.9 俄国构成主义风格

俄国构成主义风格来源于俄国构成主义运动。俄国构成主义设计运动，在艺术上也称为“至上主义”运动，是俄国十月革命胜利以后在俄国一小批先进的知识分子当中产生的前卫艺术运动和设计运动，无论从它的深度还是探索的范围来说，都毫不逊色于德国包豪斯或者荷兰的“风格派”运动。

俄国构成主义风格的特点是简单、明确，采用简单的纵横版面编排为基础，以简单的几何形和纵横结构进行平面装饰，强调集合图形与对比，通常直接展示结构。俄国构成主义更注重功能性，是以几何方式规范外在世界的基本机构，是视觉实用主义。高效的信息传达需要构成主义平面设计风格，如图 1-72 和图 1-73 所示。

1.4.10 风格派

荷兰的“风格派”形成于 1917 年的夏天，又称为新造型主义(Neoplasticism)。风格派完全拒绝使用任何的具象元素，主张用纯粹几何形的抽象来表现纯粹的精神。认为抛开具体描绘，抛开细节，才能避免个别性和特殊性，获得人类共通的纯粹精神表现。它的特点是简单的、理性以及数学统计的，纵横执行的形式和单纯的原色计划。画家蒙德里安就是风格派的代表人之一，如图 1-74 和图 1-75 所示。

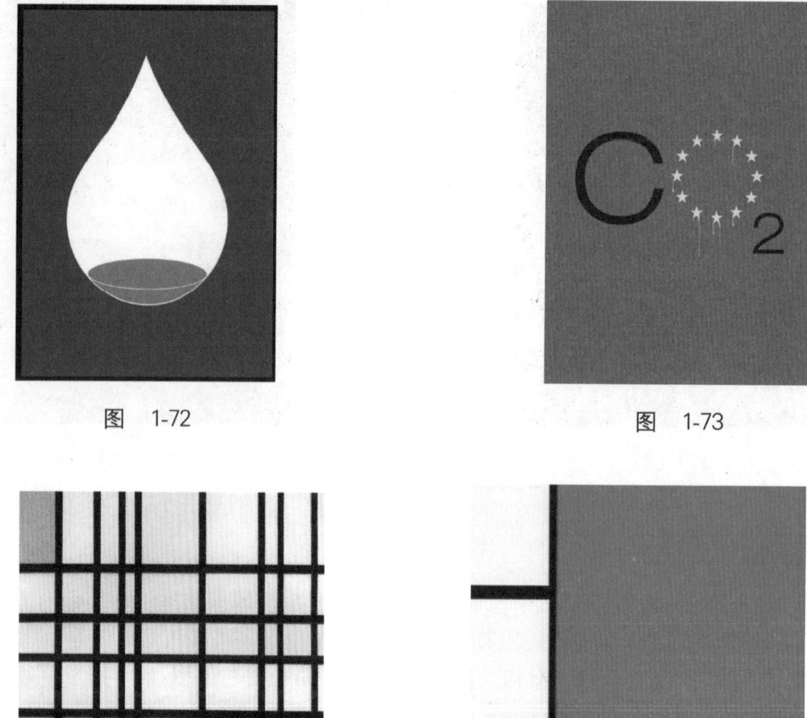

图 1-72　　图 1-73

图 1-74 　　图 1-75

1.4.11 国际主义风格

国际平面设计风格在西德与瑞士形成。国际主义风格的特点，是力图通过简单的网格结构和几乎标准化的版面公式，达到设计上的统一。具体来讲，这种风格往往以网格为设计基础。在方格网上的各种平面因素的排版方式基本是采用非对称的，无论是字体、还是插图、照片、标志等，都规范的安排在这个框架中，因而排版上往往出现简单的纵横结构，而字体也往往采用简单明确的无饰线体，因此得到的片面效果非常的公式化和标准化，故而自然具有简明而准确的视觉特点。国际主义风格也比较刻板，流于程式。给人一种千篇一律的单调、缺乏个性化和缺乏情调的设计特征，如图 1-76 和图 1-77 所示。

图 1-76

图 1-77

1.4.12 纽约平面设计派

20 世纪 40 年代是美国现代设计的最重要转折阶段。一方面，美国设计界开始全面接受欧洲现代主义设计的风格；另一方面，他们却又开始对欧洲的现代主义设计进行改良，以合适美国大众的需求，这样的努力，形成了美国自己的现代主义设计风格。这就是所谓的美国现代平面设计风格。其特点既遵循了功能主义、理性主义的高度次序性，又是有趣的、生动的、活泼的、引人注意的、使人喜欢的，如图 1-78 和图 1-79 所示。

图 1-78

图 1-79

1.5 各国的设计风格

由于历史、环境、经济、文化、地域、风俗等不同，各国的平面设计方面必然会形成各自的特点。如今，信息、科技高速发展，文化上的交流更加频繁，我们不难接触来自世界各地的平面设计作品，在本节来了解不同国家的设计风格。

1.5.1 日本

日本的平面设计在“二战”以后得到发展，在 20 世纪 80 年代已经成为世界上最重要的设计强国。有人曾经比喻日本是一个海绵一样的国家，因为日本是一个擅长吸收别国成果的国家，就像他们曾经在唐代时期全盘吸收汉字而发展出自己的文字一样，如图 1-80 和图 1-81 所示。

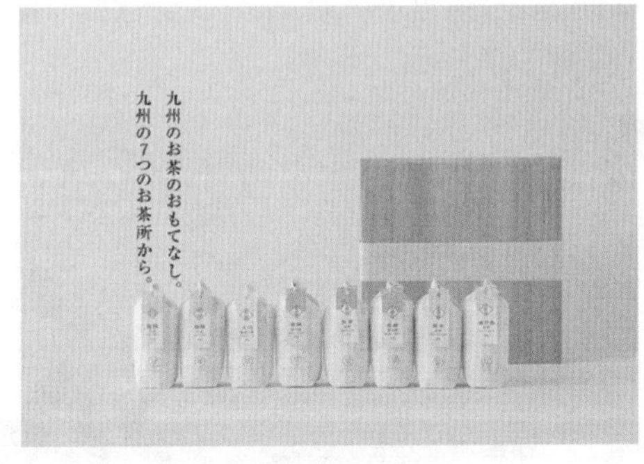

图 1-80

图 1-81

日本主动学习外来文化进行选择和吸收、加工、再和本国文化交融，创造出自己独特的企业文化和社会文化。在日本的传统设计中，有中国、韩国的文化的融合；而在现代设计中，则受美国、德国、意大利的影响，如图 1-82 和图 1-83 所示。

图　1-82

图　1-83

并且日本传统的东西都保存得很好，而且和现代设计的内容融为一体。在日本的包装设计中表现得尤为突出。例如，日本的米酒、日本礼品、日本糕点、日本套餐等包装都具有鲜明的民族特征，如图 1-84 和图 1-85 所示。

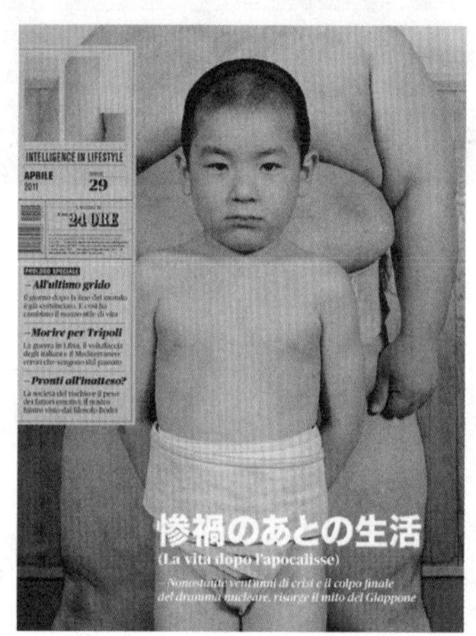

图　1-84

图　1-85

1.5.2　韩国

韩国的平面设计以其前卫、多变的风格受到了设计界人士和大众的一致认可。在韩国平面设计中色彩可以分为两种，一种是灰色调，一种亮色调。亮色系多以高纯度的颜色相互搭配，多见于针对年轻人、女性的一类设计中，这种色彩表现形式，通常给人轻松、欢快、清晰的感觉，如图 1-86 和图 1-87 所示。

图　1-86

图　1-87

灰色调也是韩国平面设计中经常使用到的色彩，比较具有代表性。灰色系相比起来较柔和，通常给人一种高档时尚及成熟优雅的感觉，如图 1-88 和图 1-89 所示。

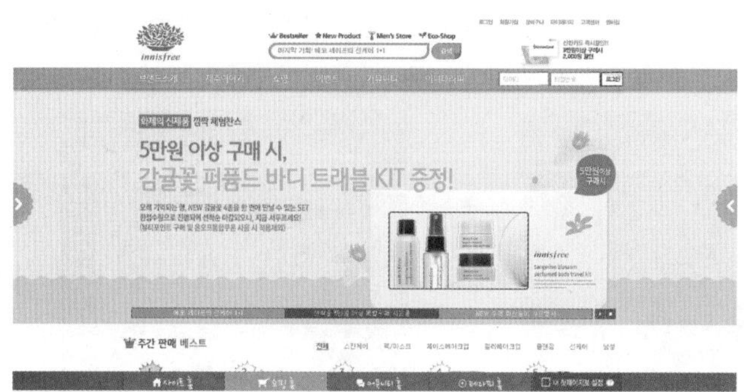

图 1-88

图 1-89

在韩国平面设计中，合理的平面布局也是较为突出的特点。画面中留白的表达方式可以使人的视觉集中，突出画面中的主题，更能使画面产生强烈的视觉冲击力，如图 1-90 所示。层次分明也是韩国平面设计一大特点，在画面中，利用大小、前后的布局，给人一种层次感。这种布局往往使简单的平面表达有了立体的空间层次，观赏性也随之大大提升，空间层次的效果使画面更加丰富有活力，如图 1-91 所示。

图 1-90

图 1-91

在韩国平面设计中，精致的细节也是非常重要的一点。在平面设计中通过丰富的辅助图形和细腻的体现方式来凸出画面的细节。在一副完整的设计中，不仅要求主题突出，还要有辅助的图形进行衬托。在韩国的平面设计中，无论是华丽风格的还是简约风格的，设计师在辅助图形上都下了很大功夫。辅助图形的运用，可以使画面变得更加丰富、层次更加分明，如图 1-92 和图 1-93 所示。

图 1-92

图 1-93

1.5.3 美国

美国的平面设计近十几年来一直保持着头号大国的地位，是世界平面设计中重要流派之一。美国人天性乐观，是天生的乐天派。所以在他们的设计中束缚较少，这也是美国平面设计与众不同的原因之一，如图 1-94～图 1-96 所示。

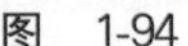
图 1-94

图 1-95

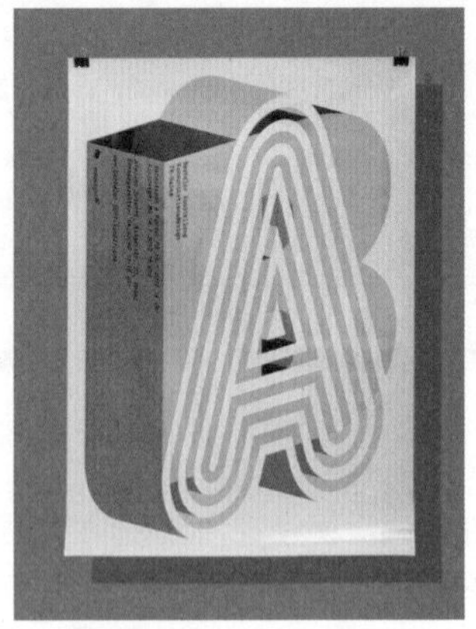

图 1-96

在美国的平面设计中，其设计注重商业功利性、讲求实际、追求功能性第一的原则，如图 1-97～图 1-99 所示。

图 1-97

图 1-98

图 1-99

在美国的平面设计中，设计师喜欢使用文字、照片、插图和其他平面设计基本元素进行组合，强调图画性的效果，如图 1-100 和图 1-101 所示。

图 1-100

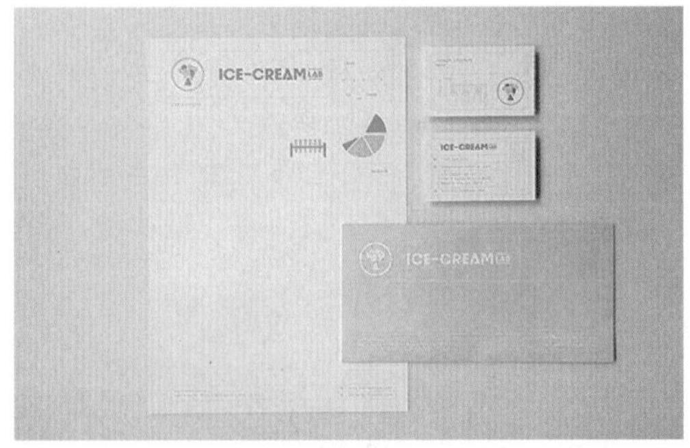

图 1-101

1.5.4 瑞士

瑞士虽小，但是瑞士的平面设计在全世界范围内却享有盛名。当我们提到瑞士，不禁想到瑞士军刀、瑞士手表，还会想到“国际主义平面”设计风格，如图 1-102 和图 1-103 所示。

图 1-102

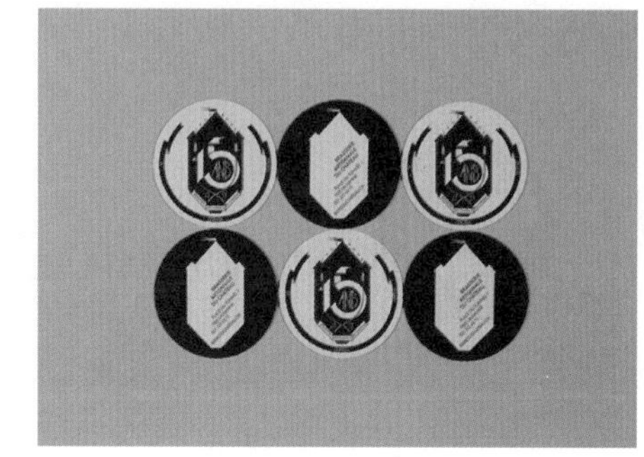

图 1-103

瑞士的平面设计通常会表现出冷静、理智、整洁、严谨、工整、实用等特征。这种一丝不苟，传达准确的风格，即瑞士国际主义风格，如图 1-104 和图 1-105 所示。

图 1-104

图 1-105

在瑞士的平面设计作品中，其最突出的表现手法在于重视字体的设计，同时也特别讲究图形符号在画面中的合理应用。有人把瑞士图形符号的设计表现看作是现代商标的开始，如图 1-106 和图 1-107 所示。

图 1-106

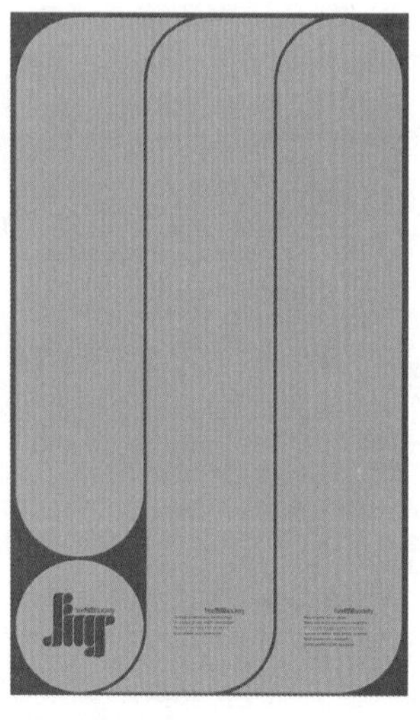

图 1-107

1.5.5 德国

德国的平面设计有着悠久的历史，并且以其独特的风格在世界平面设计中占有重要地位，是重要的流派之一。德国平面设计的主要特点是理性、健康、严谨、直接、明确。设计师追求的是受众能在短时间内理解和记住文字或图形，如图 1-108 和图 1-109 所示。

图 1-108

图 1-109

受到功能主义、理性主义设计风格的影响，在德国平面设计中，设计师的思维非常广阔。他们通过独特的思维和强烈的个人主义色彩去演绎具有强烈视觉冲击力的设计，如图 1-110 和图 1-111 所示。

图 1-110

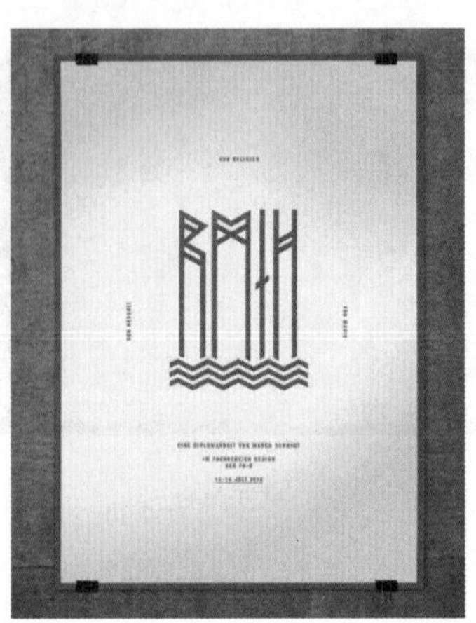

图 1-111

第 2 章

平面构成

- **课题概述**

平面构成是平面设计工作者必须学习的知识。根据现代设计的理论依据，构成设计包括平面构成、色彩构成和立体构成三个部分，通常被称为三大构成。三者之间是一个整体，又自成体系，是现代设计的主要基础课程，也是平面设计师必学的课程。与平面设计关联最密切的就是平面构成和色彩构成，在本章中，将讲解平面构成的相关知识。

- **教学目标**

在本章中，主要讲解平面构成的基础知识，首先了解点、线、面的相关知识，然后了解平面设计的骨骼和平面构成的形式，最后学习平面设计的视觉流程。平面构成是理性与感性结合的产物，所以不仅要扎实掌握平面构成的基础知识，还要充分发挥自己的想象，这样才能设计出优秀的设计作品。

2.1 平面构成概述

“构成”是一个造型的概念，是指将不同或相同形态的多个“元素”重新组合成为一个“对象”。构成观念并不是在21世纪才出现的，早在百年前的西方绘画中就可见到其影子。如立体主义绘画、构成主义、新造型主义都在主张放弃传统的写实，以抽象的形式进行表现。图2-1所示为乔治·勃拉克的立体主义绘画作品《诺曼底港》，图2-2所示为瓦西里·康定斯基的作品《黑色紧张》。直至德国包豪斯设计学院的不断完善发展，现代设计基础训练的教学体系得以萌发成型，同时也奠定了构成设计观念在现代设计训练及应用中的地位和作用。

图 2-1

图 2-2

2.1.1 认识平面构成

平面构成的基础实际上是建立在人们对自然科学和哲学认识论的发展上。20世纪所建立的微观认识论使人们更为关注事物内部的结构。而这种由对物体传统的宏观认识逐步演进到对物体微观探索的同时也对造型艺术的表现形态产生了影响。

构成对象的主要形态既可以是自然形态，也可以是几何形态或抽象形态，并对这些形态赋予其视觉化的、力学化的观念。根据现代设计的理论依据，构成设计包括平面构成、色彩构成和立体构成三个部分，通常被称为三大构成。三者之间是一个整体，又自成体系。构成基础是现代设计的主要基础课程，也是平面设计师必学的课程。与平面设计关联最密切的就是平面构成和色彩构成，在本节中，将着重讲解平面构成的相关知识，如图2-3和图2-4所示。

图 2-3

图 2-4

以平面为主要表现手段的称为平面构成。平面构成主要研究二次元造型或平面表现中的造型，以及美的基本原则和形式法则。平面构成的造型不是以表现自然具体的物象为主，而是将自然界中存在的复杂物象进行简化，用点、线、面这三大基本要素表达出来。平面构成作为设计基础，已广泛应用于工业设计、建筑设计、平面设计、时装设计、舞台美术、视觉传递等领域。

2.1.2 点

点是指小面积的色块。点的确定是由点与环境空间的对比而决定的。关键在于点在空间中所占的面积的大小。当点的面积超越了一定的限度，就变为了“面”。点的形状是多种多样的，一般分为规则形状和不规则形状两种类型。点具有跳跃性、生动感、节奏感和韵律感。在平面构成中，点通常用来进行装饰，为画面增加动势，丰富画面效果。如果画面中只有一个点，那么它将是视觉中心，如果有多个大小不一的点，人的视线将首先注意到较大的点，然后随着视线的流动逐渐停留到小的点上。图 2-5 所示为规则的点，图 2-6 所示为不规则的点。

图 2-5

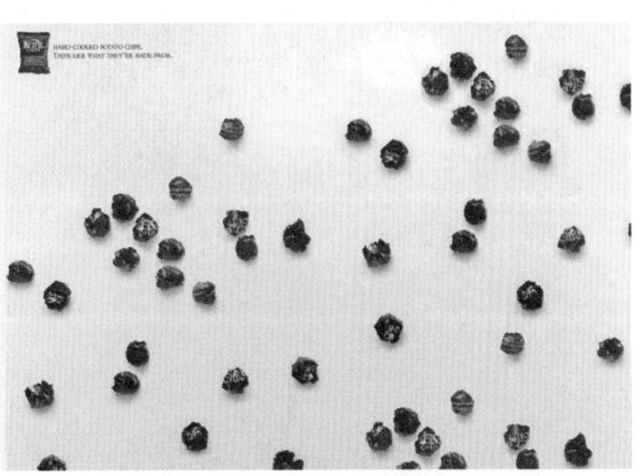

图 2-6

2.1.3 线

点动成线，在平面构成中，线不仅具有长短的特性，还具有粗细、大小、方向等性质。在平面构成中，线往往具有分割空间、引导视线的作用，如图 2-7 和图 2-8 所示。

图 2-7

图 2-8

从形态上区分，线分为直线和曲线。直线又分为水平直线、垂直直线、斜线。曲线有几何曲线和自由曲线之分。通常直线代表男性，是耿直、力量的象征。曲线往往代表女性，象征着温婉、优美、魅力。图 2-9 所示为直线，图 2-10 所示为曲线。

图 2-9

图 2-10

2.1.4 面

点动成线，线动则成面。扩大的点既是面，密集的点和线同样也能形成面，如图 2-11 和图 2-12 所示。

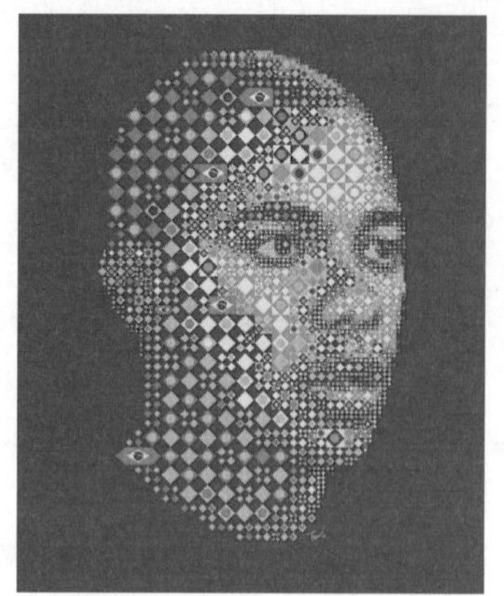

图 2-11

图 2-12

一般来说，面在画面中所占的比重较大，其关键在于大小、形态、位置的作用。在平面构成中，面的表情是最丰富的。规则的面简洁、明快、大方之感，如图 2-13 所示；不规则的面给人轻松、柔软、随意、自然之感，如图 2-14 所示。

图 2-13

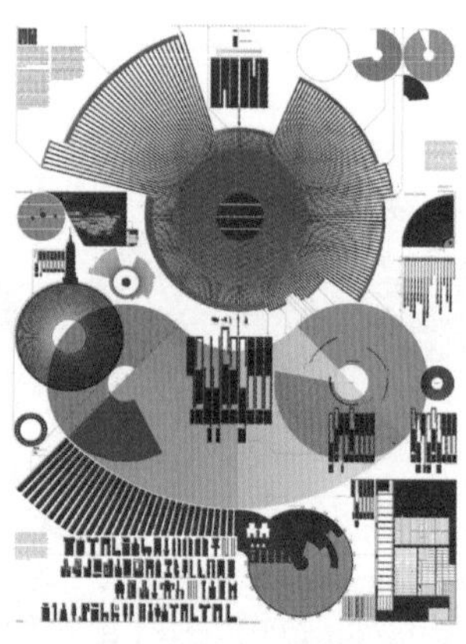

图 2-14

在平面设计中，点线面的结合是最常用的设计语言。充分利用点线面的独特性，能够营造出独特的艺术效果。在应用中，点线面的综合构成要注意面积、大小、层次、黑白灰的关系，这样才能够使画面形成统一的画面效果。图 2-15～图 2-17 所示为点线面结合的作品。

图 2-15

图 2-16

图 2-17

2.2 版面的构成形式

所谓版面的构成就是在版面上，将有限的视觉元素进行有机的设计、排列和组合，将理性思维个性化地表现出来。平面设计中的版式设计有两种作用，一种是进行版面的分割，一种是固定版面内容的位置。常见的版面构成方式有骨骼型、满版型、分割型、中轴型、曲线型、倾斜型、对称型、重心型、三角型、自由型等。

骨骼型：骨骼型是一种规范的、理性的分割方法，类似于报刊的版式常见的骨骼型有横向或竖向通栏、双栏、三栏、四栏等，如图 2-18 和图 2-19 所示。

图 2-18

图 2-19

满版型：以图像充满整版，并根据版面需要将文字编排在版面的合适位置上。满版型版式设计层次清晰，传达信息准确明了，给人简洁大方的感觉，如图 2-20 和图 2-21 所示。

图 2-20

图 2-21

分割型：把整个页面分成上下或左右两部分，分别安排图片或文字内容。两部分形成对比。分割型也是版式设计中常用的表现手法，图案部分感性、活力；文案部分理性，规范，如图 2-22 和图 2-23 所示。

图 2-22

图 2-23

中轴型：将图形做水平或垂直方向的排列，文案以上下或左右配置。水平排列的版面给人稳定、安静、和平与含蓄的感觉。垂直排列的版面给人强烈的动感，如图 2-24 和图 2-25 所示。

图 2-24

图 2-25

曲线型：曲线型版式设计就是将同一个版面中的图片或文字在排列结构上作曲线型的编排，使画面产生一种节奏感和韵律感。曲线型的排版方式会增加版面的趣味性，让人的视线随着画面中的元素自由走向而产生变化，如图 2-26 和图 2-27 所示。

图 2-26

图 2-27

倾斜型：倾斜型的版式布局是将版面中的主体形象或多幅版图进行倾斜编排。这样的布局会给人一种不稳定的动感而引人注意，画面有较强的视觉冲击力，如图 2-28 和图 2-29 所示。

图 2-28

图 2-29

对称型：对称有绝对对称和相对对称两种。一般多采用相对对称，以避免过于严谨、死板的效果，如图 2-30 和图 2-31 所示。

图 2-30

图 2-31

重心型：重心型的版式设计是将人的视线集中到某一处，产生视觉焦点，使主体突出，如图 2-32 和图 2-33 所示。

图 2-32

图 2-33

三角型：三角型版式是指见面各视觉元素呈三角形或多角形排列。给人一种创新、突破的感觉，如图 2-34 和图 2-35 所示。

图　2-34

图　2-35

自由型：自由型的版式采用无规律、随意地编排构成，使画面产生活泼、轻快之感，如图 2-36 和图 2-37 所示。

图　2-36

图　2-37

2.3　平面构成的形式

点、线、面是构成平面构成的基本要素。由于点、线、面的多种不同的形态结合和作用，就产生了多种不同的表现手法和形象。平面构成的形式主要有重复、近似、渐变、变异、对比、集结、发射、特异、空间与矛盾空间、分割、肌理及错视等。

2.3.1　重复构成

重复构成是指以一个基本图形为主体，在基本格内连续、有规律、有秩序地反复进行排列。在排列时可以作方向、位置的变化，具有很强的美感。重复构成分为“绝对重复构成”和“相对重复构成”两种。

绝对重复构成：“绝对重复构成”是画面中每个基本图形都完全相同，产生绝对重复的秩序。“绝对重复构成”可以产生秩序的美感，但也会使人感觉生硬、刻板，一般用在墙纸、瓷砖等设计中，如图 2-38 和图 2-39 所示。

相对重复构成：基本形体的大小、方向、颜色、细节等可做改变，骨骼也可相应改变，属于较为灵活的基本形体重复构成形式，画面有一定的自由度，但画面整体感要保持重复的基本属性；否则就演变为另外的构成形式，如图 2-40 和图 2-41 所示。

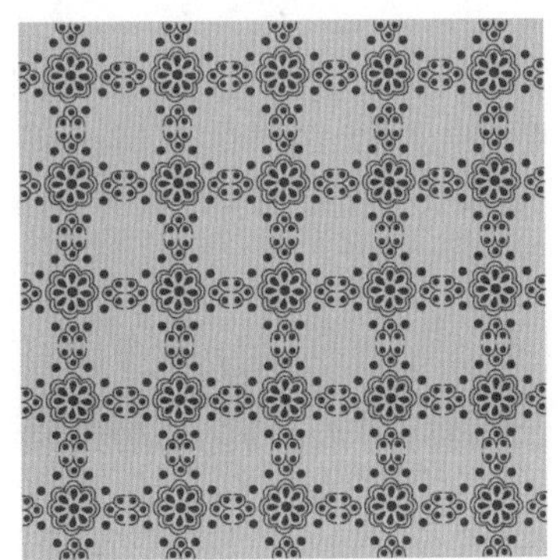

图 2-38

图 2-39

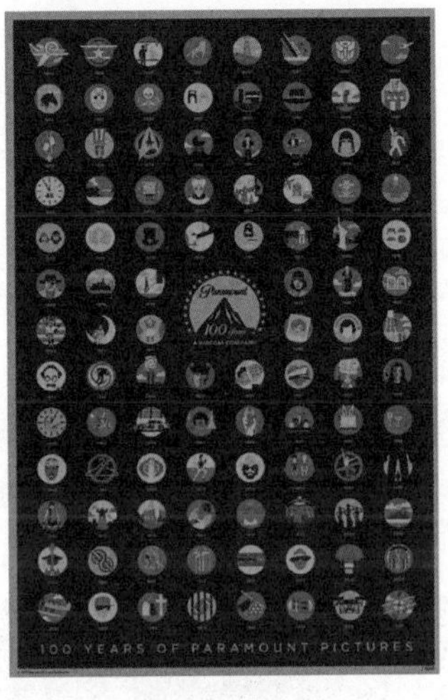

图 2-40

图 2-41

2.3.2 近似构成

近似构成是重复构成的延伸,指的是重复构成的轻度变异。通常在设计各种近似构成时,往往用一种基本形体,通过对其左右、上下形状、位置的稍微改变,或增加或减少就可以得出近似构成的效果。这样的构成方式使得少数个别的形态显得格外凸出和耀眼,如图 2-42 和图 2-43 所示。

图 2-42

图 2-43

2.3.3 渐变构成

渐变构成是指基本形体逐渐、有规律地循序变动，这种变化可以产生强烈的节奏感和韵律感。在渐变构成中，要通过对基本形体的大小、疏密、粗细、距离、方位、层次和深浅的变化来掌握渐变的节奏，如图 2-44 和图 2-45 所示。

图 2-44

图 2-45

2.3.4 放射构成

放射构成是一种比较特殊的构成，是以一个点或多个点为中线，呈现出向四周发射、扩散的视觉效果。放射构成具有很强的动感和节奏感。放射构成具有很强的聚焦作用，可以使人的视线向图形重心或由中心向四周扩散，如图 2-46 和图 2-47 所示。

图 2-46

图 2-47

2.3.5 对比构成

对比构成是在画面风格统一的前提下，将两种反差较大的元素结合到一起，使其产生鲜明的、强烈的视觉效果。对比构成的对比关系通常是由颜色、形状、虚实等方面表现出来，如图 2-48 和图 2-49 所示。

2.3.6 肌理构成

肌理构成是指物体表面的纹理与特征。由于物体的材料不同，表面的组织、排列、构造各不相同，因而产生粗糙感、光滑感、软硬感。物体表面的纹理不仅反映其个性特征，还反映其内在的物体特性，按照肌理的形式可以分为人工肌理和自然肌理，如图 2-50 和图 2-51 所示。

图 2-48

图 2-49

图 2-50

图 2-51

2.4 平面设计中的视觉流程

视觉流程是指视线的空间运动。当人的视线接触到版面时，视线会随着各种视觉元素在版面中沿一定轨迹进行运动。在版面中要使用不同的元素，在遵循特有的运动规律的前提下，引导读者随着设计元素进行组织有序、主次分明地阅读和观看。

2.4.1 单向视觉流程

单向视觉流程是按照常规的视觉流程规律，引导读者的一种视觉走向。使版面中的视觉走向更加简洁明了。一般情况下单向视觉流程分为三类，分别是：直线式视觉流程、横向式视觉流程和倾斜式视觉流程。

1. 直线式视觉流程

直线式视觉流程的特点是视觉流向简洁有力，画面构图简单、稳定，在引导读者视线的同时也起到了装饰和稳定版面的作用，如图 2-52 和图 2-53 所示。

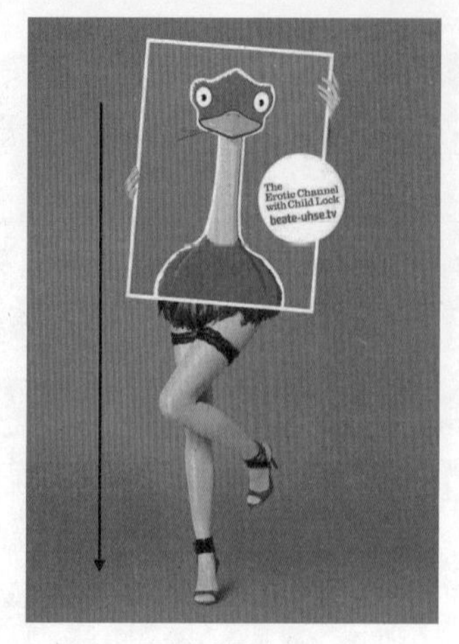

图 2-52

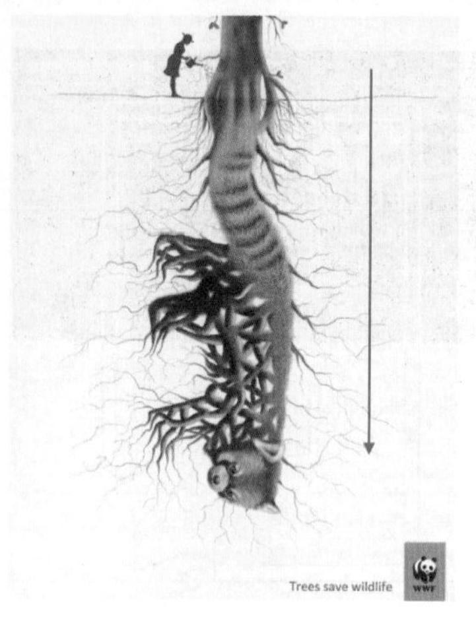

图 2-53

2. 横向式视觉流程

横向式视觉流程是引导读者视线水平移动，这样的视觉方式给人一种温和、安静的感觉，如图 2-54 和图 2-55 所示。

图 2-54

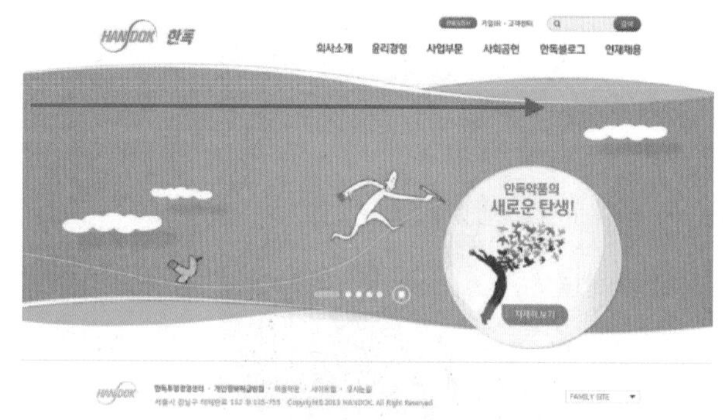

图 2-55

3. 倾斜式视觉流程

倾斜式视觉流程可以增加画面的动感，但是也会给人一种不平衡、不稳定的感觉，如图 2-56～图 2-59 所示。

图 2-56

图 2-57

图 2-58

图 2-59

2.4.2 曲线视觉流程

曲线视觉流程是随着画面中的弧线或回旋线进行的视觉运动。这样的视觉特点是可以使版面产生一种微妙的韵律感和曲线美感，使整个版面更加活跃和流畅，如图 2-60 和图 2-61 所示。

图 2-60

图 2-61

2.4.3 重心视觉流程

在版式中视觉重心就是指整个版面最吸引人的位置。在版式设计中要根据版面所表达的含义来决定视觉重心的位置，这样才能更好地、更准确地传达信息，如图 2-62 和图 2-63 所示。

图 2-62

图 2-63

2.4.4 导向性视觉流程

导向性视觉流程就是设计师在设计上采用的一种手法，可以引导读者按照自己的思路浏览整个版面，使整个版面形成一个整体的、统一的画面，如图 2-64～图 2-66 所示。

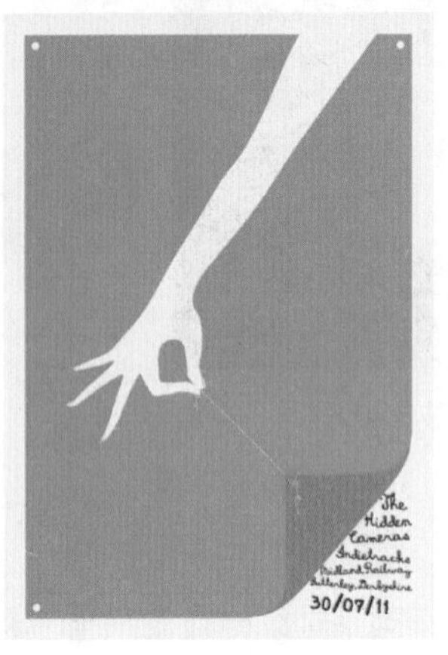

图 2-64

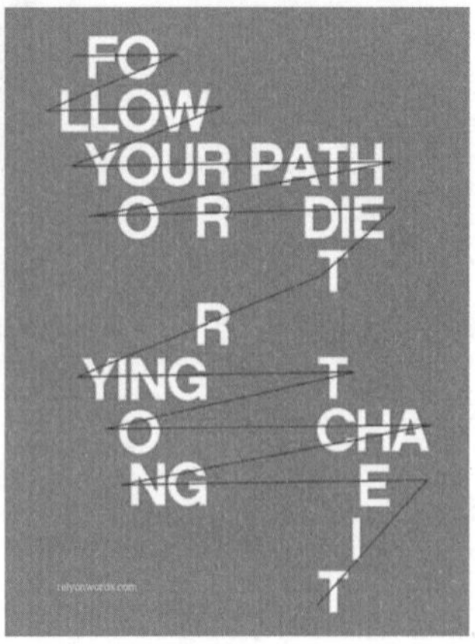

图 2-65

图 2-66

2.4.5 反复视觉流程

以相同或者相似的元素在画面中反复进行排列，在视觉上产生一种重复感。这样的视觉流程不仅可以增加图案的识别性，还可增加画面的动感，如图 2-67 和图 2-68 所示。

图 2-67

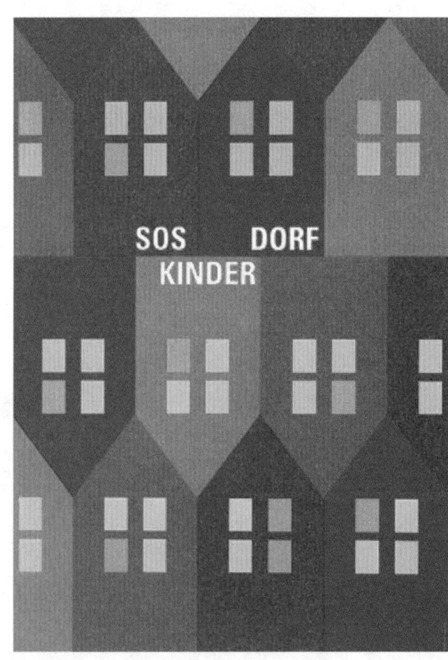

图 2-68

第3章

色彩构成

• **课题概述**

因为有色彩，世界才变得缤纷美丽。平面设计与色彩更是有着密切的关联，因为色彩是人们对设计作品的第一印象，所以一件设计作品的成败在很大程度上取决于颜色的搭配，合适的配色不仅具有美化和装饰的效果，更能给人留下美好的印象。

• **教学目标**

本章中，主要讲解颜色的相关知识，通过了解色与光的关联、颜色的分类与基本属性，进而掌握色彩的感觉与联系，最后学习配色的常见模式。

3.1 进入"色彩"的世界

色彩构成是色彩的相互作用，是从人对色彩的知觉效应出发，运用科学的原理和艺术形式，将颜色多层次，多角度的组合、配置，并创造出理想、新颖与审美的设计色彩。色彩构成是艺术设计的基础理论之一，它与平面构成及立体构成有着不可分割的关系，因为色彩不能脱离形体、空间、位置、面积、肌理等而独立存在。图 3-1 和图 3-2 所示为优秀的设计作品。

图 3-1

图 3-2

3.1.1 认识色彩

在这个五彩缤纷的世界中，蓝色的天，绿色的树，金黄色的沙滩，但是如果没有光，我们就什么都看不见。的确，色彩与光是密不可分的，物体的色彩是因为物体对光的吸收、反射、透射的结果。这个世界因为有光，所以才有色彩。

光是一种物理现象，在 1666 年，英国科学家牛顿揭示了光的色学性质和颜色的秘密。光是一种以电磁波形式存在的辐射能，具有波动性及粒子性。色彩世界的本质是一种光波运动，缤纷的色彩是光线辐射的结果，而不同物体对吸收和反射光波的情况是有差异的，如我们看到的红色的苹果，它是吸收了光线中的其他色彩，从而将红色的光波反射出来。黄色、红色、蓝色的色彩显现也都是基于同样的道理。至于白色，则是反射了所有的光线，而黑色则是把光线全部吸收了。

3.1.2 色彩的分类

大自然中的颜色千千万万，最简单的分类方式就是将色彩分为有彩色和无彩色。

1. 有彩色

从物理学上讲，物体本身是没有颜色的，当不同颜色的光源发出的光进入人的视线时，人的眼睛通过对不同波长色光的吸收、反射或投射，显示出发光体中的某一色彩面貌，这就是有彩色。

有彩色是无数的，以红、橙、黄、绿、蓝、紫为基本色，如图 3-3 和图 3-4 所示。

2. 无彩色

当光源、反射光、投射光未能呈现出某种色彩倾向时，所能观察到的就是无彩色，即黑、白、灰。当物体表面对所有波段可见光的反射率没有选择性，反射率都在 80%～90% 时，有很高的明度该物体呈现白色；而反射率不足 4% 时，物体明度非常低，呈现为黑色。无彩色在色彩语言中具有很高的地位，在我国的国画中就能充分体现，如图 3-5 和图 3-6 所示。

图 3-3

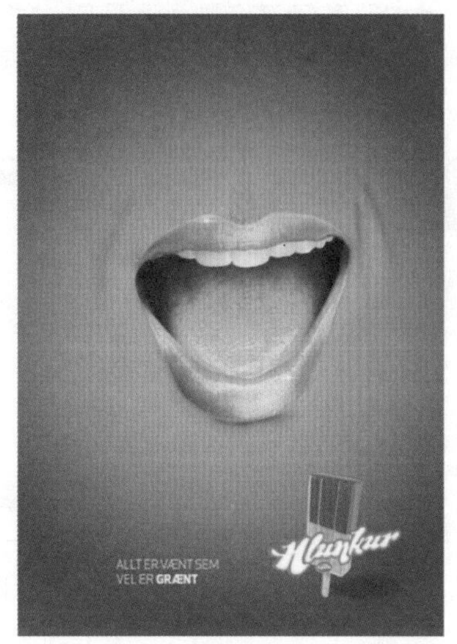

图 3-4

图 3-5

图 3-6

3.1.3 色彩的基本属性

色相、明度和纯度是颜色的基本属性，是任何一个有彩色都具备的要素。这三种基本属性决定了颜色的颜色相貌、明亮程度以及颜色的浓郁程度。任何颜色在基本属性上产生微小的变化，都会改变色彩的“面貌”和“个性”。也正是由于色彩基本属性的细微变化和组合，才使得自然界的色彩千变万化，丰富多样。

1. 色相

色相是色彩的相貌，是颜色与颜色之间最明显、最突出的分别。不同颜色的波长给人不同的色彩感受，而呈现在人们眼前的色相各异。虽然世界中的颜色千千万万，但是最基本的色就是红、橙、黄、绿、蓝、紫。而其他各种颜色都是以这六种色相为基础，混合起来得到的，如图 3-7 和图 3-8 所示。

在进行调色的过程中，任何一种纯色无论加入多少不同数量的黑、白、灰，这些色彩都只属于一个色相。只有加入其他色相时，其色相才会发生改变，如图 3-9 所示。

2. 明度

明度是由光波振幅的宽窄决定的，是指物体的明暗程度。明度是所有色彩都具备的特征，不同的色彩其明度也不相同。当色彩发生变化，其明度一定会随之改变。在有彩色中，紫色的明度最低，黄色的明度最高。橙色倾向于高明度，红、绿为中明度，而蓝色则为低明度。在同一色相中，明度也是存在差异的。如浅黄、中黄和深黄之间的明度差异是显而易见的。图 3-10 所示为有彩色明度阶段对比。

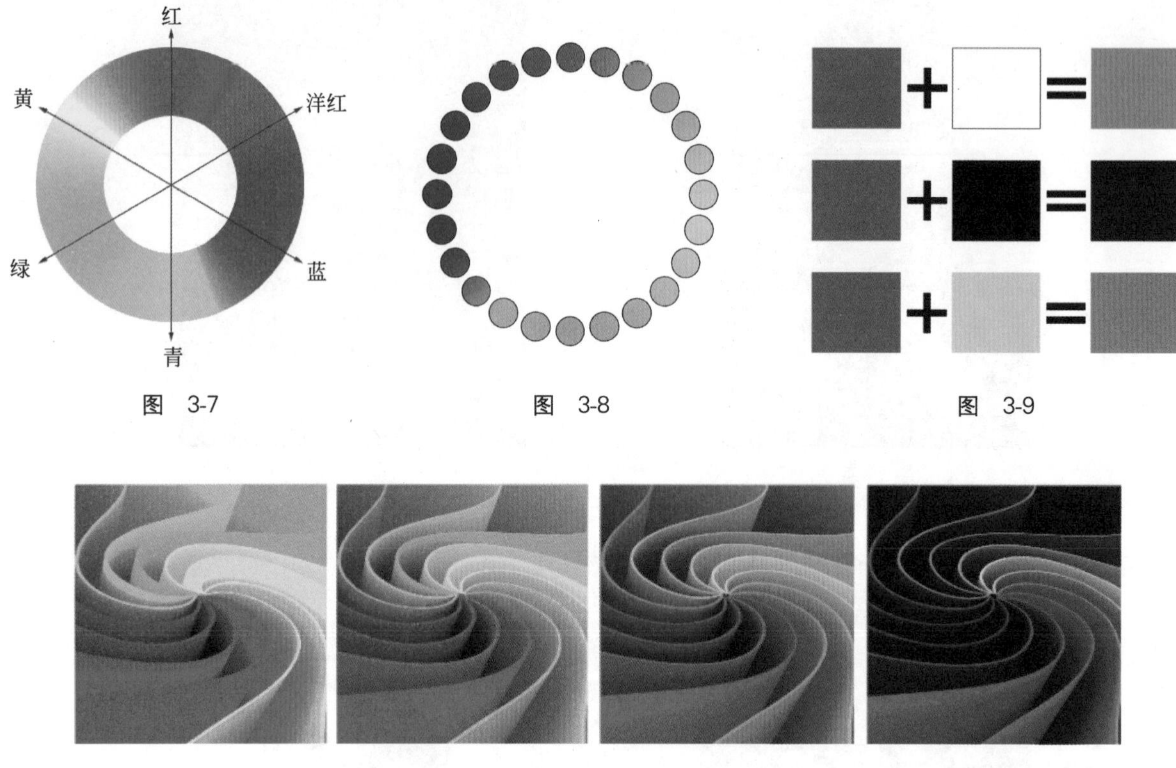

图 3-7　　图 3-8　　图 3-9

图 3-10

在无彩色中，白色是最亮的颜色，所以明度最高，反之黑色的明度也就最低。黑白之间不同程度的灰，同样具有明暗强度的表现，将各种灰色分成层次连续的阶段，叫作“明度阶段”。图 3-11 所示为无彩色明度阶段对比。

图 3-11

3. 纯度

纯度是指色彩的鲜艳程度，也被称为“饱和度”。光谱中的单色光是纯度最为饱和的色光，色彩中所含单色光成分的比例决定了色彩的纯度。人们所能看见的色彩范围大多不是纯色，受空气中的灰度和物体表面的材质，以及光照度等因素的影响而降低纯度的色彩变化，使得色彩世界显得更加细腻、和谐。图 3-12 所示为颜色纯度阶段对比。

在有彩色系中，红色和黄色的纯度最高。不同的色相不但明度不相同，纯度也不相同。例如，在黄色中加入白色，它的明度提升了，但是纯度却降低了，如图 3-13 所示。如果加入黑色，黄色的纯度不仅会降低，连明度也会降低，如图 3-14 所示。

图 3-12

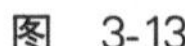

图 3-13

图 3-14

3.2 色彩的感觉

人类视觉中最为敏感的就是色彩，当人的视觉器官受到外界光线刺激时，就会产生相应的视觉上的色彩感受，在感受色彩的同时还会伴有其他多种感官相互作用而引起的反应与联想，这就是色彩感觉。

3.2.1 冷暖感受

色彩的冷暖感来源于人类长期生活经验中形成的条件反射和人的心理联想。波长较长的红色、橙色让人联想到火焰、太阳，给人以温暖、灼热的感觉，固被称为暖色调，如图 3-15 所示。波长较短的蓝色、蓝紫色、青色让人联想到冰块、海洋、极地、雪山，给人以冰凉、清凉的感觉，因此被称为冷色调，如图 3-16 所示。

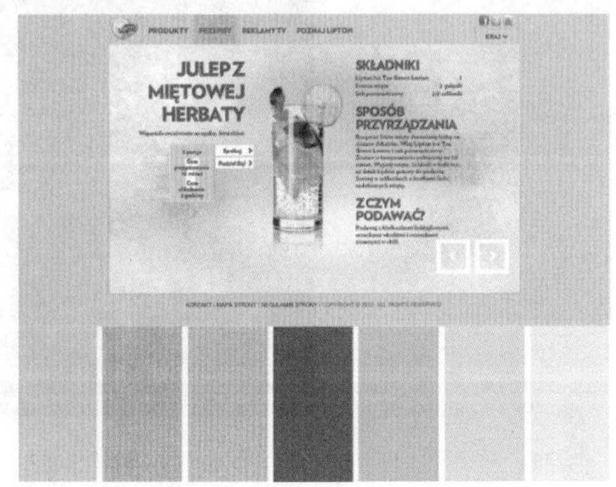

图 3-15

图 3-16

但需要注意的是，色彩的冷暖具有相对性。如在红色系中，正红色暖于玫瑰红，玫瑰红又暖于紫红。黑、白、灰为中性色，但也具备冷暖感觉。白色趋冷，黑色趋暖。由于绿色和紫色兼具冷暖的两种因素，也把绿色和紫色归为中性色，但是在不同的色彩倾向环境中，中性的绿色或紫色也会有不同的冷暖感觉。图 3-17 所示为偏暖的红色调作品，图 3-18 所示为偏冷的红色调作品。

图 3-17

图 3-18

3.2.2 轻重感受

色彩的轻重感是一种心理感受，这种心理感受主要来源于明度。通常情况下明度高的色彩感觉轻，明度低的色彩感觉重。其次是纯度，在同明度、同色相条件下，纯度高的感觉轻，纯度低的感觉重。在所有色彩中，白色给人的感觉最轻，黑色给人的感觉最重。从色相方面看，暖色黄、橙、红给人的感觉轻，冷色蓝、蓝绿、蓝紫给人的感觉重。图 3-19 所示黑色的箱子看上去比黄色的箱子重许多。

图 3-19

3.2.3 软硬感受

简单来说，色彩的软硬感和色彩的明度、纯度有关。高明度、低纯度的颜色通常看起来比较软；低明度、低纯度的颜色则看起来比较硬。在无彩色系中，黑、白坚硬，灰色柔软。色彩的重量与色彩的软硬有着直接的关系，通常软的颜色给人轻的感觉，如图 3-20 和图 3-21 所示。硬的颜色给人重的感觉，如图 3-22 所示。

图 3-20

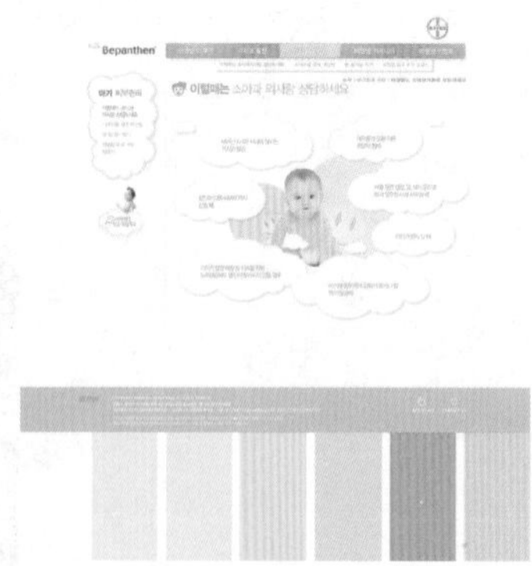

图 3-21

图 3-22

3.2.4 兴奋感与冷静感

色彩的兴奋感和冷静感与色相、明度和纯度都有关。在色相方面，红色、橙色、黄色等暖色调具有兴奋感，蓝色、青色等冷色调具有冷静感；在明度方面，高明度的具有兴奋感，低明度的具有冷静感；在颜色纯度方面，高纯度的具有兴奋感，低纯度的具有沉静感。在此之外，颜色对比强的具有兴奋感，颜色对比弱的具有冷静感。图 3-23 和图 3-24 所示为具有兴奋感的颜色搭配。图 3-25 和图 3-26 所示为具有冷静感的颜色搭配。

图 3-23

图 3-24

图 3-25

图 3-26

3.2.5 味觉感受

色彩的味觉联系是一种通感，例如，褐色经常应用在咖啡或巧克力的包装上，因为这样可以突出商品的特点。糖果的包装一般都会采用红色，或者其他高明度的色彩，因为这能让购买者感觉到糖果的甜味。一般来说，红色、黄色、粉色具有甜味。绿色具有酸味，黑色、咖啡色具有苦味，白、青具有咸味；黄、米黄具有奶香味等。不同口味的食品，采用相应色彩的包装，能激起消费者的购买欲望，取得较好的效果。图 3-27 和图 3-28 所示为带有甜味的粉红色，图 3-29 所示为带有奶香味的淡黄色。

图 3-27

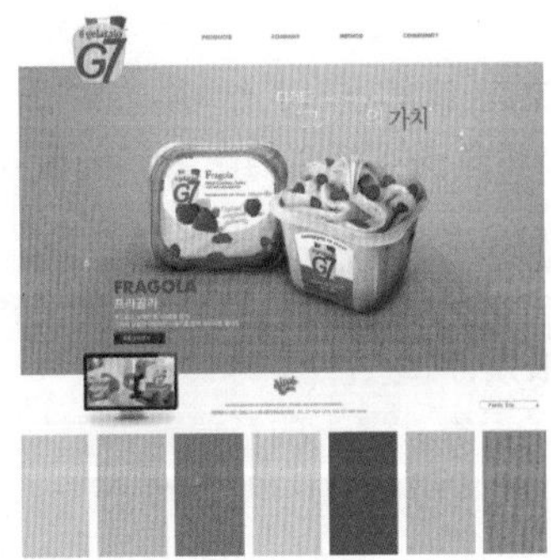

图 3-28

图 3-29

3.2.6 季节感

1. 春季

春季的色彩联想：轻柔、淡雅、温婉、飘逸、柔美、清爽

春天是万物复苏的季节，百花齐放，生机勃勃。春季的色彩类型是以黄色为底调的暖色系，明度和纯度在色调中的位置处于浅色调、亮色调、柔和色调，如图 3-30～图 3-32 所示。

图 3-30

图 3-31

图 3-32

2. 夏季

夏季的色彩联想：秀丽、热辣、大方、清新、旺盛

夏季是一个婀娜多姿的季节，大自然披着万紫千红、蓊郁葱茏的盛装。枝繁叶茂，草木浓郁，所有的植物在这个季节得到了尽情的展现。夏季型色彩是以蓝色为底调的冷色系，色彩的纯度较高，如图 3-33～图 3-35 所示。

图 3-33

图 3-34

图 3-35

3. 秋季

秋季的色彩联想：丰收、萧瑟、温暖、凉爽、飘零、亲切、恬静

秋天是收获的季节，颜色丰富，呈现出暖色调。颜色的明度和纯度在色调中的位置基本处于强色调、浊色调、深色调，如图 3-36～图 3-38 所示。

4. 冬季

冬季的色彩联想：安详、沉淀、冰凉、浪漫、严峻、冷酷、寒冷

冬天的大地开始沉睡，被盖上了皑皑的白雪。冬天的色彩通常是以冷色系色调为基础，明度和纯度在色调中的位置基本处于暗色调、低纯色调、无彩色系，如图 3-39～图 3-41 所示。

图 3-36　图 3-37　图 3-38

图 3-39　图 3-40　图 3-41

3.3 色彩搭配的常见模式

在平面设计中，色彩的搭配也是重要的环节之一。单独存在的颜色没有美与不美，只有两种或两种以上的颜色搭配在一起，才算是色彩搭配才有美与不美。色彩搭配可以遵循移动的规律进行。

3.3.1 单色搭配

在色环中，采用跨度在15°以内的颜色进行搭配，被称为单色搭配。单色搭配也被称为同类色搭配。因为色相与色相之间的对比较弱，视觉效果朦胧、单纯、柔和、统一，所以被认为是最稳妥的色彩搭配方法。但是因为色差太小，往往会使得画面颜色单调和模糊。所以在采用同类色进行色彩搭配时，需要强化颜色的明度、纯度，来增强画面效果，如图3-42和图3-43所示。

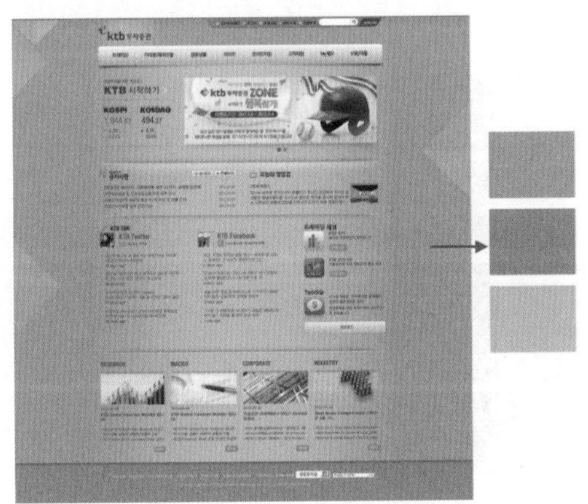

图 3-42

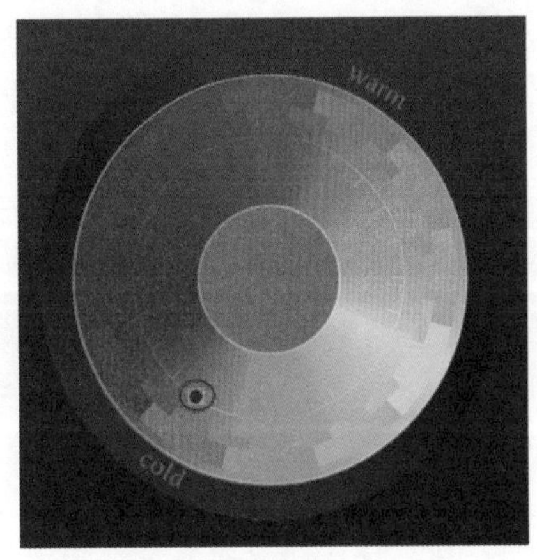

图 3-43

3.3.2 类似色搭配

在色环中色相相差在 15°～45°之间被称为类似色。虽然类似色的颜色对比不强，但是在色相上，变化要比单色搭配丰富许多。在色彩搭配时，通常会采用一种颜色作为主色调，另一种颜色作为辅助或点缀色，这样就可以避免颜色过于相近导致画面死板。图 3-44 和图 3-45 所示为紫色、蓝色、青色搭配的作品；图 3-46 和图 3-47 所示为洋红、紫色、蓝色搭配的作品。

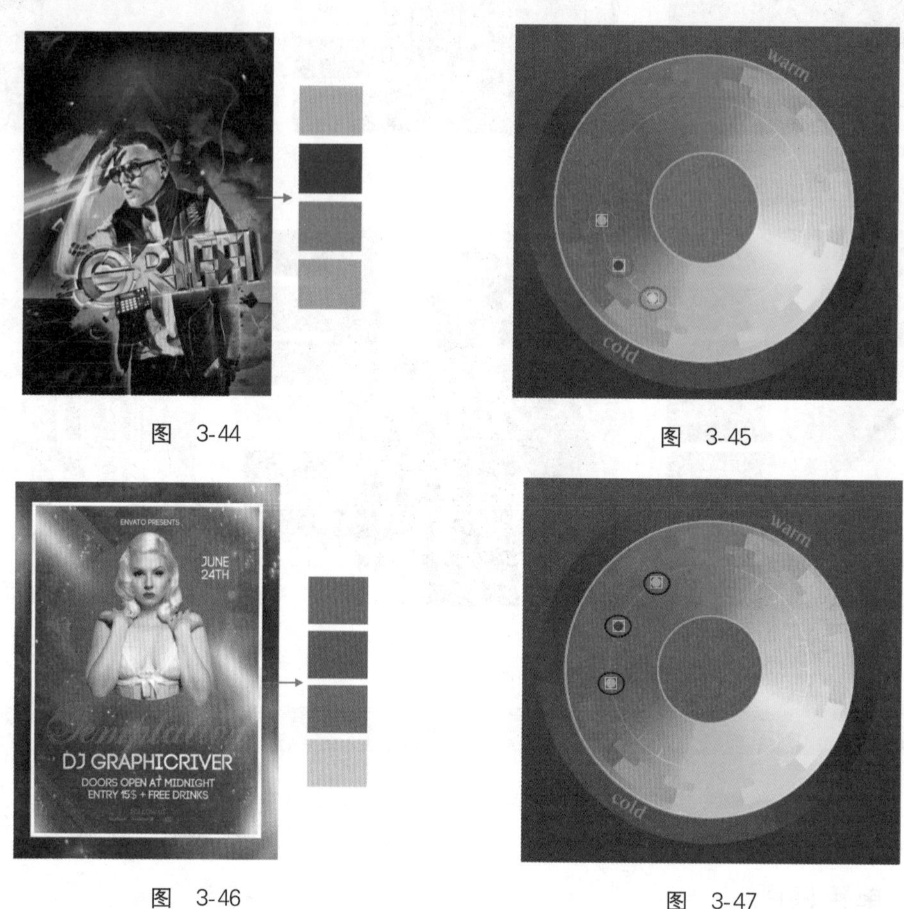

图 3-44

图 3-45

图 3-46

图 3-47

3.3.3 对比色搭配

在 24 色环上，色相之间的间隔角度处于 120°左右时，这样的色彩组合称为对比色，常见的对比色有红与黄、红与蓝。对比色通常可以营造鲜明的、热闹的、强烈的视觉效果，容易让人产生兴奋感。但是搭配不当，则会产生凌乱、刺眼、不安、烦躁的感觉，如图 3-48 和图 3-49 所示。

图 3-48

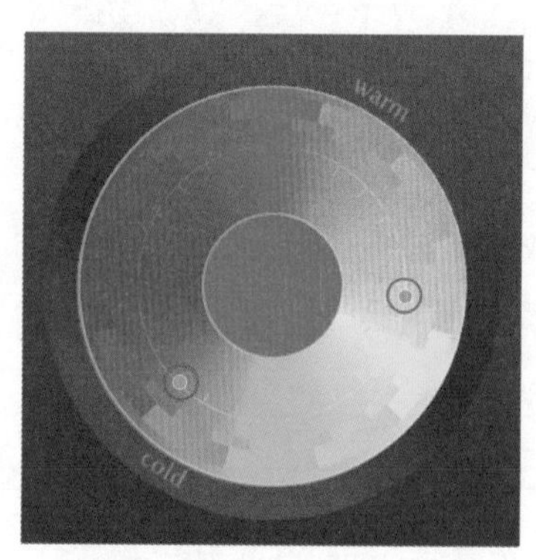

图 3-49

3.3.4 互补色搭配

采用 24 色色环中距离 180°左右的两种颜色进行色彩搭配为互补色搭配，如红与绿、黄与紫。互补色搭配可以产生很强烈的对比效果。采用互补色搭配可以在短时间内为人留下深刻的印象，但是搭配不当就会产生烦躁、焦虑的感觉，还容易产生视觉上的疲劳感。最常见的互补色搭配有红与绿，如图 3-50 和图 3-51 所示。黄与紫、蓝与橙，如图 3-52 和图 3-53 所示。

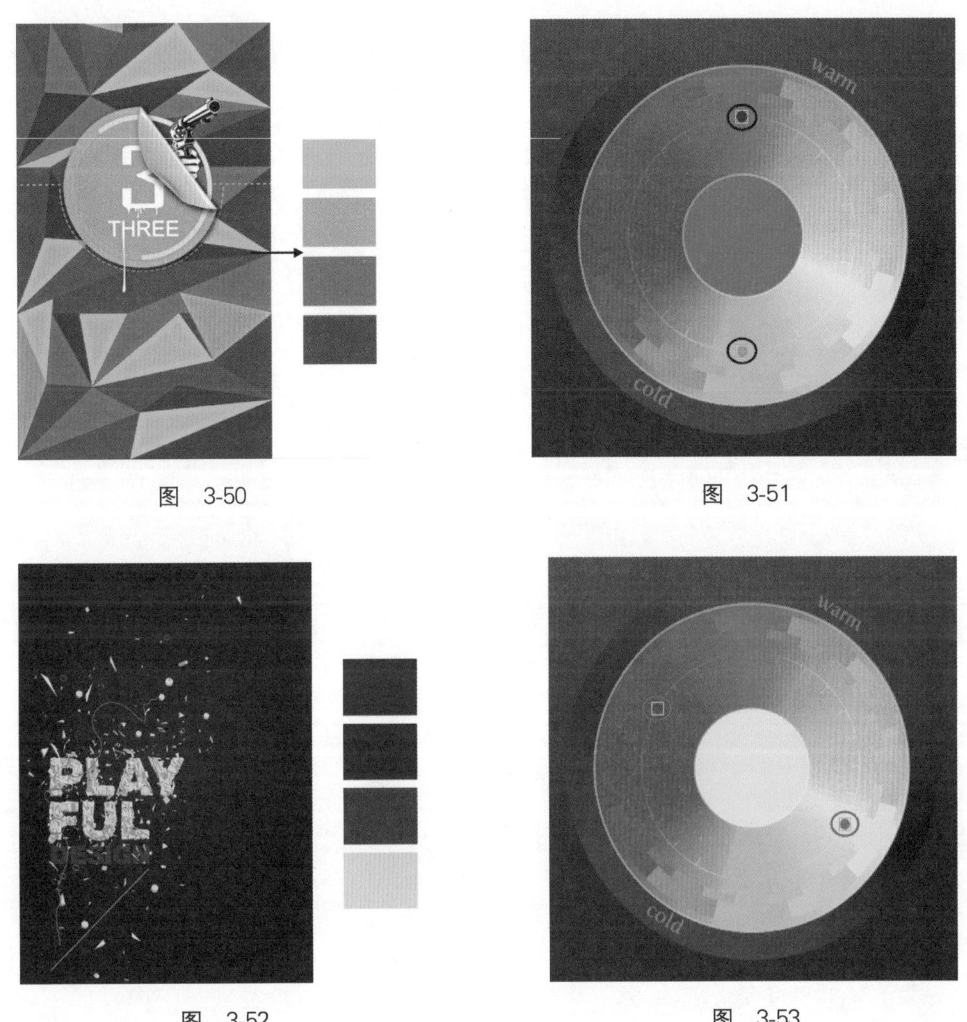

图 3-50

图 3-51

图 3-52

图 3-53

第 2 部分

平面设计案例

第4章

文字设计

- **课题概述**

文字设计一直都是平面设计中的重要组成部分，无论是标志设计、海报设计还是包装设计，都离不开文字元素。伴随着经济的发展和行业竞争的加剧，文字设计逐渐成为向外传递产品信息和企业宣传自己的一种重要手段。文字设计除了作为一个单独的设计类型，更是各种平面设计类型中都会涉及的部分，可以说是艺术设计行业的基础。

- **教学目标**

本章着重讲解文字设计的思路与技巧，从文字设计的概念和功能方面了解文字设计，然后通过学习文字设计的基本原则和创意技巧进行实践，并通过案例练习文字设计的整个流程。

4.1 文字设计概述

文字设计是人类生产与实践的产物，并且随着人类社会文明的发展而逐步成熟。在平面设计中，文字设计是非常重要的一个环节，因为文字在生活中随处可见，在海报设计、包装设计、标志设计的制作过程中都需要对文字进行设计。既可以起到突出信息主体的作用，又可以起到画龙点睛的作用。图 4-1 所示为墙面广告中的文字，图 4-2 所示为建筑外观的文字。

图 4-1

图 4-2

4.1.1 文字设计的作用

文字设计是指将文字的字形按照一定的规律进行艺术化的调整。精心设计的字体与普通印刷字体的差异很大。与普通字体相比更美观，更具特色，所以文字设计往往是视觉重心。因此，文字设计是增强视觉传达效果，提高作品诉求力，赋予版面审美价值的一种重要构成技术。文字设计通常会出现在海报、标志设计、企业标准字、包装设计中。

1. 传播信息

传播信息是文字设计的首要任务，文字的安排更多是为了阅读。无论字体好与坏，看者最终所要了解的是文字所要表达的内容。图 4-3 所示为将文字以洋红色丝带的形式呈现出来，背景内容经过弱化的处理，使前景文字显得更为突出。图 4-4 所示的海报中立体化的文字增加了画面的厚重感，使之产生视觉上的重视感，也就增强了文字信息的传播力度。

图 4-3

图 4-4

2. 增加设计美感

在平面设计中文字和图案是两个重要的构成元素，精美的文字设计可以帮助图案传递感情，增加画面的美感，从而让信息更易于传播。图 4-5 所示的作品中以文字作为画面的视觉重心，通过创意的构思，制作出科技、绚丽的感觉。图 4-6 所示的海报中文字与流畅优美的线条相结合，搭配柔和的色调，给人以平静的美感。

图 4-5

图 4-6

3. 形象符号

文字除自身所代表的意义外，还具有形象的象征意义和强烈的视觉吸引力。例如，当谈起 SONY、“可口可乐”或“美宝莲”这些品牌时，在头脑中便会出现文字形象。在可口可乐的标志中，设计师将字母 C 作为设计的重点，整个标志给人以活泼、优雅的感觉，如图 4-7 所示。索尼的标志简洁、大方，起到品牌宣传的作用，如图 4-8 所示。

图 4-7

图 4-8

4.1.2 文字设计的应用领域

字体设计作为视觉传达最重要的表现手段之一，字体设计不但是承载、传达各种文字信息的主要角色，而且自身的视觉形象也是一种重要的装饰与传媒载体。因此，优秀的字体设计能在当今诸多的信息传播领域中起到很好的信息沟通作用。

1. 标志中的字体设计

现代标志设计中，以文字作为标志图形的设计具有重要的意义。文字图形在标志中的应用可以分为两种：一种是纯粹型文字标志设计，如图 4-9 所示；另一种是文字与图形相结合的标志设计，如图 4-10 所示。

图 4-9

图 4-10

2. 包装中的字体设计

随着商品经济的发展，商品的包装作为商品与消费者沟通的重要环节，包装上的字体设计就变得尤为重要。字体设计在包装设计中有着极高的地位，它不仅承担着传递信息的作用，还具有美化、装饰包装的作用，如图 4-11 和图 4-12 所示。

图 4-11

图 4-12

3. 海报中的字体设计

在海报设计中，不仅会把文字作为画面中的一部分，还会有很多纯文字形式的海报作品。另外，文字在海报设计中除了表意的功能之外，文字图形化的创意设计越来越主流化。海报中的字体设计的好坏，直接影响到海报版面的整体视觉传达效果，如图 4-13 和图 4-14 所示。

图 4-13

图 4-14

4. 封面中的字体设计

字体设计在书籍封面中占据重要的地位，良好的字体设计可以给读者一个良好的视觉印象，还可以增加识别性，如图 4-15 和图 4-16 所示。

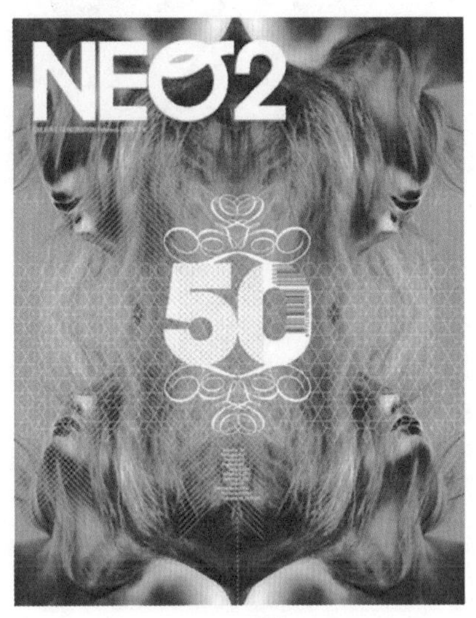

图 4-15

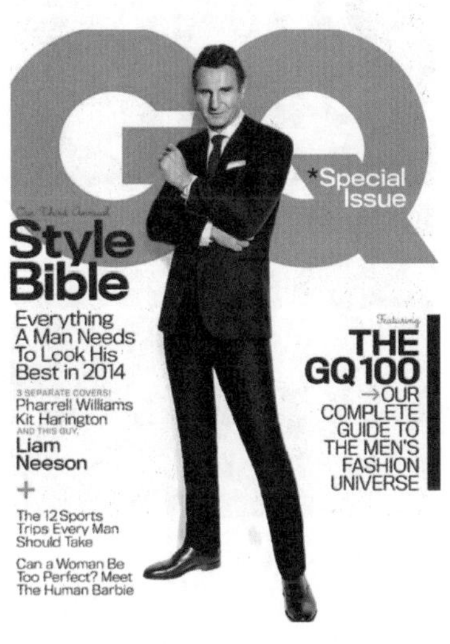

图 4-16

4.1.3 文字设计的基本原则

文字设计的基本原则是人们长期实践总结的设计规律，只有抓住这些基本原则，才能设计出美观的文字。

1. 易读性

文字的主要功能是用来传递信息，这是其最基本的功能。在进行文字设计时，要在表述上服从主题，与内容要完全一致，无论多么夸张的设计都要做到万变不离其宗，如图 4-17 所示的海报中虽然文字周围有很多线条状的图形，但是粗细差异并未影响文字的辨识度。如图 4-18 所示的文字通过一系列的变形组成饮料的杯子形状，既能够保持主体物的完整性，又确保了信息的完整传达。

图 4-17

图 4-18

2. 独特性

文字设计的独特性，是其区别印刷体最直接的表现。文字的独特性表现在文字的视觉张力和感染力。文字设计的独特性表现在构思的新颖，形式手法的多样化和文化意象方面，如图 4-19 和图 4-20 所示。

图 4-19

图 4-20

3. 美感

在文字设计中，文字的美感也是重要的元素之一。具有美感的文字设计，有传达感情的功能，而且组合巧妙的文字能使人感到愉快，留下美好的印象，从而获得良好的心理反应，如图 4-21 和图 4-22 所示。

图 4-21

图 4-22

4. 整体性

将文字作为一个整体进行设计，从字形、笔形、结构及手法上去追求统一。文字设计的整体性表现在笔形方面，只有追求笔画形状、大小、宽窄、方向方面的一致才能凝聚视觉力量。在结构方面，应该字字之间穿插，相互补充，形成整体外形，如图 4-23 和图 4-24 所示。

5. 艺术性

艺术性也是文字设计的重要原则。创作富有艺术性的文字，可以给人别开生面的感觉，有利于文字信息的传播。字体设计的艺术性是表现力与审美把握的综合结果，是形态、组织、节奏、韵律、质感、色彩等因素的综合体，如图 4-25 和图 4-26 所示。

图 4-23

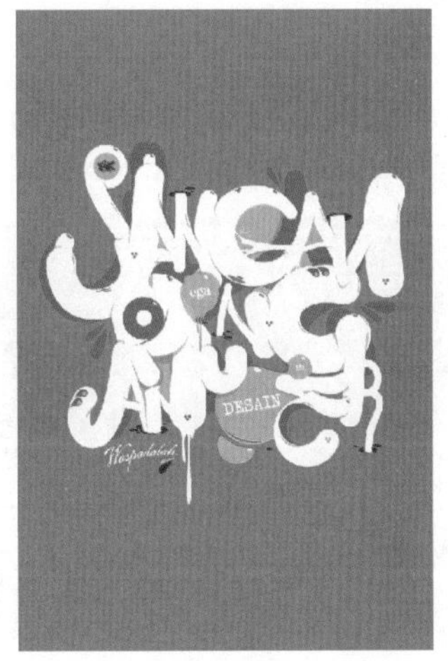

图 4-24

图 4-25

图 4-26

4.1.4 文字设计的创意技巧

文字设计可以将原来苍白的文字变得直观、生动，还可保证信息的传递，满足人们视觉化和个性化的要求。在对文字进行设计时，也是有一定技巧的，下面就来学习文字设计的创意技巧。

1. 移花接木

移花接木的方法是将文字元素加入另类的图形元素或文字元素。通常是将文字的局部进行替换，这样不仅可以表露文字的内涵，还可在形象和感官上增加艺术感染力，如图 4-27 和图 4-28 所示。

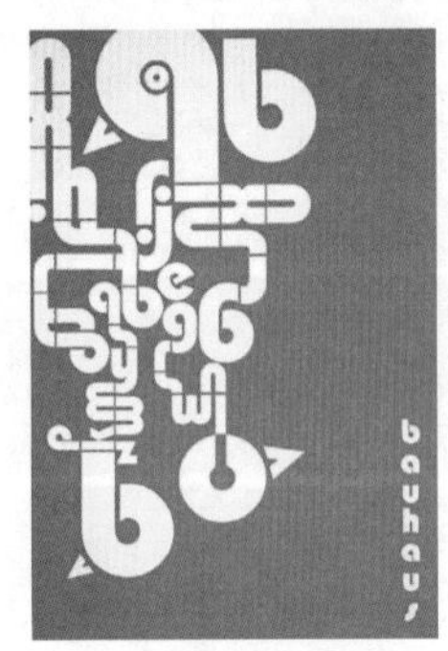

图 4-27

图 4-28

2. 笔画共用

文字有着强烈的构成性，在进行文字设计时，可以从文字的构成角度来看待笔画之间的异同，寻找笔画之间的内在联系。采用笔画共用的字体设计可以让文字看起来更加整体，如图 4-29 和图 4-30 所示。

图 4-29

图 4-30

3. 相互叠加

将文字的笔画互相重叠或将字与字、字与图形相互重叠的表现手法。通过文字的叠加，可以产生立体的感觉，如图 4-31 和图 4-32 所示。

图 4-31

图 4-32

4. 分解重构法

为使文字设计更有创意，可以将文字原有的结构打散，然后通过不同的视角将其重新组合处理。使用这种方法进行设计时，要紧扣主题，不然很容易因为文字太过抽象，从而失去了文字存在的意义，如图 4-33～图 4-35 所示。

图 4-33

图 4-34

图 4-35

5. 流畅优美

流畅优美的设计方法是将文字或字母本来的直线部分，变为曲线。这样的设计可以给人一种俏皮、可爱、优美、灵动的感觉。在处理文字时，还可在文字的颜色上下些工夫，如图 4-36～图 4-38 所示。

图 4-36

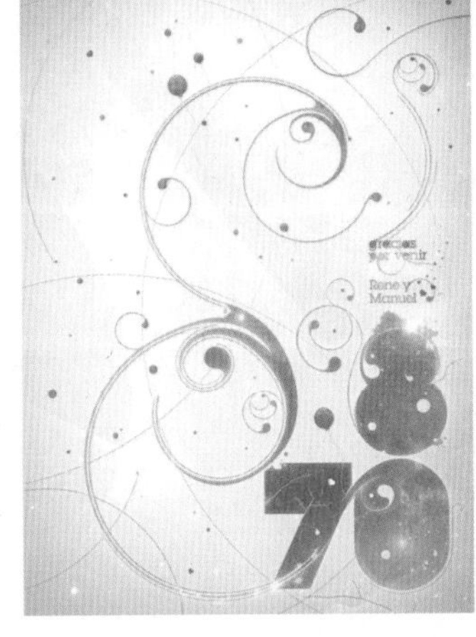

图 4-37

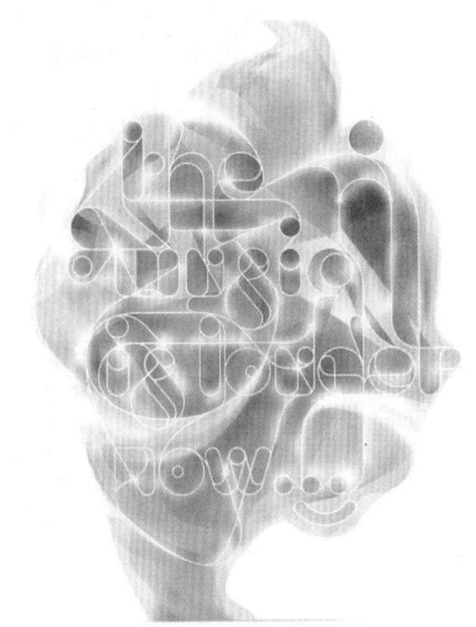

图 4-38

6. 锐利坚硬

将文字的转角部分变为直角或尖角，这样可以给人较为锐利、坚硬的感觉，如图 4-39 和图 4-40 所示。

图 4-39

图 4-40

7. 断肢重组

将文字适当的断出一些口，然后重新进行组合，如图 4-41 和图 4-42 所示。

图 4-41

图 4-42

8. 方方正正

将文字的曲线变为直线，使文字呈现方方正正的形状，如图 4-43 和图 4-44 所示。

图 4-43

图 4-44

9. 拟物化

将文字刻画成某种物体，通常这种物体与整个画面相关联或与文字本身要表达的内容相吻合，如图 4-45～图 4-47 所示。

图 4-45

图 4-46

10. 卷边

将文字的一角制作出卷起来的效果，如图 4-48 所示。

图 4-47

图 4-48

11. 3D 效果

将文字制作出立体效果，可以使原来单调的文字变得有立体感，如图 4-49～图 4-51 所示。

图 4-49

图 4-50

图 4-51

4.2 现代感字母创意设计

4.2.1 设计解析

本案例制作的是一款具有现代感的英文艺术字体，整体采用不规则的带有棱角的笔画效果。为了展现出活力四射的现代感，所以在颜色上选择了暖调的橙色系渐变。同时为了凸显黄色文字部分，背景则采用了冷调的宝蓝色渐变。这类字体可以用于海报中的主体文字，也可以用于标志中的文字部分。图 4-52 和图 4-53 所示为优秀的文字设计作品。

图 4-52

图 4-53

4.2.2 制作流程

在本案例中主要讲解文字部分的设计制作。首先绘制背景，在画面中输入文字，将输入的文字创建轮廓后使用“直接选择”，配合“转换锚点工具”等工具将文字变形，使用“路径查找器”进行形状的拼合。最后使用“钢笔工具”绘制形状。在本案例中主要使用矩形工具、渐变工具、钢笔工具、转换锚点工具、路径查找器、椭圆工具等工具命令。图 4-54 所示为本案例基本制作流程。

图 4-54

4.2.3 案例效果

最终制作的案例效果如图 4-55 所示。

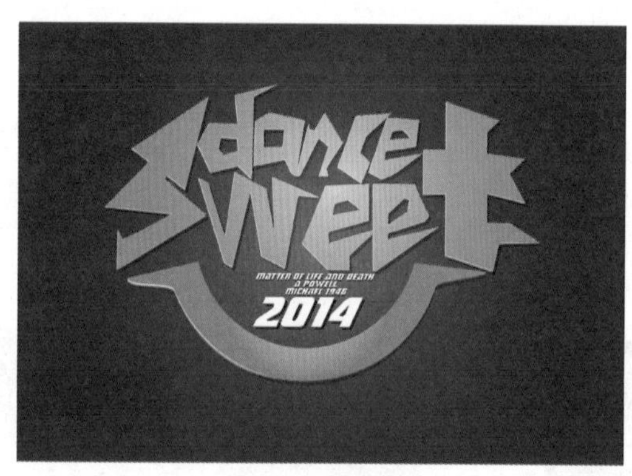

图 4-55

4.2.4 操作精讲

Part 1 制作主体文字

(1) 新建一个 A4 大小的横向文件。执行“窗口”→“渐变”命令，在弹出的“渐变”窗口中设置“类型”为“径向”，编辑一个蓝色系渐变，如图 4-56 所示。渐变编辑完成后，单击工具箱中的“矩形工具”按钮，绘制一个与画面等大的矩形，如图 4-57 所示。

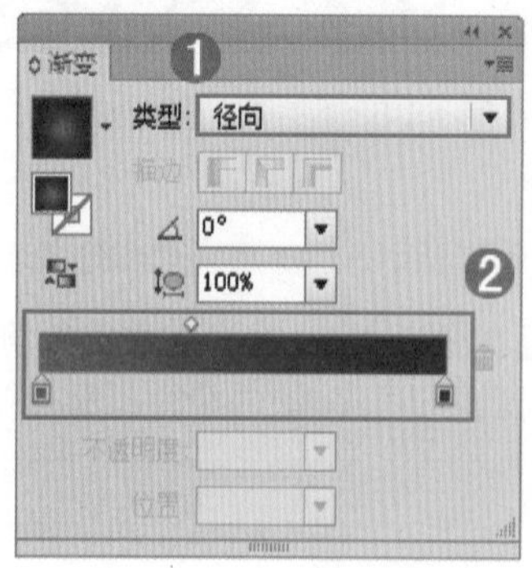

图 4-56

图 4-57

(2) 单击工具箱中的“钢笔工具”按钮 ，在控制栏中设置“填充”为“无”，“描边”为黑色，“描边宽度”为 5pt，设置完成后，在工作区绘制类似闪电的形状，如图 4-58 所示。选择该形状执行“对象”→“扩展”命令，将该形状进行扩展。继续在该形状的上方绘制一个三角形，制作出箭头的形状，如图 4-59 所示。

图 4-58

图 4-59

(3) 将刚刚绘制的两个形状同时选中，执行“窗口”→“路径查找器”命令，在弹出的“路径查找器”窗口中，单击“联集”按钮 ，画面效果如图 4-60 所示。

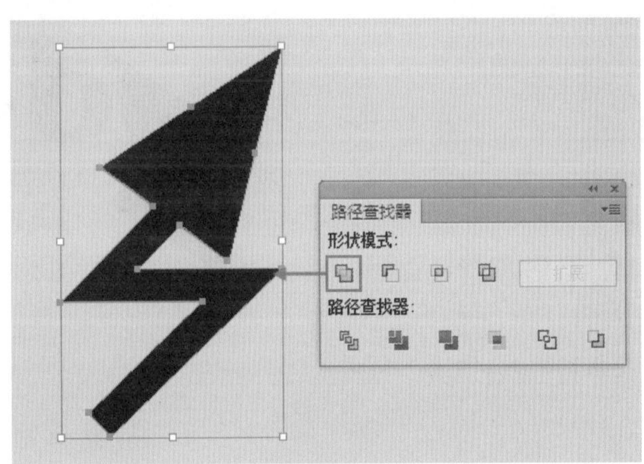

图 4-60

(4) 通过更改锚点来更改形状，制作文字。单击工具箱中的“直接选择工具”按钮 ，选择相应的锚点并移动，如图 4-61 所示。继续调整锚点位置，如图 4-62 所示。

图 4-61

图 4-62

（5）单击工具箱中的“添加锚点工具”按钮，在相应的位置单击添加锚点，如图 4-63 所示。使用“直接选择工具”调整锚点，如图 4-64 所示。

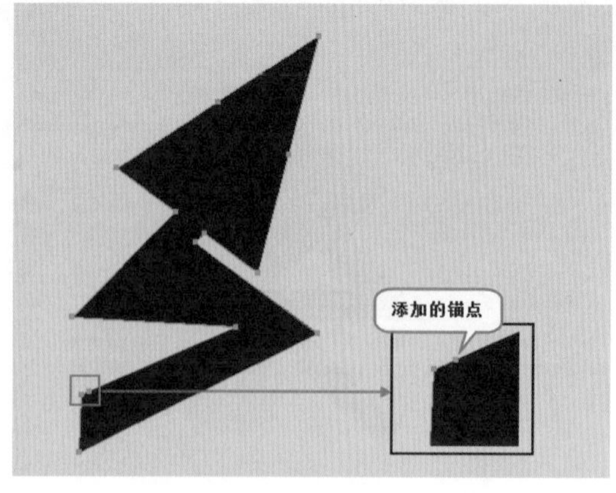

图 4-63

图 4-64

（6）制作文字部分。单击工具箱中的“文字工具”，在“字符面板”中设置合适的字体字号，如图 4-65 所示。然后在箭头图形右侧输入文字，如图 4-66 所示。

图 4-65

图 4-66

（7）选中输入的文字，执行“文字”→“创建轮廓”命令，此时文字变为图形对象，如图 4-67 所示。利用钢笔工具调整文字的形态，由于当前文字字形比较光滑，其轮廓上的锚点也比较多，所以需要去除部分锚点，将光标定位到多余的点处，单击即可删除多余的点，如图 4-68 所示。

图 4-67

图 4-68

(8) 接着使用工具箱中的“转换点工具”，在圆角的锚点上单击，使之转换为尖角的点，如图 4-69 所示。继续对其他锚点的位置及形态进行调整，如图 4-70 所示。

图 4-69

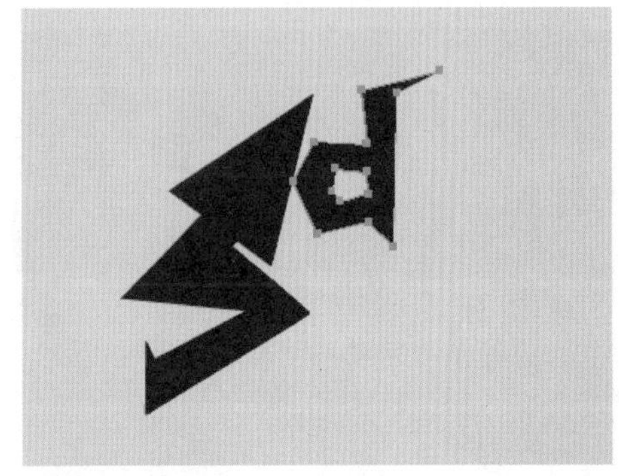

图 4-70

(9) 使用同样的方法制作其他文字，如图 4-71 所示。文字制作完成后，可以将其全选后使用“编组”快捷键 Ctrl＋G 将其进行编组。

(10) 制作文字的阴影和高光。先制作文字的阴影，将文字组放置在画板的合适位置，并填充一个由黑色到深蓝色的径向渐变，如图 4-72 所示。选择该文字组，使用“复制”快捷键 Ctrl＋C 将其复制，使用“贴在前面的”快捷键 Ctrl＋F 将其贴在前面，并将其填充为黄色，然后将其向左上微调，如图 4-73 所示，高光部分制作完成。

图 4-71

图 4-72

(11) 继续使用“贴在前面的”快捷键 Ctrl＋F 将文字贴在前面并将其填充为橘红色系的渐变。渐变填充完成后，将文字向右轻移，如图 4-74 所示。主体文字制作完成。

图 4-73

图 4-74

Part 2 制作其他文字与装饰

（1）使用“文字工具”T在画面的相应位置添加其他文字，如图4-75和图4-76所示。

图 4-75

图 4-76

（2）下面制作“笑脸”装饰。单击工具箱中的“椭圆工具”按钮，在控制栏中设置“填充”为“无”，“描边”为黑色，“描边宽度”为33pt，设置完成后在工作区绘制一个正圆，如图4-77所示。正圆绘制完成后，将其执行“对象”→“扩展”命令，扩展为一个圆环。继续单击工具箱中的“矩形工具”按钮，使用该工具在正圆的上方绘制一个矩形，如图4-78所示。

图 4-77

图 4-78

（3）将正圆和矩形选中，单击“路径查找器”中的“剪去顶层形状”按钮，画面效果如图4-79所示。继续使用“钢笔工具”添加锚点，使用“直接选择工具”调整两侧锚点位置，制作出“笑脸”形状，如图4-80所示。

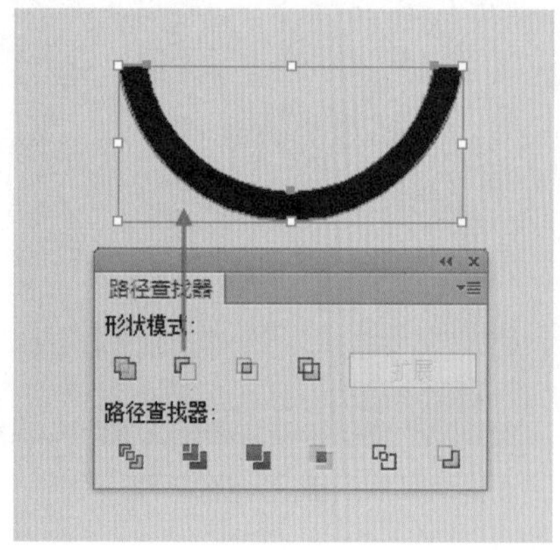

图 4-79

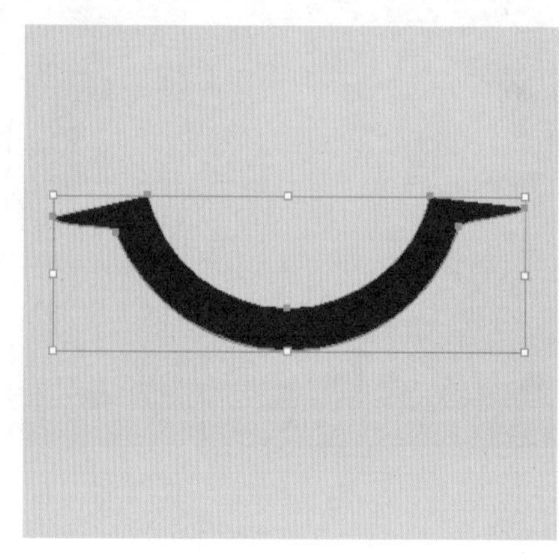

图 4-80

(4) 将其摆放在之前制作好的文字的下方。执行“窗口”→“渐变”命令，打开“渐变”面板，在这里编辑一种蓝色系镜像渐变，如图 4-81 所示。选中刚刚绘制的图形，单击这个渐变，然后借助工具箱中的“渐变工具”调整渐变的角度，如图 4-82 所示。

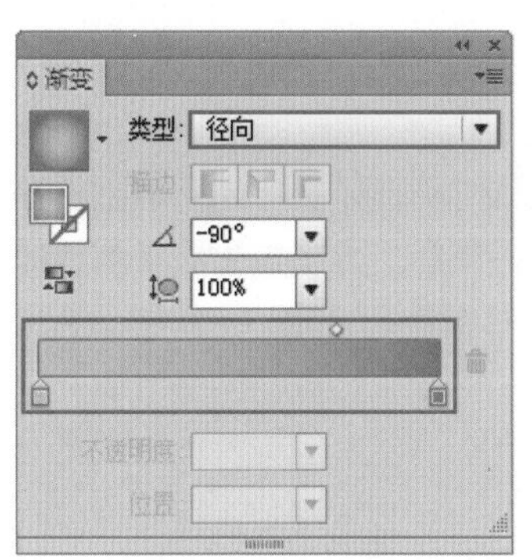

图 4-81

图 4-82

(5) 复制笑脸图形，设置填充颜色为黑色，如图 4-83 所示。接着单击右键执行“排列”→“后移一层”命令，放置在原始图形的后方作为阴影，如图 4-84 所示。

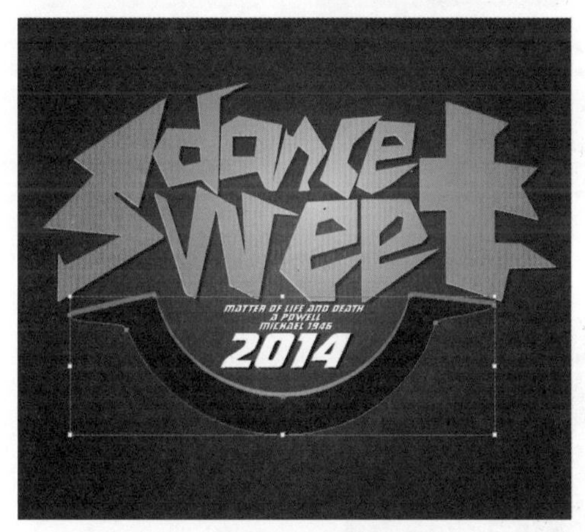

图 4-83

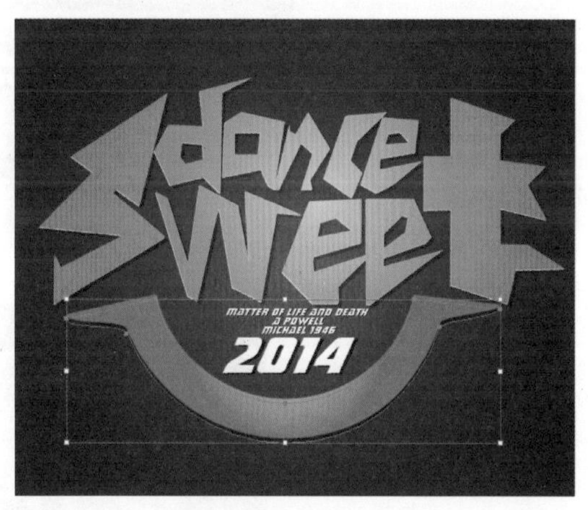

图 4-84

(6) 同样的方法复制原图形，为其填充一个稍浅一些的蓝色渐变，如图 4-85 所示。然后适当调整这个图形的形状，如图 4-86 所示。

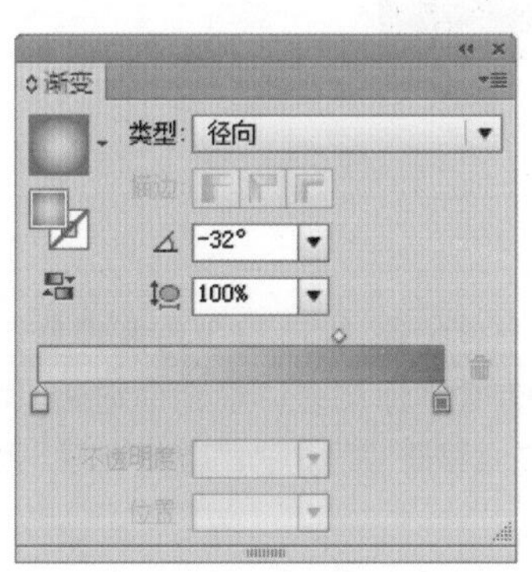

图 4-85

图 4-86

（7）单击右键执行“排列”→“后移一层”命令，放置在原始图形的后方作为厚度，完成本案例的操作。效果如图 4-55 所示。

4.3 趣味中文字体设计

4.3.1 设计解析

本案例制作的是一款中文创意文字，采用了一种比较有趣的卡通风格，主打低龄、可爱，所以在文字的基础字体上选择了一种圆润的字体，并通过对笔画边缘处进行变形，将文字进行延展。为了强化文字的主题添加了卡通角色元素。此类文字设计作品常用于儿童食品包装或者游戏界面设计中，图 4-87 和图 4-88 所示为优秀的文字设计作品。

图 4-87

图 4-88

4.3.2 制作流程

本案例首先制作一个淡黄的背景，并在画面中输入文字，然后将其创建轮廓，在画面中绘制螺旋线，进行形状的拼合，得到想要的文字形状。接着为文字添加“塑料包装”效果，最后为文字添加多种颜色的描边。本案例使用了文字工具、矩形工具、渐变工具、螺旋线工具、路径查找器、渐变工具、“位移路径”命令、“塑料包装”效果等技术。图 4-89 所示为本案例基本制作流程。

图 4-89

4.3.3 案例效果

最终制作的案例效果如图 4-90 所示。

图 4-90

4.3.4 操作精讲

(1) 新建一个文件，单击工具箱中的“矩形工具”，绘制一个与画面等大的矩形，执行“窗口”→“渐变”命令，在其中编辑一种黄色系渐变，如图 4-91 所示。单击渐变色块为矩形填充黄色系的渐变，如图 4-92 所示。

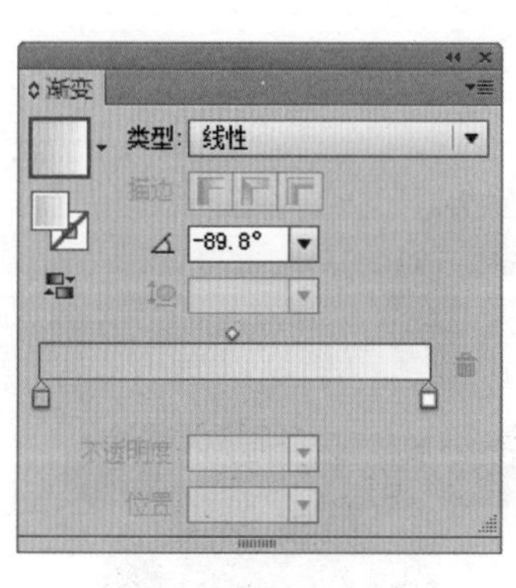

图 4-91

图 4-92

(2) 单击工具箱中的“文字工具”按钮 T，在“字符”面板中设置合适的字体和字号，如图 4-93 所示。在画面中单击输入文字。接着需要对文字字形进行编辑，选择这个文字执行“文字”→“创建轮廓”命令，将其创建轮廓，如图 4-94 所示。

图 4-93

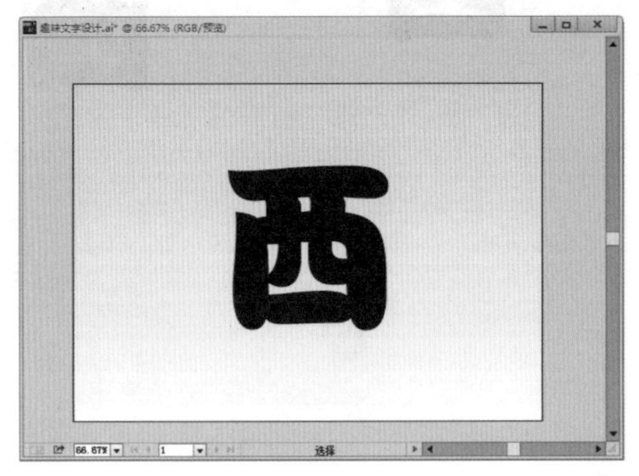

图 4-94

(3) 制作文字上的弧线装饰。单击工具箱中的“螺旋线工具”按钮，在控制栏中设置“填充”为无，“描边”为黑色，“描边宽度”为 50pt。在画面中单击，在弹出的“螺旋线”窗口中设置“半径”为 100pt，“衰减”为 80%，“段数”为 4，“样式”为，单击“确定”按钮，参数设置如图 4-95 所示。螺旋线绘制完成后，将其移动到合适位置，如图 4-96 所示。

图 4-95

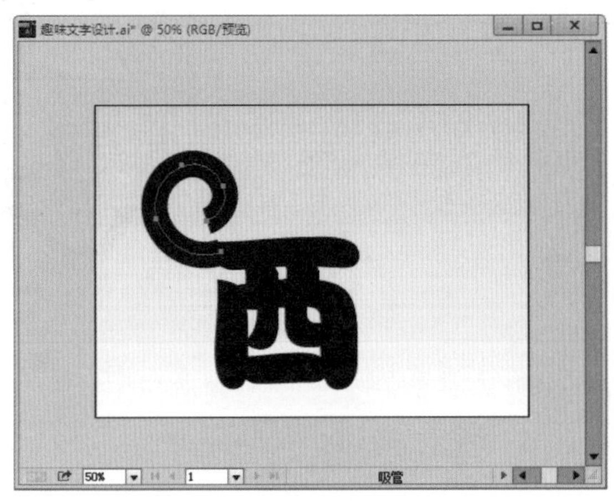

图 4-96

(4) 使用“宽度工具”更改螺旋线的形状。单击工具箱中的“宽度工具”按钮，使用“宽度工具”更改螺旋线的一端的形状，如图 4-97 所示。选择该形状，执行“对象”→“扩展外观”命令，将其扩展外观，如图 4-98 所示。

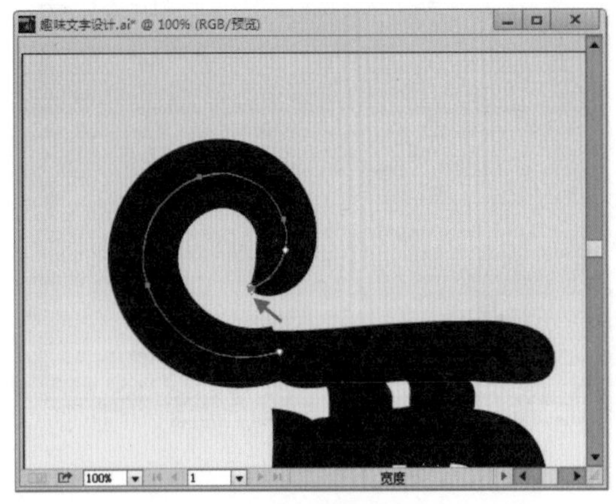

图 4-97

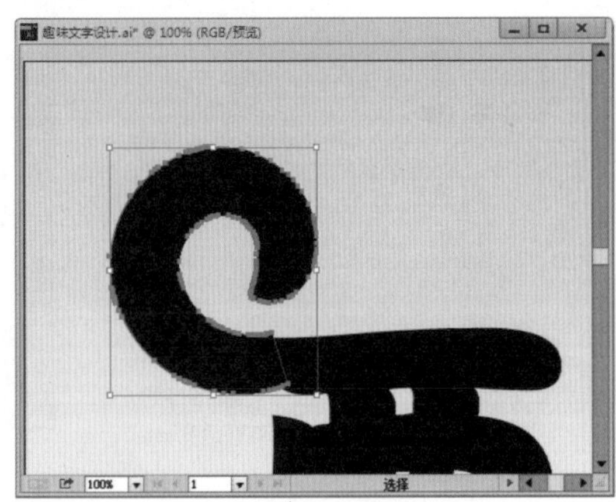

图 4-98

(5) 使用“路径查找器”进行形状的拼合。将刚刚扩展外观的螺旋线和文字同时选中,执行“窗口”→“路径查找器”命令,调出“路径查找器”面板,单击“联集”按钮,如图4-99所示。形状效果如图4-100所示。

图 4-99

图 4-100

(6) 此时文字上多余的锚点过多,可以进行删除和修改,效果如图4-101所示。然后为文字填充一个橘黄色的渐变,如图4-102所示。

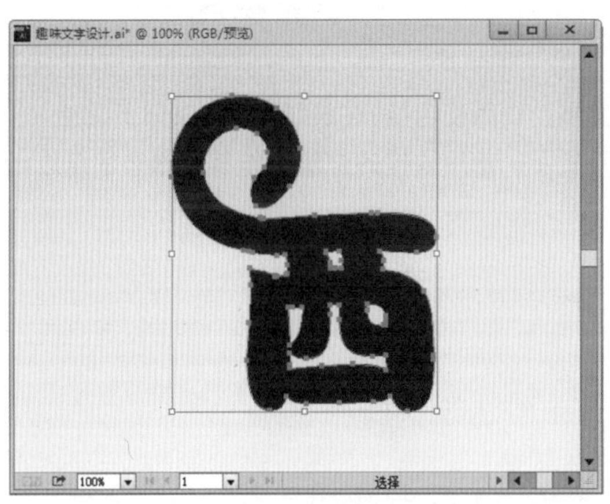

图 4-101

图 4-102

(7) 使用同样的方法制作其他部分的文字。效果如图4-103所示。

图 4-103

(8) 制作文字上的白色描边。为了不影响为文字添加效果，所以不能直接使用控制栏中的“描边”选项来进行描边。选择文字“西”，使用“复制”快捷键 Ctrl + C 将其复制，此时不要进行其他复制的操作。将文字“西”更改为白色，如图 4-104 所示。选择文字，执行“效果”→“路径”→“位移路径”命令，在弹出的“偏移路径”窗口中设置“位移”为 8pt，“连接”为“圆角”，“斜接限制”为 4，单击“确定”按钮，参数设置如图 4-105 所示。

图 4-104

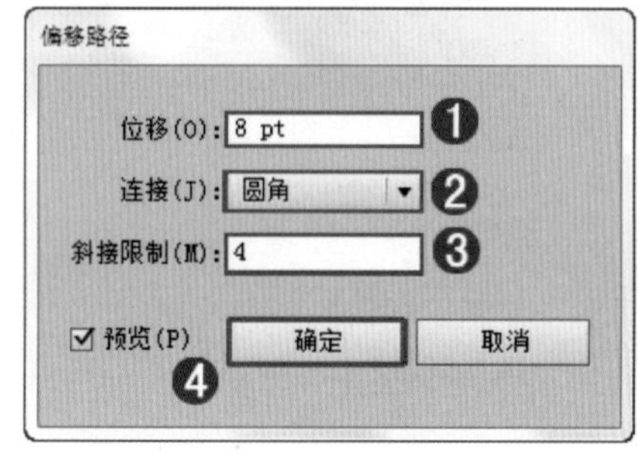

图 4-105

(9) 位移路径后，执行“对象”→“扩展”命令，将其进行扩展。然后使用“贴在前”快捷键 Ctrl + F 将上一步复制的文字粘贴在前面，文字描边就制作完成了，效果如图 4-106 所示。使用同样的方法制作其余的文字描边，效果如图 4-107 所示。

图 4-106

图 4-107

(10) 为文字添加效果。选择文字“西”，执行“效果”→“艺术效果”→“塑料包装”命令，在打开的“塑料包装”窗口中，设置“高光强度”为 12，“细节”为 1，“平滑度”为 15，参数设置如图 4-108 所示。参数设置完成后单击“确定”按钮，文字效果如图 4-109 所示。

(11) 使用同样的方法为文字添加“塑料包装”效果，如图 4-110 所示。

(12) 制作文字的描边。将文字的白边选中，复制到画板以外，如图 4-111 所示。将这部分的文字选中，单击“路径查找器”中的“联集”按钮，将形状进行拼合，如图 4-112 所示。

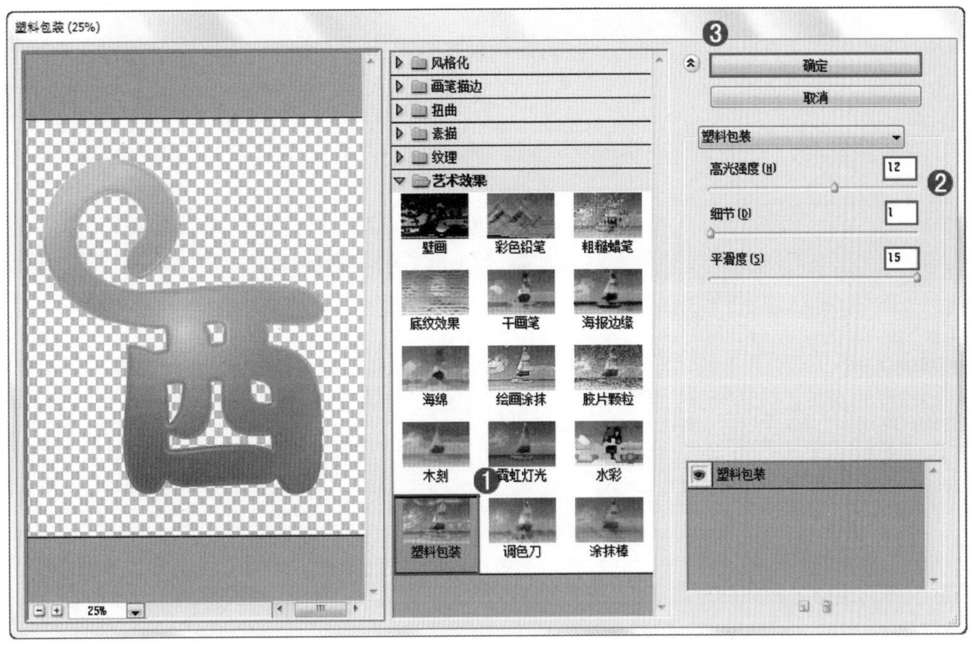

图 4-108

图 4-109

图 4-110

图 4-111

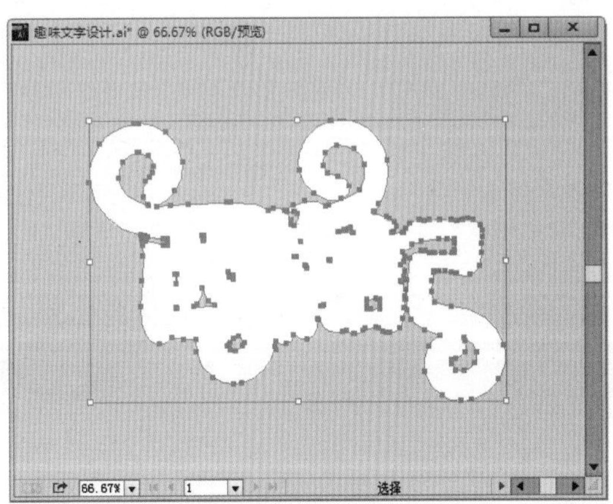

图 4-112

（13）选中这个形状，执行“效果”→“路径”→“位移路径”命令，在弹出的“偏移路径”窗口中设置“位移”为 25pt，“连接”为“圆角”，“斜接限制”为 4，单击“确定”按钮，参数设置如图 4-113 所示。图形效果如图 4-114 所示。

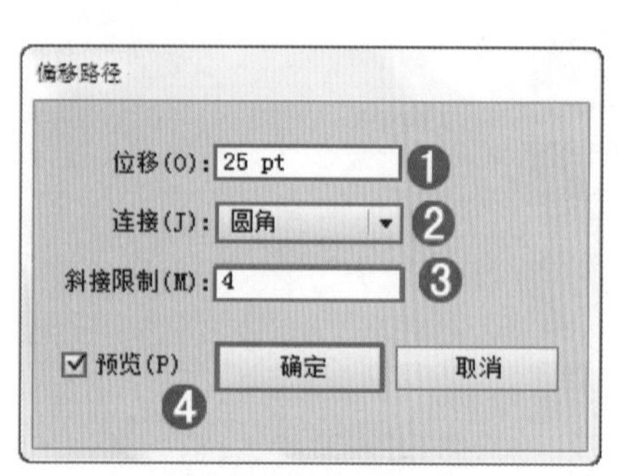

图 4-113

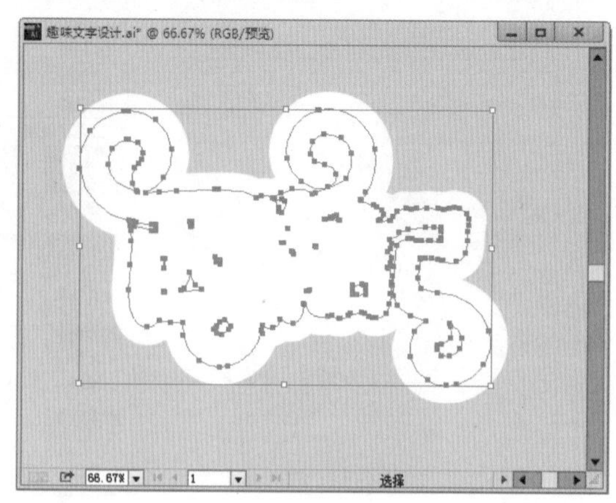

图 4-114

（14）将这个图形进行扩展并填充为红色，如图 4-115 所示。将这个红色的图形移动到合适位置，效果如图 4-116 所示。

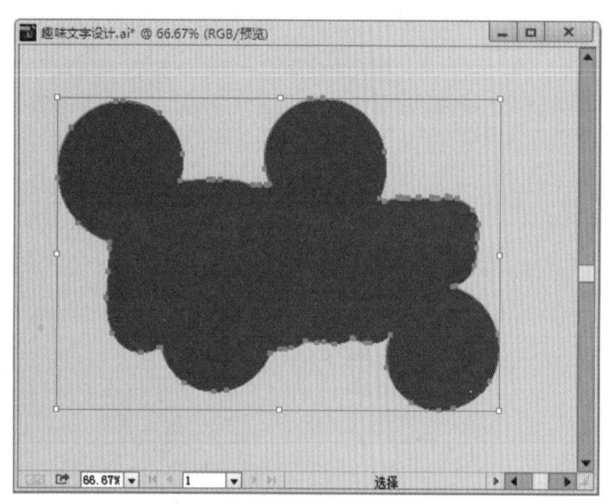

图 4-115

图 4-116

（15）使用同样的方法制作白色的描边和黄色的描边，效果如图 4-117 所示。最后执行“文件”→“置入”命令，将卡通素材 1.png 导入画面中，放置在合适位置，效果如图 4-90 所示。本案例制作完成。

图 4-117

4.4 灵感补给站

参考优秀的设计案例，启发设计灵感，如图 4-118 所示。

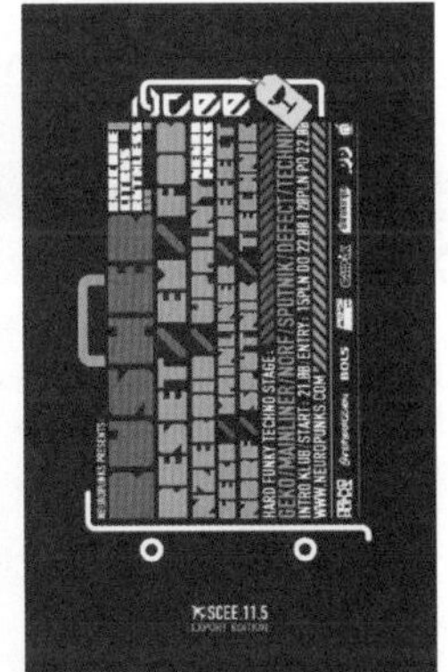

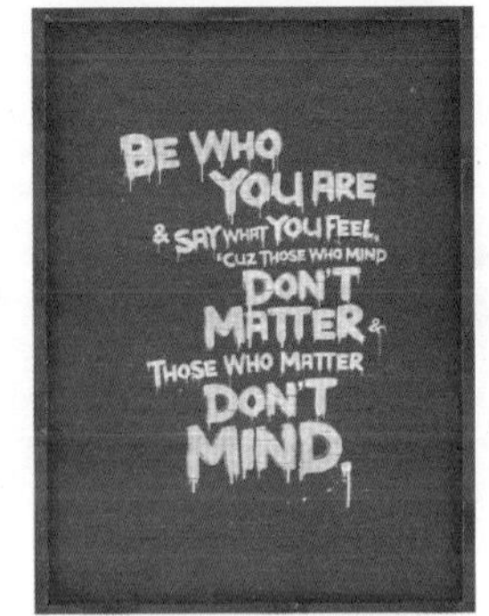

图 4-118

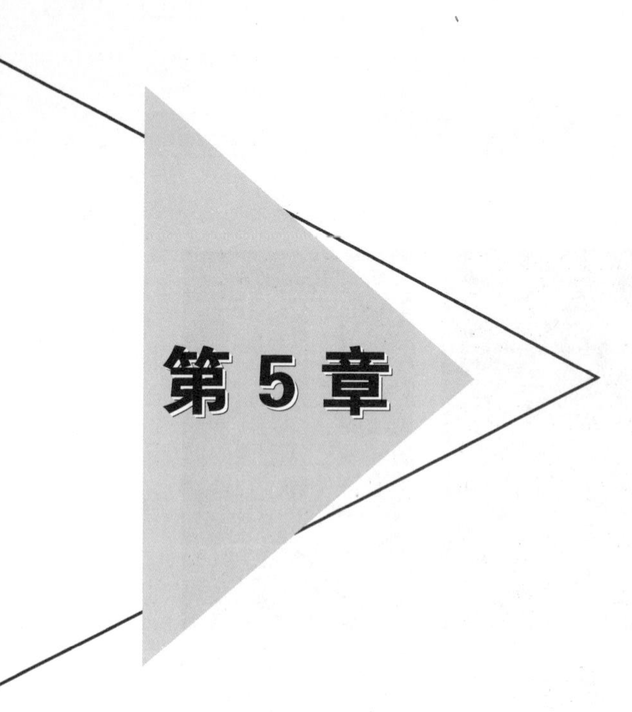

第5章 标志设计

- **课题概述**

标志也就是我们通常所说的logo，它不仅存在于设计师的工作中，在人们的日常生活中也几乎无处不在。虽然大部分标志看起来简单，可能仅仅是简单的图形、几个字母的组合或看似信手涂鸦的线条，但实际上看似简单的标志往往都是经过精细的计算、描绘以及无数次的由简至繁和由繁至简的过程修改出来的，所以对于设计师而言往往越是简单越是难做。

- **教学目标**

本章通过对标志设计的概念作用、设计形式、构成方法等方面的学习，了解标志设计的基础知识，并通过本章后半部分的标志设计案例实战练习标志制作的流程。

5.1 标志设计概述

标志的使用可以追溯到上古时代的“图腾”，有着悠久的历史，它以简洁的方式、深刻的内涵被应用在各种场合。在当今这个信息时代，商业竞争日益激烈，标志的应用范围也就越来越广泛。标志已然成为一种精神的象征、一种企业形象的展示、一种世界性语言的代名词。可以说在市场经济的浪潮之下越来越多的企业认识到标志设计的重要性，一个优秀的标志设计是商品的代表、质量的保证和人与商品沟通的一道桥梁。图 5-1 和图 5-2 所示为优秀的标志设计作品。

图 5-1

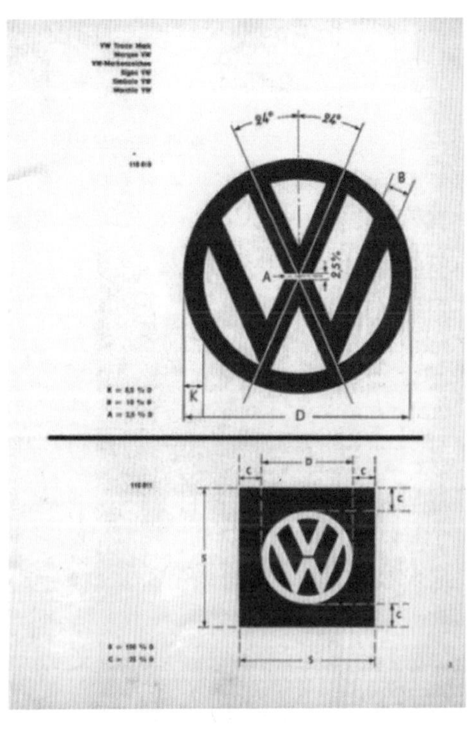

图 5-2

5.1.1 什么是标志

“标志”一词在现代汉语词典中的解释为“表明特征的记号”，标志的来源与文字相似，都是由原始的符号和图腾而来。如我国古代象征着皇权的龙、凤图腾，如图 5-3 所示。

图 5-3

标志的英文 logo 一词来源于希腊文的 logos，本意为“字词”和“理性思维”。标志以其凝练的表达方式向人们表达了一定的含义和信息，在世界范围内，容易被人们理解、接受，并成为国际化的视觉语言。logo 作为标志的代名词，其主要指代内容为图案标志或品牌内涵。标志可以说是一种特殊的视觉语言，以单纯、简洁、易识别、易记忆的物象、图形或文字进行表述。通常标志不仅具有象征作用，还会对商品或服务的目的、内容、性质、特点、精神等方面进行总体的表现。而且标志设计也是 VI 设计的重要组成部分，如图 5-4 和图 5-5 所示。

图 5-4

图 5-5

在当今社会中，标志早已不再是商业领域的“独宠”，非营利性组织单位、政府机构、学校、学术团体、工商企业、文体活动、事件活动甚至是个人都可以有其专属标志。大到国家国徽、小到私人标记。现代社会中，标志与符号已大大扩展了它的应用范围，尤其在商业竞争中，标志本身就是信誉和质量的象征，它本身就是价值，如图 5-6 和图 5-7 所示。

图 5-6

图 5-7

5.1.2 优秀标志应具备的特性

一个没有标志的企业或者单位就像是没有灵魂一样，它没有办法从茫茫商海中被人辨认出来。在标志设计的过程中需要注意以下几点。

1. 识别性

标志的识别性是企业标志的重要功能之一。面对各种各样的竞争，只有简洁、明了、容易辨认和记忆的标志才能在同行业中突显出来。图 5-8 所示为航空运输企业的标志，图 5-9 所示为洗护品企业标志。

图 5-8

图 5-9

2. 领导性

企业标志是企业视觉传达要素的核心，也是企业开展信息传达的主导力量。标志的领导地位是企业经营理念和经营活动的集中表现，贯穿和应用于企业的所有相关的活动中，不仅具有权威性，而且还体现在视觉要素的一体化和多样性上，其他视觉要素都以标志构成整体为中心而展开，如图 5-10 和图 5-11 所示。

图 5-10

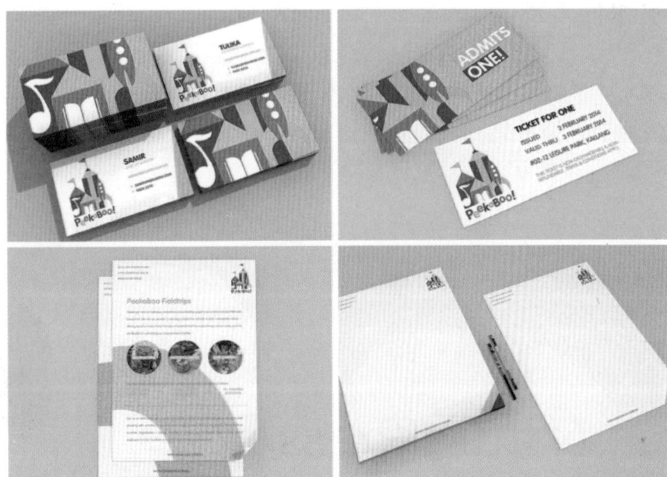

图 5-11

3. 统一性

标志象征着企业的经营理念、文化特色、价值取向，是企业精神的具体象征。在整个企业活动中，标志不能违背企业的宗旨。图 5-12 所示为保健组织标志，图 5-13 所示为计算机硬件企业的标志。

图 5-12

图 5-13

4. 系统性

企业标志一旦确定，随之就应展开标志的精致化作业，其中包括标志与其他基本设计要素的组合规定。目的是对未来标志的应用进行规划，达到系统化、规范化、标准化的科学管理。从而提高设计作业的效率，保持一定的设计水平，如图 5-14 和图 5-15 所示。

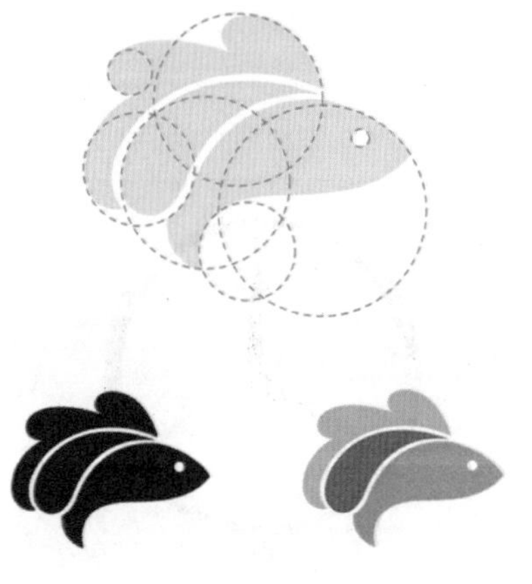

图 5-14

COLORS PALETTE

R: 8 G: 186 B: 216

R: 137 G: 82 B: 61

R: 247 G: 150 B: 29

图 5-15

5. 艺术性

标志的艺术性是通过巧妙的构思和技法，将标志的寓意与优美的形式有机结合时体现出来的。标志图形的艺术性，不仅决定了标志传达企业情况的效力，而且会影响到消费者对商品品质的信心与企业形象的认同。艺术性强的标志，具有定位准确、构思不落俗套、造型新颖、大方、节奏清晰、明快统一中有变换、富有装饰性等特点，如图 5-16 和图 5-17 所示。

图 5-16

图 5-17

6. 时代性

时代性是标志在企业形象树立中的核心。企业要不断面对这个不断飞速发展的社会，就必须具有时代精神。标志是一个企业的象征，同样也要面对着这样的挑战。所以标志的形象更新以十年为一期，它代表着企业求新求变、勇于创造、追求卓越的精神，避免企业的日益僵化，陈腐过时，如图 5-18 和图 5-19 所示。

图 5-18　　图 5-19

7. 延展性

企业标志是应用最为广泛，出现频率最高的视觉传达要素，必须在各种传播媒体上广泛应用。标志图形要针对印刷方式、制作工艺技术、材料质地和应用项目的不同，采用多种对应性和延展性的变体设计，以产生切合、适宜的效果与表现，如图 5-20 和图 5-21 所示。

图 5-20

图 5-21

8. 通俗性

在标志的设计中，要尽量将标志设计成具有讲得出、听得进、看得懂、记得住、传得开等特点。这就是标志设计的通俗性。通俗性不是简单化，而是指以少胜多，立意深刻。图 5-22 所示为世界自然基金会标志，图 5-23 所示为好莱坞标志。

图 5-22

图 5-23

5.1.3 标志的常见形式

标志是有目的地传递信息的识别符号。在标志设计中有三种形式，分别是图形标志设计、文字标志设计和阿拉伯数字标志设计，如图 5-24～图 5-26 所示。

图 5-24

图 5-25

图 5-26

1. 图形标志设计

图形的标志设计是将与标志对象直接关联的图形作为标志。图形的运用千变万化，使图形的标志设计成为最有延展性的设计。这种手法直接、明了，易于迅速理解和记忆，如图 5-27 和图 5-28 所示。

图 5-27

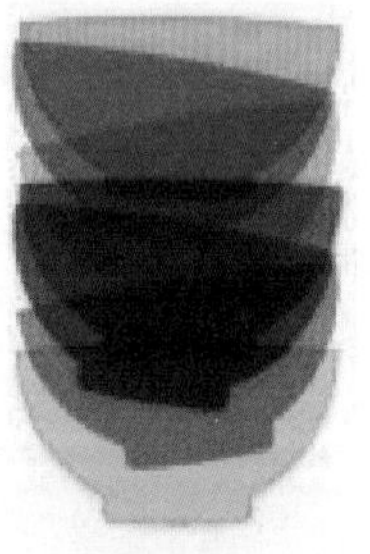

图 5-28

1）具象的表现形式

自然图形所构成的标志采用的素材相当广泛，有动物、人物、植物、景观等，这些表现手法一般适用比较写实的形象，还有的表现手法在于更加富有情趣、贴近大众。标志中所使用的象征性形象在其构成中具有某种特定的内涵，这些内涵既与标志所代表的行业特性相关联，又能够有效地将企业的经营理念传递给受众。

(1) 人体造型的图形

人体造型即是指以人体整体或局部为原型进行创造性的设计，以人物的动作和造型来对标志进行设计可以传达简洁明了的概念，如思想、感情、心理、指代和关系。这种设计在标志中很常见，比较有代表性的有肯德基、康师傅，如图5-29和图5-30所示。

图 5-29

图 5-30

(2) 动物造型的图形

动物造型的标志设计是当今较为流行的设计方式之一。但应注意，选用动物时，应考虑到不同区域对于动物的喜爱也有所不同，如图5-31和图5-32所示。

图 5-31

图 5-32

(3) 植物造型的图形

植物造型则是指以植物为原型进行的创造，或将图形结构与植物造型相结合产生特定的形状。植物造型的标志设计，通常给人一种清爽、积极向上的感觉，如图5-33和图5-34所示。

图 5-33

图 5-34

(4) 器物造型的图形

“器物”是各种用具的总称，它涉及的范围极广、品种繁多。从形体上说，大至高耸入云的建筑，小至书本等都可以作为标志设计的原型，器物造型以直观的形象和多变的造型来吸引人们的视线。而器物造型的标志主要以各类器物的用途以及特点反映出不同的情感、含义，如图 5-35 和图 5-36 所示。

图 5-35

图 5-36

(5) 自然造型的图形

自然现象是自然力的象征，自然力量的象征意义深入人心，所以在标志设计中也经常根据这些自然的现象来表现企业或组织的代表含义。星象、水和火星是这一类型标志常用的题材，常用于传达永恒、广阔等象征意义，如图 5-37 和图 5-38 所示。

图 5-37

图 5-38

2) 抽象的表现形式

抽象型标志是指用理性的，纯粹的点、线、面、体组成的抽象图形来表达含义。这种标志在造型效果上有较大的发挥余地，具有强烈的现代感和符号感。抽象的表现形式往往构思巧妙、意义深远。在造型上简洁、明了，色彩上个性强烈，给人一种清晰、明确、创意的感觉。但是，抽象类标志由于其意义表达不够直截了当，因而不像具象图形那样易于被人们所理解，有时甚至还会产生歧义。抽象型标志按其不同的形态构成特征，可以分为以下五种。

(1) 圆形标志设计

在中国圆形象征着圆满、幸福的意愿，在标志设计中得到广泛的运用。圆形容易吸引人的视觉注意力，形成视觉中心。圆形标志图形一般可分为正圆形、椭圆形和复合形三类，如图 5-39 和图 5-40 所示。

图 5-39

图 5-40

(2) 四方形标志设计

四方形的范围比较广泛，正方形、矩形、梯形、菱形都是四方形。四方形是生活中较为常见的形状，使用四方形作为标志设计，便于人的记忆和理解，如图 5-41 和图 5-42 所示。

图 5-41

图 5-42

(3) 三角形标志设计

在标志中的三角形分为等边三角形、直角三角形和倒三角三种。等边三角形和直角三角形给人稳重的视觉印象；倒三角给人不稳定的视觉印象，如图 5-43 和图 5-44 所示。

图 5-43

图 5-44

(4) 多边形标志设计

多边形是指由多种几何形组合而成的形状。其构成方式一般有两种：一种是由各种几何形相互切割构成的，如圆形和四方形的切割等；另一种是由各种几何形并置而成的。在标志设计中，多边形往往能表现多种形式和内容，如图 5-45 和图 5-46 所示。

图 5-45

图 5-46

(5) 箭头标志图形

箭头形标志设计具有指向性，箭头的指向不同，所象征的意义也就不同，如图 5-47 和图 5-48 所示。

图 5-47

图 5-48

2. 文字标志设计

在大多数情况下，标志设计中都会有文字，有些标志是图文结合，有的是只有文字。使用文字作为标志，它同时具有语言特征和图像特征两种形式，所以在当代世界标志设计的潮流中，也越来越将文字设计的比重加大。一般文字标志设计分为以下两种形式。

1）汉字标志设计

在对汉字进行标志设计时，应该选择一个能够代表企业的文字，既能够便于广大群众接受和识别，又具有自己的独到之处，如图 5-49 和图 5-50 所示。

图 5-49

图 5-50

2）字母标志设计

字母的造型简单，便于在设计中进行变形、加工，有很强的可塑性。字母作为相对通用的文字，在沟通方面可以缩短距离。使用字母进行标志设计，可以以一个字母为基础进行设计，也可以以其全称或缩写进行设计，如图 5-51 和图 5-52 所示。

图 5-51

图 5-52

3. 阿拉伯数字标志设计

阿拉伯数字在全世界范围内都不存在语言障碍，它的识别性很高。在使用数字进行标志设计时，要注意以下三点。将数字作为标志设计的元素，与图形相配合进行艺术化的加工，使标志变得妙趣横生，便于识别，如图 5-53 和图 5-54 所示。

图 5-53

图 5-54

5.1.4 标志的构成方法

在决定了标志将要采用的形式之后，最重要的就是如何将构成标志的图形以及文字元素合理的呈现出来。这也是标志设计之初最让人头疼的部分，是左右摆放？还是上下摆放？尝试了很多种但似乎很难找到一个完美的排布方法。其实标志的构成方法也是有一定规律可循的，下面我们就来了解一些比较常见的构成方法，了解了这些内容后就可以将这些构成手段应用到我们的标志设计中了。

1. 反复

同一造型元素按照一定的规律反复出现，形成有秩序的变换。反复的形式可分为单纯反复和变换反复。

1）单纯反复

单纯反复是指某一元素有规律的简单反复出现，从而产生了均匀的美感，如图 5-55 和图 5-56 所示。

图 5-55

图 5-56

2）变换反复

变换反复是指元素在变化中，有规律的进行变换。变换反复不仅具有节奏美，还具有单纯的韵律美感，如图 5-57 和图 5-58 所示。

2. 渐变

造型元素进行有规律的变换。在对渐变类型的标志进行设计时，可以考虑在大小、方向、轻重、色彩、重心上进行设计。渐变设计的优点是产生和谐优美的韵律感，如图 5-59 和图 5-60 所示。

3. 立体

立体的标志设计是在二维空间中，制作出立体的效果。在设计立体的标志时，应该注意透视、投影、重叠、光源等。其优点是使平面的物体具有空间感、体积感、重量感和方向感，如图 5-61 和图 5-62 所示。

图 5-57

图 5-58

图 5-59

图 5-60

图 5-61

图 5-62

4. 变异

在相同的造型基础上发生了局部的突变。可以从大小、方向、形状、位置、方向等方面发生突变。其优点是视觉特征鲜明突出，注意力强而集中、主次分明，有新奇之感，如图 5-63 和图 5-64 所示。

图 5-63

图 5-64

5. 反衬

标志作为视觉识别符号有其独特的艺术语言，就是简洁、明确。标志不同于其他设计，它是在有限的范围内以最简练的方式变化出最富有内涵的图形，并一般采用黑白两色效果，再进行颜色的应用和调整，如图 5-65 和图 5-66 所示。

图 5-65

图 5-66

6. 重叠

重叠应用在标志设计中，不仅可以缩小结构单元的总体面积，使标志结构紧凑，更重要的是还可使原有的平面结构单元层次化、立体化，如图 5-67 和图 5-68 所示。

图 5-67

图 5-68

5.1.5 标志中的色彩

当人们接触到标志时，最先映入眼帘的是标志的颜色，然后是标志的图形轮廓，最后是标志的文字。在前面的章节中，我们学习了颜色的基础知识，了解了不同的颜色给人的视觉感受是不同的。不同的行业在选择标志的标准色时也是有规律可循的。餐饮类一般会选择暖色调，因为会给人一种食物味道可口、服务热情的感觉，如图 5-69 所示。电子、医药、工业等高科技信息行业在选择标志用色是会倾向于选择冷色调，如蓝色、青色等，通常选择这样的颜色，给人以高质量、高科技的感觉，会让顾客产生信赖感，如图 5-70 所示。

图 5-69

图 5-70

标志的色彩搭配是指在同一标志中，两种或两种以上的颜色相互之间产生的影响。在同一标志中最好选择两种或三种颜色进行色相搭配，颜色过多会给人一种视觉上的混淆感，而且会增加印刷费用。标志的配色有以下几种基本方法。

1. 色相搭配

互补色的色彩搭配是对比较强的颜色搭配方法，给人一种激烈、碰撞的感觉，如图 5-71 所示；对比色是中强度的配色方法，给人欢乐、愉悦的感觉，如图 5-72 所示；类似色和邻近色是对比较弱的配色方法，给人温柔、内敛的感觉，如图 5-73 所示。

图 5-71

图 5-72

图 5-73

2. 明度搭配

明度搭配是指将两种以上不同明度的颜色进行对比，颜色之间明度值相差越大对比越强烈，如图 5-74 所示；明度差值越小对比越弱，如图 5-75 所示。

图 5-74

图 5-75

3. 纯度搭配

将两种以上不同纯度的颜色进行对比，高纯度的颜色对比效果较为鲜明，如图 5-76 所示；低纯度的颜色对比效果较为柔和，如图 5-77 所示。

图 5-76

图 5-77

4. 冷暖搭配

将冷色与暖色进行搭配，在冷暖两色之间的对比中往往会反衬出对方的特色，从而形成鲜明的对比效果，如图 5-78 和图 5-79 所示。

图 5-78

图 5-79

5.1.6 常见行业的标志设计

1. 服装服饰

服装服饰品牌标志作为一个品牌赋予消费者的第一浓缩印象，需要呈现的是代表品牌特质的形式感，并准确的突出其产品的风格和品质，所以服饰标志设计更注重消费者档次、视觉、触觉的需要，如图 5-80 和图 5-81 所示。

图 5-80

图 5-81

2. 美容美发

美容美发类行业标志需要体现产品的核心价值和文化，能够体现出产品的定位、品质、特色、服务、亲和力。由于这一类行业主要面对女性消费者，所以在标志的设计上也要“投其所好”。美容美发类标志常常体现出温婉、美艳、柔和等特色，如图 5-82 和图 5-83 所示。

图 5-82

图 5-83

3. 家电产品

优秀的标志设计是企业内在经营理念、文化特色的体现。家电产品的标志多表现出极强的现代感和科技感，意在表现产品所在领域，以及突出这类产品的自身特点，如图 5-84 和图 5-85 所示。

图 5-84

Panasonic
ideas for life

图 5-85

4. 食品行业

对于食品行业而言，在消费者中树立一个良好的形象和发展成一个知名餐饮品牌，标志的设计是具有重要意义的。对于食品而言，美味、健康、营养、新鲜是必备元素，所以在食品类标志的设计过程中尤其要注意颜色的选择，如图 5-86 和图 5-87 所示。

图 5-86

图 5-87

5. 教育行业

院校、培训机构等教育类产业的标志设计通常是饱含深意的。植物、盾牌、手等能够体现出高度的求知精神与培养精神的图案都是教育行业的常用元素，如图 5-88 和图 5-89 所示。

图 5-88

图 5-89

6. 汽车产品

汽车产品类的品牌标志设计可以塑造品牌形象，需要依据不同的产业背景和前景方向来设计汽车标志，使其具有高度识别性和品牌寓意。常使用直观、简易的图形突显主题，使人铭记，如图 5-90 和图 5-91 所示。

图 5-90

图 5-91

7. 科技产业

科技产业类的标志表达手法通常比较前卫时尚，除了图形上的变化也可以使用不同的颜色来进行相关的搭配。以鲜明的领域特征和图案表现出标志的含义，使标志视觉冲击力强，充满动感和活力，如图 5-92 和图 5-93 所示。

图 5-92

图 5-93

8. 医疗健康

医疗健康的标志设计风格要求符合大众生活化，传递出安全、洁净、快速、健康和呵护的感觉。所以多以清新、健康的颜色为主要标志颜色，如图 5-94 和图 5-95 所示。

图 5-94

图 5-95

9. 经济金融

经济金融类的标志多以明亮、简洁的设计为主，使标志传递出大气、明快和效率的含义。此类标志颜色多采取象征着生命、活力、健康和自然的绿色、代表着宽容和爱的蓝色、具有活力的红色作为标准色。体现出进取、发展的精神，如图 5-96 和图 5-97 所示。

图 5-96

图 5-97

10. 建筑建材

建筑建材行业标志应具有庄重深沉的意味，能够给人稳固坚实的印象，令人产生信赖感。建筑建材类的标志多带有棱角和厚度，体现出空间感和信任感，如图 5-98 和图 5-99 所示。

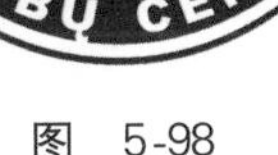

图 5-98

图 5-99

5.2 图文结合的标志设计

5.2.1 设计解析

本案例是一款典型的多彩图文结合标志，颜色上采用邻近色搭配：蓝和绿。这两种颜色搭配在一起和谐统一，而且这两种颜色搭配在一起给人以活力、速度、进取之感。标志左侧的图形即可单独作为标志出现，也可以与右侧艺术字搭配出现。标志的图形部分通过颜色的差异模拟出立体的效果，文字部分则采用颜色上的渐变使之呈现出一种突起感。图 5-100 和图 5-101 所示为优秀的标志设计作品。

图 5-100

图 5-101

5.2.2 制作流程

在本案例中分为形状和文字两个部分的制作。形状的制作比较简单，是通过调整图形颜色和位置制作出立体的效果。文字的制作相对复杂，是使用矩形工具、钢笔工具绘制形状，接着通过使用“直接选择”工具调整形状，最后通过将这些形状进行组合得到创意文字。在本案例中主要使用到了文字工具、直接选择、添加锚点工、直接选择工具、椭圆工具、“效果”命令、“不透明度蒙版”等技术。图 5-102 所示为本案例制作流程。

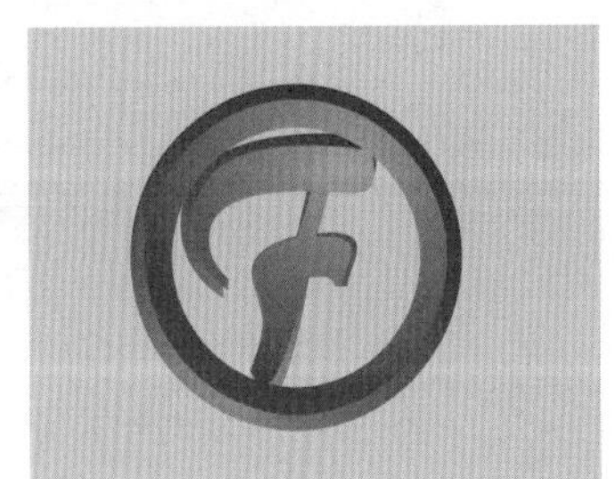

图 5-102

图 5-102（续）

5.2.3 案例效果

最终制作的案例效果如图 5-103 所示。

图 5-103

5.2.4 操作精讲

Part 1 标志图形部分设计

（1）新建一个 A4 大小的横向文件。执行“窗口”→“渐变”命令，在弹出的“渐变”面板中设置“类型”为“径向”，编辑一个淡青色系的渐变。如图 5-104 所示。单击工具箱中的“矩形工具”按钮，使用该工具绘制一个与页面等大的矩形，单击渐变面板中的渐变色块，背景制作完成，如图 5-105 所示。

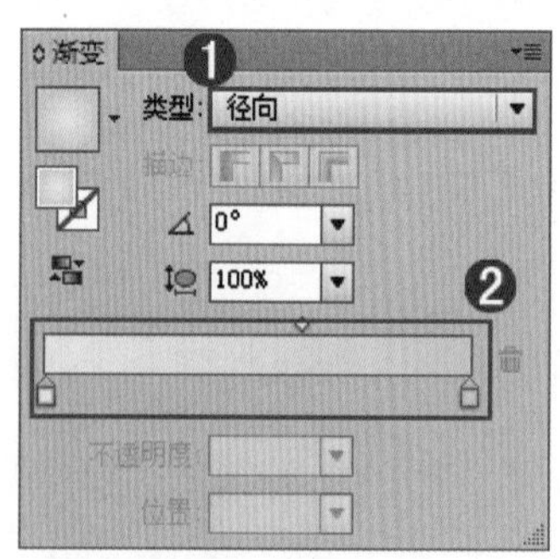

图 5-104

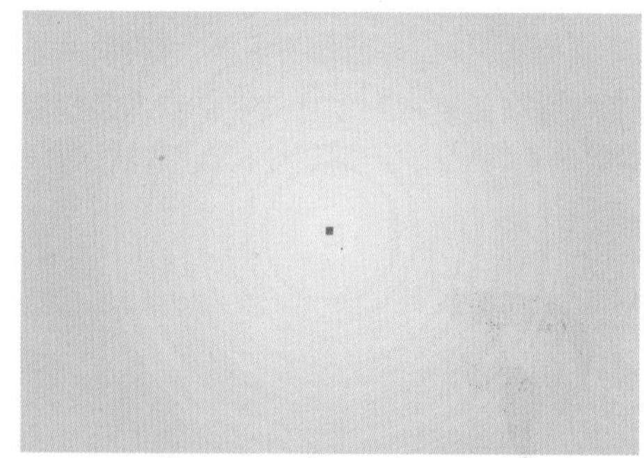

图 5-105

（2）单击工具箱中的“文字工具”按钮，在控制栏中选择一个合适的字体在工作区输入字母 F，如图 5-106

所示。文字输入完成后，执行“文字”→“创建轮廓”命令，将文字创建为轮廓。接着开始制作图标的圆环部分，单击工具箱中的“椭圆工具”按钮，在选项栏中设置“填充”为“无”，“描边”为黑色，描边宽度为 14pt，设置完成后绘制正圆，如图 5-107 所示。选择该正圆，执行“对象”→“扩展”命令，将该形状进行扩展，圆环制作完成。

图 5-106

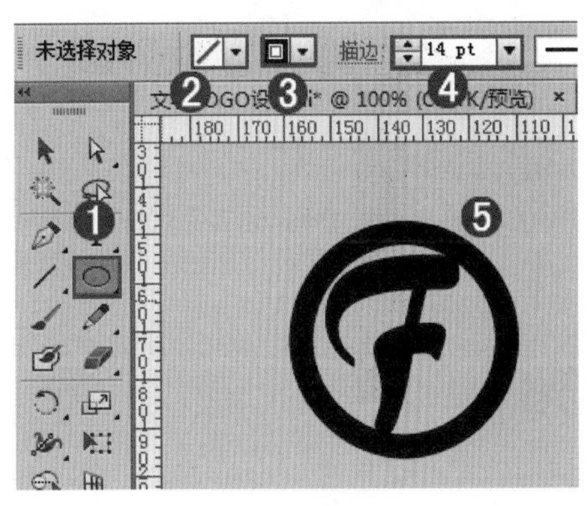

图 5-107

(3) 将圆环和字母选中，执行“对象”→“编组”命令，将其进行编组。在“渐变”面板中编辑一个蓝色系的“径向”渐变进行填充，如图 5-108 所示。选择该形状，使用“复制”快捷键 Ctrl + C 将其进行复制，继续使用“贴在前面”快捷键 Ctrl + F 将选中的对象贴在前面，将其填充一个径向渐变，然后将其沿中心点进行等比例缩放，图形部分制作完成。效果如图 5-109 所示。

图 5-108

图 5-109

Part 2 标志文字部分设计

(1) 文字部分由于需要制作出独具特色的字体效果，所以在这里我们采用笔画拼接的方式进行制作。单击工具箱中的“矩形工具”按钮，在工作区绘制一个矩形，如图 5-110 所示。接下来调整锚点位置来改变图形形状。单击工具箱中的“直接选择工具”按钮，选择矩形左下角的锚点将其向左移动，作为文字的第一个笔画，如图 5-111 所示。

图 5-110

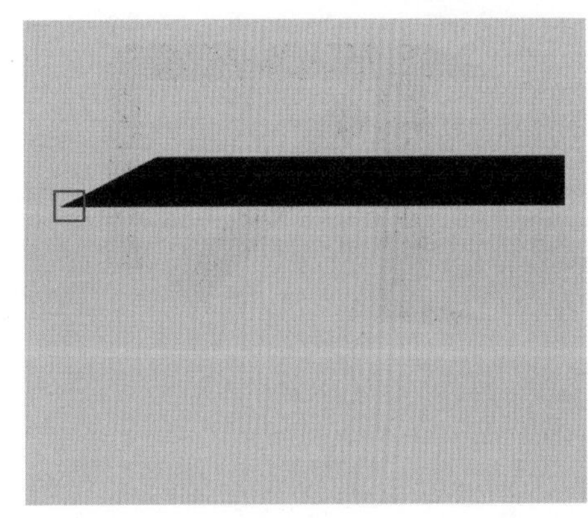
图 5-111

(2) 使用“矩形工具”在相应位置绘制矩形，如图 5-112 所示。选择该矩形继续单击工具箱中的“添加锚点工具”按钮，使用该工具在矩形的左下角添加锚点，如图 5-113 所示。

图 5-112

图 5-113

(3) 使用“直接选择工具”选择左下角的锚点，按住 Shift 键将锚点向左移拖曳，如图 5-114 所示。使用“矩形工具”绘制矩形，如图 5-115 所示。

图 5-114

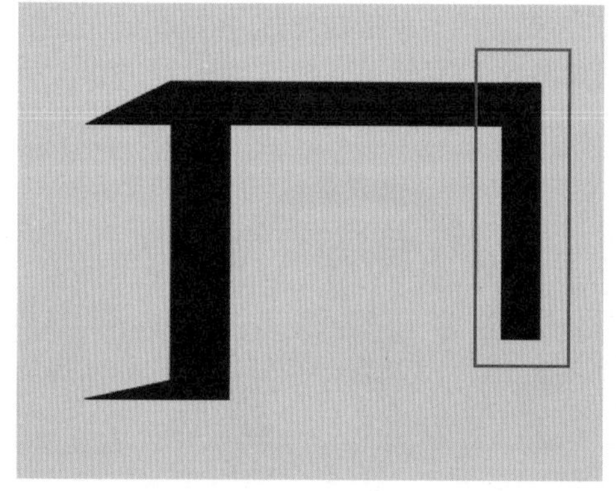

图 5-115

(4) 制作“风”字中间部分。使用“矩形工具”绘制一个矩形并进行旋转，如图 5-116 所示。选择倾斜的矩形，单击鼠标右键在弹出的快捷菜单中执行“变换”→“选中”→“对称”命令，在弹出的“镜像”窗口中勾选“垂直”选项，单击“复制”按钮，参数设置如图 5-117 图所示。画面效果如图 5-118 所示。

图 5-116

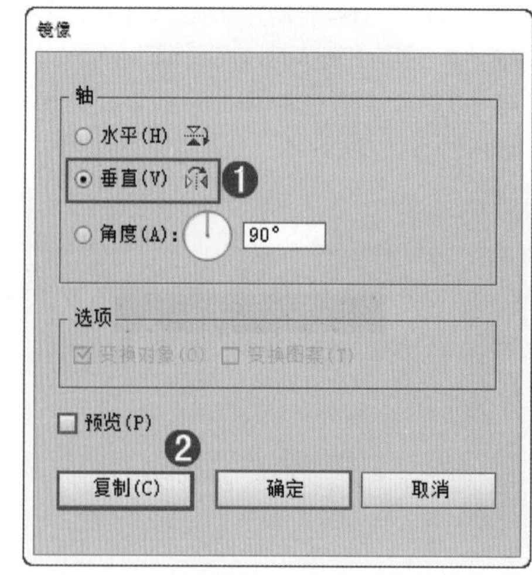

图 5-117

(5) 将两个倾斜的矩形同时选中，执行“窗口”→“路径查找器”命令，在“路径查找器”面板中单击“联集”按钮，图形效果如图 5-119 所示。

图 5-118

图 5-119

(6) 建立参考线调整锚点位置。执行“视图”→“标尺”→“显示标尺”命令，然后在如图的位置建立两条参考线，如图 5-120 所示。使用“直接选择工具”更改“风”字内部笔画的锚点位置，如图 5-121 所示。

图 5-120

图 5-121

(7) 此时“风”字的大部分已经制作完成了。继续使用同样的方法制作其他的文字。案例效果如图 5-122 所示。单击工具箱中的“文字工具”按钮T，在相应的位置输入点文字，效果如图 5-123 所示。点文字输入完成后选择文字执行“文字”→“创建轮廓”命令，将文字转换为形状。

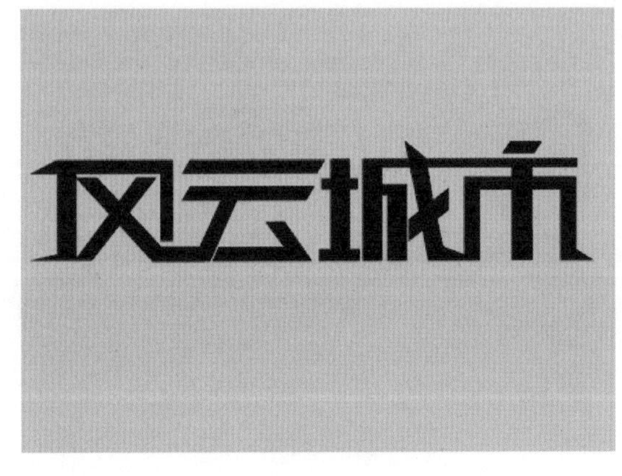

图 5-122

图 5-123

(8) 将这两行文字同时选中，使用“编组”快捷键 Ctrl + G 将其进行编组。然后在“渐变面板”中编辑一个绿色系的线性渐变进行填充，如图 5-124 和图 5-125 所示。

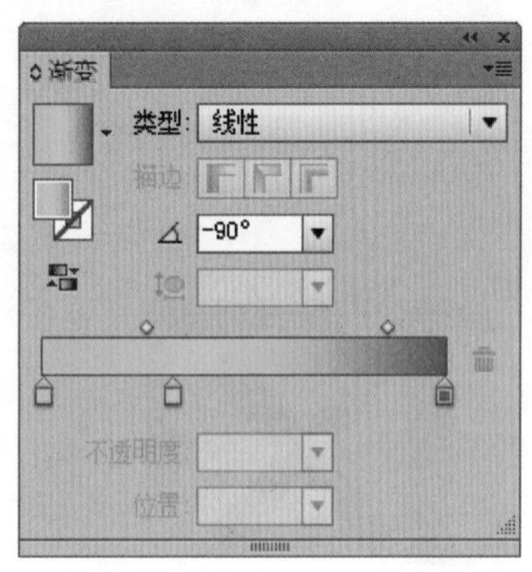

图 5-124

图 5-125

(9) 制作文字的绿色描边。选择文字，使用“复制”快捷键 Ctrl + C 将其进行复制，并使用“粘贴”命令快捷键 Ctrl + V，执行“效果”→“路径”→“位移路径”命令，在弹出的“偏移路径”窗口设置“位移”为 2mm，“连接”为“圆角”，“斜接限制”为 4，参数设置如图 5-126 所示。设置完成后单击“确定”按钮，画面效果如图 5-127 所示。

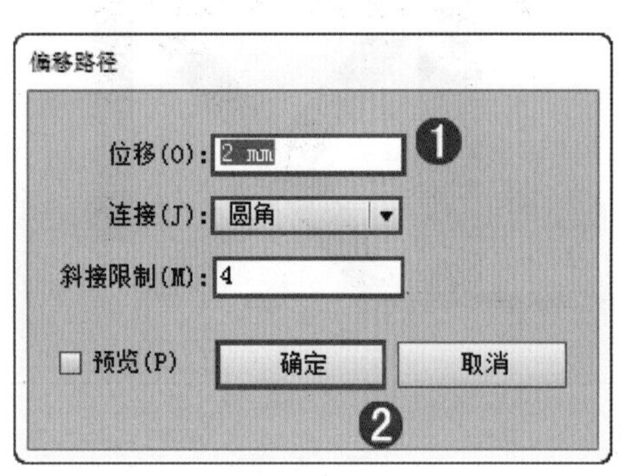

图 5-126

图 5-127

(10) 将“位移路径”得到的图形填充为深绿色，如图 5-128 所示。在该图形上单击鼠标右键，执行“排列”→“后移一层”命令，如图 5-129 所示。

图 5-128

图 5-129

（11）最后将制作完成的文字部分移动到画板的合适位置，效果如图5-130所示。

图 5-130

Part 3 制作倒影效果

（1）为了使标志的展示效果更好，效果下面制作LOGO的倒影效果。将LOGO的图形和文字部分进行编组。将LOGO选中，执行“对象”→“变换”→“对称”命令，在弹出的“镜像”窗口中勾选“水平”选项，单击“复制”按钮，参数设置如图5-131所示。将复制的LOGO移动到相应位置，如图5-132所示。

图 5-131

图 5-132

（2）使用“矩形工具”在复制的LOGO上方绘制一个矩形。在“渐变”面板中编辑一个黑色系渐变。如图5-133所示。将复制得到的LOGO和矩形同时选中，如图5-134所示。

图 5-133

图 5-134

(3) 执行“窗口”→“透明度”命令，在打开的“透明度”面板中单击“制作蒙版”按钮，如图5-135所示。此时画面效果如图5-103所示，本案例制作完成。

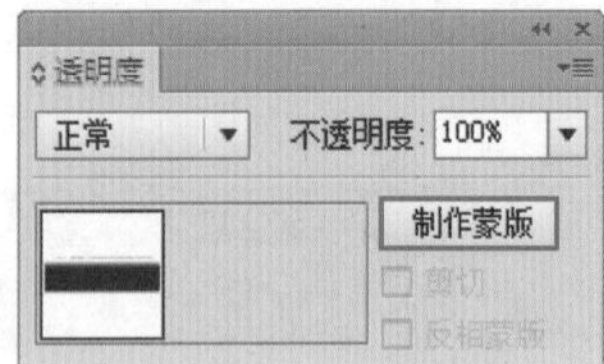

图 5-135

5.3 卡通风格标志设计

5.3.1 设计解析

本案例制作的是一款读者为儿童的系列读物标志，由于受众群体为儿童，所以标志的设计上要符合儿童的审美特点，整体以高明度的青绿色作为主色调，稍暗的深绿色作为辅助色置于底部，使标志更为稳重一些。而为了使标志整体更为活泼，文字部分采用多种颜色作为点缀色，搭配夸张有趣的卡通人物，更加迎合儿童的喜好，如图5-136所示。

图 5-136

5.3.2 制作流程

本案例文字的设计是通过将输入的文字创建轮廓，然后进行变形得到的。文字制作完成后，为其添加动物装饰和描边。在本案中主要使用文字工具、渐变工具、“位移路径”命令、矩形工具、不透明度蒙版、钢笔工具、“对称”命令等技术。图5-137所示为本案例制作流程。

图 5-137

图 5-137(续)

5.3.3 案例效果

最终制作的案例效果如图 5-138 所示。

图 5-138

5.3.4 操作精讲

(1) 新建一个 A4 大小的横向文件。选择工具箱"矩形工具"，绘制一个与画板等大的矩形。接下来为矩形填充渐变颜色，选择这个矩形，执行"窗口"→"渐变"命令，在"渐变"面板中设置"类型"为"径向"，编辑一个绿色系渐变，效果如图 5-139 所示。渐变编辑完成后，使用"渐变工具"在矩形拖曳填充，效果如图 5-140 所示。

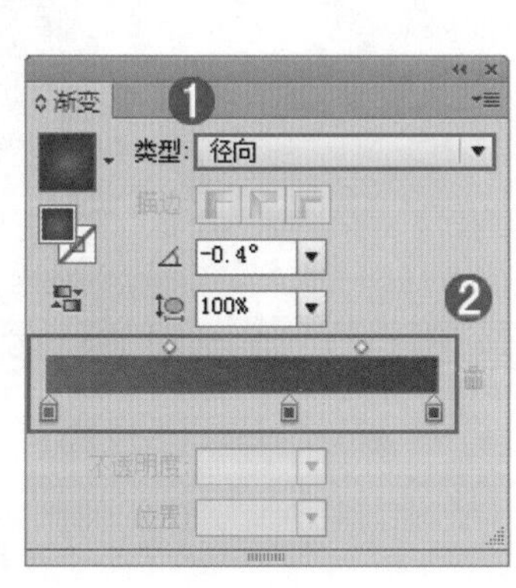

图 5-139

图 5-140

(2) 选择"文字工具"T，设置合适的字体、字号，在画面中输入文字，然后选择文字，执行"文字"→"创建轮廓"命令，将其创建轮廓，如图 5-141 所示。

(3) 进行文字的修改。选择工具箱中的“直接选择工具”，更改文字锚点的位置，如图 5-142 和图 5-143 所示。

图 5-141

图 5-142

图 5-143

(4) 为文字添加渐变。在渐变面板中编辑一个青色系的“径向”渐变，然后使用“渐变工具”为进行拖曳填充。效果如图 5-144 所示。使用同样的方法制作其他颜色的文字，如图 5-145 所示。

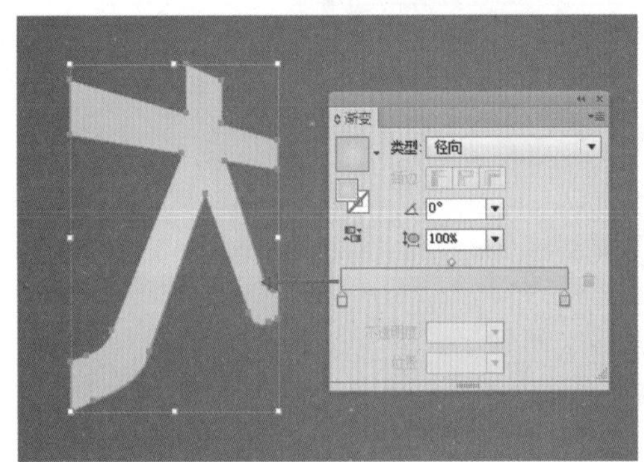

图 5-144

图 5-145

(5) 继续使用文字工具输入英文，然后将文字创建轮廓后填充渐变，效果如图 5-146 所示。将素材“1. png”置入到画面中放置在合适位置，标志的主体就制作完成了，如图 5-147 所示。

图 5-146

图 5-147

(6) 制作标志的外部描边。将画面中文字及图形选中，使用“复制”快捷键 Ctrl + C 将其复制，此时就不要进行其他复制操作。然后执行“效果”→“路径”→“位移路径”命令，在弹出的“偏移路径”窗口中设置“位移”为 3mm，“连接”为“圆角”，“斜接限制”为 4，单击“确定”按钮。参数设置如图 5-148 所示。效果如图 5-149 所示。

(7) 将画面中的位移路径对象选中，然后执行“对象”→“扩展外观”命令。执行“窗口”→“路径查找器”命令，在弹出的“路径查找器”面板中，单击“联集”按钮，画面效果如图 5-150 所示。

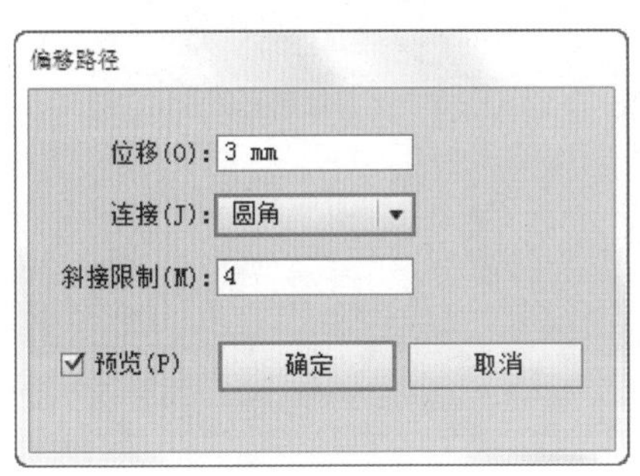

图 5-148

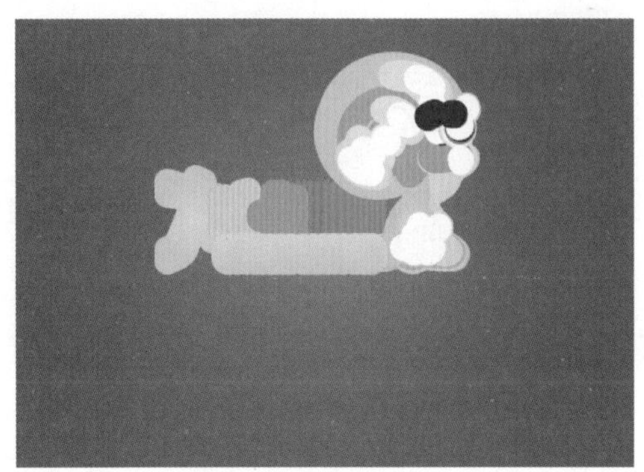

图 5-149

(8) 使用“直接选择工具”，将这个形状中间部分多余的锚点删除，效果如图 5-151 所示。将这个形状填充为绿色，“描边”为白色，“描边宽度”为 3pt，效果如图 5-152 所示。

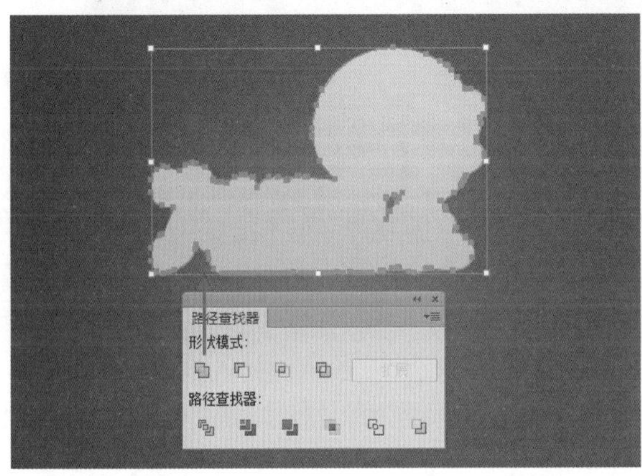

图 5-150

图 5-151

(9) 将之前复制的内容进行粘贴。使用“贴在前面”快捷键 Ctrl + F 将复制的内容进行粘贴。效果如图 5-153 所示。

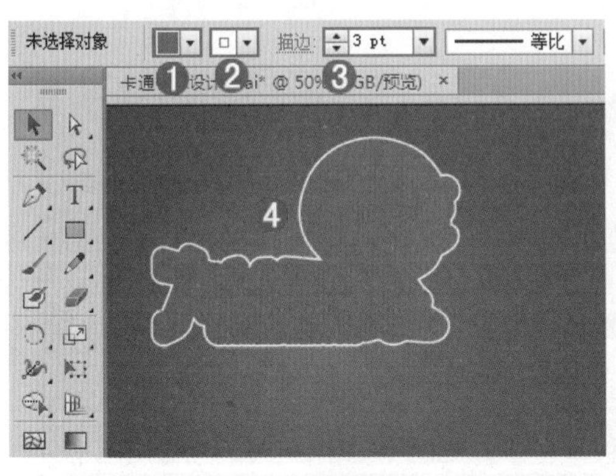

图 5-152

图 5-153

(10) 制作文字上的光泽部分。选择“大”字，使用快捷键 Ctrl + C 将其复制，使用“贴在前面”快捷键 Ctrl + F 将复制的内容贴在前面，之后为其填充一个由透明到白色的渐变，如图 5-154 所示。使用“钢笔工具”绘制形状，如图 5-155 所示。最后将这个形状和“大”字选中，然后执行“对象”→“剪切蒙版”→“建立”命令，建立剪贴蒙版，效果如图 5-156 所示。该文字部分的光泽就制作完成了。

图 5-154

图 5-155

（11）使用同样的方法，制作其他文字的光泽部分。效果如图 5-157 所示。

图 5-156

图 5-157

（12）最后制作标志的倒影效果。将标志部分选中，使用“编组”快捷键 Ctrl + G 将其进行编组。然后选择标志部分，执行“对象”→“变换”→“对称”命令，在弹出的“镜像”窗口中设置“轴”为“水平”，单击“复制”按钮，参数设置如图 5-158 所示。将复制的对象移动到合适位置，如图 5-159 所示。

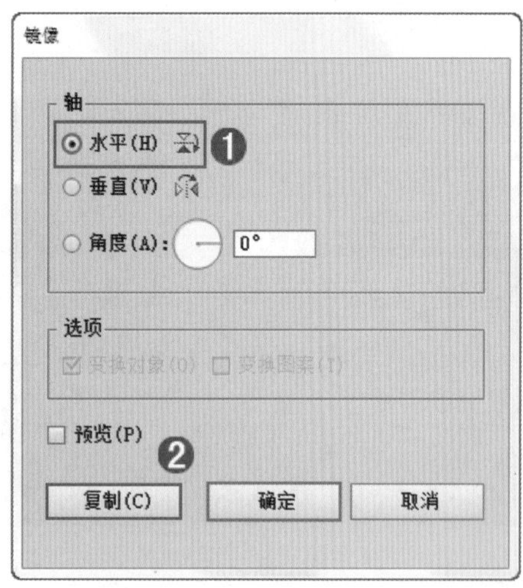

图 5-158

图 5-159

（13）使用“矩形工具”相应位置绘制一个由深灰色到黑色的渐变，如图 5-160 所示。将这个矩形和翻转的标志选中，然后执行“窗口”→“透明度”命令，单击“透明度”面板中的“制作蒙版”按钮，建立不透明度模版，效果如图 5-138 所示。本案例制作完成。

图 5-160

5.4 灵感补给站

参考优秀设计案例，启发设计灵感，如图 5-161 所示。

图 5-161

JIDOKA™

BASSMASTER
fish-tackle

vitamin
БЮРО ПУТЕШЕСТВИЙ

ICON MANIA
YOIKO NO DIGITAL ICON AND PICTOGRAM DESIGN HAND BOOK

ぐんま文化の日

1
one foundation

图 5-161（续）

第6章

名片设计

- **课题概述**

作为视觉识别系统的重要组成部分之一，名片的设计可谓是将万千深意聚集在方寸之间的设计作品。在市场经济大行其道的今天，名片早已不仅仅停留在用于介绍名字、联系方式的层面上，更多的是传达企业或个人的业务领域甚至是形象地位等信息。好的名片可以在瞬间震撼对方，然后为对方留下深刻的印象，从而得到对方的尊重和认同。在进行设计时不仅要考虑文案的设置，更要从构图、颜色、造型以及制作工艺等方面下功夫，才能使设计出的名片给人以耳目一新的感觉。

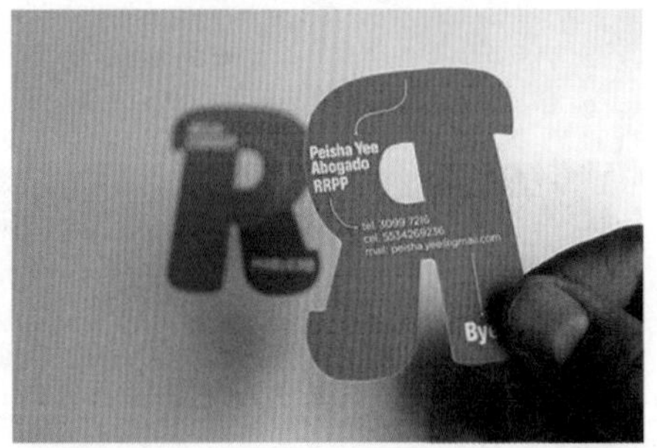

- **教学目标**

通过对本章的学习，了解名片的概念和作用，掌握名片的基本构成方法和制作工艺，并通过案例实战练习名片的设计制作。

6.1 名片设计概述

名片属于卡片的一种，卡片设计涵盖的范围很广泛，如名片、VIP卡片、明信片、请柬、节日贺卡等。卡片的设计对尺寸也没有固定的要求，只要符合卡片的应用范围就可以。卡片设计所涵盖的范围非常宽泛，使用的材质也多种多样。在本章中主要讲解名片设计的相关知识。

6.1.1 认识名片

名片是一种表示姓名、公司单位、职位和联系方法等信息的卡片，主要用在对不甚熟知的人之间进行自我介绍、相互认识、告知联系方式时。所以传递以上的信息也就成了名片的最基本功能，基于此，名片的主要内容往往围绕姓名、单位、职位、联系方式等信息展开。如图6-1和图6-2所示。

图 6-1

图 6-2

6.1.2 名片的构成

名片作为一种“功能性”设计作品，其价值就在于信息的传达，人们对于名片的观赏时间往往很短，所以名片包含的内容通常都比较少，简单、准确、直接、快速的使观者找到需要的信息是最主要的。除此之外，适当的“设计感”是非常有必要的。在进行名片设计时需要将文字、图形、色彩、版面等因素进行合理有序的排布，使之变得生动有趣，加深观者的印象。图6-3所示为一张没有经过“设计”的名片，虽然想要传达的信息全部展示在版面中，但也不免给人以枯燥乏味之感。而如图6-4所示的名片则是在原始信息基础上将背景色进行“分割”，并以渐变的形式增强了空间感。文字信息部分则利用字体样式、大小、粗细的不同进行区分，从而营造出主次分明的版面。

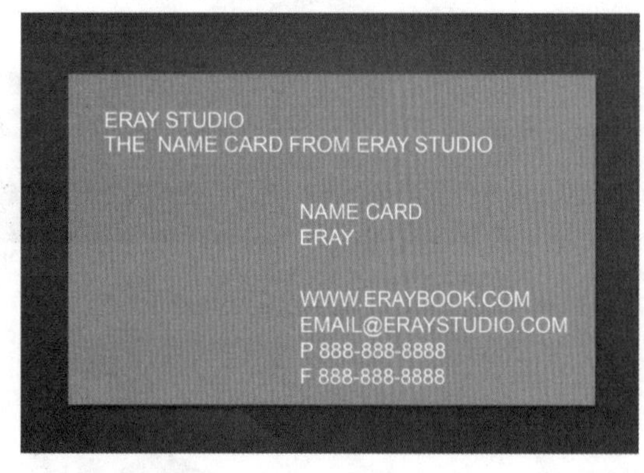

图 6-3

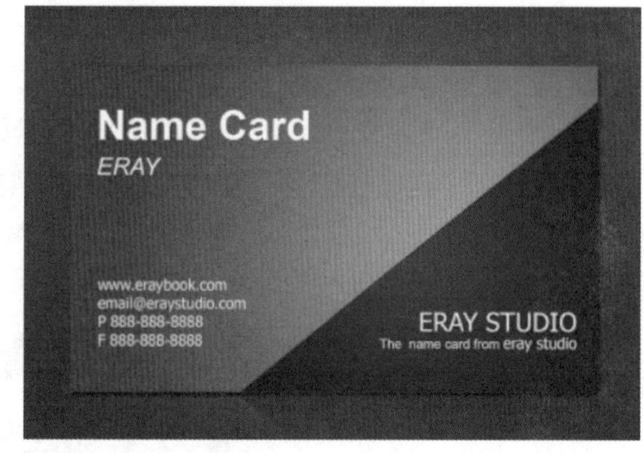

图 6-4

1. 图形元素

名片是一种兼具“图形化”的文字信息传播载体，名片上不仅需要文字传递信息，还需要通过图形元素进行辅助以增强画面美感。名片中的图形元素非常常见，例如，作为背景的底纹图案元素，作为装饰的图形，甚至是标志都是图形元素，如图 6-5 所示。这些图形元素可以单独出现在一张名片中，也可以使用多种，例如，图 6-6 所示的名片中就是将标志部分的图形同时应用到了名片的另外一面作为装饰图案，这样既能够使名片整体风格统一，又能够起到强化视觉印象的作用。

图 6-5

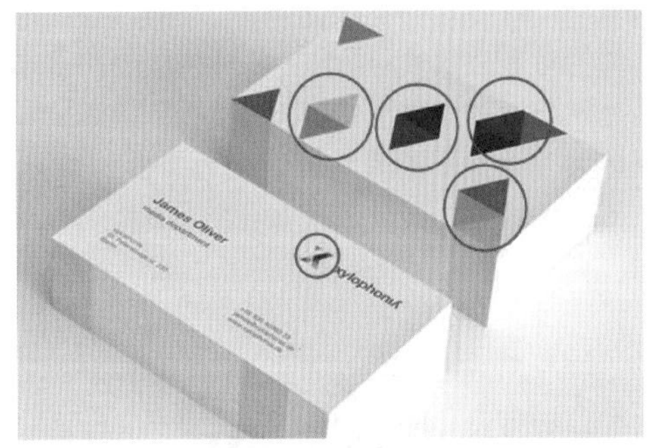

图 6-6

1）标志

标志是企业形象的核心，主要起到增加识别性的作用。所以标志在名片中的重要性不言而喻，标志往往与企业名称一同出现，以较大尺寸，单独摆放在名片的一面，以增强视觉冲击力，如图 6-7 所示。当然也可以与个人信息放在同一侧页面，此时标志部分所占比例稍小，以突显个人信息部分的重要性，如图 6-8 所示。

图 6-7

图 6-8

2）底纹

名片的版面空间相对较小，以纯色为名片的底色或点缀一些色块是比较常见的版面构成方法。但为了丰富画面效果或展现名片的独特之处，以图案作为页面的背景也是非常常见的。在底纹的使用时为了避免版面杂乱的情况，底纹应与底色尽量融合，图形要与名片风格一致，而且颜色方面应该与正文部分有所差异。如图 6-9 所示的名片，虽然底纹是由大量不同图案构成，但是底纹采用了低纯度而且明度较高的灰色，与白色背景色较为统一。主体白色文字部分采用蓝色色块作为衬托，亮眼的蓝色使文字很好地从背景中分离出来。如图 6-10 所示的名片，底

图 6-9

图 6-10

纹则分为两个部分，遍布页面大面积区域的竖纹呈不规则分布，较细，且颜色很浅，所以并不会影响前景文字部分的展示。而另外一部分图案由细线延伸到版面顶部，由于顶部区域并没有需要展示的文字信息，所以这一部分采用了艳丽的金色花纹，以展现名片华丽唯美的特色。

3）插图

除名片的背景底纹外，插图在名片的版面中也起到重要的作用，不仅可以装饰版面更能够在一定程度上快速突显名片所代表的含义。如图 6-11 所示的人物面孔插图非常引人注目。如图 6-12 所示的名片，将企业标志进行局部放大并以插图的形式展现在版面的一侧，这样既能够与名片另一面的企业标志相呼应，更能够强调企业信息。

图 6-11

图 6-12

2. 文字元素

名片最重要的功能就是传递企业、个人及业务等信息，作为一种联系方式的卡片通常会标注出个人信息、公司名称，还会标出企业的名称、地址、服务项目甚至是宣传语等文字，如图 6-13 所示。公司信息包括公司的全称和经营、服务项目。标语部分通常是企业宣传口号。个人信息部分主要包括名字、职位、联系方式等，如图 6-14 所示。

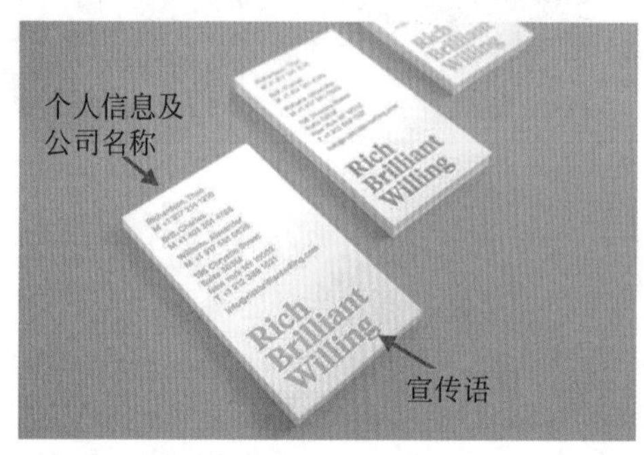

图 6-13

图 6-14

6.1.3 名片的常用构图方式

随着社会文明的不断进步，人们对名片的要求也就越来越高，那种单色调千篇一律的名片已经不能满足现在的人们。追求个性与精致，是名片设计的新要求。而名片的构图是设计时的重点，接下来就讲解名片构图的几种形式。

1. 横版构图或竖版构图

横版构图或竖版构图方式是比较常见的构图方式，符合人的阅读习惯，如图 6-15 和图 6-16 所示。

2. 稳定型构图

稳定型结构是主体和标志占整个卡片的大部分，一般位于卡片的中上部。在卡片的下部有辅助性的文字，如图 6-17 和图 6-18 所示。

图 6-15

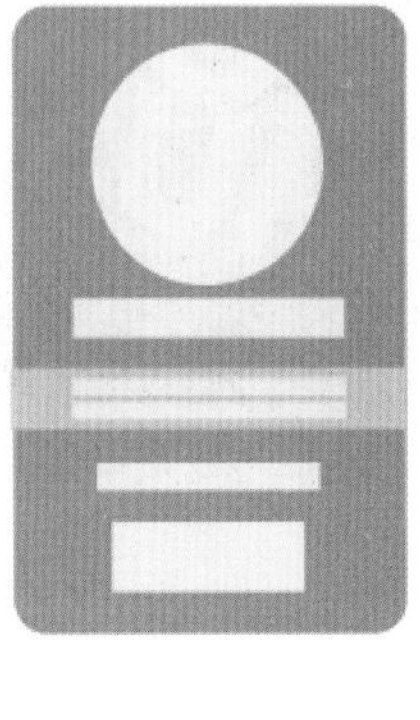

图 6-16

图 6-17

图 6-18

3. 矩形构图

矩形构图是指主题、标志、辅助说明文案构成相对完整的矩形，这种构图方式可以让文字和图形集中，从而使画面干净、利落，如图 6-19 和图 6-20 所示。

图 6-19

图 6-20

4. 倾斜构图

倾斜构图的构图方式是将文字和图案进行倾斜摆放，使画面产生动感，如图 6-21 和图 6-22 所示。

5. 三角形构图

三角形构图是指文字与图形的排列呈现三角形，这样的构图给人一种稳定且活泼的感觉，如图 6-23 和图 6-24 所示。

图 6-21

图 6-22

图 6-23

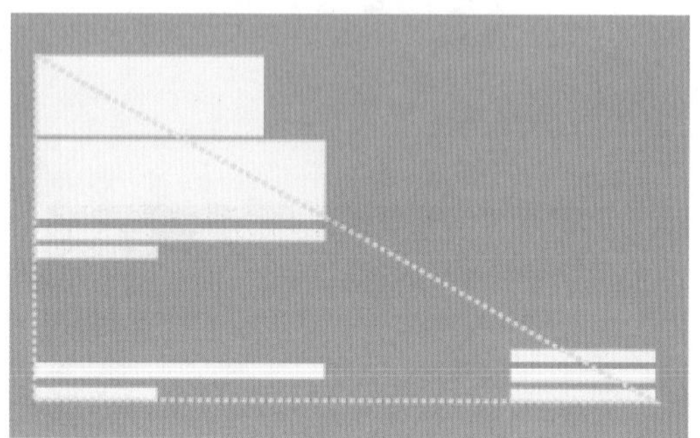

图 6-24

6. 对称构图

对称构图分为“绝对对称”和“相对对称”两种形式。对称构图方式给人严谨的美感，如图 6-25 和图 6-26 所示。

图 6-25

图 6-26

6.1.4 版面中文字的排布

名片中的主体文字部分一般采用端庄大方的字体或经过设计的艺术字，而辅助说明的文字一般采用稍细的常规字体，字号也要适当减小，如图 6-27 和图 6-28 所示。

确定了主体文字与辅助文字的字体后就需要对文字进行排列，虽然名片上出现的文字并不多，但是在摆放时也要注意版面与字体摆放方式是否和谐。下面就介绍几种常见的文字排列形式。

(1) 齐头/齐尾：每一行或每一段的开头字排在同一行的第一格或最后一格，这种排列方式整齐又不呆板，如图 6-29 和图 6-30 所示。

图 6-27

图 6-28

图 6-29

图 6-30

(2) 虚实：版面中的文字有重点和次重点之分，那么如何使观者明确的观察到重点信息呢？这就需要利用文字对象之间的虚实关系进行控制了。调整对象虚实关系的方法有很多种，如调整文字对象的透明度、字体粗细、字体大小、增加阴影、添加描边、增强立体感等。如图 6-31 所示，公司名称的文字作为次重点就以半透明的形式展现在背景中。如图 6-32 所示，为了使浅色的人名职位信息更加突出，为其添加了内阴影的特效。

图 6-31

图 6-32

(3) 居中：在方寸大的名片设计中，内容过多或稍不留神就很容易造成混乱的版面。有一种文字的排列方式最简单可靠，那就是“居中”摆放。如图 6-33 所示，将三组文字信息纵向排列，并且沿名片垂直分割线对齐。如图 6-34 所示，将文字分为左右两组，联系方式置于左侧，右侧为人名职位，对称而稳定。

(4) 分割：版面的分割有很多种方式，当文字被分割为两组或者多组时，在其中一个部分底部衬以色块，或者在两个部分中间添加线条都是很好的方法，如图 6-35 和图 6-36 所示。

图 6-33

图 6-34

图 6-35

图 6-36

6.1.5 材质与工艺

通常卡片的材质会选择硬纸板和塑料，也会有金属、木质、丝绸、皮革等材质。图 6-37 所示为塑料材质的名片，图 6-38 所示为金属质地的卡片，图 6-39 所示为硬纸板材质的扑克牌，图 6-40 所示为木质的名片。

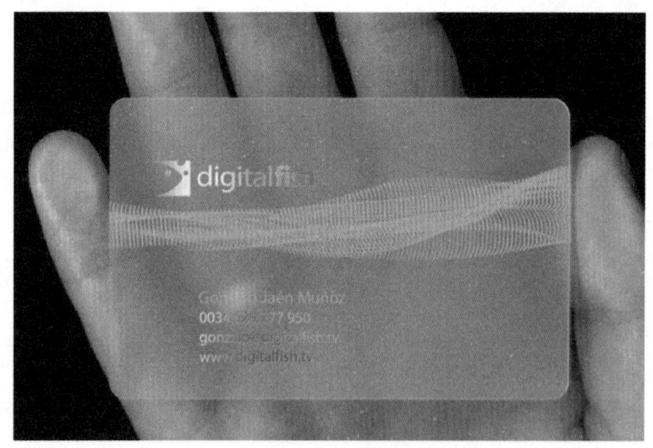

图 6-37

图 6-38

随着科技的发展和进步，制作名片的工艺也变得更加多元化。不同的制作工艺所传递的感觉是不一样的。

1. 凹凸压印

凹凸压印又称压凸纹印刷，是浮雕艺术在印刷上的移植和运用。凹凸压印是通过使用凹凸模具，在一定的压

图 6-39

图 6-40

力作用下，使印刷品基材发生塑性变形。应用在名片中可以使名片上产生凹凸不平的效果，从而增加名片的厚重感，如图 6-41 和图 6-42 所示。

图 6-41

图 6-42

2. 模切工艺

模切工艺又称刀版工艺或异型工艺。模切工艺首先将事先设计好的名片外形制作成模切刀版，然后将印刷完成的名片进行裁切，是个性化名片设计的重要表现方法之一。模切工艺最常见的模切就是圆角。圆角的设计可以增加名片的亲和力，而且富有艺术性，方便夹入名片册中，如图 6-43 和图 6-44 所示。

图 6-43

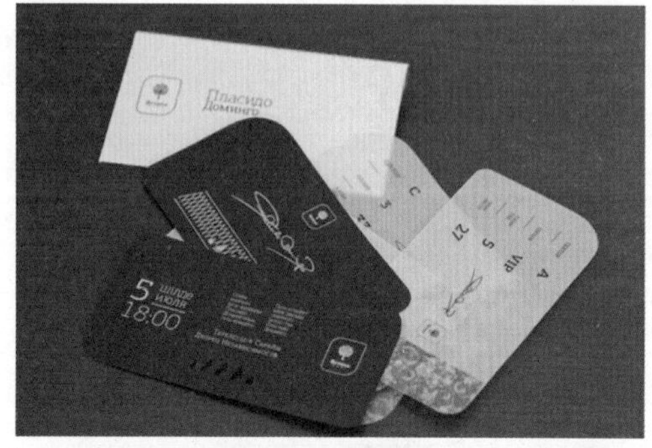

图 6-44

3. 滴塑工艺

滴塑工艺是将塑料采用一定的技术手段将塑料喷到名片上，使表面获得水晶般凸起效果，带有一定的反光感，名片在受光时滴塑的特定区域会产生精美的光泽感，如图 6-45 和图 6-46 所示。

图 6-45

图 6-46

4. 烫金工艺

烫金工艺也被称为“烫印”。烫金工具属于印刷装饰工艺，是将金属印版加热，施箔，然后在印刷品上压印出金色文字或图案的工艺。烫金工艺在名片设计中通常将局部进行烫金，从而增加名片的贵族气息，如图 6-47 和图 6-48 所示。

图 6-47

图 6-48

5. 压折工艺

压折工艺可以增加名片的面积，从而增加名片的信息内容。还有一些设计师通过这种工艺，将名片制作出立体效果，如图 6-49 和图 6-50 所示。

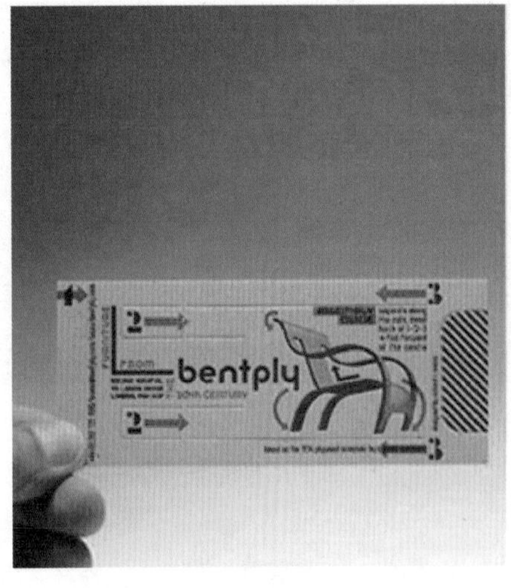

图 6-49

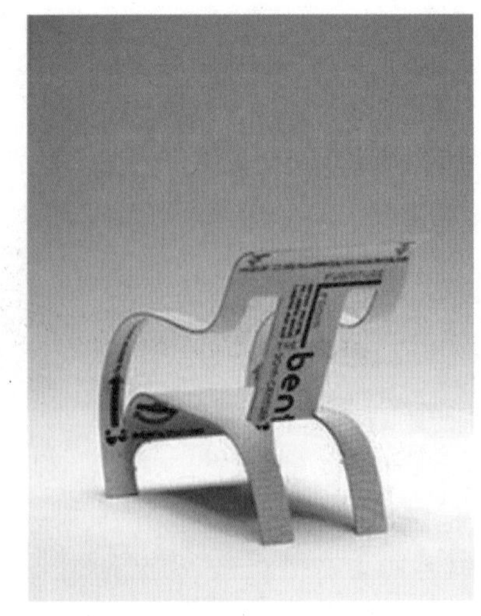

图 6-50

6. 镂空工艺

镂空工艺就是在名片上雕刻出穿透纸张的花纹或文字的后期工艺效果。可以让名片更具个性化，使名片增加层次感，如图 6-51 和图 6-52 所示。

图 6-51

图 6-52

6.1.6 名片的制作尺寸

名片的尺寸并不是固定的，特殊尺寸的名片也并不少见。常见的名片尺寸有：90mm×54mm、90mm×50mm、90mm×45mm。在使用 Photoshop 进行设计制作时需要注意“出血”区域的保留，通常是上下左右各 2mm，所以创建文档的尺寸应设定为：94mm×58mm、94mm×54mm、94mm×48mm。除此之外，在创建文件时应选择颜色模式为 CMYK，分辨率应为 300ppi，如图 6-53 和图 6-54 所示。

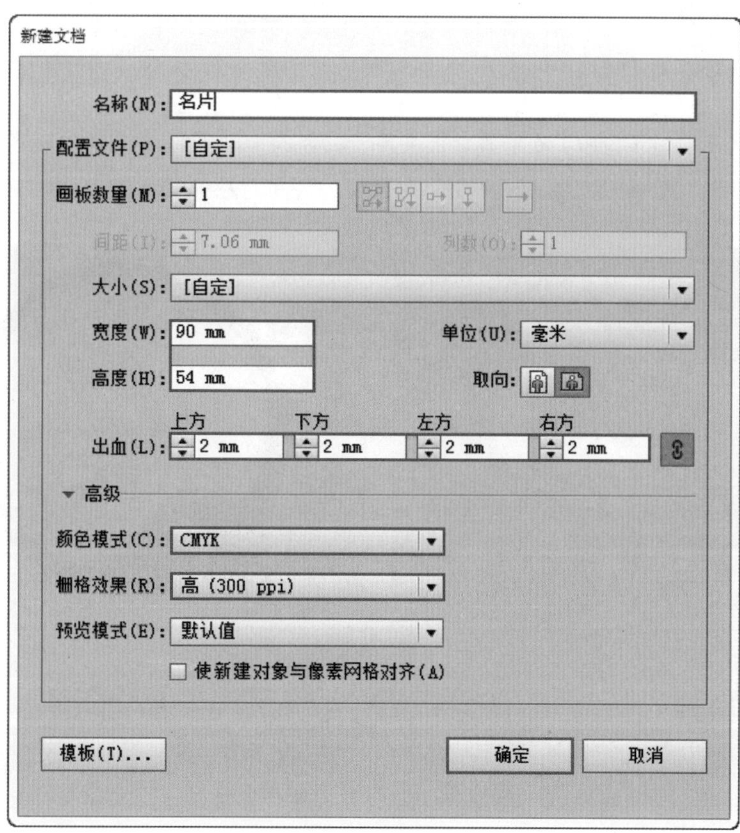

图 6-53

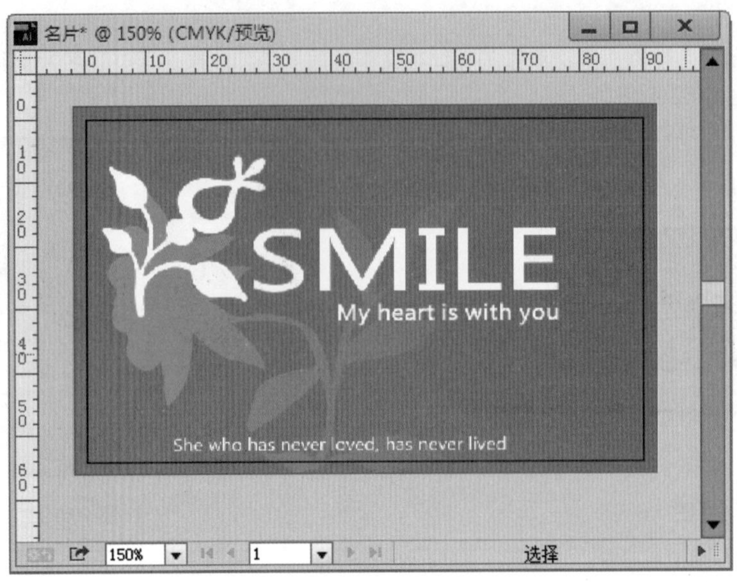

图 6-54

6.2 绚丽多彩的卡片设计

6.2.1 设计解析

本案例制作的是一款效果非常绚丽的卡片，版面以圆形为主要元素，大量不同颜色的圆形相互交叉堆叠很容易产生混乱之感，为了避免这种情况的发生需要注意大小与颜色之间的调和，颜色深的图形可以适当小一些，稍大的图形颜色则可以不要过于抢眼。在背景之上采用了白色的大圆形作为文字的底色，有效地将前景文字与背景图案分隔开，而文字部分则采用了近年来较为流行的切割拼接效果。图 6-55 所示为优秀的卡片设计作品。

图 6-55

6.2.2 制作流程

在本案例中有两个制作重点：一点是背景的制作，在背景的制作中使用椭圆工具绘制彩色的正圆，然后设置不透明度。另一点是前景文字的制作，文字的制作是通过路径查找器进行文字的拼合。本案例中主要使用到了椭圆形状工具、矩形工具、钢笔工具、“不透明度”面板、“路径查找器”等技术。图 6-56 所示为本案例基本制作流程。

图 6-56

6.2.3 案例效果

最终制作的案例效果如图 6-57 所示。

图 6-57

6.2.4 操作精讲

Part 1 制作背景部分

(1) 新建一个 A4 大小的文件，使用“矩形工具”[icon]，绘制一个画面等大的矩形。执行“窗口”→“渐变”命令，在渐变面板中设置“类型”为“径向”，编辑一个灰色系的渐变，如图 6-58 所示。矩形效果如图 6-59 所示。

(2) 继续在画面中绘制一个白色的矩形，如图 6-60 所示。选择这个白色的矩形，执行“效果”→“风格化”→“投影”命令，在弹出的“投影”对话框中设置“模式”为“正片叠底”，“不透明度”为 75%，“X 位移”为 3.5mm，“Y 位移”为 3.5mm，“模糊”为 2mm，“颜色”为灰色，参数设置如图 6-61 所示。设置完成后单击“确定”按钮，效果如图 6-62 所示。

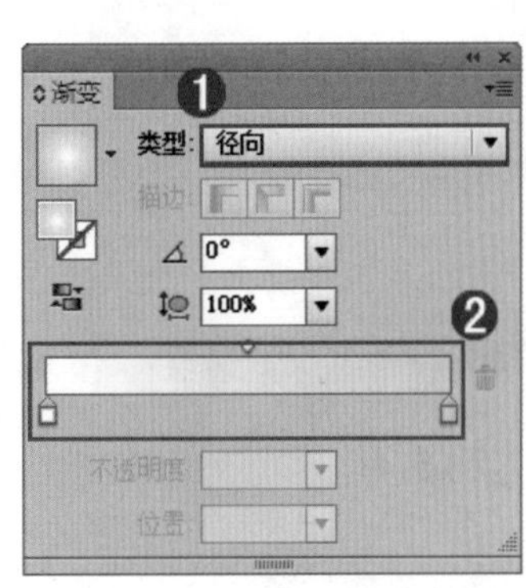

图 6-58

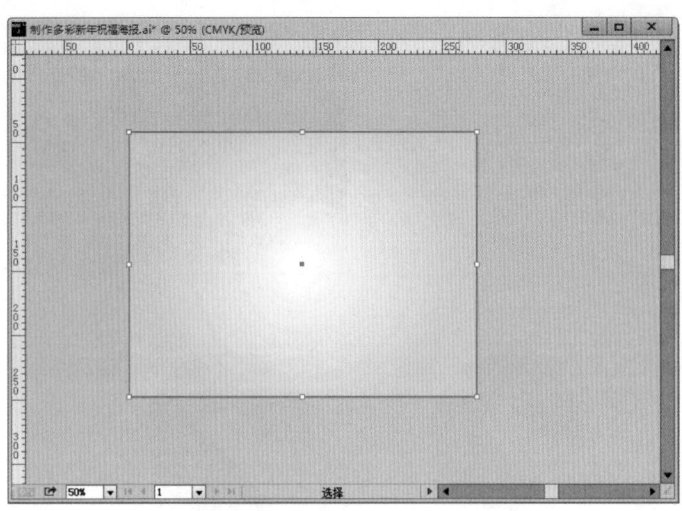

图 6-59

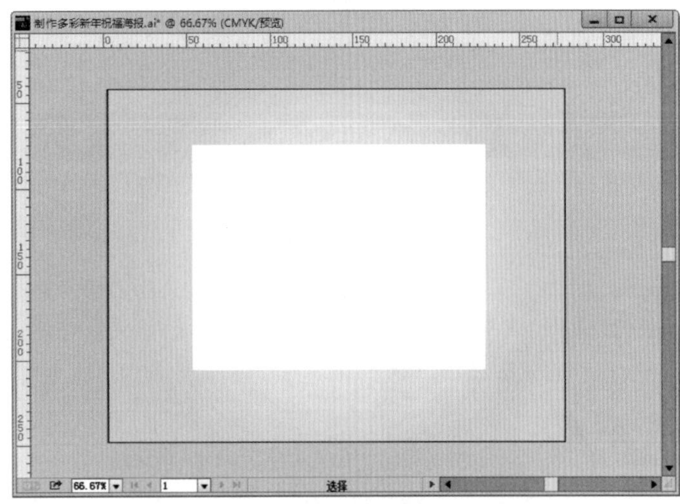

图 6-60

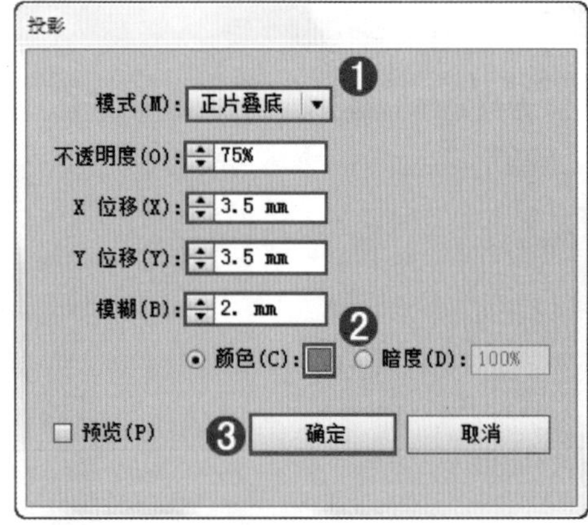

图 6-61

图 6-62

(3) 绘制卡片上的形状。单击工具箱中的"椭圆工具"按钮，设置"颜色"为黄色，"描边"为浅黄色，设置"描边宽度"为4pt，设置完成后，在画面中合适位置按住Shift键绘制正圆形状。如图6-63所示。选择该正圆，在控制栏中设置该形状的"不透明度"为60%，此时形状效果如图6-64所示。

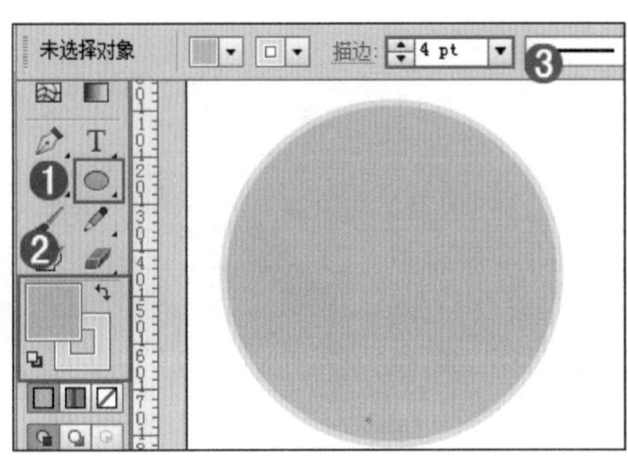

图 6-63

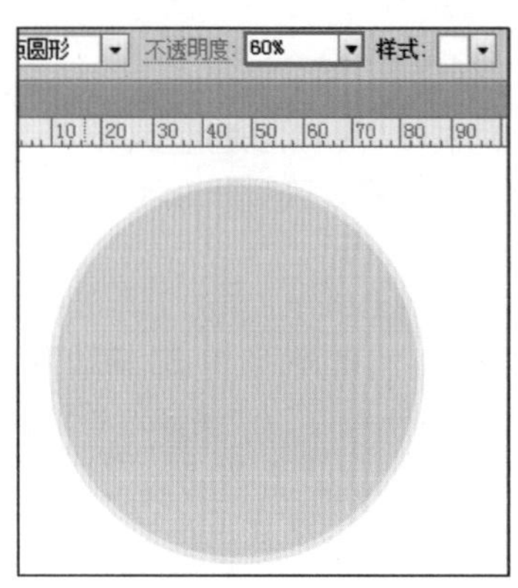

图 6-64

(4) 使用同样的方法制作更多颜色的不透明正圆，效果如图 6-65 所示。正圆绘制完成后，将正圆形状全选，使用快捷键 Ctrl + G 将其进行群组以便管理。接下来使用“剪切蒙版”超出画板的内容进行隐藏。单击工具箱中的“矩形”工具按钮，绘制一个与画面等大的矩形形状，将圆形组和矩形同时选中，使用“创建剪切蒙版”快捷键 Ctrl + 7 创建剪切蒙版，效果如图 6-66 所示。

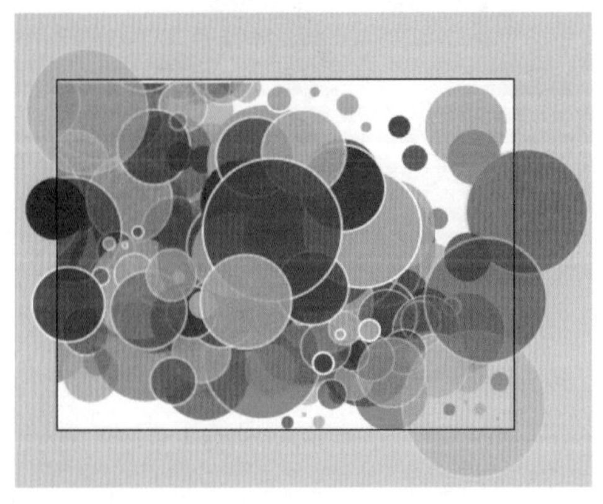
图 6-65

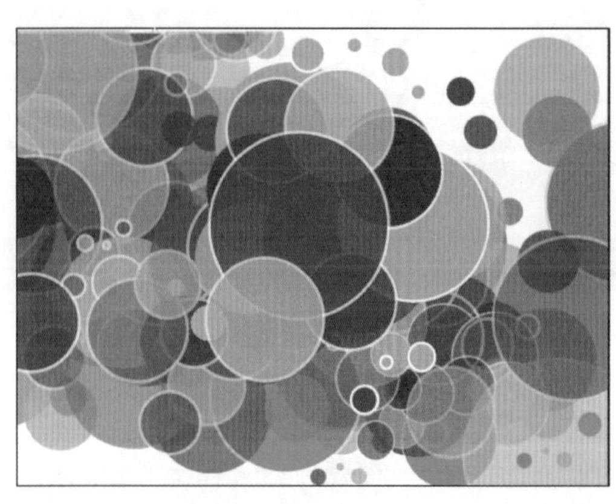
图 6-66

(5) 使用“椭圆工具”绘制稍大的白色正圆，在“控制栏”中设置该正圆的“不透明度”为 40%，效果如图 6-67 所示。使用同样方法制作多个白色正圆，并调整正圆的大小以及不透明度。效果如图 6-68 所示。

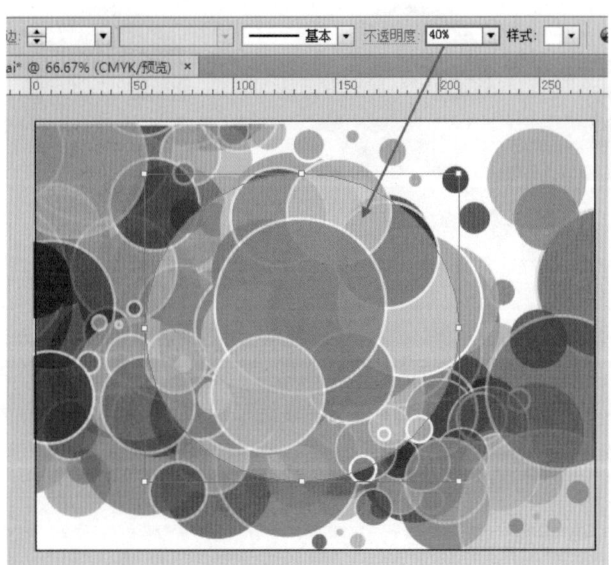

图 6-67

图 6-68

Part 2 制作文字

(1) 文字的制作是由图形通过“路径查找器”不断进行“分割”、“联集”所加工出来的。最后在设置图形的混合模式，在这里将文字分为上、中、下3个部分，如图6-69所示。

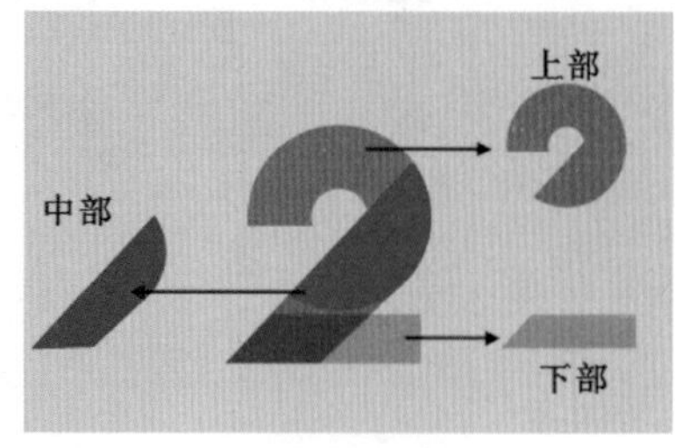

图 6-69

(2) 先制作2的上部分。单击工具箱中的“椭圆”工具按钮，将“填充”设置为“无”，“描边”为橘黄色，单击“描边”，在显示的“描边”选项中设置“粗细”为26pt，“对齐描边”为“使描边外侧对齐”，设置完成后，在画面相应位置绘制正圆，如图6-70所示。正圆绘制完成后，选择该正圆，执行“对象”→“扩展”命令，将其进行扩展。这样一个圆环就制作完成了。如图6-71所示。

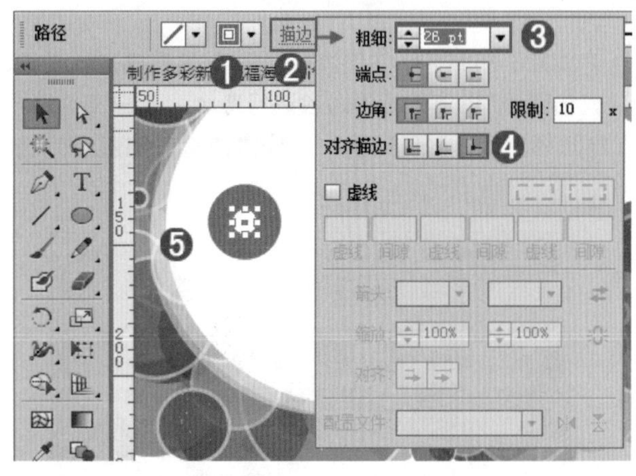

图 6-70

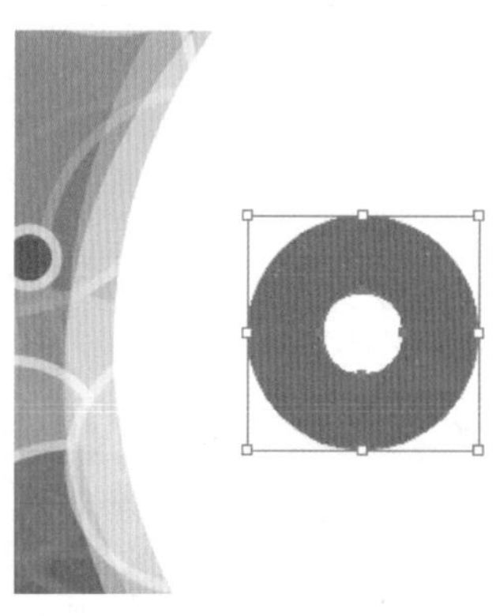

图 6-71

(3) 使用“钢笔工具”在圆环上方绘制一个三角形，如图6-72示。将圆环和三角形同时选中，执行“窗口”→“路径查找器”命令，单击“从顶层剪切”按钮，此时图形效果如图6-73所示。

(4) 制作2的中部。使用“钢笔工具”绘制形状。如图6-74所示。将2的上部和刚绘制的形状选中。单击“分割”按钮，将其进行分割。选择分割后的形状，使用“取消编组”快捷键Ctrl+Shift+G将其进行解组。然后选中右上角多余的部分，按下键盘上的Delete键删除。效果如图6-75所示。

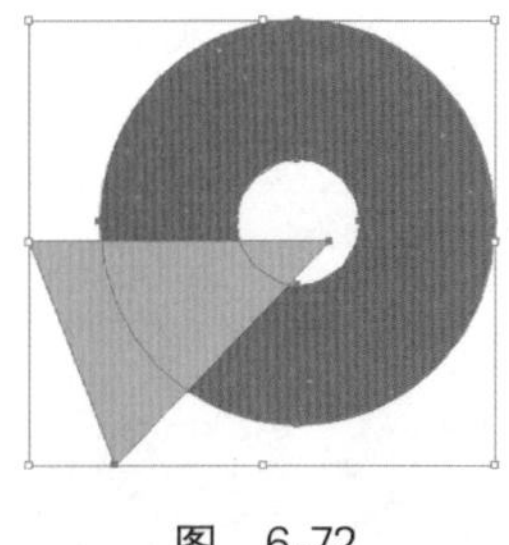

图 6-72

图 6-73

图 6-74

图 6-75

(5) 图形经过“分割”后需要重新拼合，使用“选择工具”将上部和中部重叠部分选中，如图6-76所示。单击“路径查找器”中的“联集”按钮，得到形状如图6-77所示。这个部分在文字中是比较重要的，选中该形状使用“复制”快捷键Ctrl+C将其复制，注意，复制的对象要作后面的步骤中进行粘贴，所以不要进行其他的“复制”、“剪切”操作，以免造成不必要的麻烦。

(6) 将“上部”和刚刚得到的形状同时选中，如图6-78所示。单击“路径查找器”中的“联集”按钮，得到形状如图6-79所示。

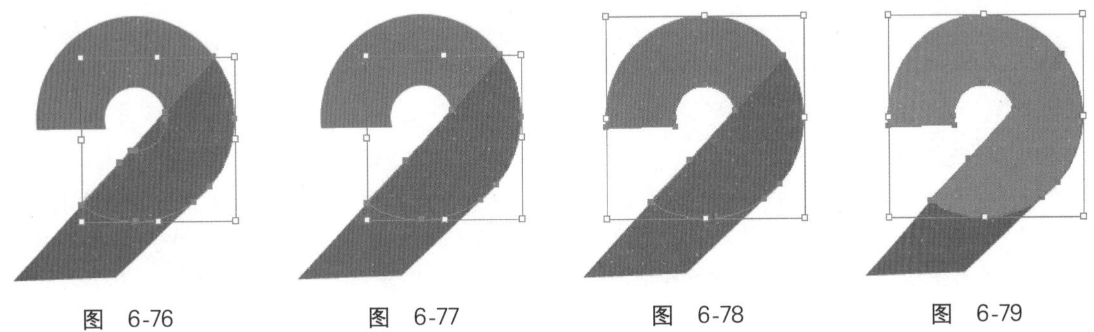

图 6-76　　图 6-77　　图 6-78　　图 6-79

(7) 使用“粘在前面”快捷键 Ctrl＋F 将刚刚复制的对象贴在前面。如图 6-80 所示。将剩余的“中部”进行加选，如图 6-81 所示。单击“路径查找器”中的“联集”按钮，画面效果如图 6-82 所示。

(8) 选择该形状，执行“窗口”→“透明度”命令，在打开的“透明度”窗口中，设置“混合模式”为“正片叠底”，画面效果如图 6-83 所示。

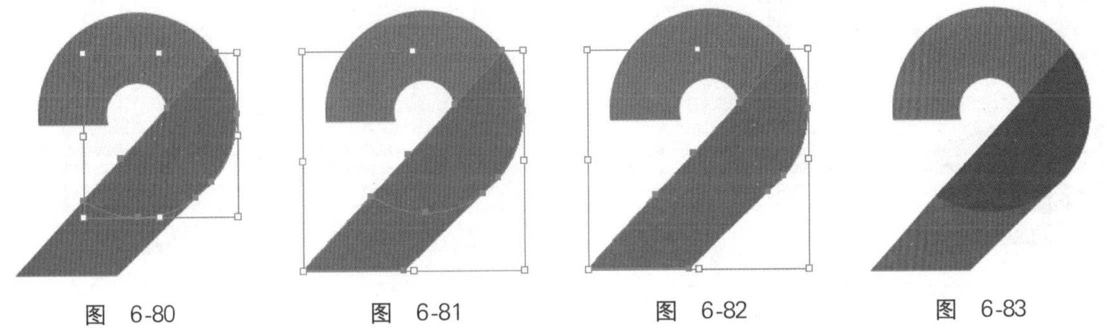

图 6-80　　图 6-81　　图 6-82　　图 6-83

(9) 使用“钢笔工具”绘制一个青色的四边形，如图 6-84 所示。设置该形状的“混合模式”为“正片叠底”，效果如图 6-85 所示。

图 6-84　　图 6-85

(10) 使用同样的方法制作其他文字，如图 6-86 所示。单击工具箱中的“文字工具”按钮 T，设置合适字体、字号在画面中的相应位置输入点文字，本案例制作完成。效果如图 6-57 所示。

图 6-86

6.3 时尚感商务名片设计

6.3.1 设计解析

名片设计是最常见的卡片设计，名片是作为一个人、一种职业的独立媒体，在设计上要讲究其艺术性。本案例中的名片整体采用了一种比较商务的格调，蓝色是商务风格的不二之选，而为了名片整体不会产生呆板之感，又添加了多彩的正方形图案，为名片增添了一份年轻之感。图 6-87 和图 6-88 所示为优秀的名片设计作品。

图 6-87

图 6-88

6.3.2 制作流程

在本案例中主要讲解名片正面的设计，首先绘制名片为其填充渐变颜色，然后绘制带有“描边”的矩形，接着将其扩展，并填充颜色，最后输入文字。在本案例的制作过程中主要使用到了矩形工具、渐变工具、“投影”命令、文字工具、“扩展”命令等技术。图 6-89 所示为本案例基本制作流程。

图 6-89

6.3.3 案例效果

最终制作的案例效果如图 6-90 所示。

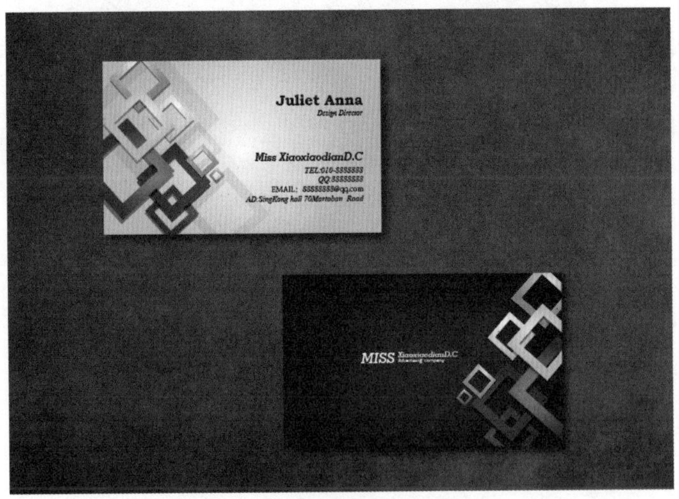

图 6-90

6.3.4 操作精讲

(1) 执行"文件"→"新建"命令，新建一个 A4 大小的横向文件，如图 6-91 所示。然后执行"文件"→"置入"命令将背景素材 1.jpg 置入画面中，在选项栏中单击"嵌入"按钮，如图 6-92 所示。

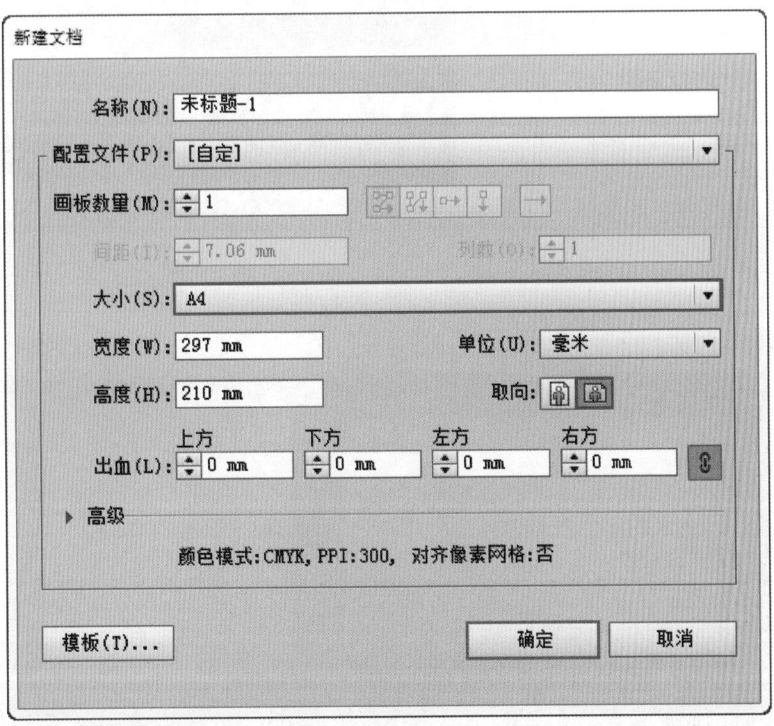

图 6-91

(2) 单击工具箱中的"矩形工具"按钮，在画面中单击，在弹出的"矩形"对话框中设置"宽度"为 90mm，"高度"为 54mm，单击"确定"按钮。参数设置如图 6-93 所示。矩形绘制完成如图 6-94 所示。

(3) 为矩形填充渐变颜色。执行"窗口"→"渐变"命令，在渐变面板中，设置"类型"为"径向"，编辑一个由白色

图 6-92

到淡青色的渐变。然后选择矩形，使用“渐变工具”，在矩形中拖曳填充，如图 6-95 所示。

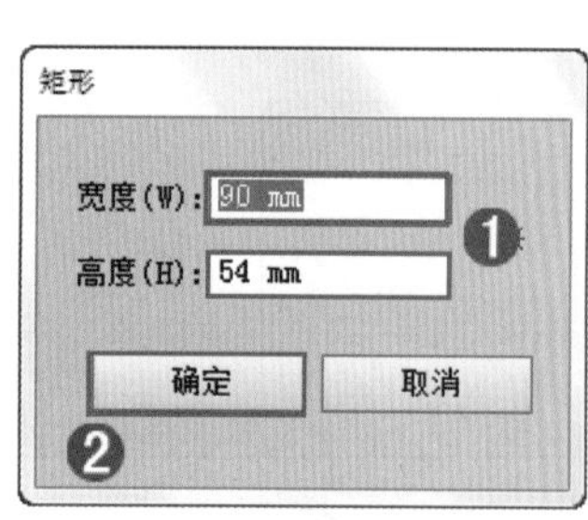

图 6-93

图 6-94

图 6-95

(4) 选择工具箱中的“矩形工具”▢，在控制栏中设置“填充”为“无”，“描边”为青色，“描边宽度”为 20pt，参数设置完成后，在画面中红绘制一个正方形。如图 6-96 所示。选择正方形，执行“对象”→“扩展外观”，然后将其旋转，在控制栏中设置“不透明度”为 10，效果如图 6-97 所示。

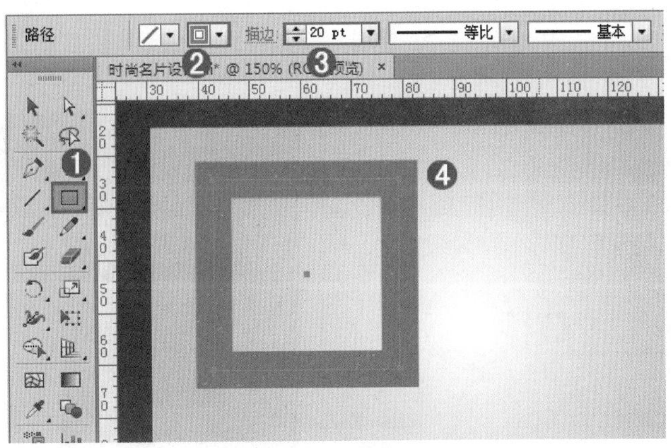

图 6-96

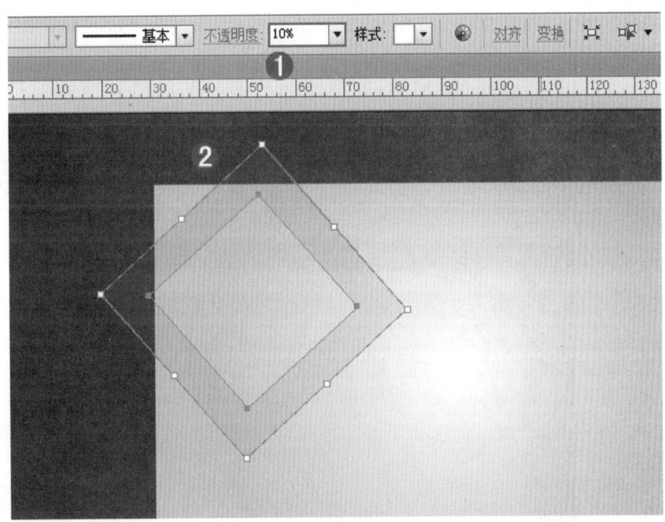

图 6-97

(5) 使用同样的方法制作其余的半透明的正方形，调整不同的颜色和不透明度，效果如图 6-98 所示。

图 6-98

(6) 接着绘制前景中的彩色正方形。执行“窗口”→“渐变”命令，在渐变面板中设置渐变对象为“描边”，“类型”为“线性”，选择“在描边中应用渐变”，然后编辑一个青色系的渐变，如图 6-99 所示。渐变编辑完成后，选择工具箱中的“矩形工具”，在控制栏中设置“描边宽度”为 10pt，然后在画面中绘制一个正方形。如图 6-100 所示。

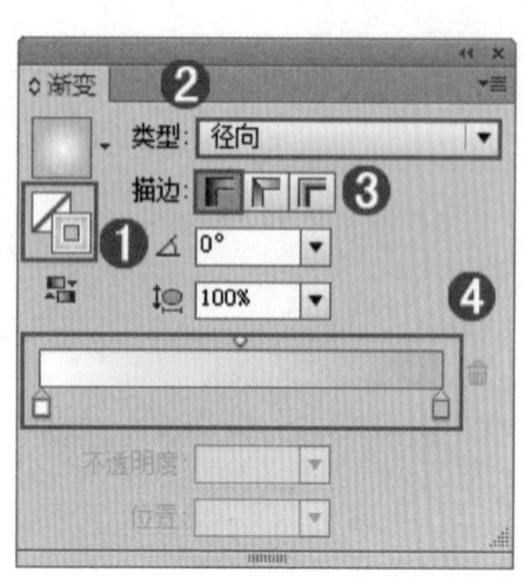

图 6-99

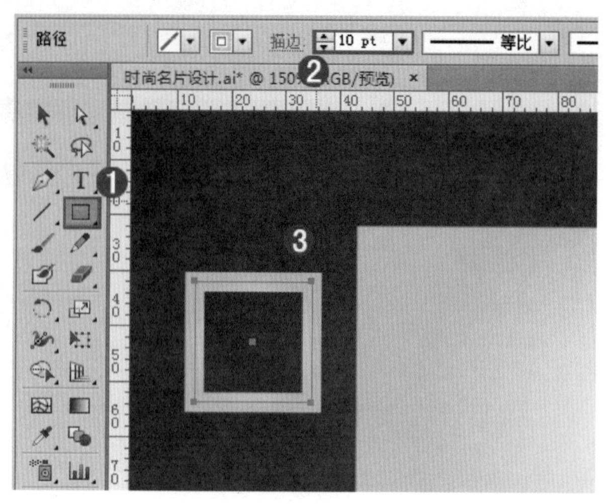

图 6-100

(7) 选择这个正方形，执行“对象”→“扩展”命令，将其进行扩展。然后将其旋转并移动到画面中合适位置。如图 6-101 所示。选择这个形状，执行“效果”→“风格化”→“投影”命令，在弹出的“投影”窗口中设置“模式”为“正片叠底”，“不透明度”为 40%，“X 位移”为 −1mm，“Y 位移”为 1.5mm，“模糊”为 0mm，“颜色”为黑色，参数设置如图 6-102 所示。设置完成后单击“确定”按钮，效果如图 6-103 所示。

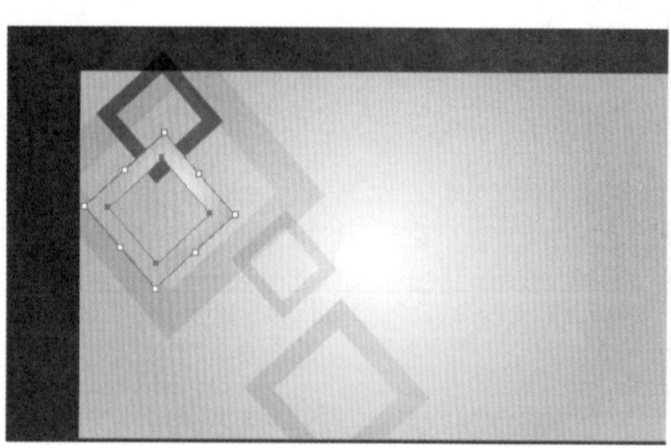
图 6-101

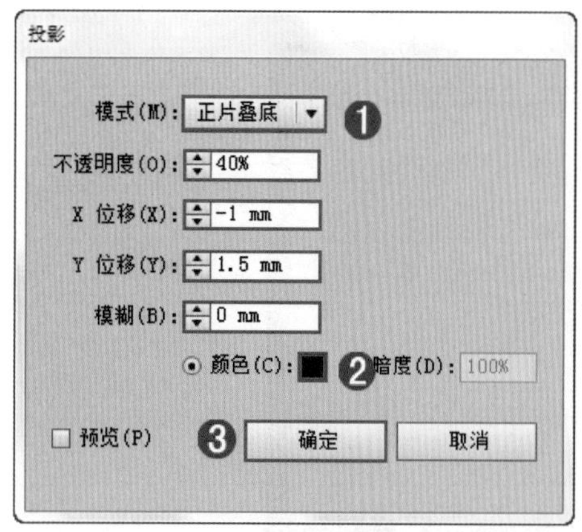

图 6-102

图 6-103

(8) 使用同样的方法制作其他颜色的正方形，如图 6-104 所示。继续使用文字在画面中输入文字，如图 6-105 所示。

图 6-104

图 6-105

(9) 将多出版面的内容使用“剪切蒙版”进行隐藏。绘制一个和卡片等大的矩形，如图 6-106 所示。将名片部分的内容选中，然后执行“对象”→“剪切蒙版”→“建立”命令，建立剪切模版，此时多余的部分被隐藏。效果如图 6-107 所示。

图 6-106

图 6-107

(10) 为卡片添加投影。选择卡片，执行“效果”→“风格化”→“投影”命令，在弹出的“投影”窗口中设置“模式”为“正片叠底”，“不透明度”为 75%，“X 位移”为 2mm，“Y 位移”为 2mm，“模糊”为 1.7mm，“颜色”为黑色，参数设置如图 6-108 所示。设置完成后单击“确定”按钮，效果如图 6-109 所示。

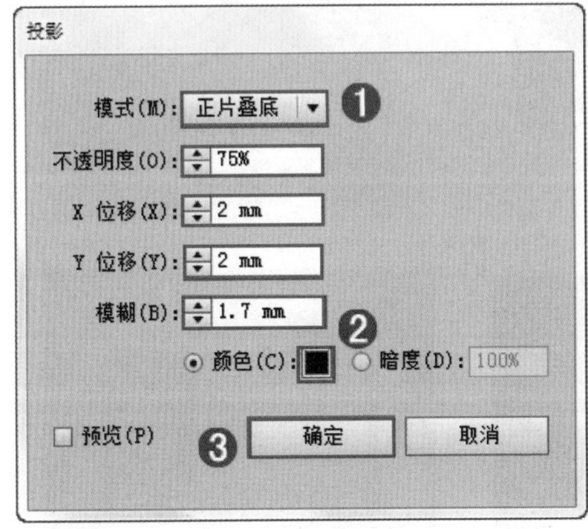

图 6-108

图 6-109

（11）使用同样的方法制作卡片的另一面。效果如图 6-90 所示。本案例制作完成。

6.4　灵感补给站

参考优秀设计案例，启发设计灵感，如图 6-110 所示。

图　6-110

第7章

VI 设计

- **课题概述**

VI 是 Visual Identity 的简称，即视觉识别。VI 作为企业的视觉形象，是 CIS 企业形象设计的重要组成部分。其设计内容也比较广泛，以标志、标准字、标准色为核心进行展开，延伸至导示系统、员工服装、办公用品、宣传广告甚至是建筑环境。将企业理念、企业文化、服务内容、企业规范等抽象概念转换为具体记忆和可识别的形象符号，从而塑造出排他性的企业形象。

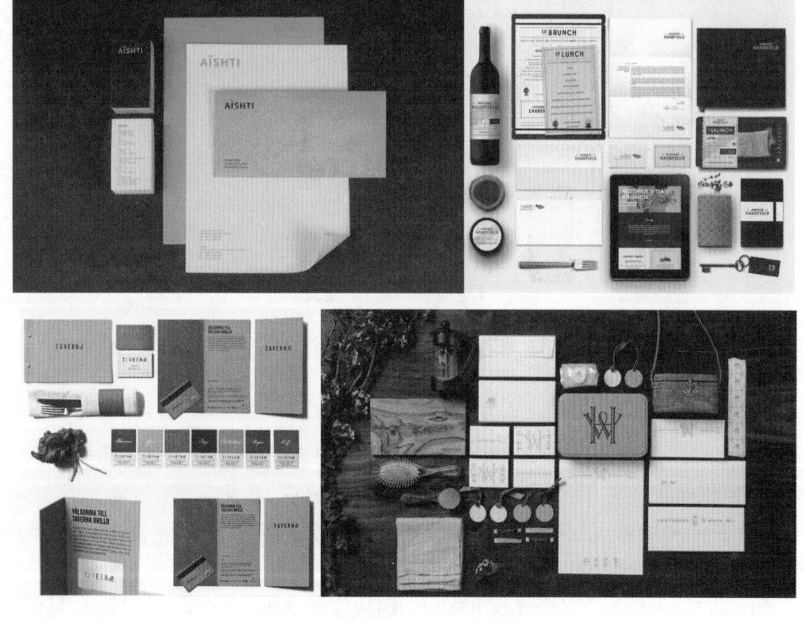

- **教学目标**

因为视觉识别是企业形象的重要组成部分，所以想要进行 VI 设计首先需要了解一下什么是 CIS。在本章中，先从 CIS 开始认识企业形象设计的基本内容，然后了解 VI 设计的主要组成部分，并通过企业 VI 设计手册的制作进行练习。

7.1 VI设计概述

我们对一个物体的识别最直接的方式就是通过眼睛去看，同样，企业形象的最直观传达方式也是通过视觉，而VI视觉识别系统正是为此而生。

7.1.1 认识VI

VI的英文全拼为Visual Identity，被直译为"视觉识别系统"，VI设计是将企业形象的非可视内容转化为静态的视觉识别符号，以无比丰富多样的应用形式，在最为广泛的层面上，进行最直接的传播。设计到位、实施科学的视觉识别系统，是传播企业经营理念、建立企业知名度、塑造企业形象的快速便捷之途。图7-1和图7-2所示为优秀的VI设计作品。

图 7-1

图 7-2

VI设计在一个企业中，有着至关重要的作用。在这个倡导品牌营销的社会中，一个没有完整VI的企业，将会像一滴水一样淹没于商海之中，无人问津。当然企业的视觉形象需要与整个企业的形象识别系统相协调，所以在进行VI设计之前需要了解一下CIS。CIS是Corporate Identity System的简称，直译为"企业形象识别系统"。图7-3和图7-4所示为优秀的VI设计作品。

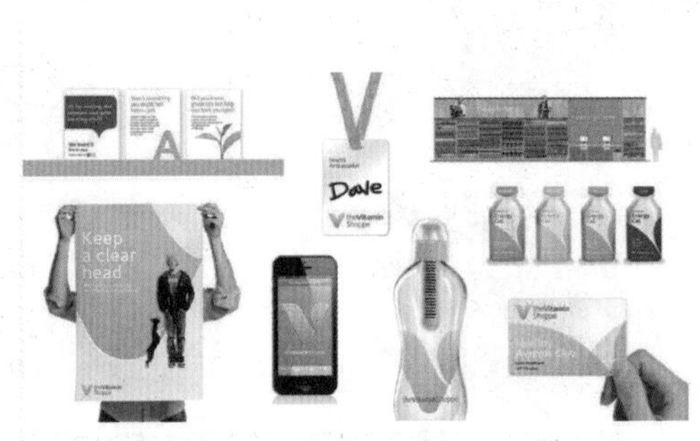

图 7-3

图 7-4

CIS系统实际上是由MI、BI和VI三个部分组成。

MI：即"理念识别"（Mind Identity，MI），对企业的经营理念，企业经营目标、经营思想、营销方式和营销形态进行总体规划和界定。主要包括：企业精神、企业价值观、企业信条、经营宗旨、经营方针、市场定位、产业构成、组织体制、社会责任和发展规划等。属于企业文化的意识形态范畴。MI是整个CIS的核心，MI为整个系统奠定了理论基础和行为准则，并通过BI与VI表达出来。

BI：即"行为识别"（Behavior Identity，BI），体现企业文化理念和精神，是能够对员工形成影响和互动的员工组织行为，包括对全体员工的组织管理、文化活动熏陶以及创造良好的工作环境。这样就可以将企业理念的精神实质推展到企业内部的每一个角落，汇集起员工的巨大精神力量。BI对内包括：制度规范、行为准则、干部与职工的教育，工作环境，待遇福利等；BI 对外包括：公共关系，营销策划活动，产品研发，公益性、文化性活动等。它是企业管理行为过程中的教育、执行的外在表现。

VI：即“视觉识别”（Visual Identity，VI），是 CIS 系统中最具传播力和感染力的部分。通过标志、标准字、标准色为核心展开的完整的、系统的视觉表达体系。它将 CIS 的非可视内容转化为具体记忆和可识别的形象符号，以便捷的方法去传播和塑造企业形象。

7.1.2 VI 的作用

VI 视觉识别系统作为 CIS 企业形象识别系统中最具感染力的一部分，它将企业文化理念和精神概念实体化。利用艺术设计的理念将其转换为可视的形象系统，不仅起到美化的作用，更多是为了体现其识别性和思想性。简单来说，VI 视觉识别系统的作用可以概括为以下几点。

1. 区别他人

VI 相当于企业的“面孔”，具有区别其他企业的作用。一张美丽的面孔，不仅赏心悦目，还会给人留下深刻的印象，如图 7-5 和图 7-6 所示。

图 7-5

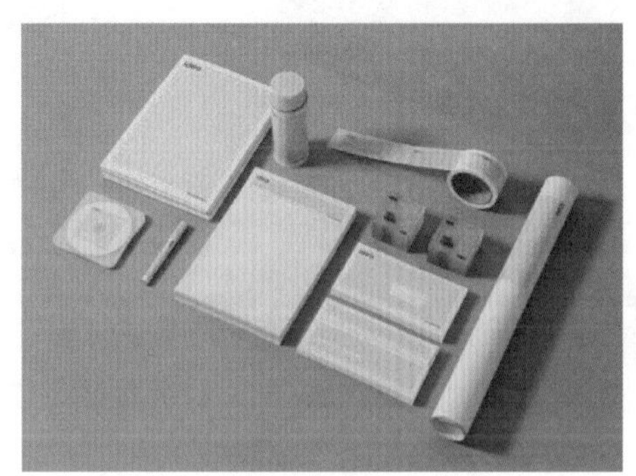

图 7-6

2. 传递理念

VI 设计通过视觉形象去宣传企业的经营理念和文化理念，例如，医疗行业往往会传递出健康、洁净、关怀的理念，如图 7-7 和图 7-8 所示。

图 7-7

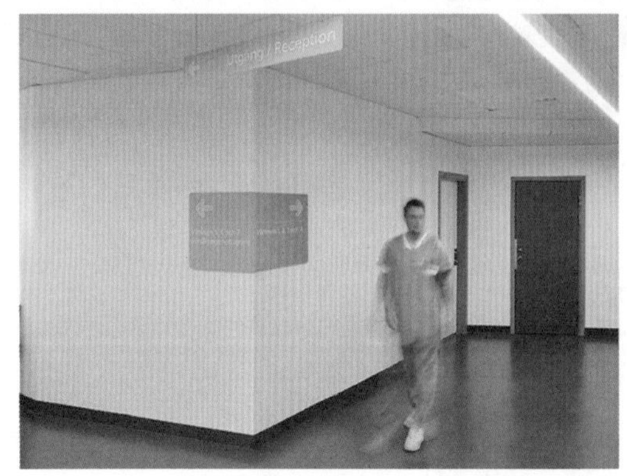

图 7-8

3. 吸引注意

VI 设计通常会有统一的字形、颜色、LOGO 等，这样的设计可以吸引观者注意，便于他们认知和记忆，容易引起消费者对该企业所提供的产品或服务产生最高的品牌忠诚度，如图 7-9 和图 7-10 所示。

4. 鼓舞士气

良好的 VI 设计可以增加员工对企业的认同感，提高企业士气，从而提高团队的凝聚力，如图 7-11 和图 7-12 所示。

图 7-9

图 7-10

图 7-11

图 7-12

7.1.3 VI 设计的基本要素系统

一套企业的 VI 所包含的内容可多可少，但基本都由“基本要素系统”和“应用要素系统”两大部分组成。“基本要素系统”包括企业名称、企业标志、企业标准字、标准色彩、象征图案、企业标语口号、企业吉祥物、专用字体。而“应用要素系统”由于不同企业涉及领域范围不同，所以包含的内容则更为广泛一些，例如办公用品、企业环境、交通工具、服装服饰、广告媒体、招牌、包装系统、产品造型、公务礼品、陈列展示以及印刷出版物等。图 7-13～图 7-16 所示为企业的 VI 系统。

图 7-13

图 7-14

1. 企业名称

企业名称就像一个人的名字，是用来区别其他企业的一种代号。一个成功的企业名称应该能够反映出企业的经营思想，体现企业理念。名称发音响亮，没有谐音，且文字易读易写。企业名称不仅要考虑传统性，还要有与时

图 7-15

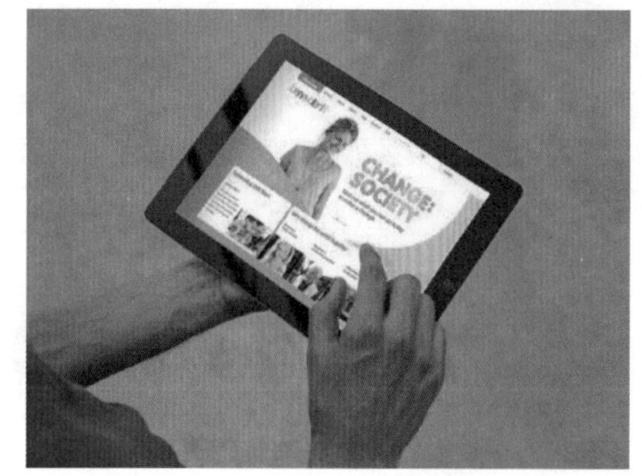

图 7-16

俱进的特点。企业的名称应该暗示企业形象及商品的企业名称，应与商标，尤其是与其代表的品牌相一致，如图 7-17 和图 7-18 所示。

图 7-17

图 7-18

2. 企业标志

企业标志是企业的无形资产，是 CIS 设计系统的重要组成部分。标志通过简练的造型、生动的形象来传达企业的理念、精神、特性等信息。标志在树立品牌形象，传递企业信息的过程中起到了重要的作用。企业标志，可分为企业自身的标志和商品标志。图 7-19 所示为韩国三星集团标志，图 7-20 所示为三星公司某电子产品的标志。

图 7-19

图 7-20

3. 企业标准字

企业标准字是指专门用来表现企业名称和品牌的字体。标准字包括中文、英文或其他文字字体。在标准字的选择上，应该根据企业的名称、企业品牌来选择，以达到可以直观的传递企业的品牌和文化，并强化企业形象和品牌诉求，如图 7-21 和图 7-22 所示。

图 7-21

图 7-22

4. 企业标准色彩

企业标准色彩是一个或者一组固定的色彩，能够象征企业，还能够运用在所有视觉传达设计媒体上。标准色在视觉识别符号中具有强烈的识别效应，它能够突显出企业的经营理念、产品特质、塑造和传达企业形象。最重要的一点是可以突出与同行之间的不同，达到与众不同的效果，如图 7-23 和图 7-24 所示。

图 7-23

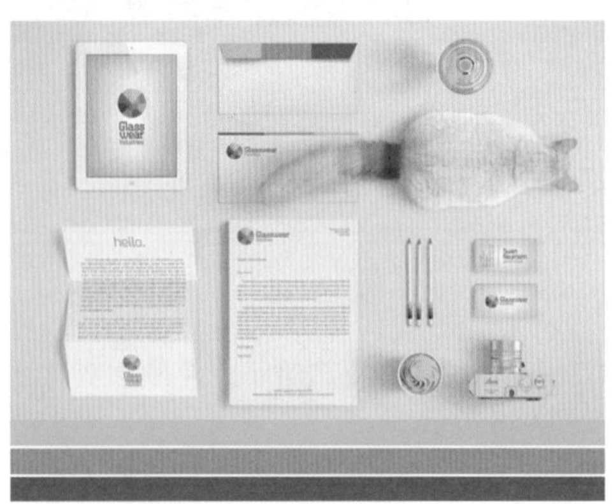

图 7-24

5. 企业象征图案

象征图案又称辅助图形，起到衬托和强化企业形象的作用。通过企业象征图案，可以用来丰富形象、丰富内容，补充标志符号建立的企业形象，使其意义更完整、更易识别、更具表现的幅度与深度，如图 7-25 和图 7-26 所示。

图 7-25

图 7-26

6. 企业标语口号

企业标语口号又被称为企业的宣传口号。是由企业的价值观、信念、文化、营销理念、处事方式等研究出来的一种文字宣传标语。企业标语口号的目的是，在瞬间的视听中，了解企业思想，并对企业留下一个难以忘记的崇高印象。企业标语口号不仅要言简意赅，朗朗上口，还要能够精准地表达企业、商品的特点。好的企业标语口号，可以对内激发员工的信心，对外则能表达企业发展的目标和方向，如图 7-27 和图 7-28 所示。

图 7-27

图 7-28

7. 企业吉祥物

企业吉祥物是以亲切和蔼的形象来唤起社会大众的注意和好感，从而增加企业的识别性。如图 7-29 所示，Android 操作系统的吉祥物 TiVo 是一台绿色小机器人。如图 7-30 所示，Twitter 的吉祥物拉里(Larry)是一只蓝色的小鸟。

图 7-29

图 7-30

7.1.4 VI 设计的应用要素系统

1. 产品包装

产品包装包括：纸盒包装、纸袋包装、木箱包装、玻璃包装、塑料包装、金属包装、陶瓷包装、包装纸等。商品的包装是商品与消费者交流的重要手段之一，是企业经济的重要来源。同时商品的包装也起到保护、销售、传播企业和产品形象的作用，是一种记号化、信息化、商品化，流通的企业形象，因而代表着产品生产企业的形象，并象征着商品质量的优劣和价格的高低。图 7-31 和图 7-32 所示为产品包装。

图 7-31

图 7-32

2. 办公用品

办公用品包括：名片、徽章、工作证、请柬、文件夹、信封、信纸、便笺、介绍信、账票、备忘录、资料袋、公文表格等。统一规范化的办公用品可以体现出强烈的统一性和规范化，表现出企业的精神。图 7-33 和图 7-34 所示为办公用品。

图 7-33

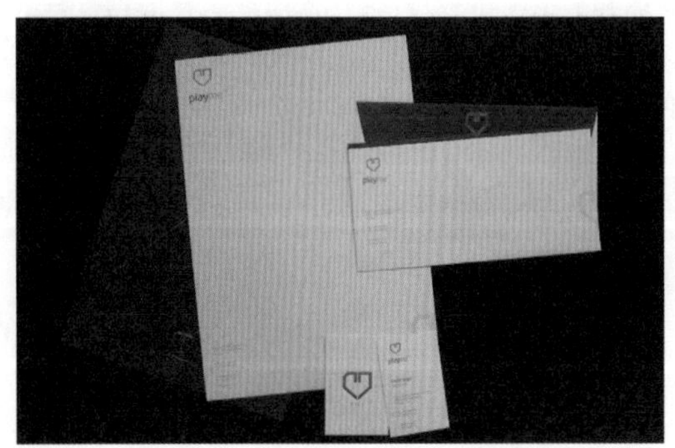

图 7-34

3. 企业外部建筑环境

企业外部建筑环境主要包括：建筑造型、旗帜、门面、招牌、公共标识牌、路标指示牌、广告塔等。企业外部建筑环境是企业形象在公共场合的视觉再现。是一种公开化、有特色的群体设计和标志着企业面貌特征系统，可以充分体现企业形象统一的标准化、正规化和企业形象的坚定性。图 7-35 和图 7-36 所示为公共导视设计。

图 7-35

图 7-36

4. 企业内部建筑环境

企业内部建筑环境主要包括：企业内部各部门标示、企业形象牌、吊旗、吊牌、POP 广告、货架标牌等。在对企业内部建筑进行设计时，要将企业标识贯穿于企业室内环境之中，这样才能充分体现出企业的精神。图 7-37 和图 7-38 所示为企业形象吊旗设计。

图 7-37

图 7-38

5. 交通工具

交通工具主要包括：大巴士、货车、轿车、面包车、工具车、油罐车、轮船、飞机等。交通工具是一种流动性、公开化的企业形象传播方式，可以多次的流动并给人瞬间的记忆，有意无意地建立起企业的形象。在设计时，应该注意企业标识和标准字的应用，这样才能最大限度地发挥其流动性。图 7-39 和图 7-40 所示为企业交通工具。

图 7-39

图 7-40

6. 服装、服饰

服装、服饰主要包括：员工制服、经理制服、管理人员制服、礼仪制服、文化衬衫、领带、工作帽、胸卡等。统一员工的服装可以提高企业员工对企业的归属感、荣誉感和主人翁意识，改变员工的精神面貌，促进工作效率的提高。而且还可以通过着装区分出工作范围，如图 7-41 和图 7-42 所示。

图 7-41

图 7-42

7. 广告媒体

广告媒体主要包括：电视广告、网页广告、招贴广告、报纸广告、杂志广告、路牌广告等。广告媒体是企业对外宣传的一种重要手段，是一种传播性极强的宣传方式，如图 7-43 和图 7-44 所示。

图 7-43

图 7-44

8. 赠送礼品

赠送礼品主要包括：打火机、钥匙牌、雨伞、纪念章、礼品袋等。礼品是企业与客户联络感情的手段之一，也是一种行之有效的广告形式。将 VI 设计应用在赠送的礼品上，可以对企业形象进行宣传。图 7-45 和图 7-46 所示为企业赠送的礼品。

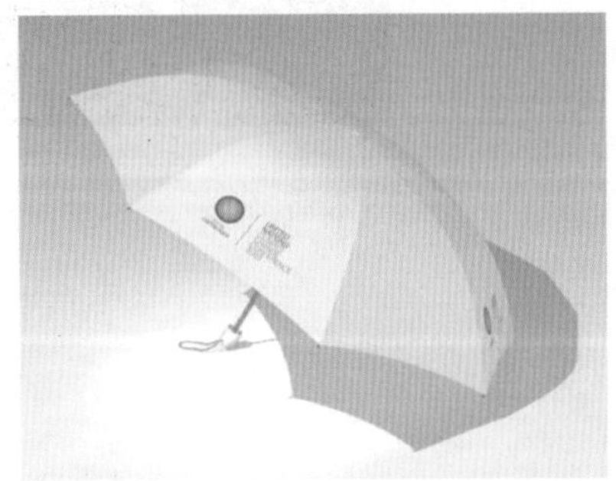

图 7-45

图 7-46

7.2 企业 VI 手册设计

7.2.1 设计解析

本案例是一款为动物保健企业所设计的 VI 手册。这项设计任务的重点在于标志的制作，标志也包含了企业 VI 的标准色，在标志中需要突显行业特征，并体现企业“保护动物健康、关心食品安全”的宗旨。标志采用了反白的兔子图形，体现了行业特色。而标准色选择了“蓝色”，蓝色代表天空，意在表达动物可以自由自在的生活，同时给人以安全、环保、健康、沉稳、开阔之感。图 7-47 所示为优秀的 VI 设计作品。

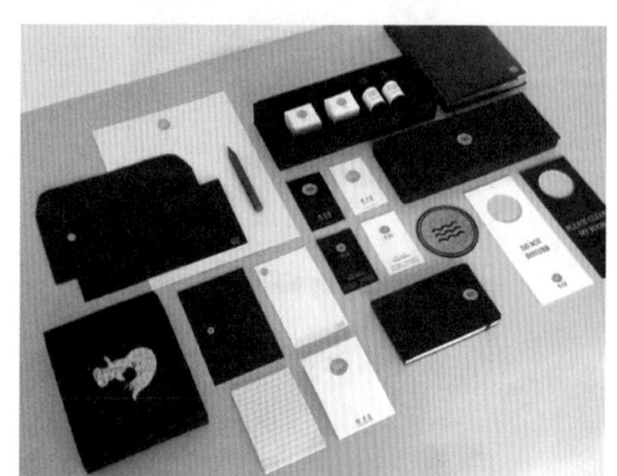
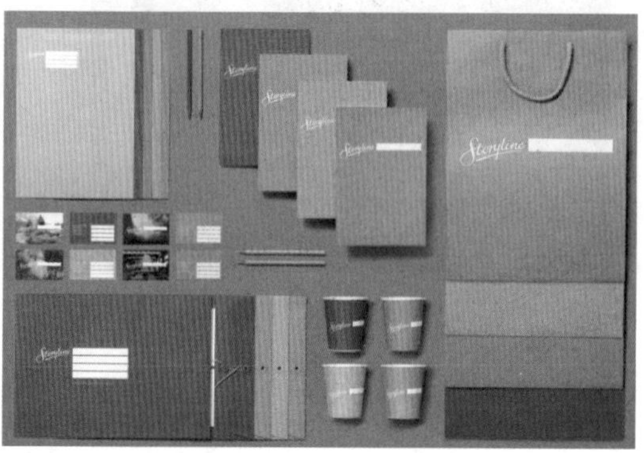

图 7-47

7.2.2 制作流程

本案例首先制作标志，然后制作 VI 手册的封面、封底和手册展示效果，接着确定 VI 手册内页的版式，并利用这个版式制作 VI 手册的内页内容。在本案例中，主要使用到了文字工具、渐变工具、矩形工具、“路径查找器”面板、不透明度蒙版、钢笔工具、自由变换工具、直线工具等技术。图 7-48 所示为本案例标志和封面部分的基本制作流程。

图 7-48

7.2.3 案例效果

最终制作的案例效果如图 7-49 所示。

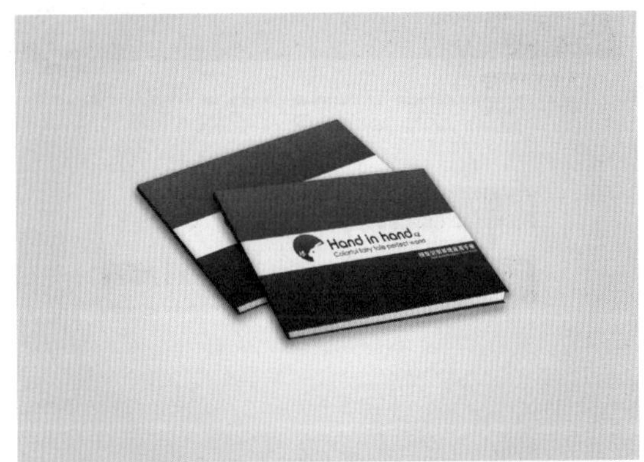

Hand in hand.cz
Colorful fairy tale perfect world
Hand in hand.cz
Colorful fairy tale perfect world

Hand in hand.cz
Colorful fairy tale perfect world
视觉识别系统应用手册
Visual Identity Management System Manual

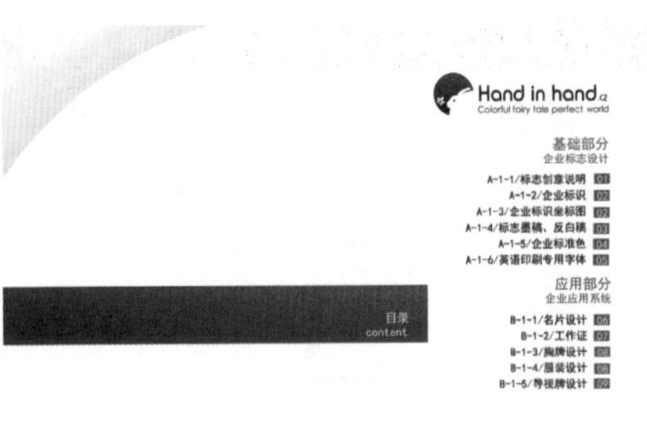
Hand in hand.cz
基础部分
企业标志设计
应用部分
目录
content

基础部分
A-1-1/标志创意说明
Hand in hand.cz
Colorful fairy tale perfect world

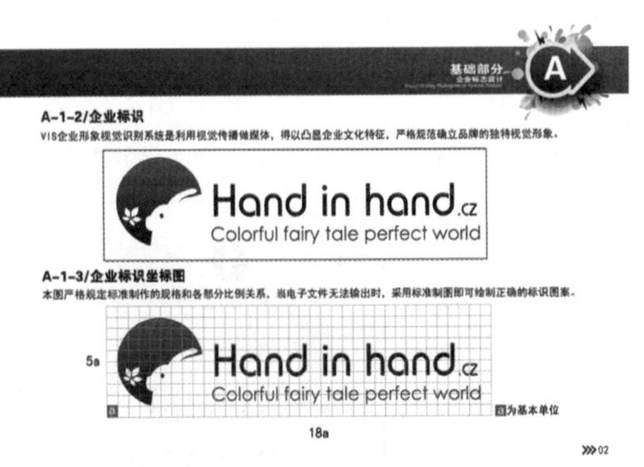
基础部分
A-1-2/企业标识
Hand in hand.cz
Colorful fairy tale perfect world
A-1-3/企业标识坐标图
Hand in hand.cz
Colorful fairy tale perfect world

基础部分
A-1-4/标志墨稿、反白稿
Hand in hand.cz
Colorful fairy tale perfect world
Hand in hand.cz
Colorful fairy tale perfect world

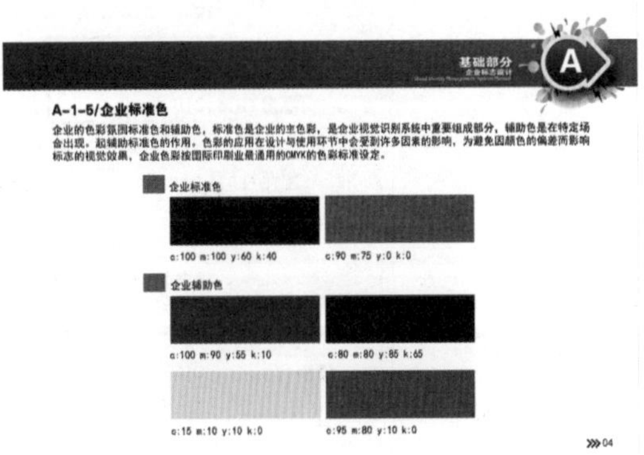
基础部分
A-1-5/企业标准色

图 7-49

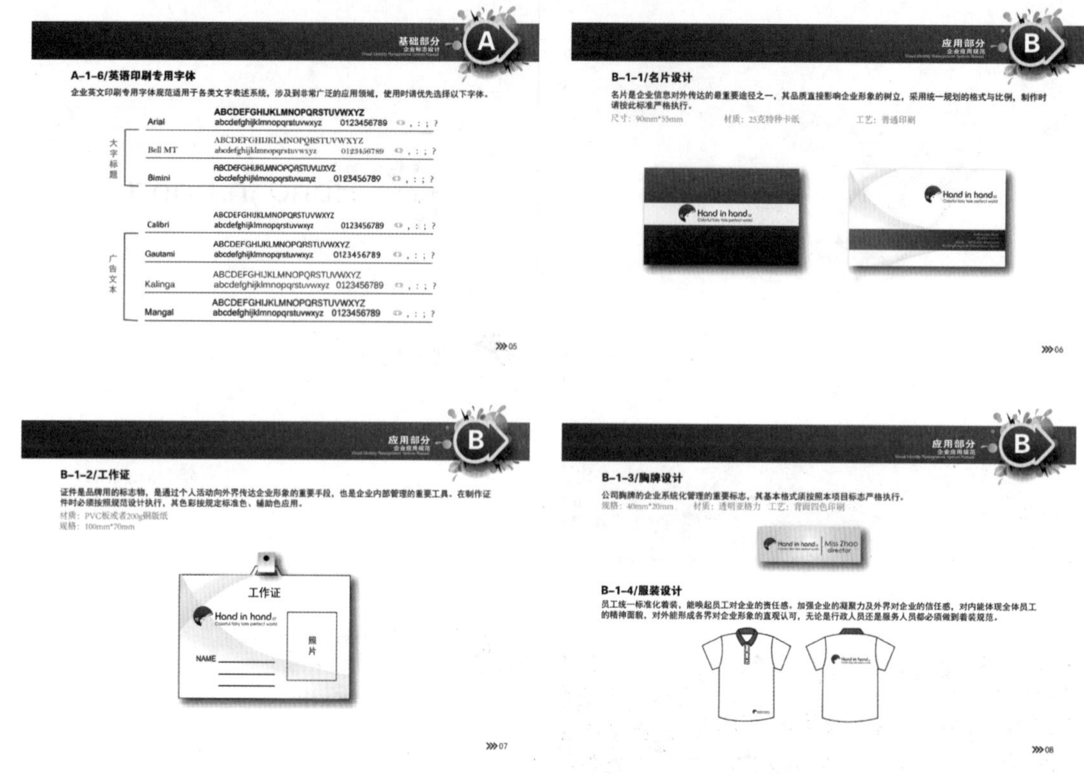

图 7-49(续)

7.2.4 标志设计制作

(1) 执行“窗口”→“新建”命令，在弹出的“新建文档”窗口中设置“画板数量”为 14，单击“按行设置网格”按钮 ，“列数”为 2，“大小”为 A4，“宽度”为 297mm，“高度”为 210mm，单击“确定”按钮，如图 7-50 和图 7-51 所示。

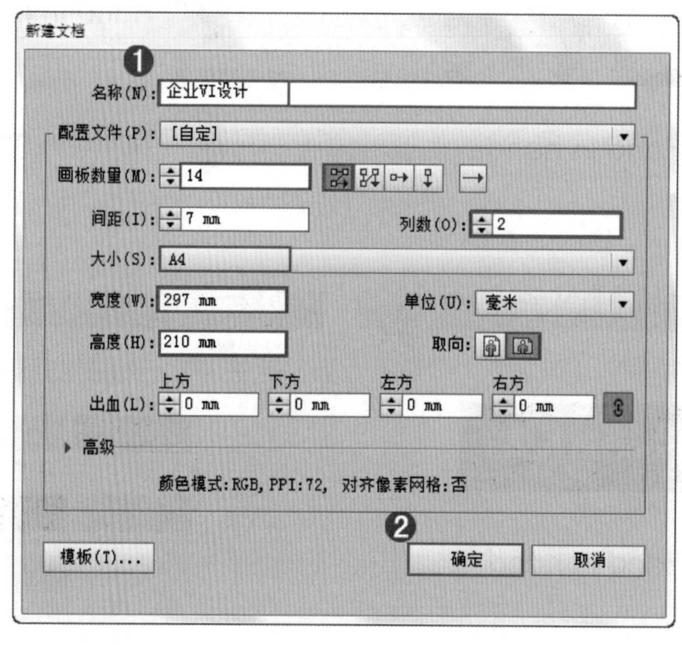

图 7-50

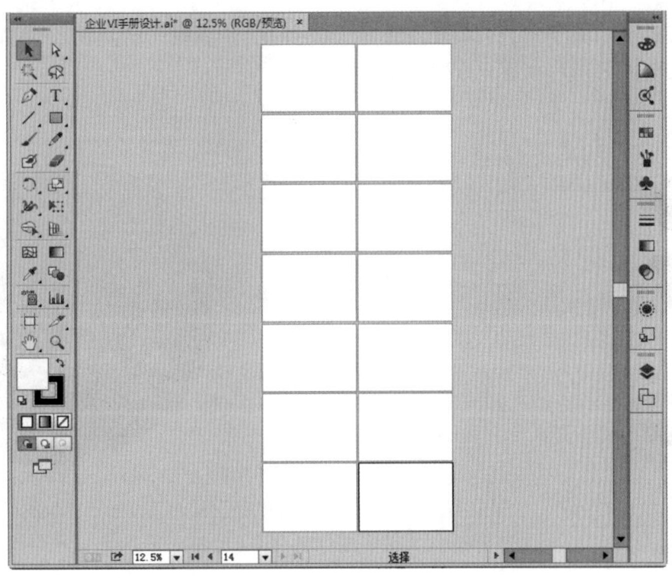

图 7-51

(2) 制作标志部分。选择工具箱中的“矩形工具”，绘制一个与画板等大的矩形。填充一个灰色系的线性渐变，如图 7-52 和图 7-53 所示。

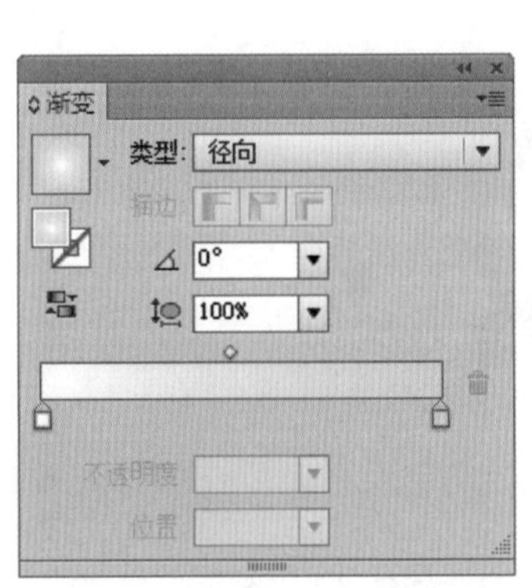

图 7-52

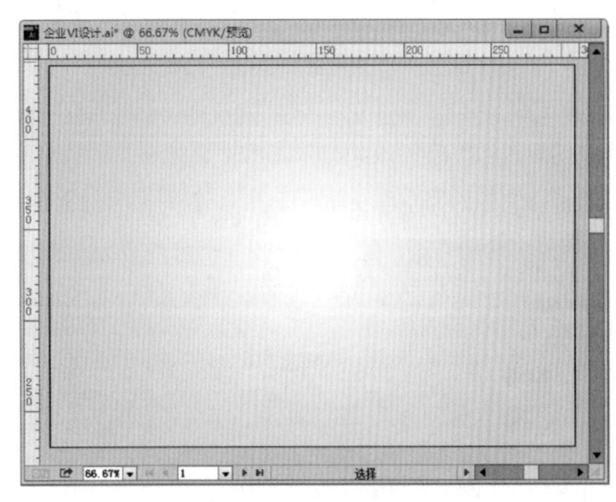

图 7-53

(3) 选择工具箱中的“椭圆工具”，在相应的位置按住 Alt + Shift 组合键在相应位置绘制一个正圆，并填充一个蓝色系的渐变，如图 7-54 和图 7-55 所示。

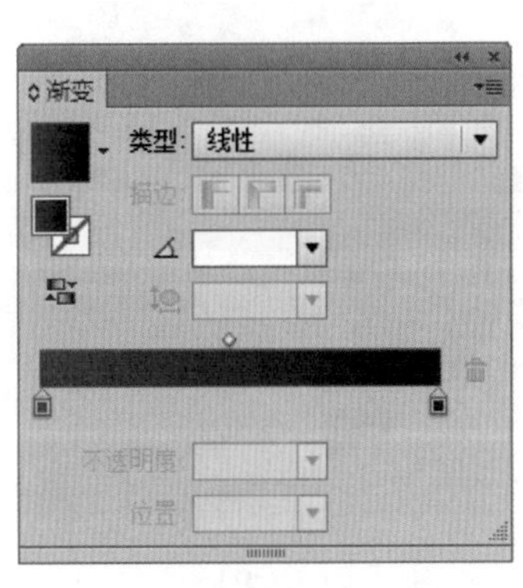

图 7-54

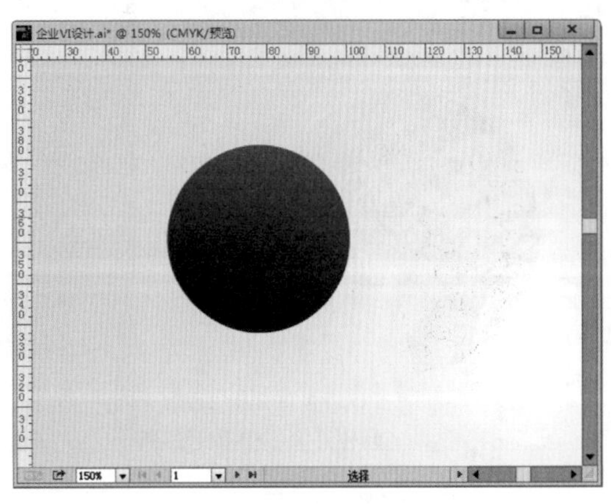

图 7-55

(4) 将素材“1.ai”打开，选中兔子素材，如图 7-56 所示。并执行“编辑”→“复制”、“编辑”→“粘贴”命令，复制到当前文件中，缩放后移动到合适位置，如图 7-57 所示。

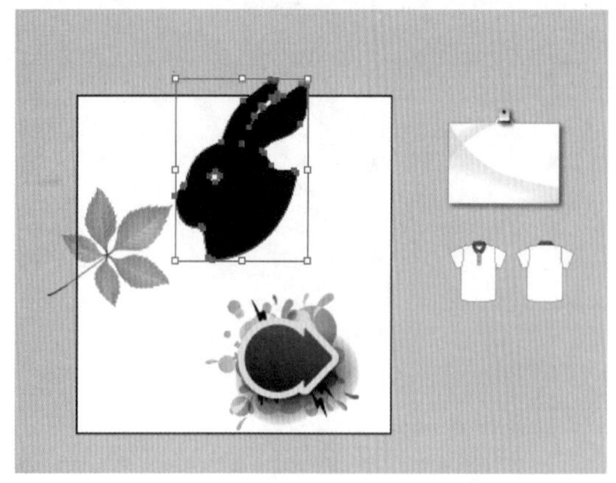

图 7-56

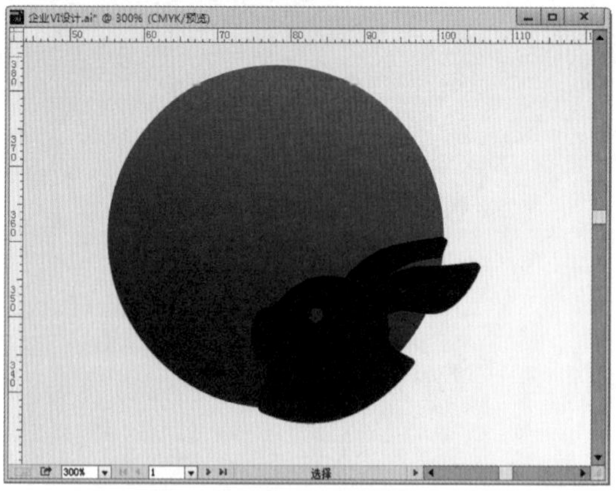

图 7-57

(5) 将二者选中，执行“窗口”→“路径查找器”命令，在“路径查找器”面板中单击“减去顶层形状”按钮，如图 7-58 所示。得到效果如图 7-59 所示。

图 7-58

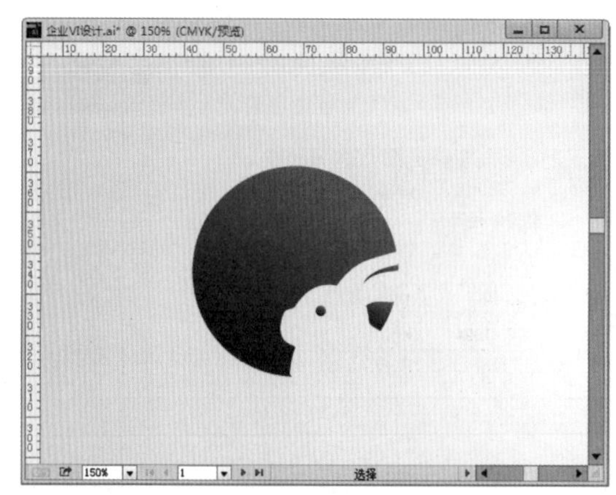

图 7-59

(6) 使用“直接选择工具”将多余的部分删除，效果如图 7-60 所示。使用同样的方法制作左侧叶子部分，效果如图 7-61 所示。

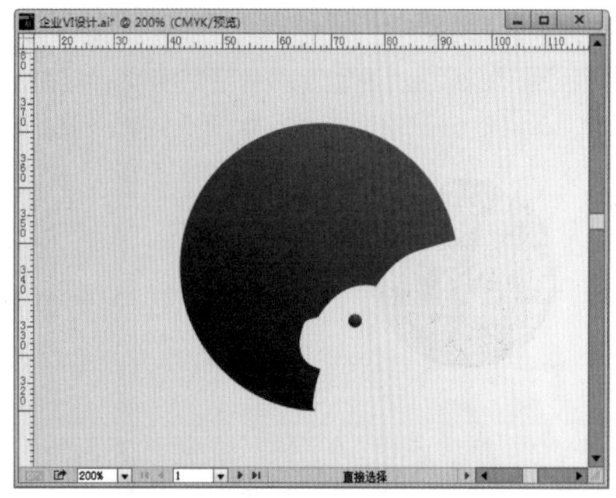

图 7-60

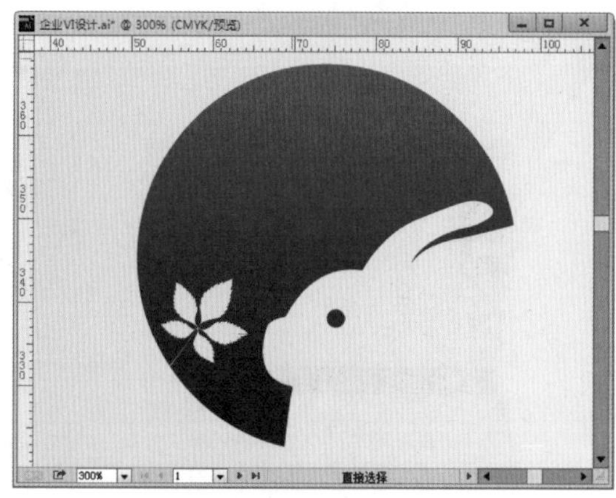

图 7-61

(7) 最后在相应的位置输入文字，效果如图 7-62 所示。将标志选中，使用“编组”快捷键 Ctrl + G 将其编组。然后再将其复制一份，进行缩放后填充为黑色，放置在版面的左下角处，效果如图 7-63 所示。

图 7-62

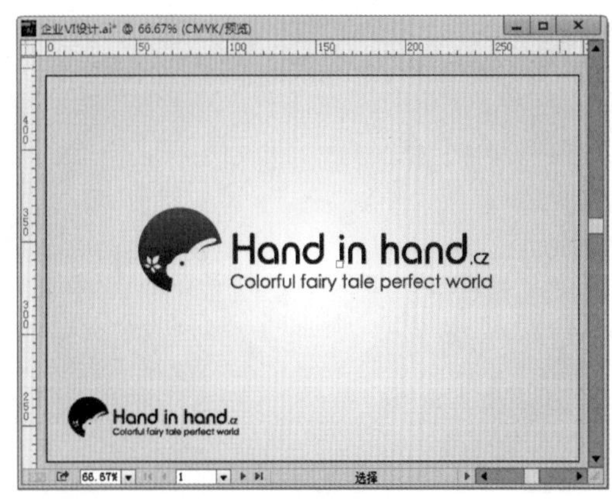

图 7-63

7.2.5 手册封面与封底

(1) 选中第二块画板，使用“矩形工具”绘制一个与画板等大的矩形，并填充一个蓝色系的渐变，如图 7-64 所示。继续绘制一个矩形，并为其填充一个灰色系的渐变，如图 7-65 所示。

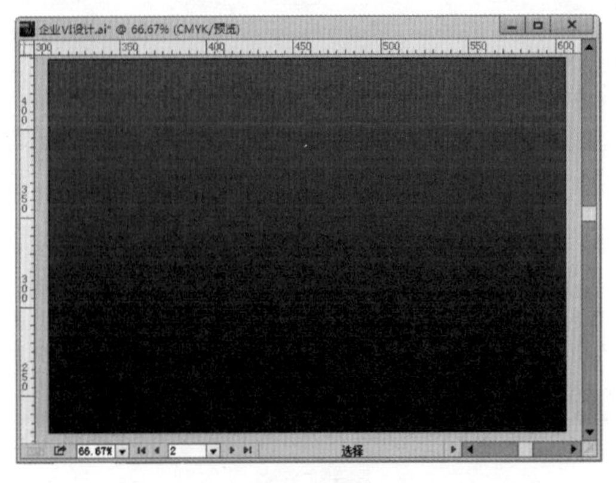

图 7-64

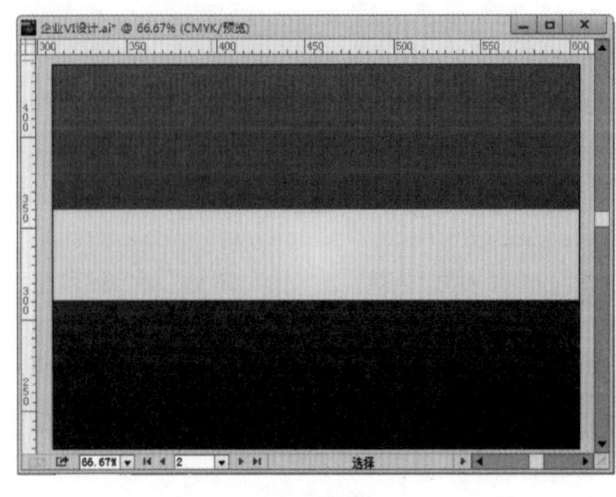

图 7-65

(2) 为灰色矩形制作网纹装饰。选择工具箱中的“直线工具”，在画板以外绘制一条白色的线段，如图 7-66 所示。按住 Alt + Shift 组合键将其平移并复制。然后使用“再次变换”快捷键 Ctrl + D 重复上一步操作，复制出大面积的直线，如图 7-67 所示。制作的网纹可以在画板以外复制一份，因为在后面的制作中还会使用到。

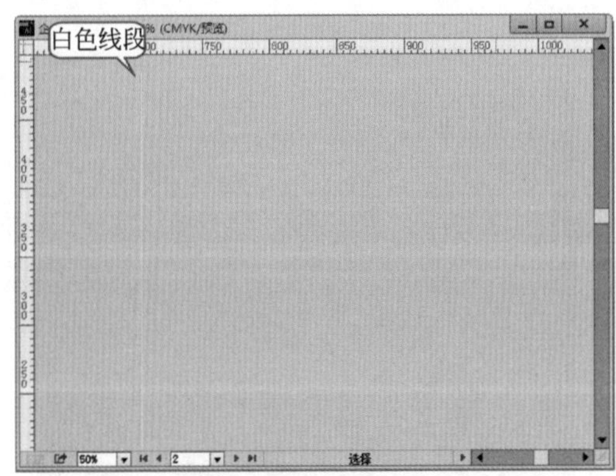

图 7-66

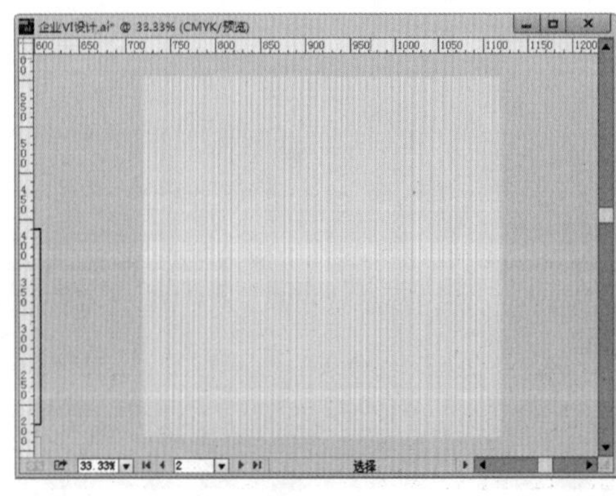

图 7-67

(3) 将这些线段选中进行编组。然后将其移动到画面合适位置进行旋转，如图 7-68 所示。将灰色矩形复制一份，然后将其贴在网纹的上方，如图 7-69 所示。

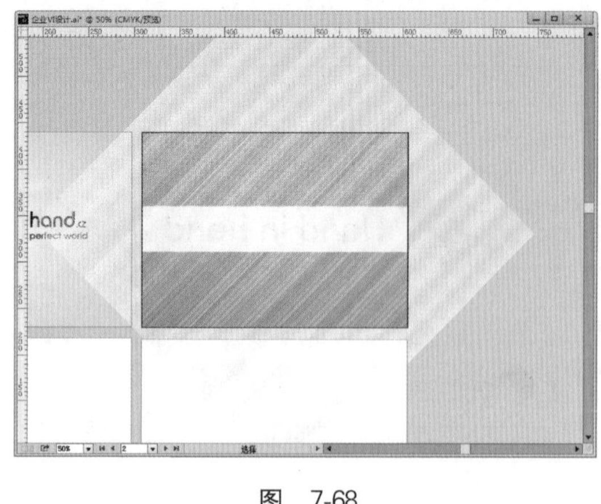

图 7-68

图 7-69

(4) 将复制得到的灰色矩形和网纹选中，使用“剪切蒙版”快捷键 Ctrl + 7 建立剪切模版，此时网格部分只呈现出灰色矩形范围内的区域，效果如图 7-70 所示。将之前制作好的标志复制一份放置到合适位置，并输入相应的文字。封面就制作完成了，效果如图 7-71 所示。

图 7-70

图 7-71

(5) 制作封底。选中第三块画板，可以使用“矩形工具”绘制一个与画板等大的矩形。为了与封面保持风格一致，可以使用“吸管工具”吸取封面底色，此时封底也呈现出蓝色系的线性渐变，如图 7-72 所示。

(6) 制作装饰部分。使用“钢笔工具”绘制形状，如图 7-73 所示。为其填充一个由透明到蓝色的渐变，如图 7-74 所示。

图 7-72

图 7-73

(7) 使用同样的方法制作另一处装饰，如图 7-75 所示。手册封底就制作完成了。

图 7-74

图 7-75

7.2.6 手册展示效果

(1) 在画板 4 中进行手册展示效果的制作。为了保证画面的统一感，这里将制作标志时使用的灰色背景复制一份，放置该画板中，如图 7-76 所示。

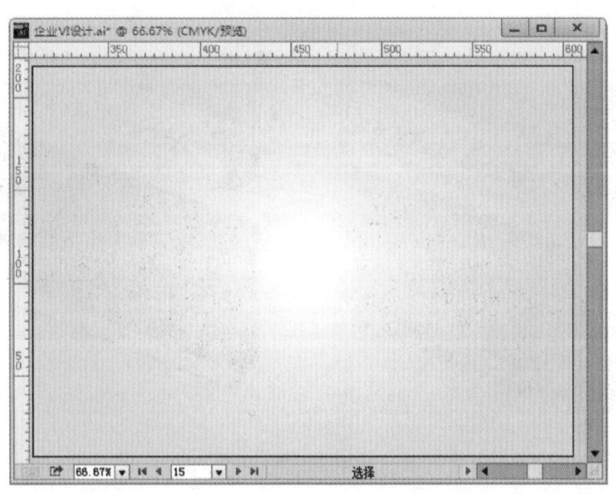

图 7-76

(2) 将之前制作完成的封面复制一份，移动到该画板中进行缩放，如图 7-77 所示。选择工具箱中的“自由变换工具”，然后在弹出的工具组中选择“自由扭曲工具”，将其进行扭曲，效果如图 7-78 所示。

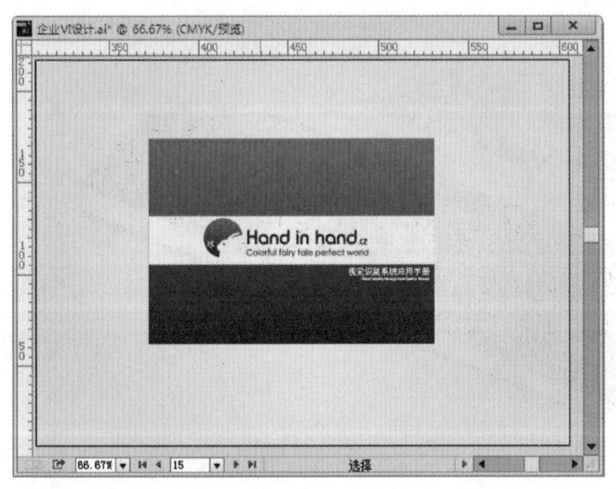

图 7-77

图 7-78

(3) 选择扭曲后的形状，执行“效果”→“风格化”→“投影”命令，在弹出的“投影”窗口中设置“模式”为“正片叠底”，“不透明度”为 75%，“X 位移”为 0mm，“Y 位移”为 2mm，“模糊”为 1.7mm，参数设置如图 7-79 所示。设置完成后单击“确定”按钮，效果如图 7-80 所示。

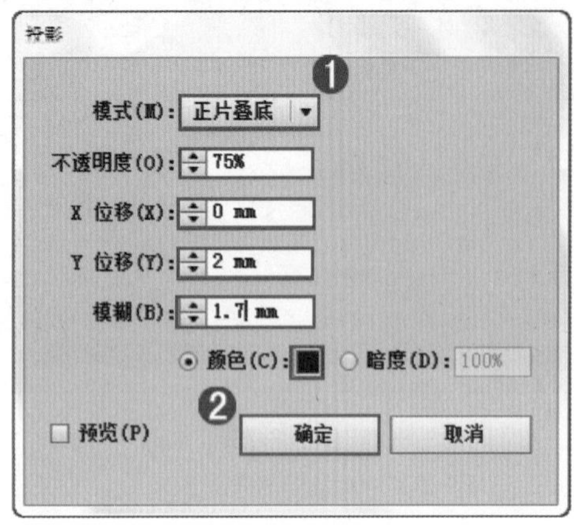

图 7-79

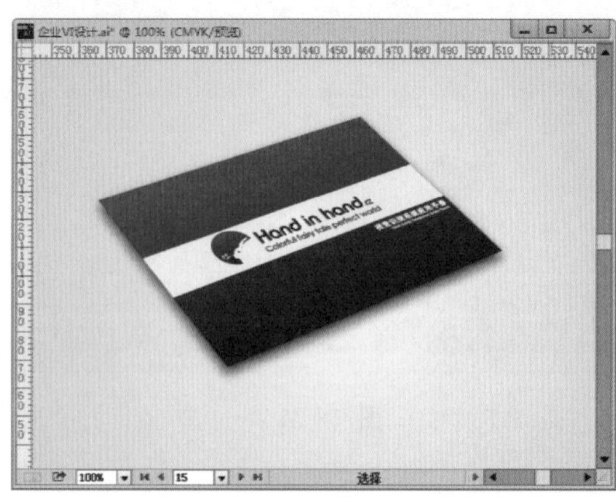

图 7-80

(4) 制作手册的书脊。使用“钢笔工具”在相应位置绘制一个黑色的四边形。然后移动到封面的下面，如图 7-81 所示。使用的方法制作手册的厚度和手册的封底，效果如图 7-82 所示。

图 7-81

图 7-82

(5) 选择作为封底的图形，执行“效果”→“风格化”→“投影”命令，在弹出的“投影”窗口中设置“模式”为“正片叠底”，“不透明度”为 75%，“X 位移”为 0mm，“Y 位移”为 2.5mm，“模糊”为 1.7mm，参数设置如图 7-83 所示。设置完成后单击“确定”按钮，效果如图 7-84 所示。

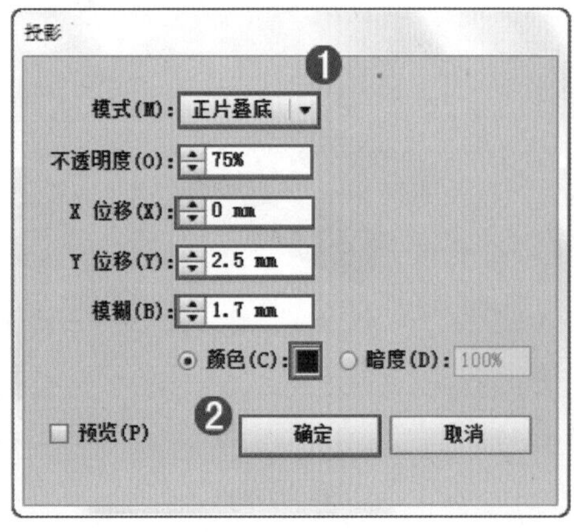

图 7-83

图 7-84

（6）此时手册的展示效果制作完成。可以将其全选，将其编组。然后复制一份，进行旋转。效果如图 7-85 所示。手册的展示效果就制作完成了。

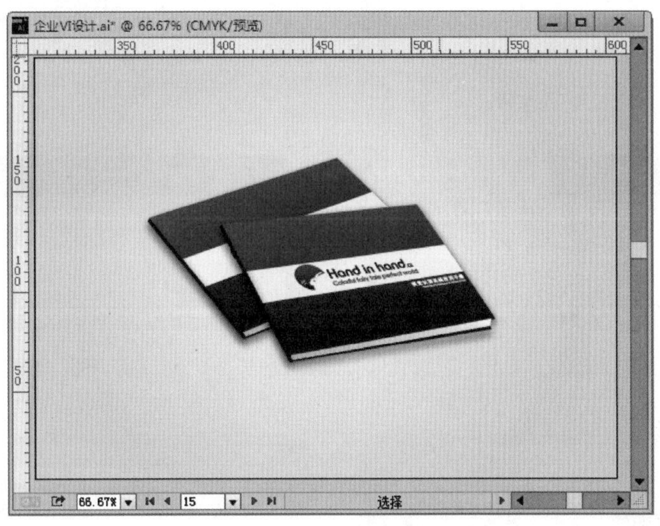

图 7-85

7.2.7 目录和版面

（1）目录的制作还是相对简单的，有些内容是之前已经做好的，直接复制即可。绘制一个与画板等大的白色矩形。然后将制作封底的装饰图形复制到该画板中，并填充灰色透明的渐变，如图 7-86 所示。

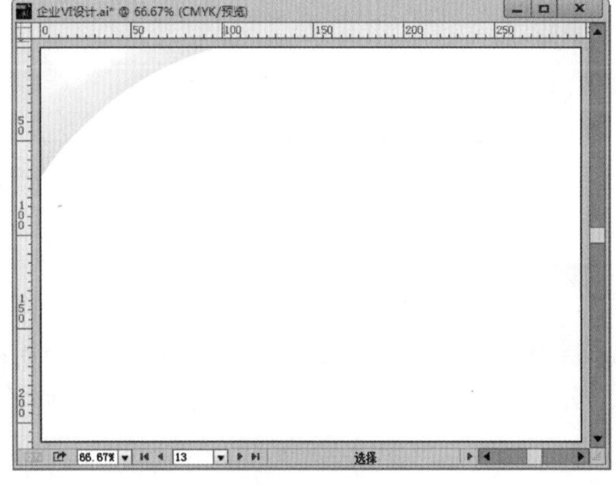

图 7-86

（2）使用“矩形工具”绘制一个矩形，并填充蓝色系渐变，如图 7-87 所示。使用之前用过的方法为这个蓝色的矩形添加网纹装饰，效果如图 7-88 所示。

（3）输入相应的文字，如图 7-89 所示。然后将标志复制一份放置到该画板中相应位置，如图 7-90 所示。

（4）制作手册内页的版面。绘制一个与画板等大的白色矩形，然后将制作目录时制作的带有网纹装饰的蓝色图形复制到画面中，进行缩放并放置到合适位置，如图 7-91 所示。接着将素材“1. ai”中的装饰复制到该文件中，放置在合适位置，如图 7-92 所示。

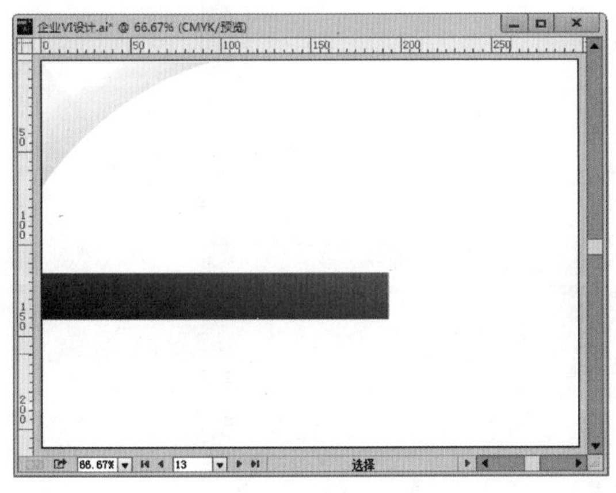

图 7-87

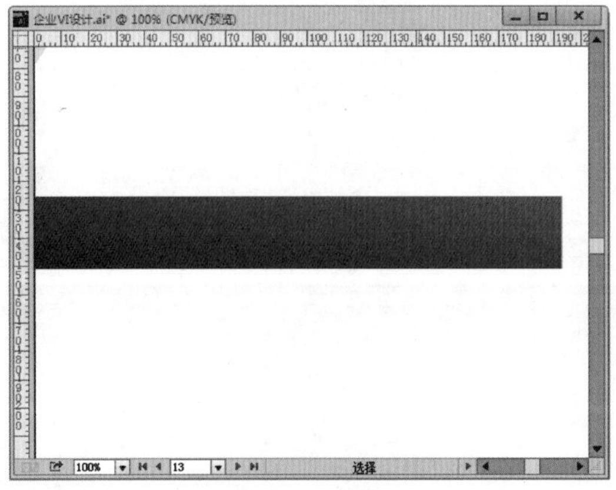

图 7-88

图 7-89

图 7-90

图 7-91

图 7-92

(5) 制作页码装饰部分。选择工具箱中的“钢笔工具”，在控制栏中的设置“填充”为“无”，“描边”为深蓝色，“描边宽度”为 2pt，设置完成后，在画面中进行绘制，如图 7-93 所示。选择绘制的对象，执行“对象”→“扩展”命令，将其扩展。然后将拖曳的形状进行复制。页码装饰部分制作完成，效果如图 7-94 所示。

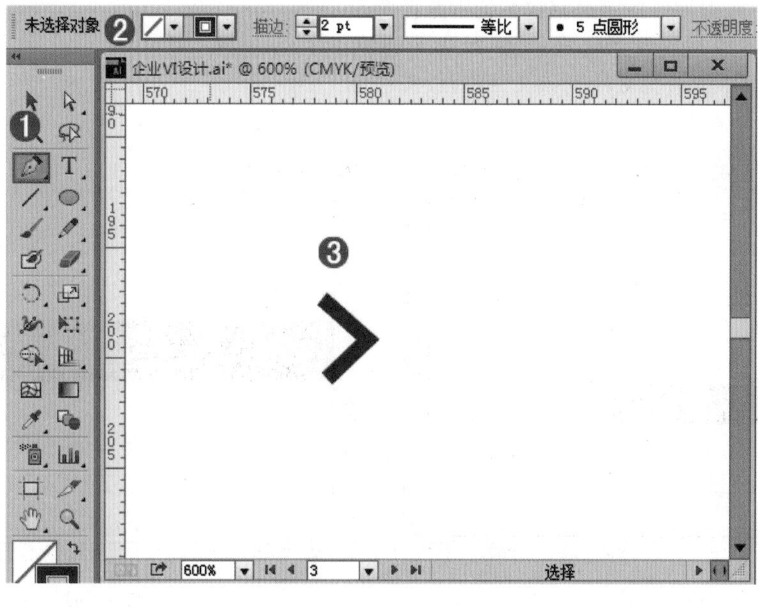

图 7-93

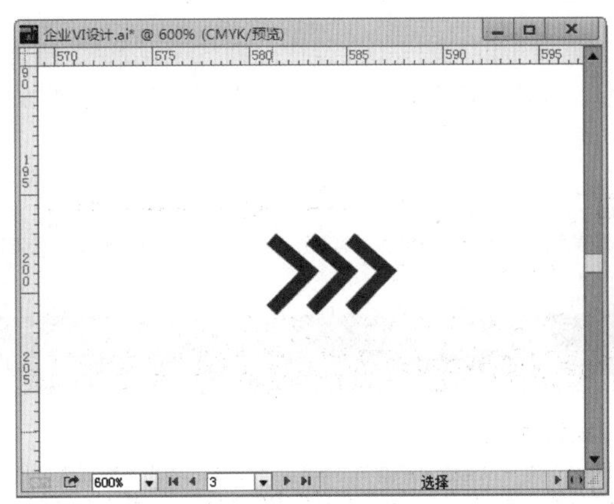

图 7-94

(6) 此时页面的版式就制作完成了。可以将其画面的内容选中并编组。然后将版式复制到其他画板中。

7.2.8 基础部分

(1) 制作基础部分的第一个页面“企业标志设计”部分，在画板 6 中进行制作。使用文字工具在页面上半部分输入文字，如图 7-95 所示。然后在页面右下角输入页码“01”，如图 7-96 所示。

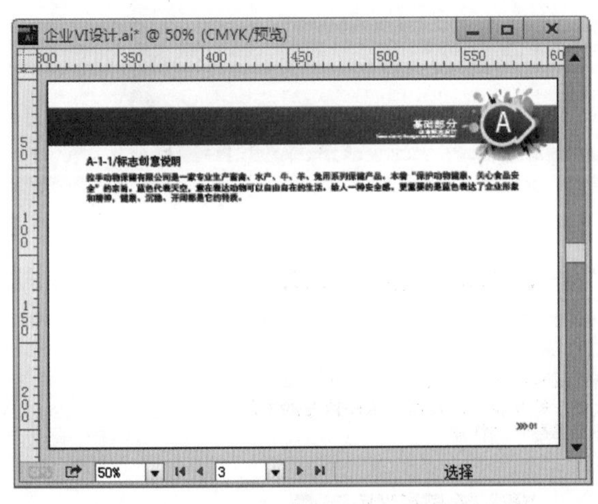

图 7-95

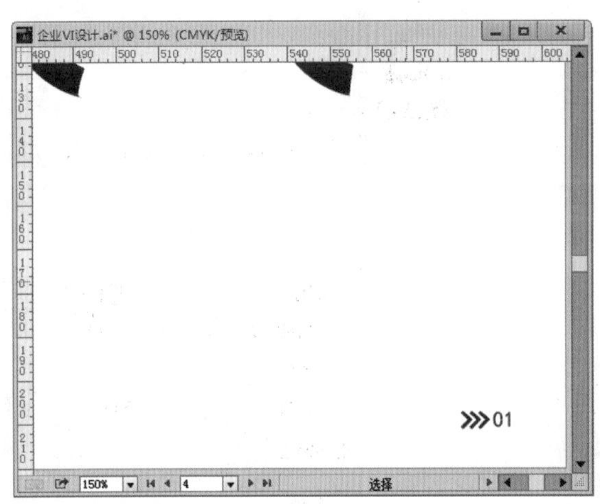

图 7-96

(2) 制作标志创意说明。将图片素材“1. jpg”和“2. jpg”导入到画面中，放置在合适位置，如图 7-97 所示。然后将之前制作好的标志的生成图复制到当前页面中，如图 7-98 所示。

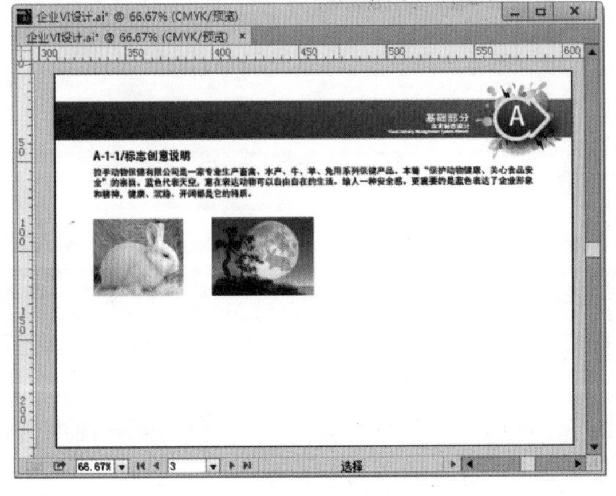

图 7-97

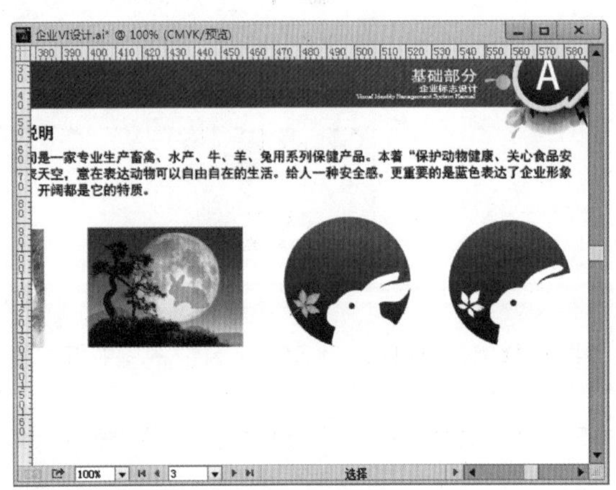

图 7-98

(3) 制箭头进行指向。选择工具箱中的“直线工具”，在控制栏中设置其“描边”为黑色，“描边宽度”为 2pt，然后在相应位置绘制直线。选择这条直线，单击控制栏中的“描边”字样，在下拉面板中设置箭头指向为右向，选择“箭头 5”，箭头绘制完成，如图 7-99 和图 7-100 所示。

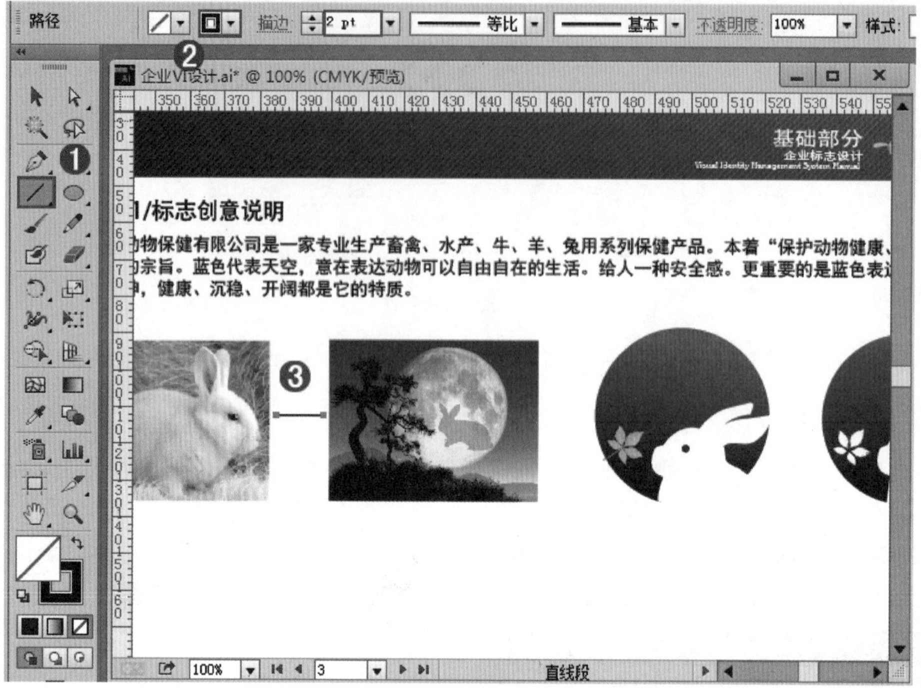

图 7-99

图 7-100

(4) 选择箭头，按住 Alt + Shift 组合键将其平移并复制，如图 7-101 所示。接着将标志复制一份移动到画面中来，如图 7-102 所示。

(5) 制作标志的坐标图。使用“文字工具”输入文字，如图 7-103 所示。将标志复制一份，移动到画面中合适位置。然后使用“矩形工具”绘制一个“填充”为“无”，“描边”为黑色的矩形，如图 7-104 所示。

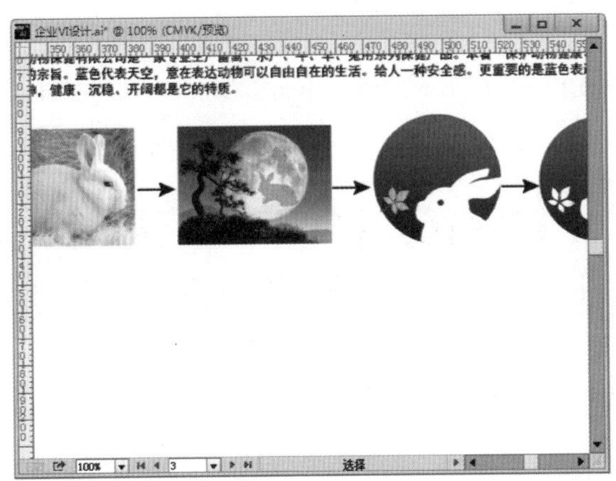

图 7-101

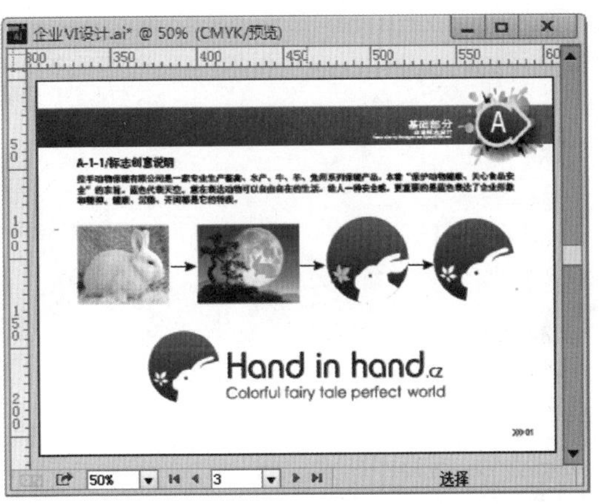

图 7-102

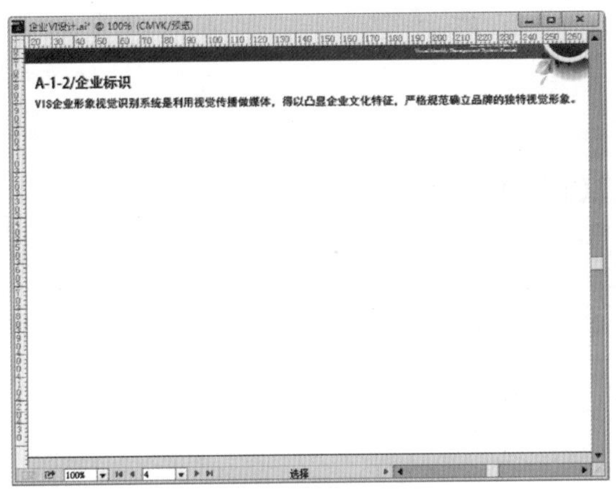

图 7-103

图 7-104

(6) 在画面中输入文字，如图 7-105 所示。将标志复制一份移动到合适位置，如图 7-106 所示。

图 7-105

图 7-106

(7) 绘制网格。单击工具箱中的“网格工具”，在画面中单击，然后在弹出的“矩形网格工具选项”窗口中设置“宽度”为 80mm，“高度”为 50mm，“水平分隔线”的“数量”为 10，“垂直分隔线”的“数量”为 34，设置完成后单击“确定”按钮，如图 7-107 所示。接着把网格移动到相应位置，如图 7-108 所示。

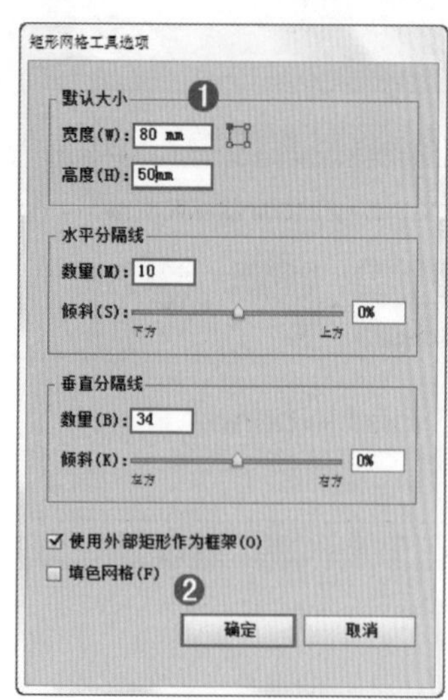

图 7-107

图 7-108

（8）在相应位置输入文字，如图 7-109 所示。

图 7-109

（9）制作标志的墨稿和反白稿。画面中位置输入文字，如图 7-110 所示。使用“矩形工具”绘制一个蓝色的矩形。然后输入文字，如图 7-111 所示。

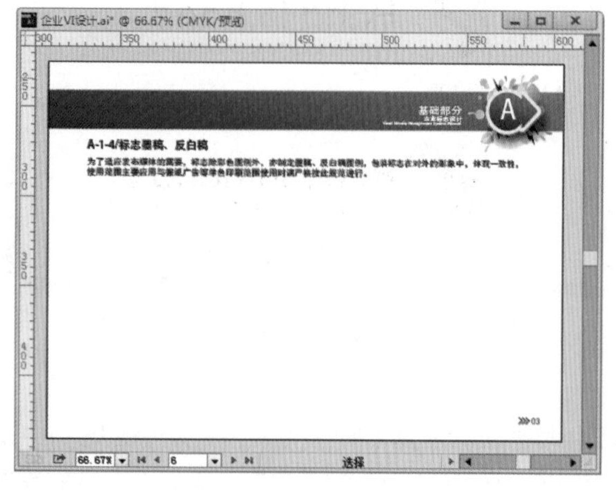

图 7-110

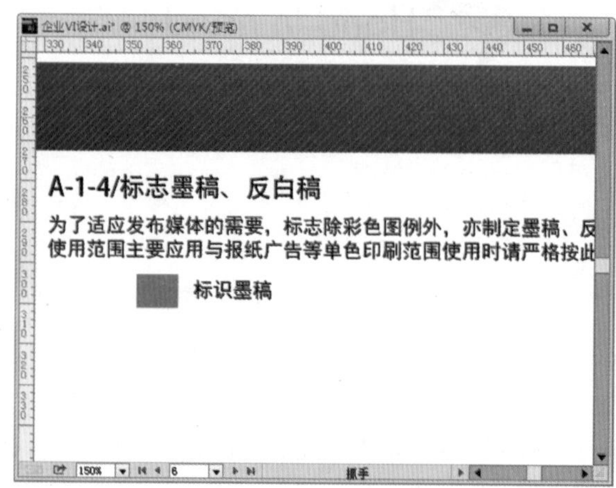

图 7-111

(10) 使用“矩形工具”绘制一个黑色的矩形，如图 7-112 所示。将标志复制一份，然后将标志的图案部分填充一个灰色系的渐变，文字填充为白色，如图 7-113 所示。标志的墨稿就制作完成了。

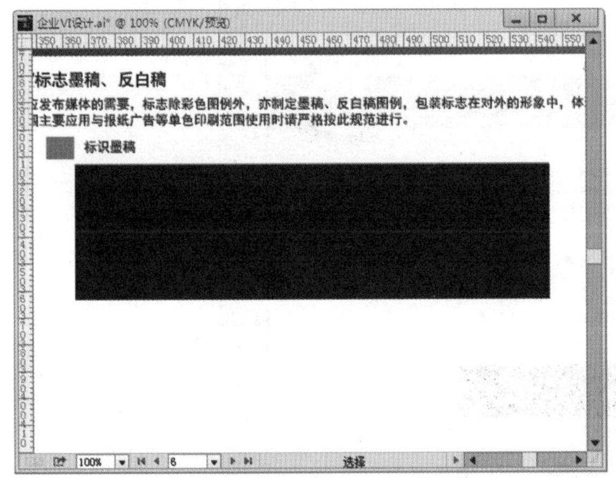

图 7-112

图 7-113

(11) 使用同样的方法制作标志的反白稿，如图 7-114 所示。

图 7-114

(12) 标准色页面。在画面中输入文字，然后在画面中绘制蓝色的矩形，如图 7-115 所示。最后在矩形的下方输入颜色的数值，如图 7-116 所示。

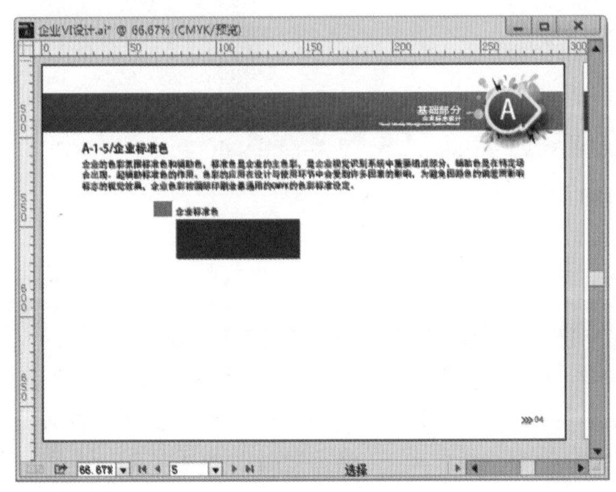

图 7-115

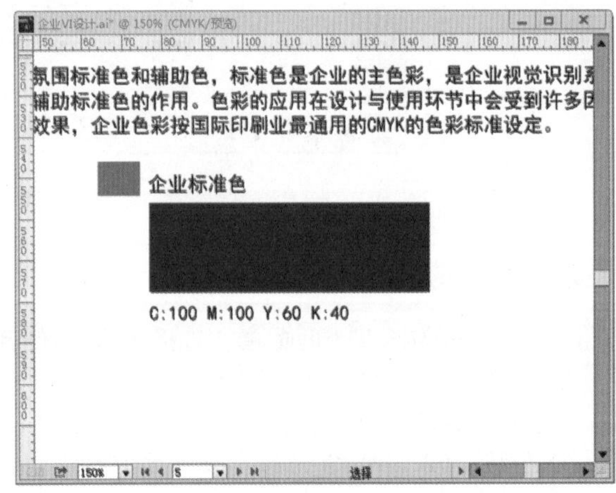

图 7-116

（13）使用同样的方法绘制矩形，设置合适的颜色，并输入相应的文字，如图 7-117 所示。

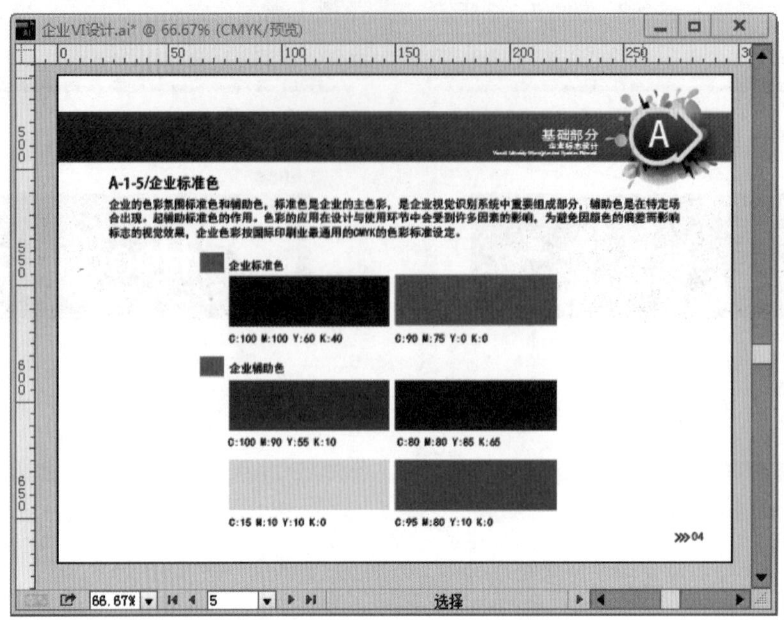

图 7-117

（14）企业标准字的制作相对简单，在画面中输入文字并绘制线段进行分割即可，效果如图 7-118 所示。

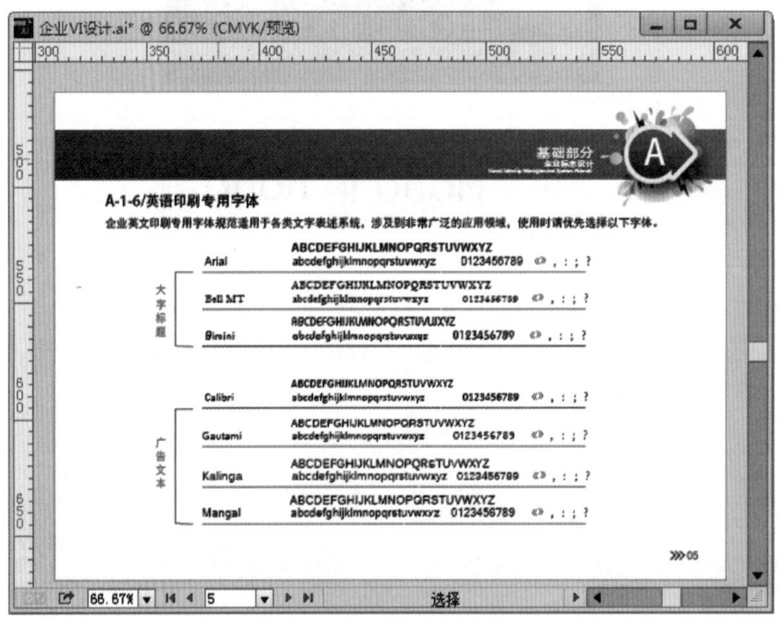

图 7-118

7.2.9 应用部分

（1）应用部分包含四个页面，首先选择画板 11，使用“文字工具”在顶部输入文字，如图 7-119 所示。

（2）制作名片，使用“矩形工具”绘制矩形，为其填充一个蓝色系的线性渐变，如图 7-120 所示。选择这个蓝色的矩形，执行“效果”→“风格化”→“投影”命令，在弹出的“投影”窗口中，设置“模式”为“正片叠底”，“不透明度”为 75%，“X 位移”为 2.5mm，“Y 位移”为 2.5mm，“模糊”为 1.7mm，设置完成后单击“确定”按钮，如图 7-121 所示。投影效果如图 7-122 所示。

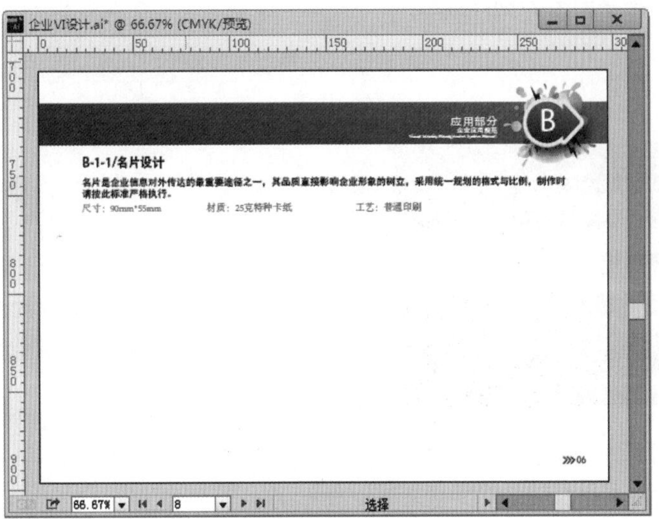

图 7-119

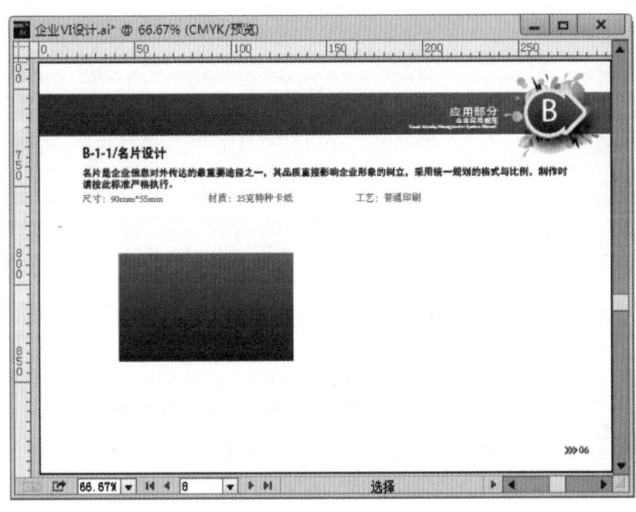

图 7-120

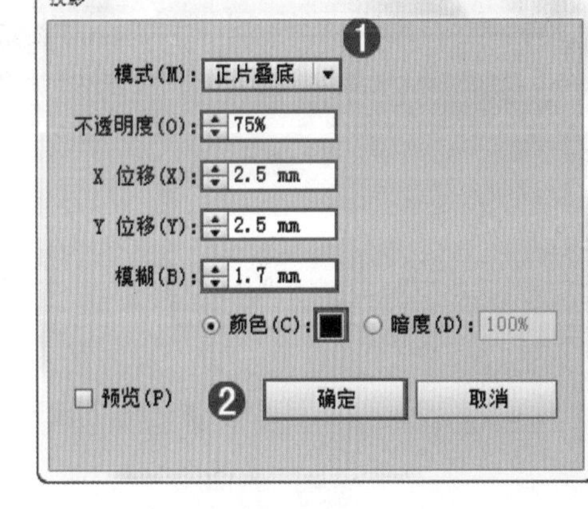

图 7-121

(3) 在蓝色矩形中央绘制一个灰色的矩形，如图 7-123 所示。将标志复制一份，放置在名片的相应位置，如图 7-124 所示。

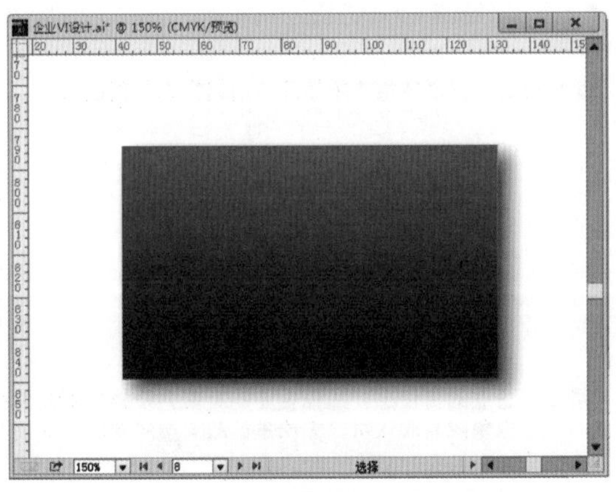

图 7-122

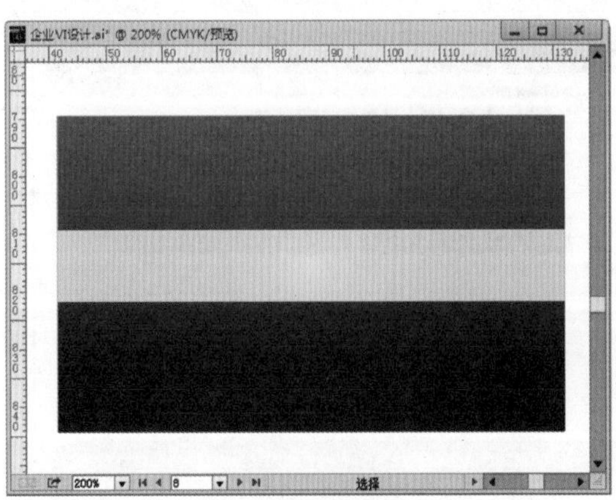

图 7-123

（4）制作名片的背面，效果如图 7-125 所示。

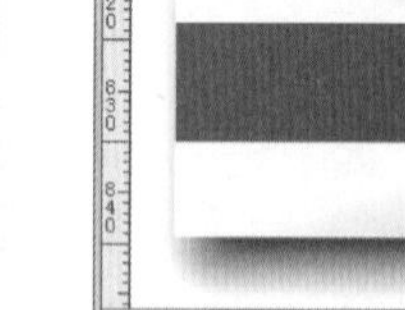

图　7-124

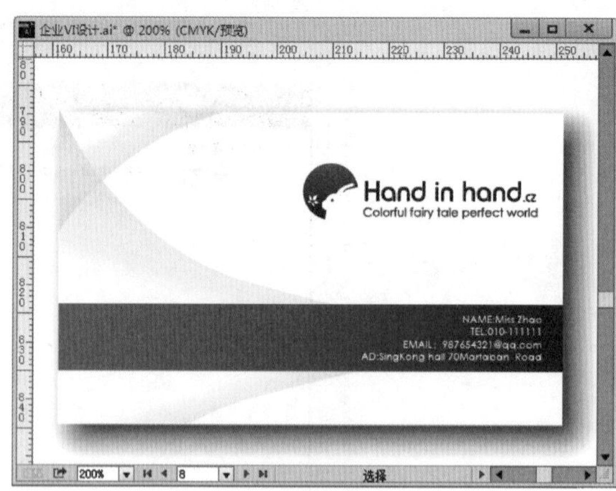

图　7-125

（5）制作工作证的展示效果，在相应位置输入文字，然后将素材“1. ai”中的证件图形复制到画面中，如图 7-126 所示。然后在证件上绘制形状和文字，如图 7-127 所示。

图　7-126

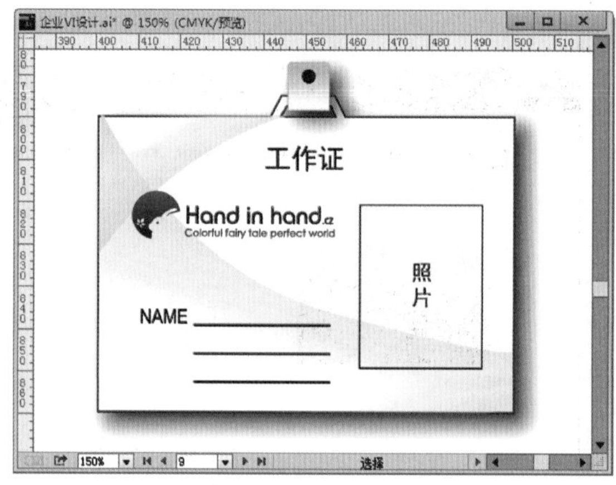

图　7-127

（6）制作胸牌设计和服装设计。在画面中输入文字，如图 7-128 所示。使用“矩形工具”绘制一个矩形，填充一个灰色的渐变并添加投影效果，如图 7-129 所示。

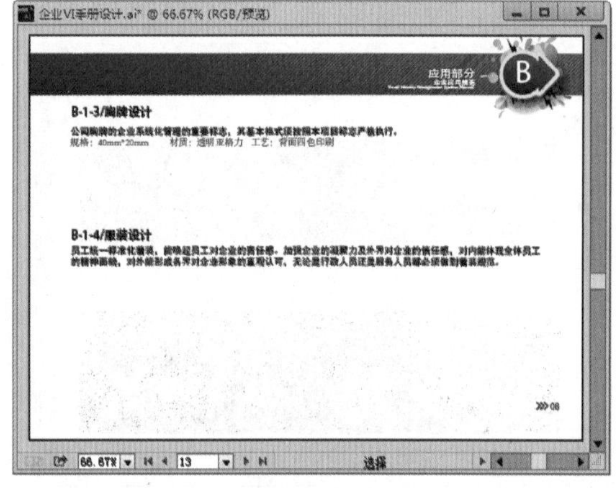

图　7-128

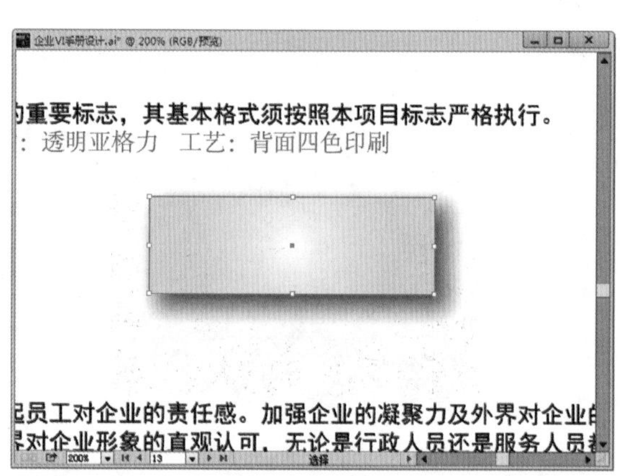

图　7-129

(7) 将标志复制一份移动到左侧位置，在中央绘制一条细线作为分割线，右侧区域为员工姓名，如图 7-130 所示。将素材"1. ai"中的员工服装的素材复制到该文件中，如图 7-131 所示。

图 7-130

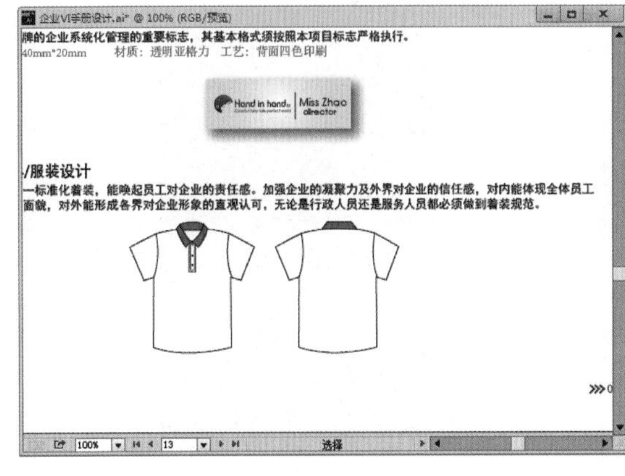

图 7-131

(8) 将制作的胸牌复制一份，移动到服装一侧的胸口处，如图 7-132 所示。继续将标志复制一份，移动到服装的背面，如图 7-133 所示。

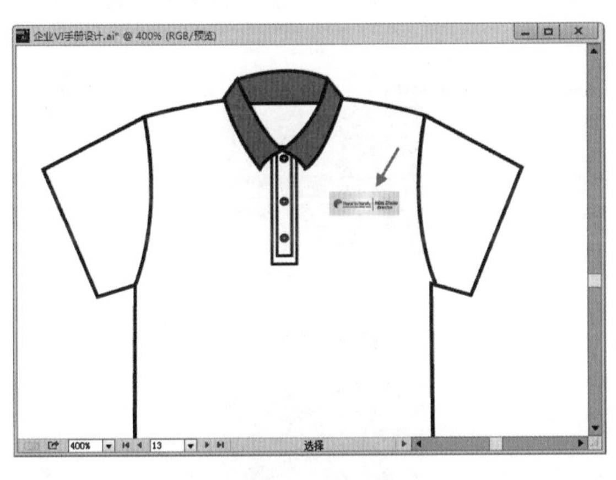

图 7-132

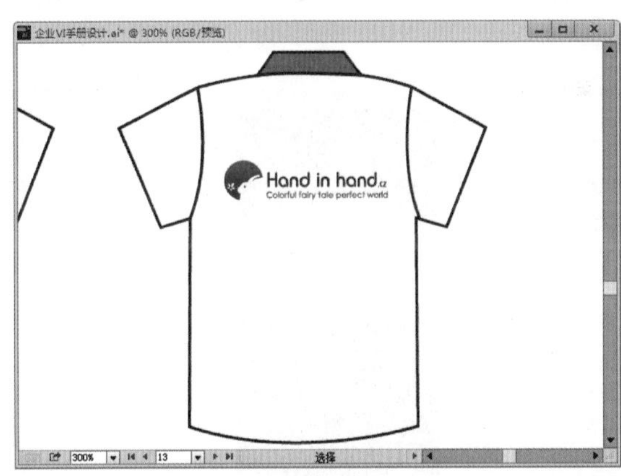

图 7-133

(9) 制作导示系统的展示效果。在画面中相应位置输入文字，如图 7-134 所示。使用"矩形工具"绘制一个蓝色的矩形，如图 7-135 所示。

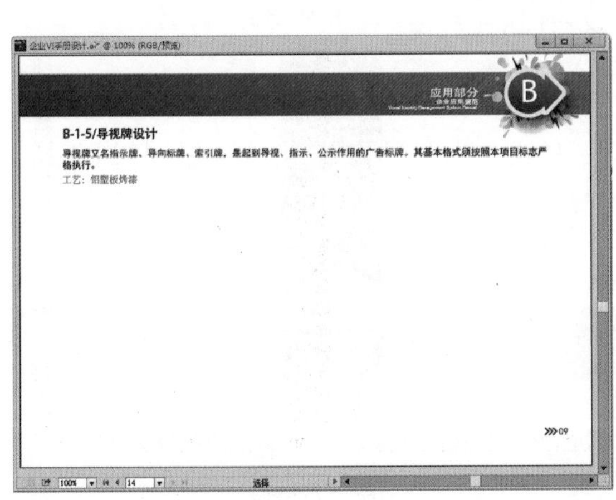

图 7-134

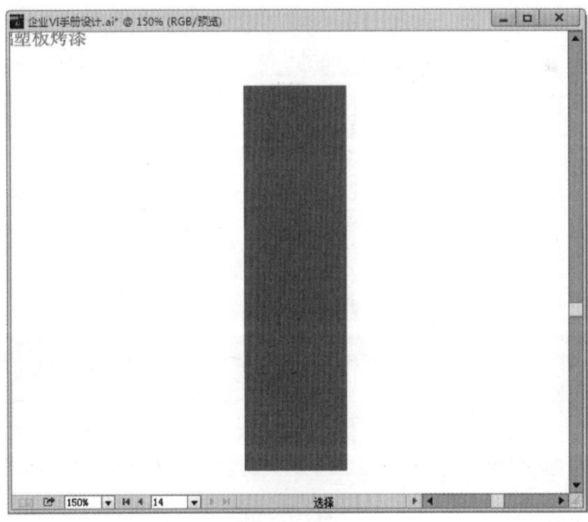

图 7-135

（10）将制作背景时用来装饰的形状填充为灰色系渐变，然后移动到相应位置，如图 7-136 所示。继续在画面中输入文字并绘制形状，如图 7-137 所示。

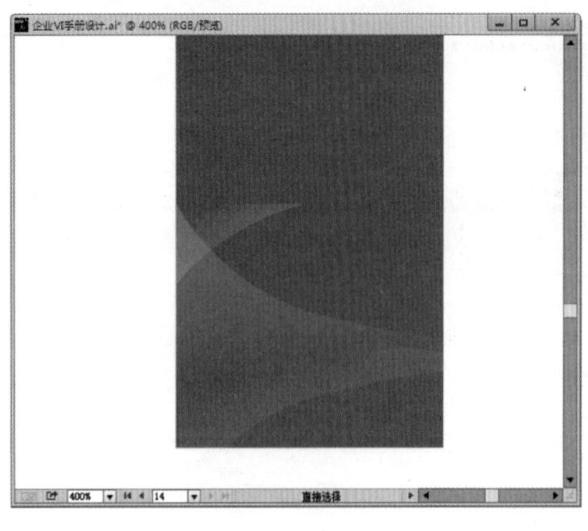

图　7-136

图　7-137

（11）使用“矩形工具”绘制一个灰色的矩形，如图 7-138 所示。将标志复制一份移动到灰色矩形的上方，如图 7-139 所示。

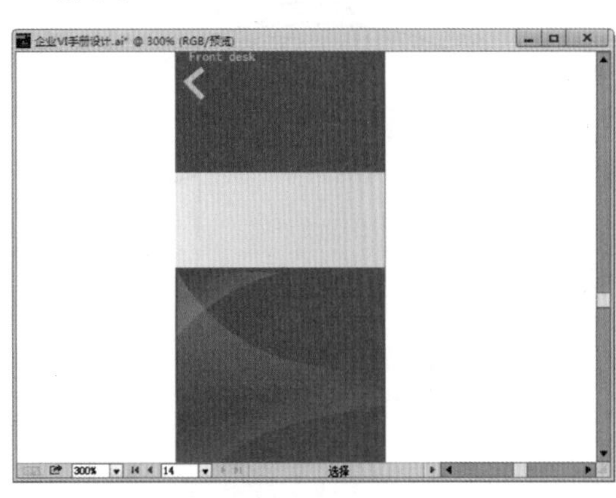

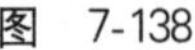

图　7-138

图　7-139

（12）绘制一个矩形，大小是导示的 1/2，如图 7-140 所示。为其填充一个由半透明蓝色道透明的渐变，如图 7-141 所示。

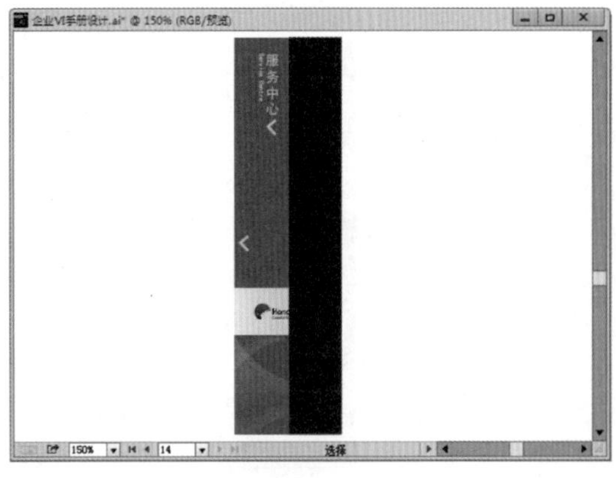

图　7-140

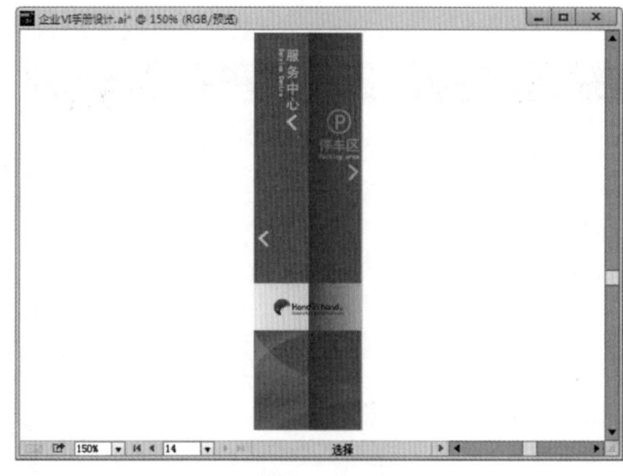

图　7-141

（13）选中这个半透明的矩形，执行"窗口"→"透明度"命令，然后设置其"混合模式"为"正片叠底"，效果如图 7-142 所示。然后绘制线段，输入相关文字，进行导示的宽度和高度的指示，如图 7-143 所示。

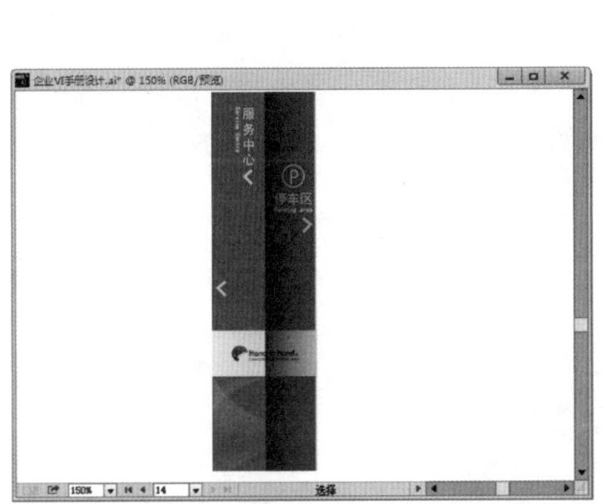

图 7-142

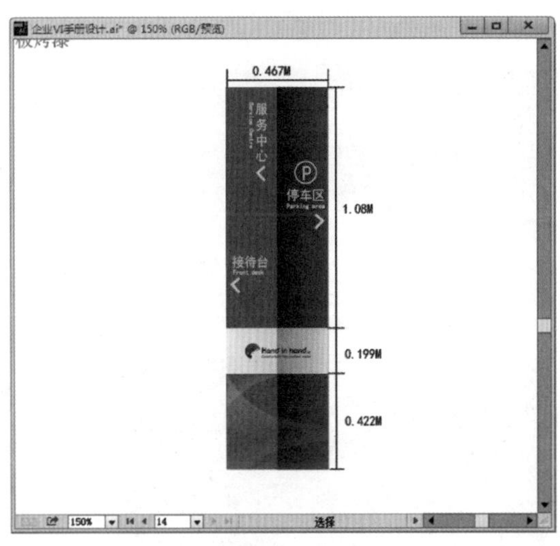

图 7-143

（14）制作导示的侧面，效果如图 7-144 所示。本案例制作完成。

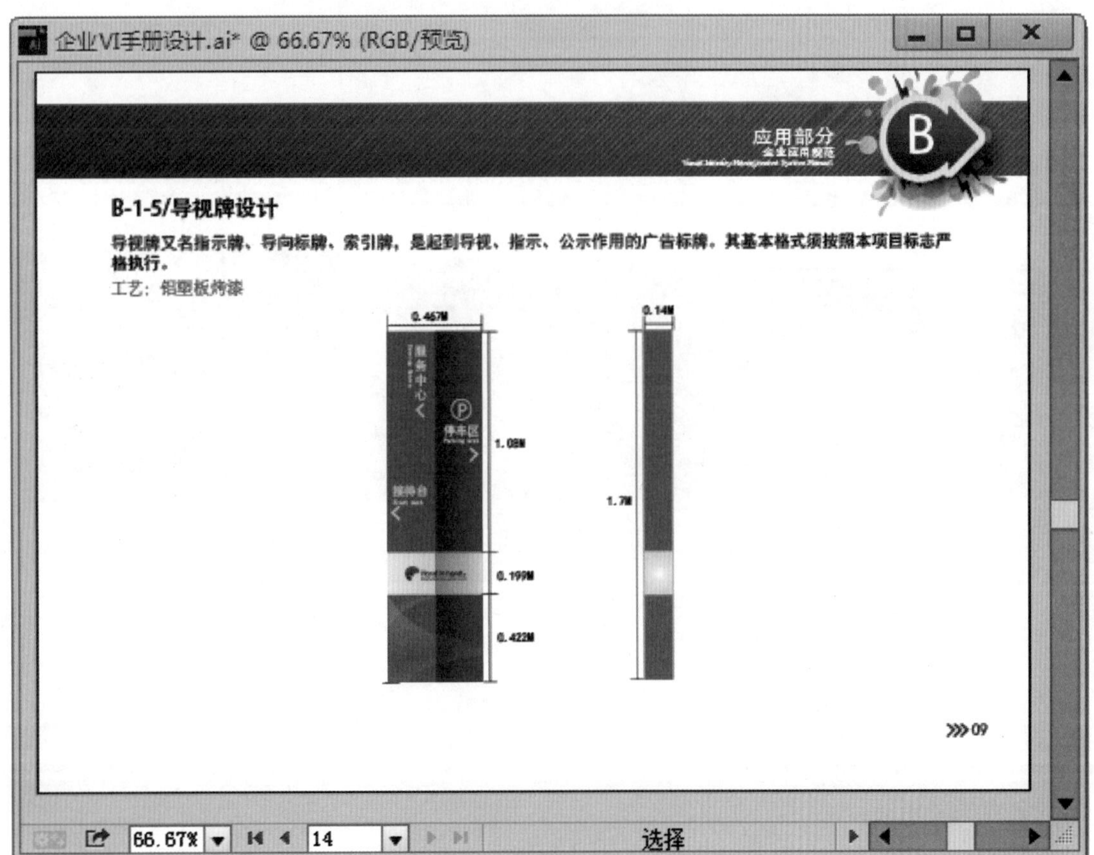

图 7-144

7.3 灵感补给站

参考优秀设计案例，启发设计灵感，如图 7-145 所示。

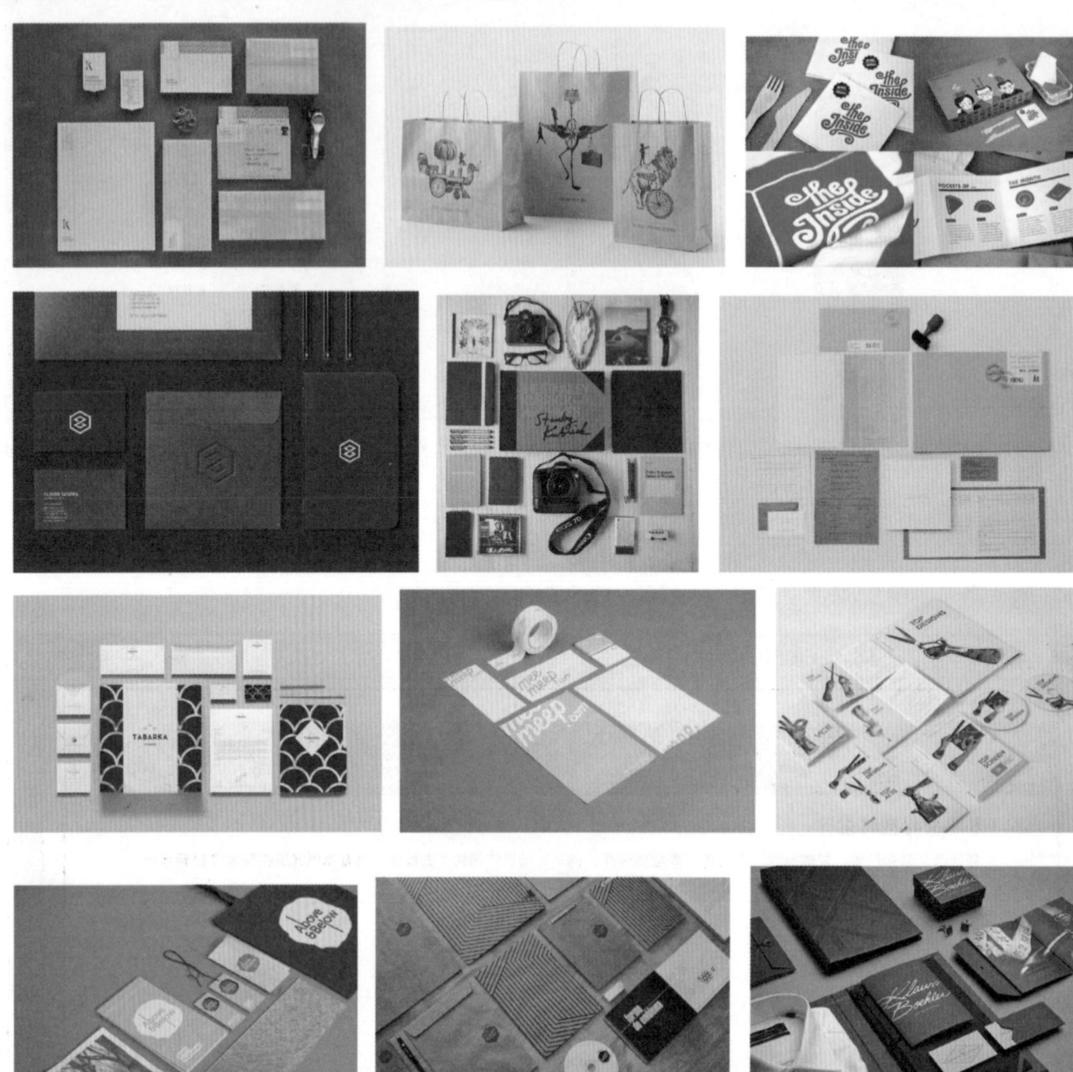

图 7-145

第 8 章

导视系统设计

• **课题概述**

当我们进入一个陌生城市的火车站或一个很少去的商场，在其中想要找到某一个区域时，往往会从附近的指示牌中获取信息。而当我们想要知道某个房间是什么的时候，墙面上的指示牌或许就会告诉我们。这些都是导视系统的一部分。在当今社会中，导视设计是大型空间中必不可少的元素，它具有指示、导向的功能。所以导视系统的必要性不言而喻，试想一下如果一个偌大的建筑中没有完善的导视系统，那么在其中居住或工作的人们将无法快捷地到达想去的空间，将会为人们带来很多麻烦。

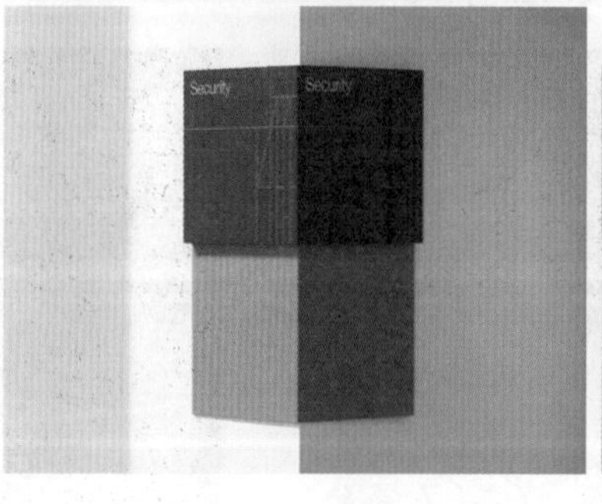

• **教学目标**

导视系统在生活中越来越重要，通过对本章的学习，了解导视系统的重要意义和作用，掌握导视设计的设计原则。然后动手制作一套完整的导视设计。

8.1 认识导视设计

8.1.1 导视设计概述

“导视”的对应英文为“sign”，可以理解为信号、标志、说明、指示、预示等多种含义，属于视觉传达设计的范畴。导视设计主要是为了规范秩序，为人们提供便利为目的的设计，目前在全世界范围内得到广泛的应用。图 8-1 和图 8-2 所示为导视设计。

图 8-1

图 8-2

导视设计就是在城市的公共环境中，设计具有视觉识别功能的导向标识系统。导视设计不仅向使用者传递指示的信息，指引使用者迅速分辨出自己所在的位置并找到自己所想找到的位置，还能在视觉上给人一种美感。如今的导视设计已经不再是由材料、造型或加工类型来进行界定的单项设计制作项目，而是融入物业运营的系统设计项目，如图 8-3 和图 8-4 所示。

图 8-3

图 8-4

在现代人的生活中，人对环境的信息要求越来越高，导视系统成为生活中不可分割的一部分。小到厕所，大到城市都需要有科学和人性化的导航设计，如图 8-5 和图 8-6 所示。

图 8-5

图 8-6

在导视系统设计中，要注意设计风格与整个空间的风格相统一，让导视系统成为空间独特的风景。导视系统主要包括文字和图形两大元素，这两大元素共同传递出说明、简介、导向地图、导视功能，如图 8-7 所示。

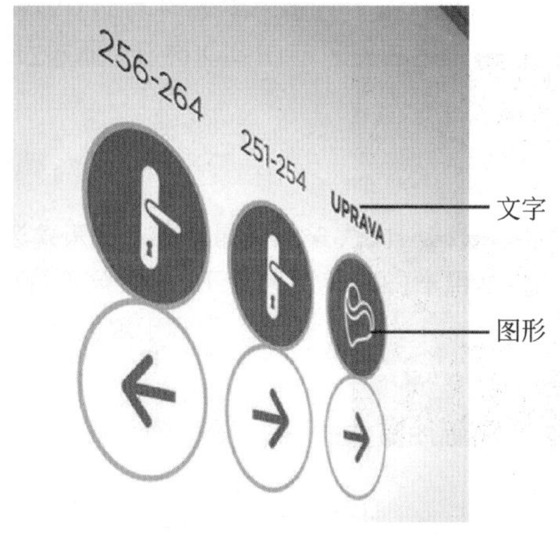

图 8-7

8.1.2 导视系统包含的内容

导视系统是信息传递者与接收者之间的交流，对信息接收者起到引导作用，在现代社会中导视系统具有重要的意义，如图 8-8～图 8-13 所示。

图 8-8

图 8-9

图 8-10

图 8-11

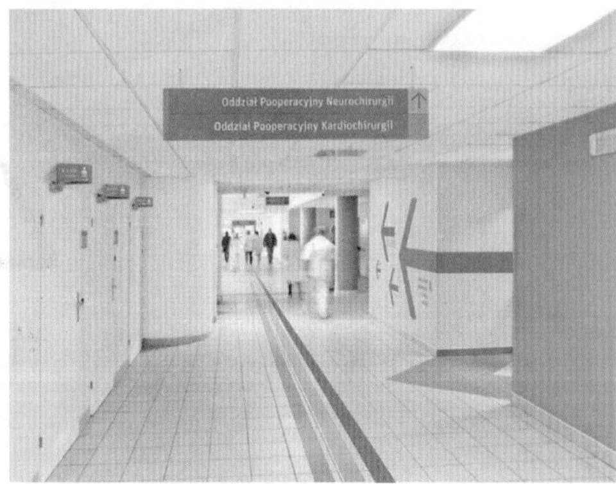

图 8-12

图 8-13

导示系统主要包含信号、标志、说明、指示等内容。常见的导视系统分类包括环境型导示系统、商业型导示系统、必备型导视系统。

(1) 环境型导示系统是指通过对公共环境图形标识的提示，提供导视功能。其中包括公共交通环境、办公环境等。常见的环境型导视系统案例很多，比如地铁导视系统、公交导视系统、办公空间导视系统等。图 8-14 和图 8-15 所示为地铁导视系统和办公导视系统。

图 8-14

图 8-15

(2) 商业型导示系统是商家为了满足消费者而设立的，其目的是为了向消费者展示企业品牌文化、吸引消费者，侧重于商业化的目的。在商业型导视系统中字体、色彩、图案、材质都是很重要的，反映了商家对企业特色的定位。常见的商业型导示系统案例很多，比如商场导视系统、医院导视系统。如图 8-16 和图 8-17 所示。

图 8-16

图 8-17

(3) 必备型导视系统是由工程施工单位提供和安装，是最为基础却重要的导视系统。如紧急出口、消防设备等安全标识；交通导视系统；水电煤气等警示标识。必备型导视系统，最大的特点是严谨。导视系统的外观、色彩都会遵循严格的技术标准。常见的必备型导示系统案例很多，如图 8-18 和图 8-19 所示。

图 8-18

图 8-19

8.1.3 导视系统的设计原则

导视系统不仅仅是个标志、一个箭头或指示牌那么简单，而是要在一个指定的区域范围内形成一种统一风格。导视系统的设计要与环境、建筑、景观、图形、色彩融为一体，形成一个统一的风格。成功的导视设计，不仅易于识别，还具有区域风格明显、设计风格统一等特点。优秀的导视设计要注意功能性原则、系统化原则和统一性原则。

1. 功能性原则

导视设计的目的是指引或引导人们准确地到达目的地，所以功能性原则是导视设计的核心。在设计中首先要对空间的定位、目标群体、类型、范畴、位置等层面进行准确的分析，使导航系统中的文字、图形、色彩及指示性符号等元素能充分表达与其指意直接相关的信息，达到形式与内容的完美统一，如图 8-20 和图 8-21 所示。

图 8-20

图 8-21

2. 全面性原则

全面性是指在导视系统中全方位的考虑受众人群的信息要求，如图 8-22 和图 8-23 所示。

图 8-22

图 8-23

3. 综合性原则

综合性主要体现为综合地考虑信息提供的顺序、种类、方式等，如图 8-24 和图 8-25 所示。

图 8-24

图 8-25

4. 科学性原则

科学性的表现则是多方面的，包含人机工学、心理学、美学等方面，如图 8-26 和图 8-27 所示。

图 8-26

图 8-27

5. 统一性原则

统一性原则是指导视设计在空间中的设计风格、规格、色彩、材料、造型、信息等方面的一致性，导向的连续信息提供的全面准确，如图 8-28～图 8-30 所示。

图 8-28

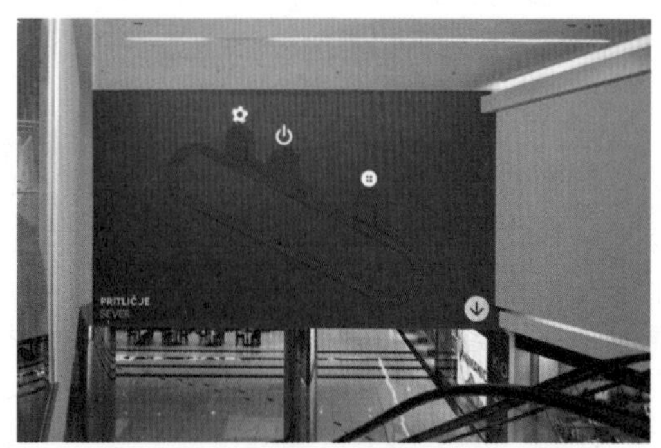

图 8-29

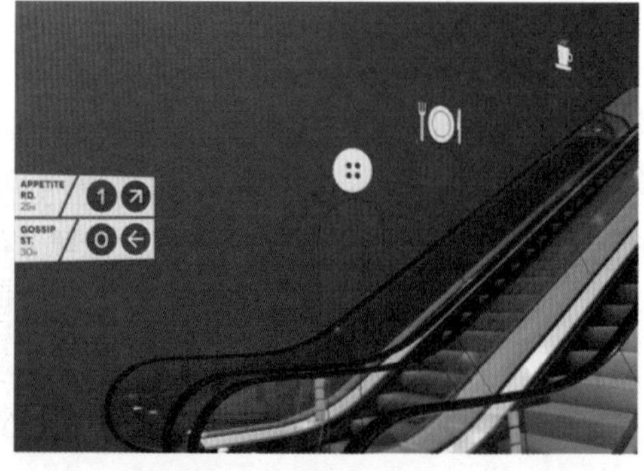

图 8-30

8.2 企业办公楼导视系统设计

本案例制作的重点是导视牌的厚度，导视牌的厚度是通过混合工具制作的。在制作时先使用钢笔工具绘制形状，然后制作导视牌的厚度，接着输入文字导视牌就制作完成了。导视牌设计完成后，为画面添加参照物。本案例制作过程主要使用到钢笔工具、混合工具、直线工具、文字工具等技术进行制作。图 8-31～图 8-34 所示为案例效果。

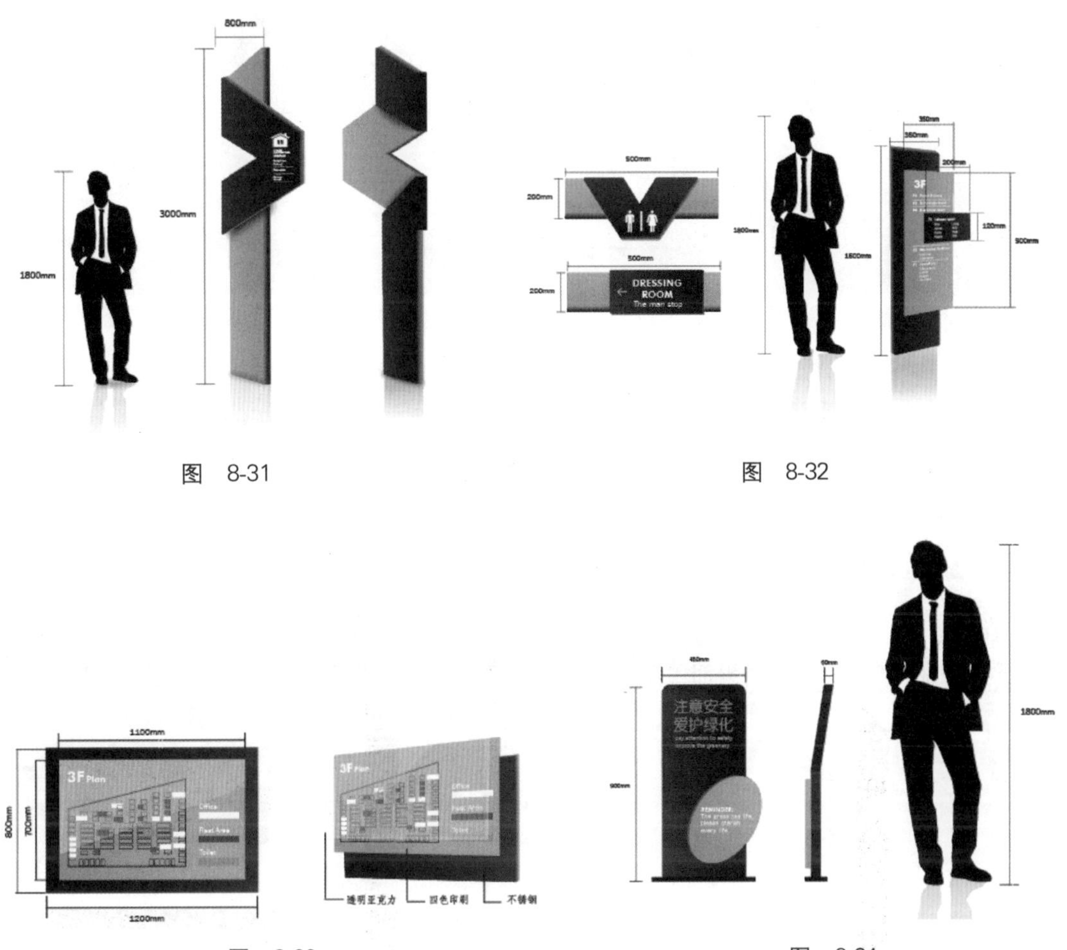

图 8-31　　图 8-32

图 8-33　　图 8-34

8.2.1 室外立式导视牌

(1) 执行“文件”→“新建”命令，在“新建文档”窗口中，设置“画板数量”为 4，单击“按行设置网格”按钮，设置“大小”为 A4，设置完成后单击“确定”按钮，完成新建操作。如图 8-35 和图 8-36 所示。

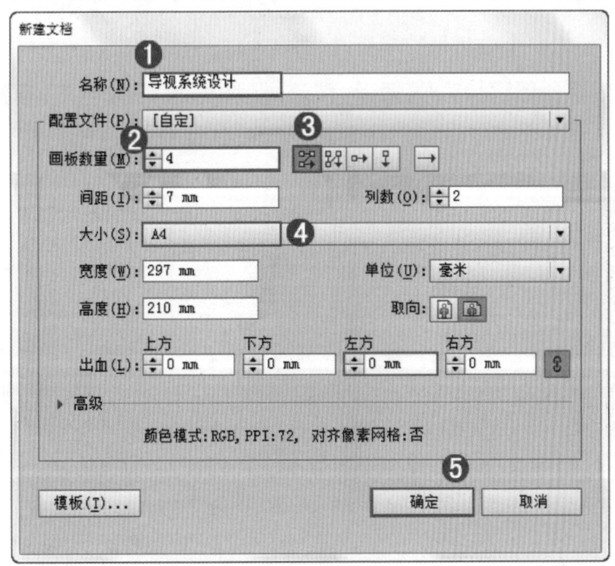

图 8-35

图 8-36

（2）使用“钢笔工具”绘制形状，如图 8-37 所示。执行“窗口”→“渐变”命令，在弹出的“渐变”窗口中设置“类型”为“线性”，然后编辑一个由深灰色到黑色的渐变，进行填充，效果如图 8-38 所示。

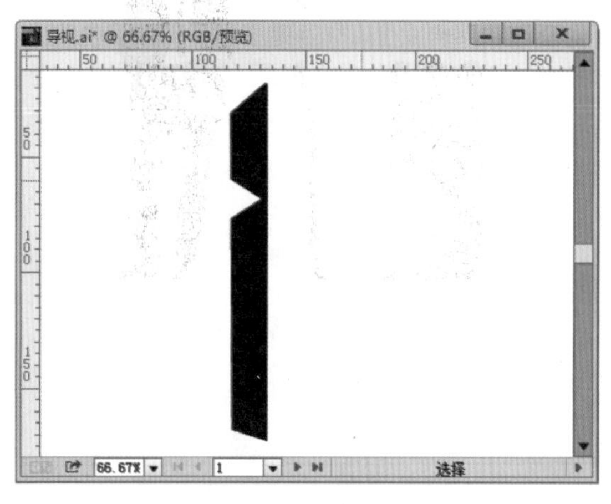

图 8-37

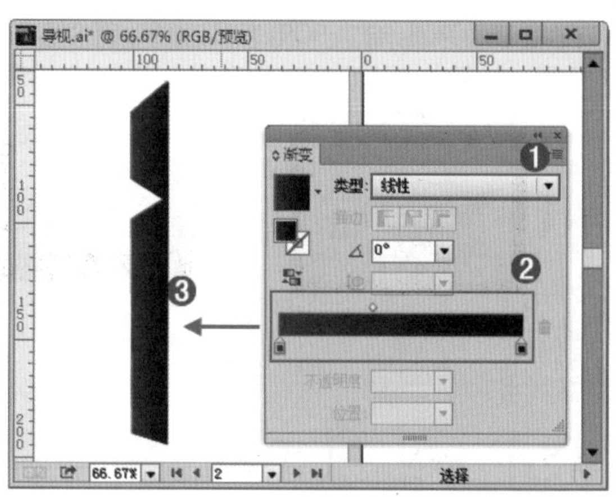

图 8-38

（3）选中该对象，执行“编辑”→“复制”、“编辑”→“粘贴”命令，并将其向左进行移动，如图 8-39 所示。接着选中这个对象，在“渐变”面板中编辑一个橙色系的渐变，如图 8-40 所示。

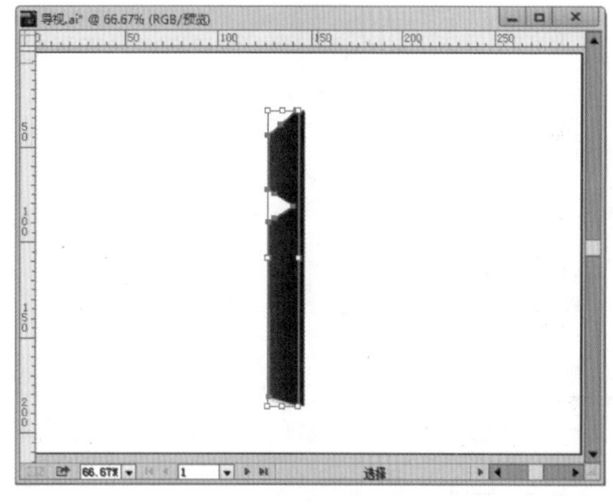

图 8-39

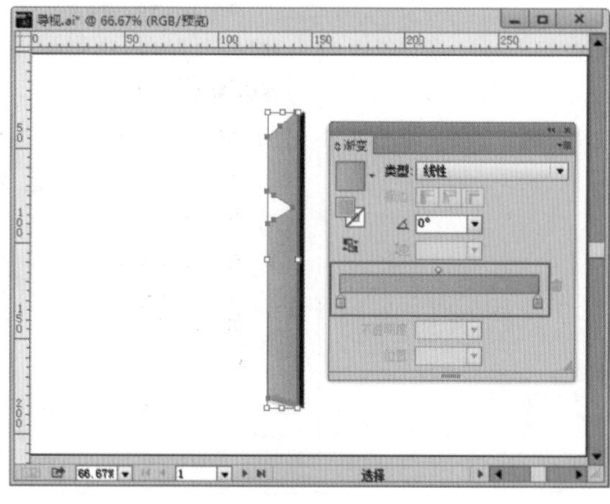

图 8-40

(4) 下面需要制作出这两个图形之间的过渡效果。将这两个图形同时选中，双击工具箱中的“混合工具”按钮，在弹出的“混合选项”窗口中设置“间距”为“指定的步数”。单击“确定”按钮，然后使用 Ctrl + Alt + B 组合键建立混合，如图 8-41 所示。画面效果如图 8-42 所示。

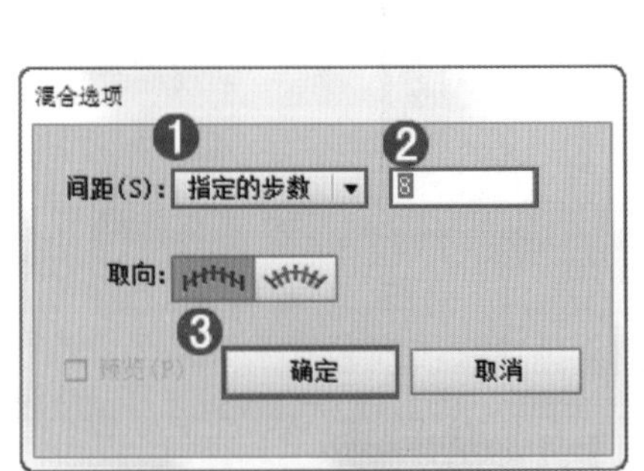

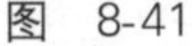

图 8-41

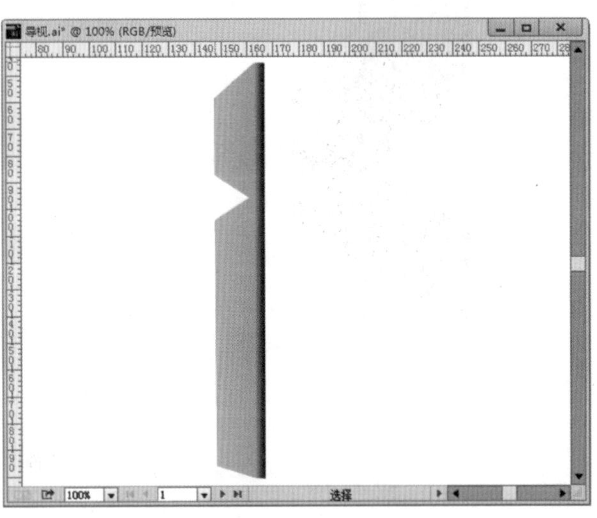

图 8-42

(5) 使用同样的方法制作导视上的倒“V”形装饰，首先绘制出一个倒“V”图形，使用工具箱中的“吸管工具”吸取刚刚制作好的橙色图形上的渐变，如图 8-43 所示。单击之后倒“V”图形上也出现了相同的渐变效果，如图 8-44 所示。

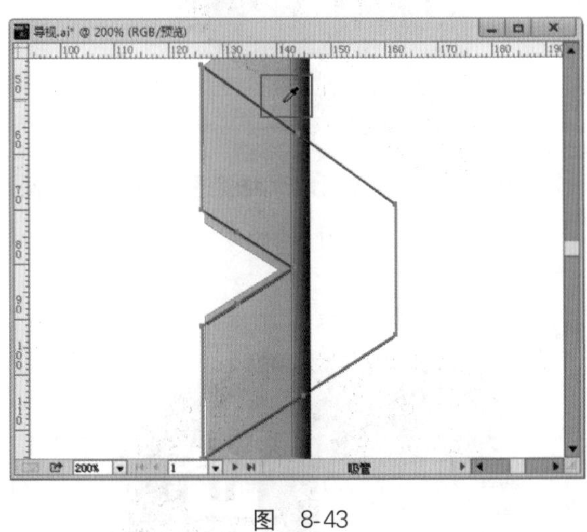

图 8-43

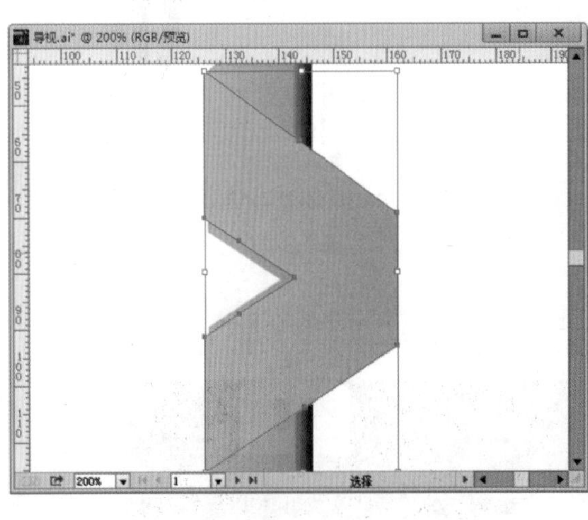

图 8-44

(6) 接下来复制该对象，移动后使用“吸管工具”吸取灰色渐变的图形，使其具有相同的渐变效果，如图 8-45 所示。将这两个图形同时选中，双击工具箱中的“混合工具”按钮，在弹出的“混合选项”窗口中设置“间距”为“指定的步数”。单击“确定”按钮，然后使用 Ctrl + Alt + B 组合键建立混合。画面效果如图 8-46 所示。

(7) 将素材“1. ai”打开，框选小房子素材，执行“编辑”→“复制”命令，如图 8-47 所示。接着回到原始文档中，执行“编辑”→“粘贴”命令，将其粘贴到当前文档中，放置到合适位置，如图 8-48 所示。

(8) 使用工具箱中的“文字工具”，在控制栏中设置合适的字体、字号，对齐方式设置为居左对齐，然后在小房子素材下方输入几组文字，如图 8-49 所示。为了使这些文字靠左对齐，需要使用“选择工具”选中这几组文字，然后单击控制栏中的“对齐”按钮，并在弹出的对齐面板中单击“左对齐”按钮，对齐完成后将文字移动到合适位置上，如图 8-50 所示。

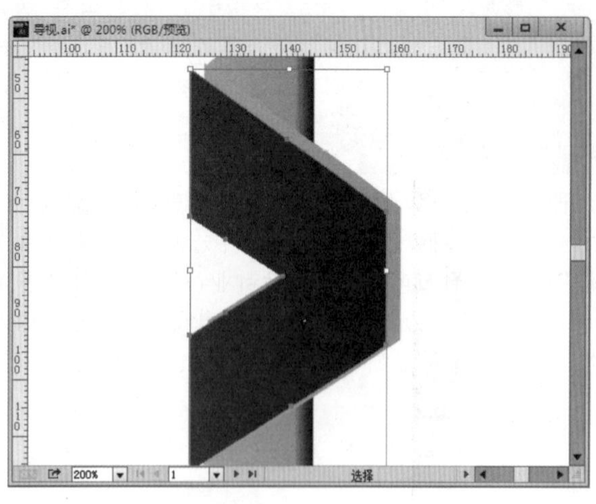
图 8-45

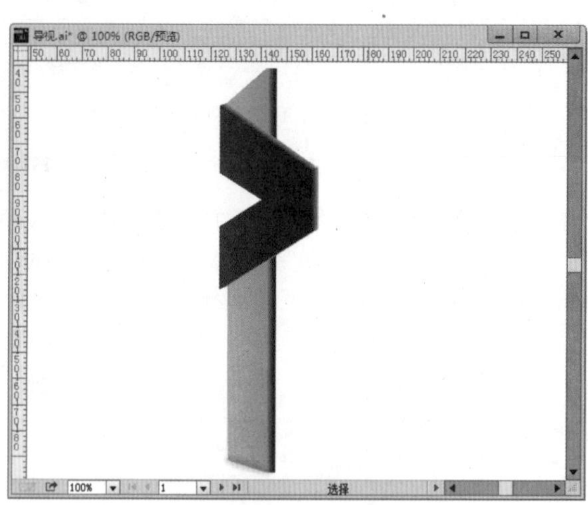
图 8-46

图 8-47

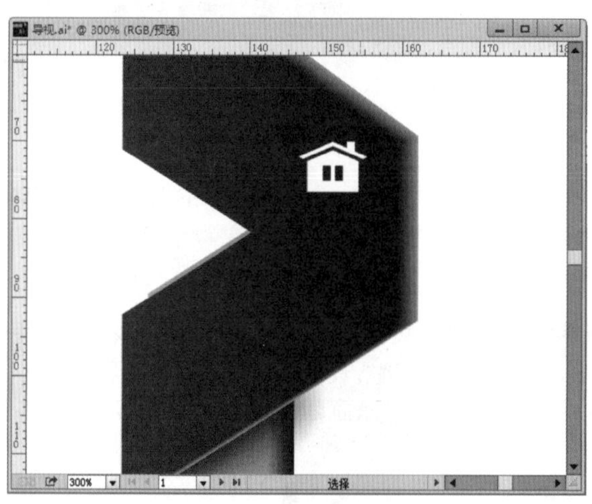
图 8-48

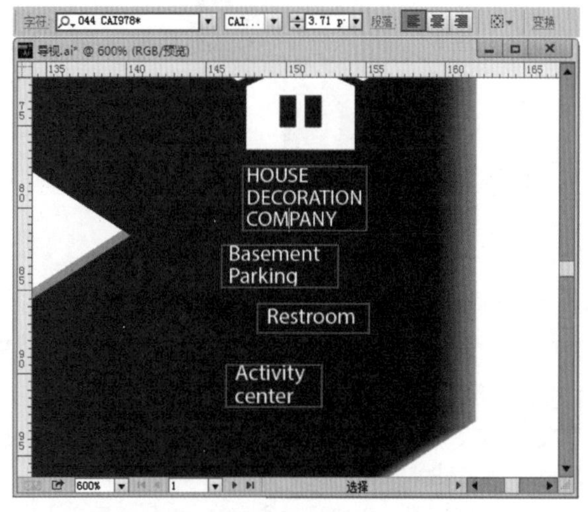

图 8-49

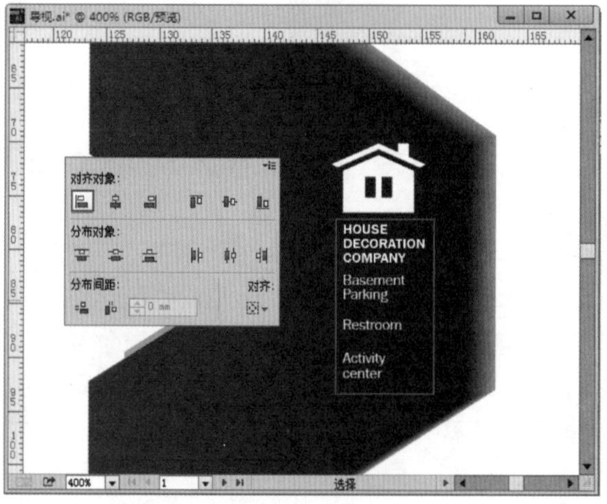

图 8-50

(9) 接着使用“矩形工具”在文字之间按住绘制一个细矩形分割线，如图 8-51 所示。使用“移动工具”选中水平的直线，按住 Alt 键并向下拖动，移动复制出两个相同的矩形分割线，如图 8-52 所示。

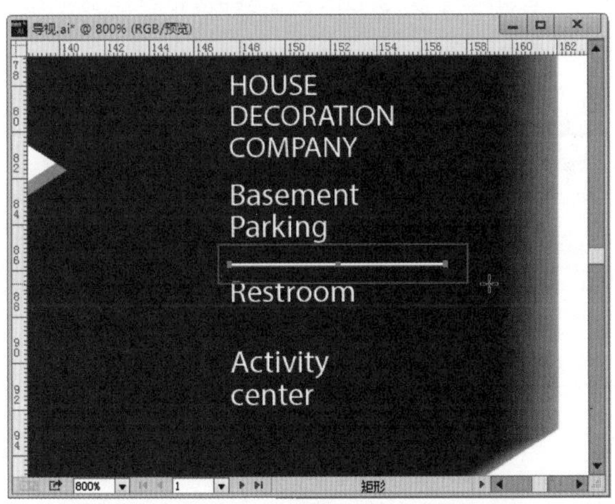

图 8-51

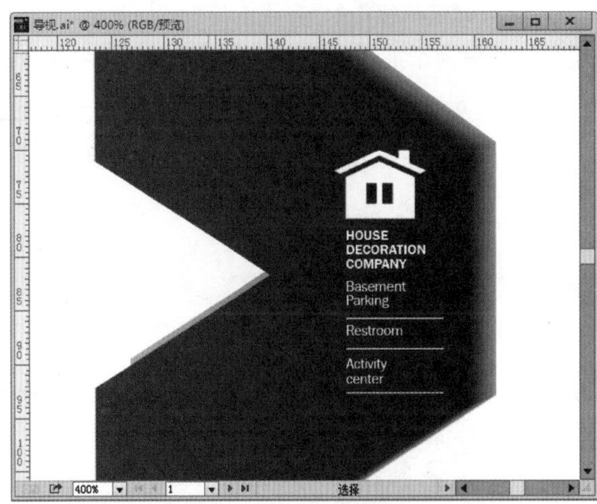

图 8-52

(10) 使用“钢笔工具”绘制一个形状。如图 8-53 所示。将这个形状移动倒“V”形装饰的下方，然后执行“效果”→“风格化”→“投影”命令，在“投影”窗口中设置“模式”为“正片叠底”，“不透明度”为 75%，“X 位移”为 1mm，“Y 位移”为 2mm，“模糊”为 1.5mm，参数设置如图 8-54 所示。设置完成后单击“确定”按钮，效果如图 8-55 所示。此时导视的主体就制作完成了。将其选中，使用快捷键 Ctrl + G 对其编组。

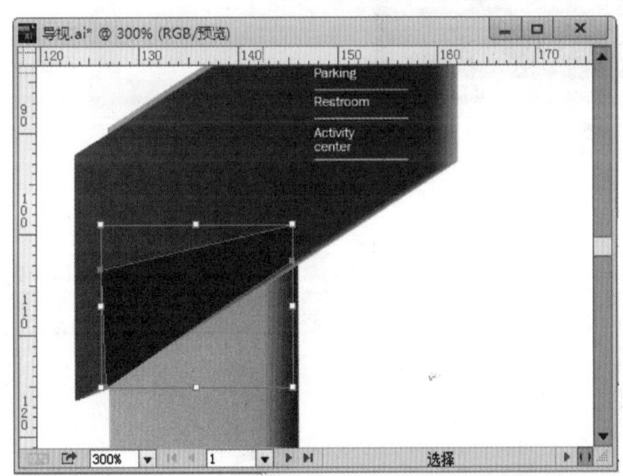

图 8-53

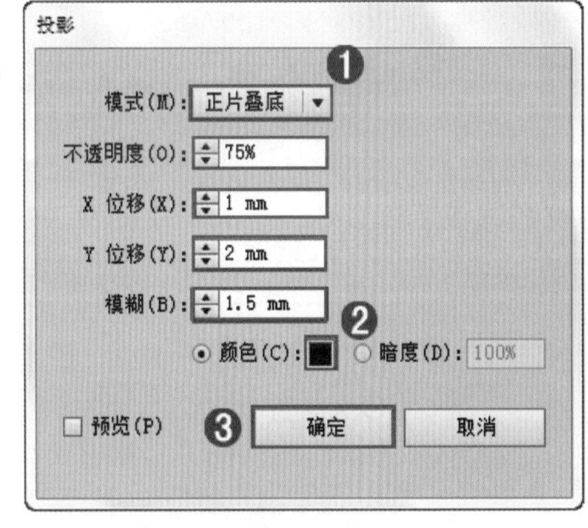

图 8-54

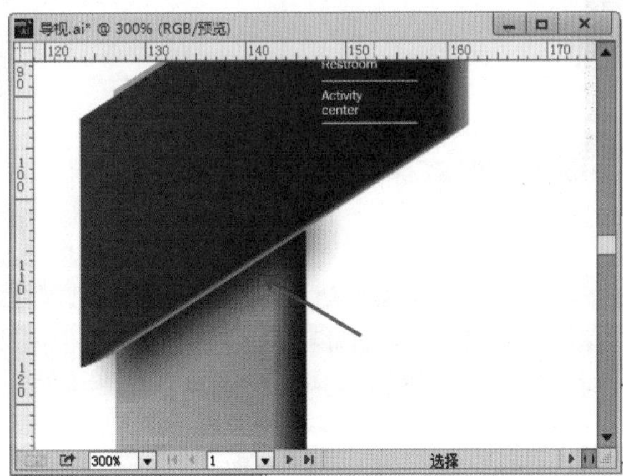

图 8-55

（11）选择工具箱中的“直线工具”，设置“描边”为黑色，“描边粗细”为 0.5pt，绘制线段，如图 8-56 所示，这些组合的线段用来指示导视的宽度和高度。之后输入文字，如图 8-57 所示。

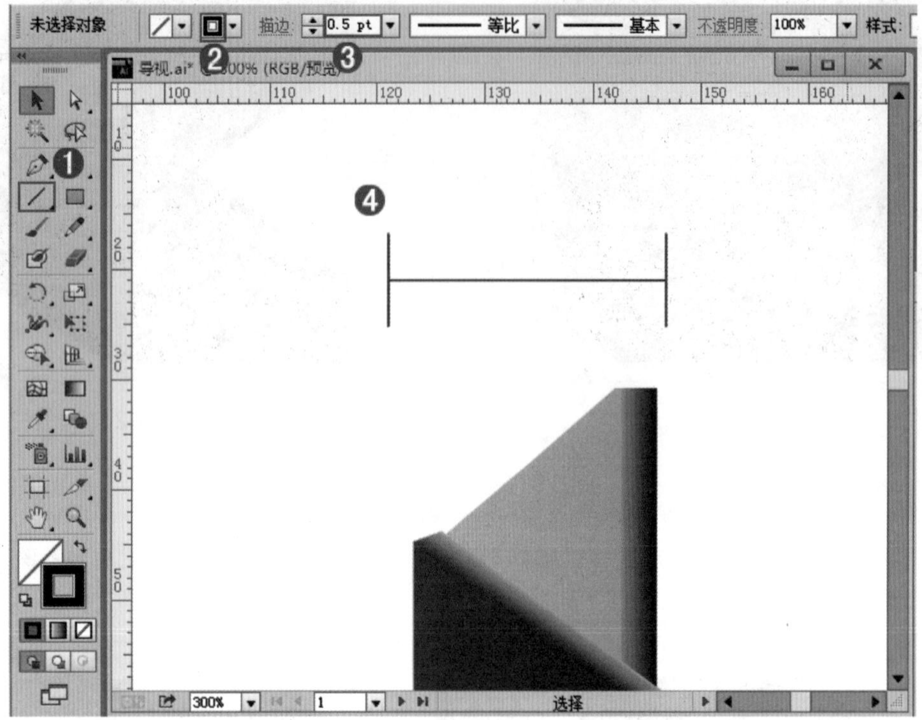

图 8-56

（12）使用同样的方法继续进行制作，如图 8-58 所示。

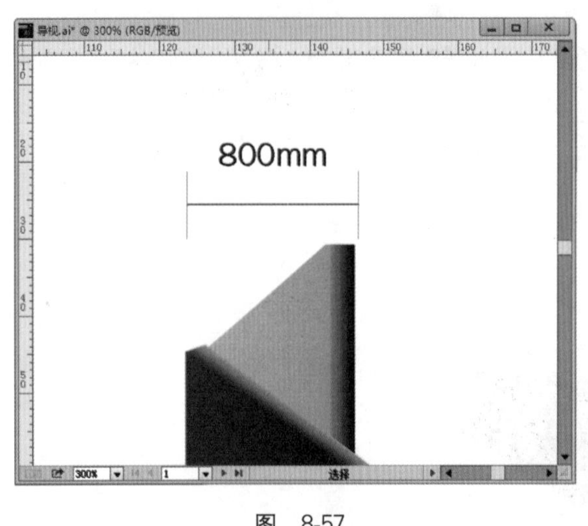

图 8-57

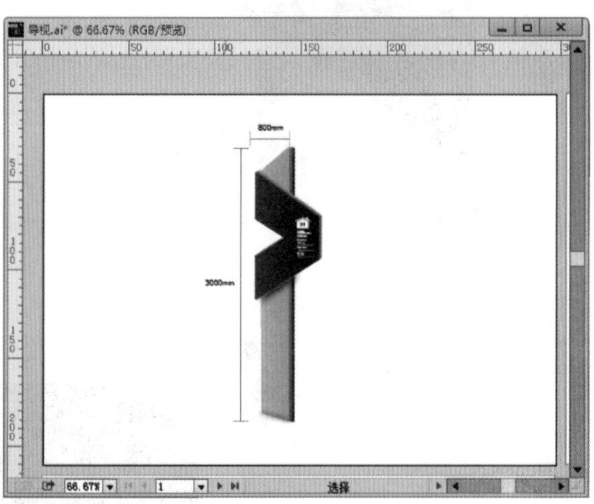

图 8-58

（13）制作投影部分。选择导视部分，执行“对象”→“选择”→“对称”命令，在弹出的“镜像”窗口中设置“轴”为“水平”，单击“复制”按钮，将其进行复制。然后将复制得到的对象移动到合适位置，如图 8-59 和图 8-60 所示。

（14）选择工具箱中的“自由变换工具”按钮，继续单击“自由扭曲”按钮，然后调整复制得到的对象，效果如图 8-61 所示。

（15）利用“不透明度蒙版”制作半透明效果。使用“矩形工具”绘制矩形，为该矩形填充一个由透明到黑色的线性渐变，如图 8-62 所示。将黑色矩形和复制得到的对象选中，执行“窗口”→“透明度”命令，调出“透明度”面板，单击该面板中的“制作蒙版”按钮，建立不透明度蒙版。效果如图 8-63 所示。

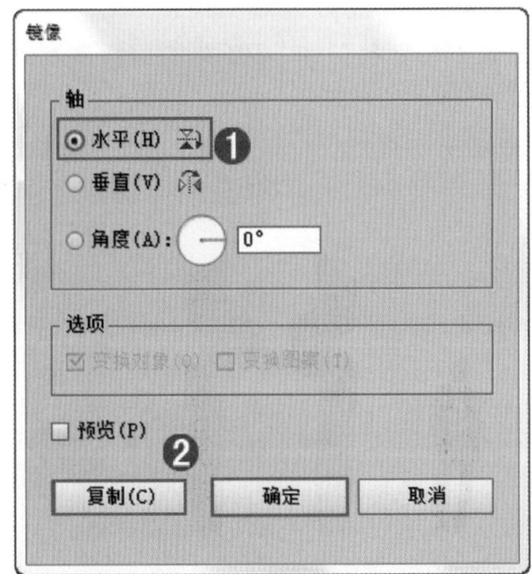

图 8-59

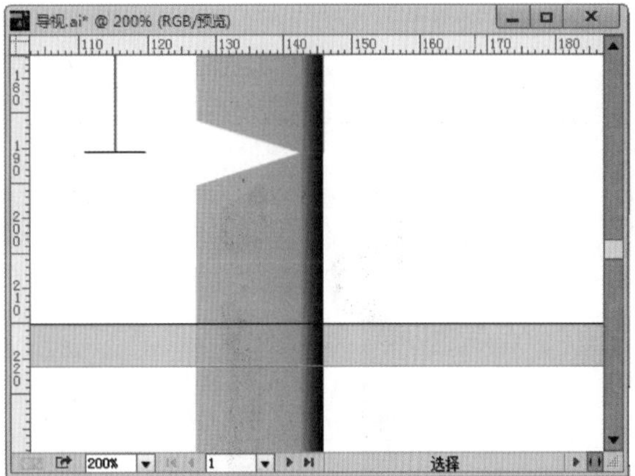

图 8-60

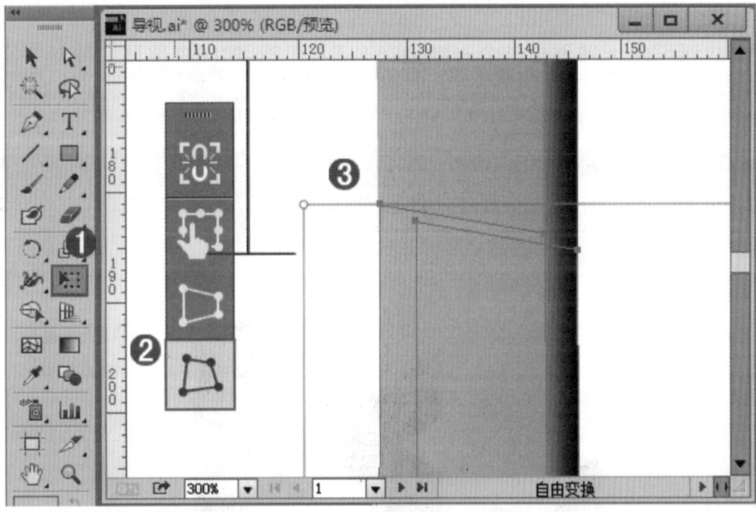

图 8-61

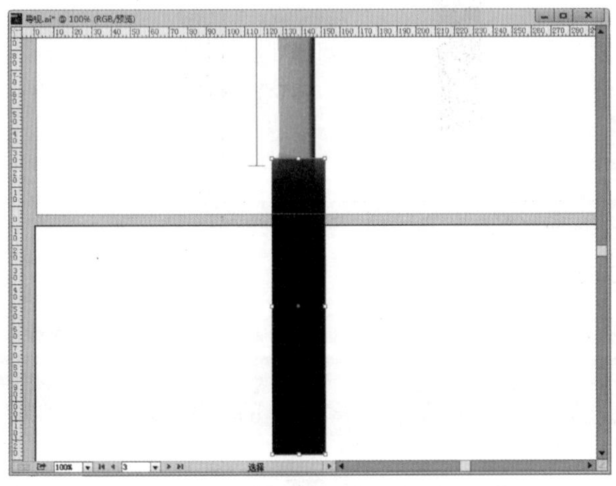

图 8-62

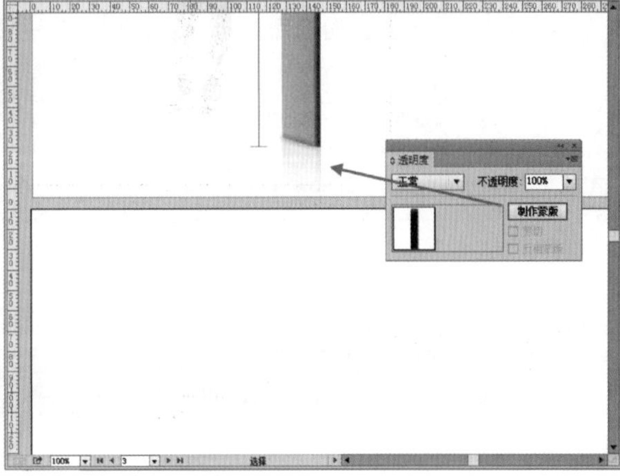

图 8-63

（16）使用同样的方法制作导视的背面，如图 8-64 所示。

（17）在制作导视系统展示图时，通常需要添加参照来进行比对。这时可以将“1. ai”中的人物剪影复制到该文档中，进行指示。效果如图 8-65 所示。

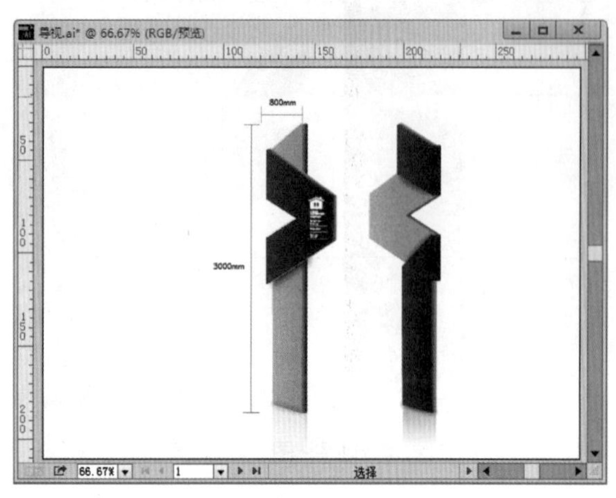

图 8-64

图 8-65

（18）投影超出画板以外部分，利用剪切蒙版进行隐藏。使用“矩形工具”绘制一个与画板等大的矩形，然后将画板中的内容选中，使用“剪切蒙版”快捷键 Ctrl + 7 建立剪切蒙版。效果如图 8-66 所示。

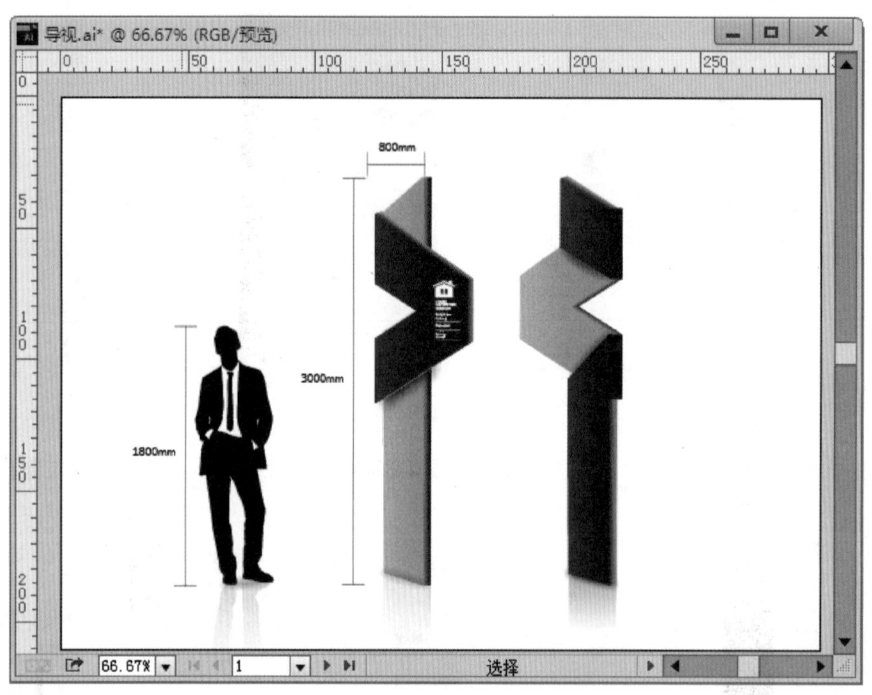

图 8-66

8.2.2 墙面指示牌

（1）选择工具箱中的“矩形工具”，设置“填充”为黑色，在画面中拖曳绘制一个黑色的矩形。效果如图 8-67 所示。

（2）在矩形的基础上制作墙面指示牌的形状。选择工具箱中的“添加锚点”按钮，在矩形的上侧边缘单击添加锚点，效果如图 8-68 所示。选择工具箱中的“直接选择工具”，选中中间的锚点，将其向下拖曳。效果如

图 8-69 所示。

(3) 选择这个形状，按住 Alt + Shift 组合键，将其向上拖曳并复制，效果如图 8-70 所示。

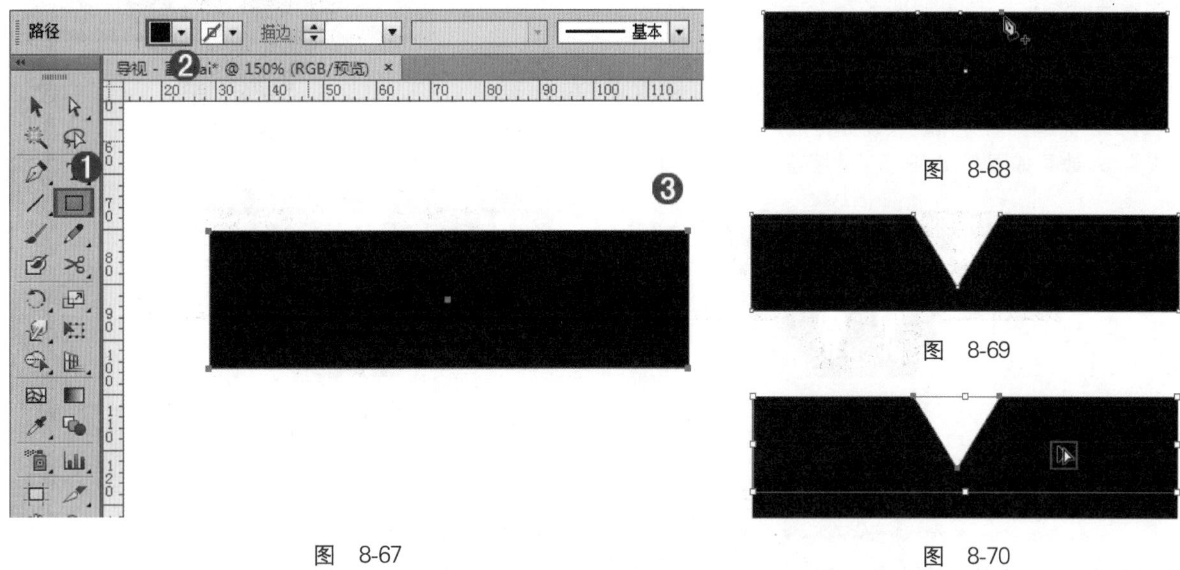

图 8-67

图 8-68

图 8-69

图 8-70

(4) 选择上方的图像，单击“渐变工具”，执行“窗口”→“渐变”工具，在“渐变”面板中设置“类型”为“线性”，“角度”为 -90°，颜色为黄色系渐变，参数设置如图 8-71 所示，效果如图 8-72 所示。

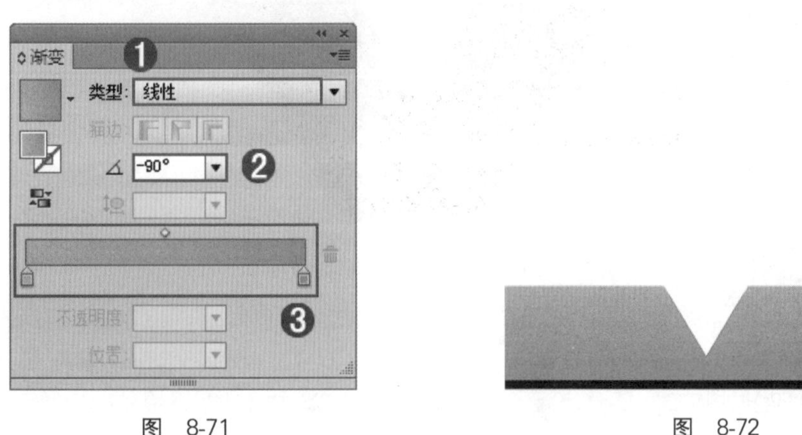

图 8-71

图 8-72

(5) 通过混合制作导示的厚度，制作出厚度的渐变颜色。将这两个形状选中，双击工具箱中的“混合工具”，在弹出的“混合选项”窗口中，设置“间距”为“指定的步数”，步数为 200，参数设置如图 8-73 所示。设置完成后，执行“对象”→“混合”→“建立”命令，建立混合效果如图 8-74 所示。

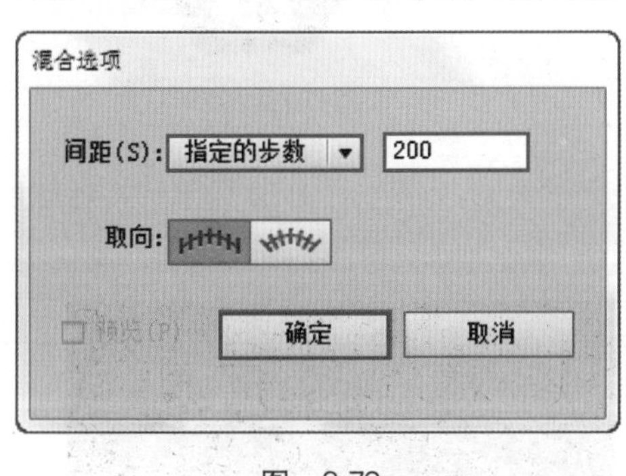

图 8-73

图 8-74

(6) 使用同样的方法制作另一处图形部分，效果如图 8-75 所示。

(7) 打开素材“1.ai”，将该素材中的人物图标复制到该文档中，放置在指示牌的上方，效果如图 8-76 所示。使用“矩形工具”，在人物图标的中间绘制一个矩形，制作出分割线。效果如图 8-77 所示。

(8) 选择工具箱中的“直线工具”，设置“填充”为“无”，“描边”为 0.5pt，“描边颜色”为黑色，设置完成后，在画面中按住 Shift 键绘制一段直线，效果如图 8-78 所示。继续绘制直线，效果如图 8-79 所示。

图 8-75

图 8-76

图 8-77

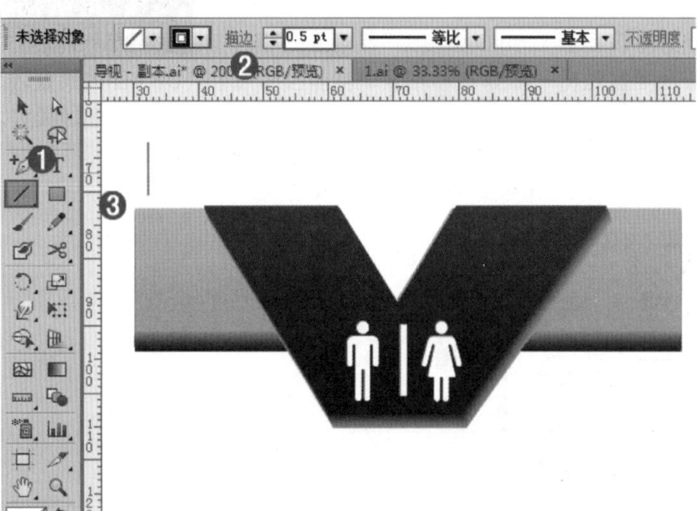

图 8-78

(9) 选择工具箱中的“直排文字工具”，设置合适的字体、字号输入文字。效果如图 8-80 所示。

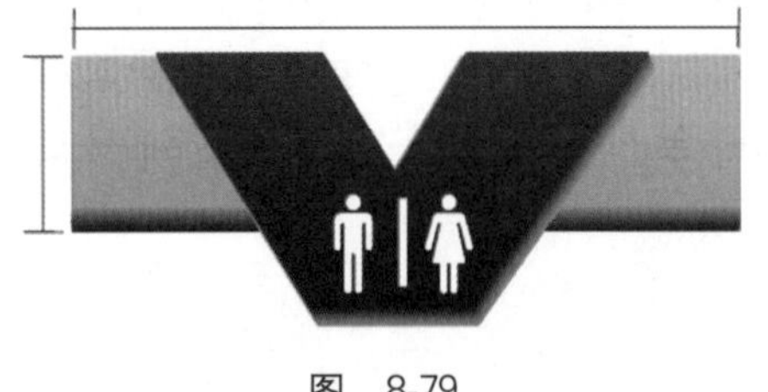

图 8-79

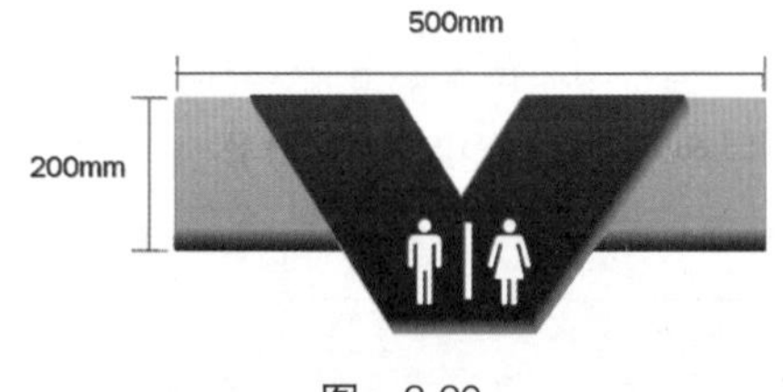

图 8-80

(10) 制作另一块墙体导示。使用“矩形工具”，绘制一个黑色的矩形，效果如图 8-81 所示。将矩形复制一份，效果如图 8-82 所示。

图 8-81

图 8-82

(11) 选择上方的矩形，单击工具箱中“吸管工具”，将光标移动至上一个导示牌的上方，单击鼠标左键拾取颜色，如图 8-83 所示。效果如图 8-84 所示。

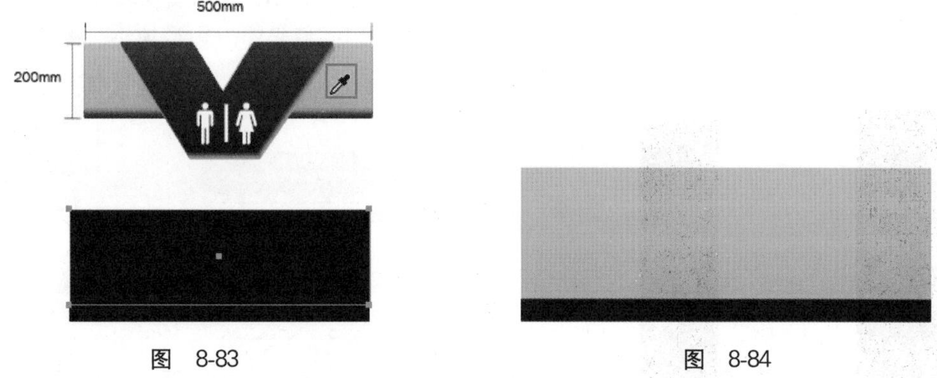

图 8-83　　图 8-84

(12) 此时虽然将颜色拾取过来，但是渐变的角度却不对。选中这个形状，如图 8-85 所示。打开“渐变”面板，设置“角度”为 −90°，参数设置如图 8-86 所示。设置完成后，此时渐变效果如图 8-87 所示。

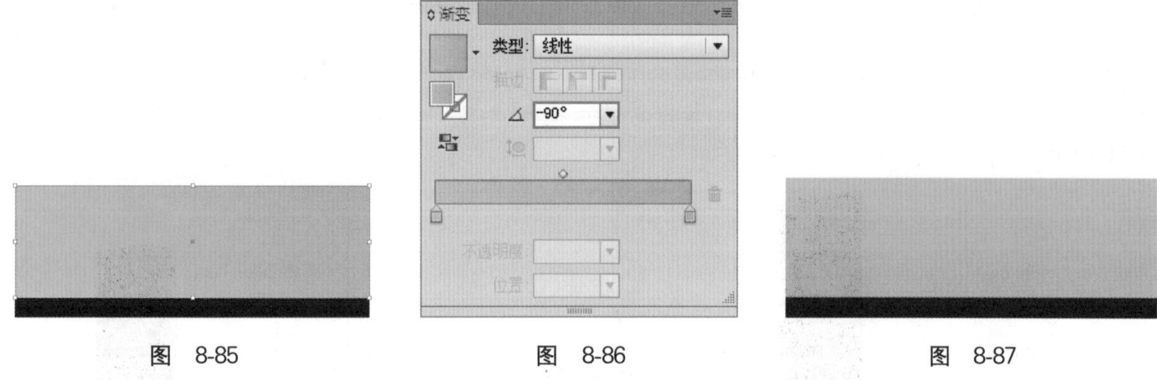

图 8-85　　图 8-86　　图 8-87

(13) 将这两个矩形选中。使用快捷键 Ctrl + Alt + B 建立混合，效果如图 8-88 所示。

(14) 使用同样的方法制作一处黑色的形状，效果如图 8-89 所示。

图 8-88　　图 8-89

(15) 使用“横排文字工具”输入文字，效果如图 8-90 所示。最后使用“直线工具”和“文字工具”制作导示牌的尺寸，效果如图 8-91 所示。

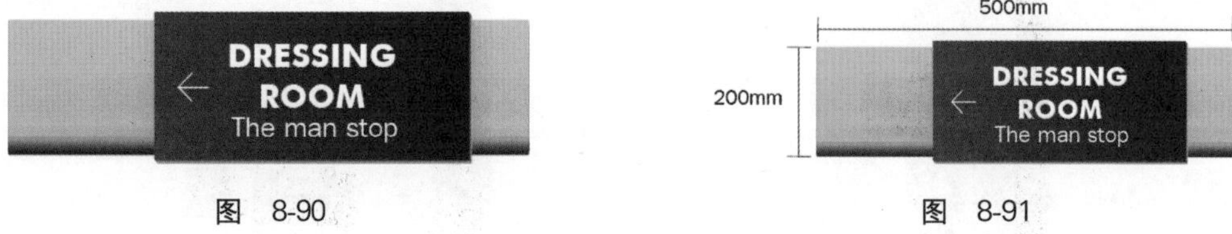

图 8-90　　图 8-91

8.2.3 楼层指示牌

(1) 使用“矩形工具”，在画面中绘制一个矩形形状，单击工具箱中的“直接选择工具”，调整锚点位置，将形状进行变形，如图 8-92 和图 8-93 所示。

(2) 选择这个四边形，执行“窗口”→“渐变”命令，在“渐变”面板中，设置“类型”为“线性”，“角度”为 0°，渐变为黄色系渐变，参数设置如图 8-94 所示。设置完成后，将矩形填充为渐变颜色，效果如图 8-95 所示。

(3) 选中这个四边形，按住 Alt 键拖曳即可将这个四边形复制一份，效果如图 8-96 所示。接着，将复制得到的四边形填充为黑色，效果如图 8-97 所示。

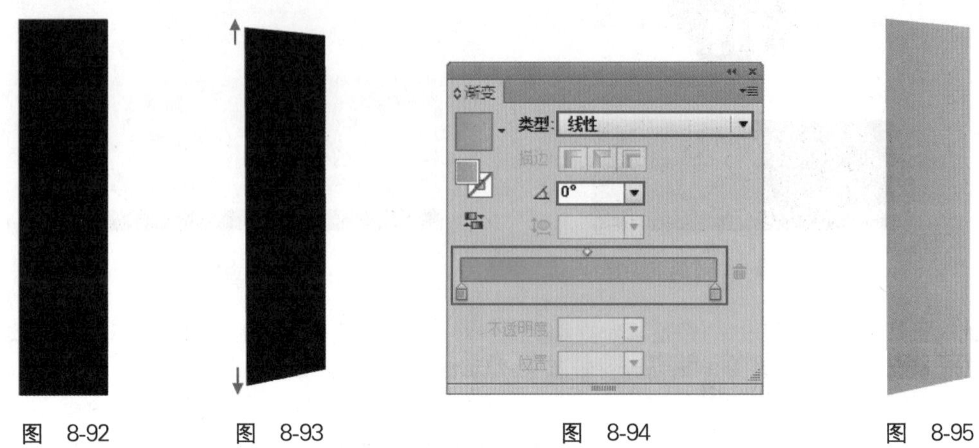

图 8-92　图 8-93　图 8-94　图 8-95

(4) 选中这两个四边形，双击工具箱中的“混合工具”，在弹出的“混合选项”窗口中，设置“间距”为“指定的步数”，步数为 200，参数设置如图 8-98 所示。设置完成后，执行“对象”→“混合”→“建立”命令，建立混合效果，如图 8-99 所示。

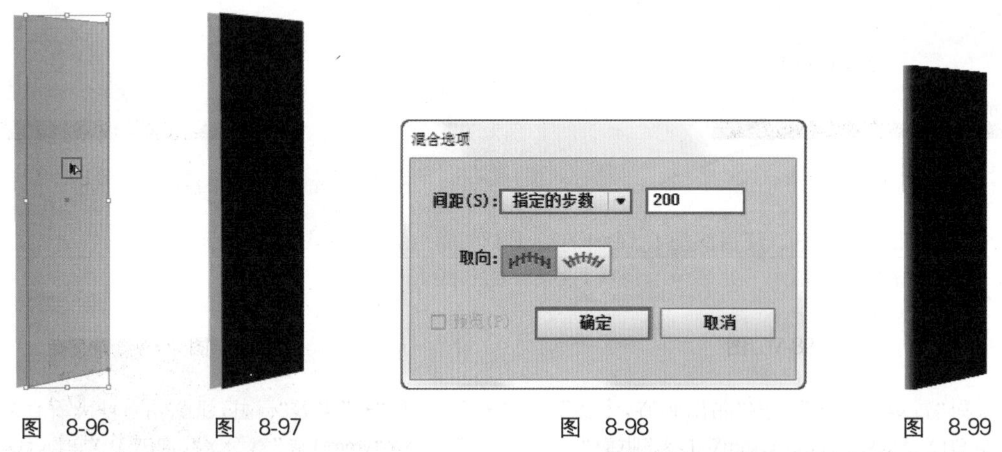

图 8-96　图 8-97　图 8-98　图 8-99

(5) 使用同样的方式制作上方的两个形状，效果如图 8-100 所示。

(6) 使用文字工具，在画面中，相应位置输入文字，效果如图 8-101 所示。

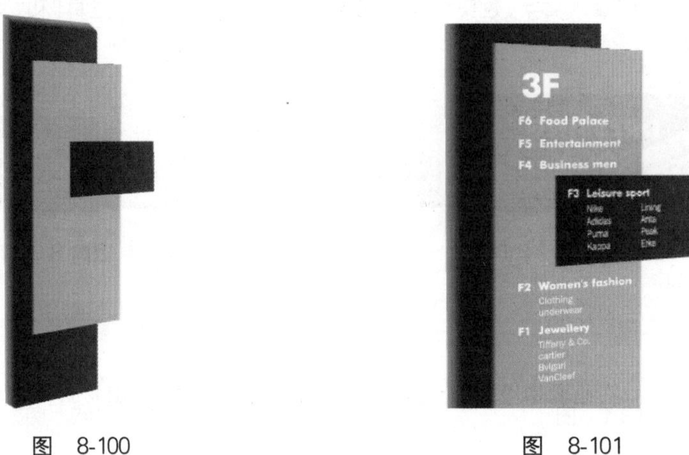

图 8-100　图 8-101

（7）制作楼层指示牌的倒影效果。将楼层指示牌框选住，执行“对象”→“编组”命令，将其进行编组，如图8-102所示。

（8）选中楼层指示牌，按住Alt键将这个形状向下移动并复制，效果如图8-103所示。

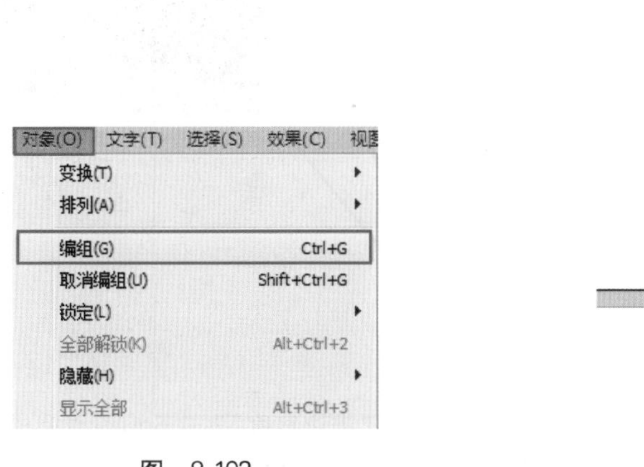

图 8-102

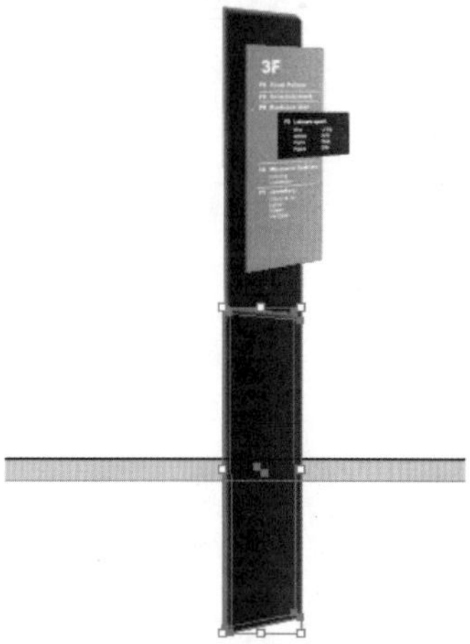

图 8-103

（9）选择工具箱中的“渐变工具”，执行“窗口”→“渐变”命令，设置“类型”为“线性”，“角度”为－90°，然后编辑一个由白色到黑色的渐变，如图8-104所示。渐变编辑完成后，使用“矩形工具”，在画面中绘制一个矩形形状（这个矩形一定要比下方的形状大），效果如图8-105所示。

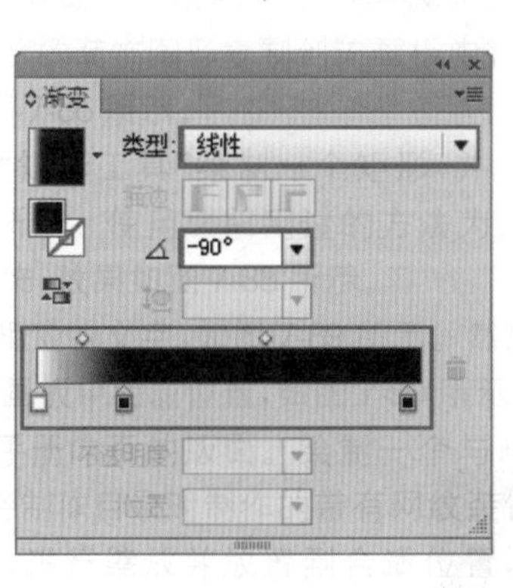

图 8-104

图 8-105

（10）将这个矩形与下方形状加选，如图8-106所示。执行“窗口”→“透明度”命令，打开“透明度”面板，单击该面板中的“制作蒙版”按钮，如图8-107所示。设置完成后，效果如图8-108所示。

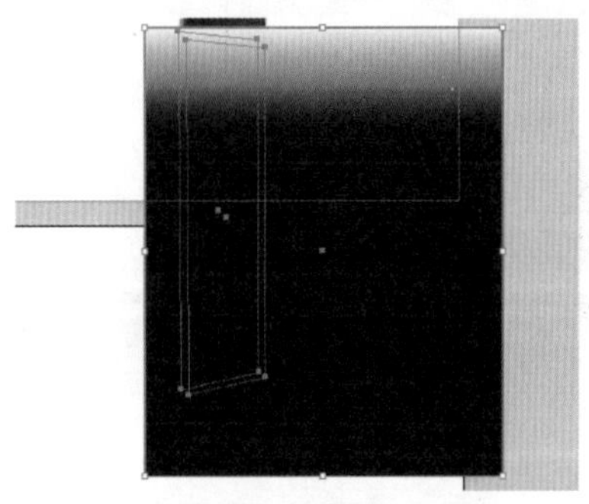

图 8-106

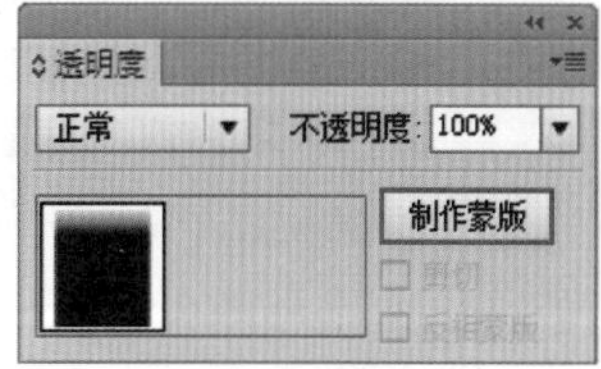

图 8-107

（11）选择该形状，执行“对象”→“排列”→“置于底层”命令。适当的调整投影的位置，效果如图8-109所示。

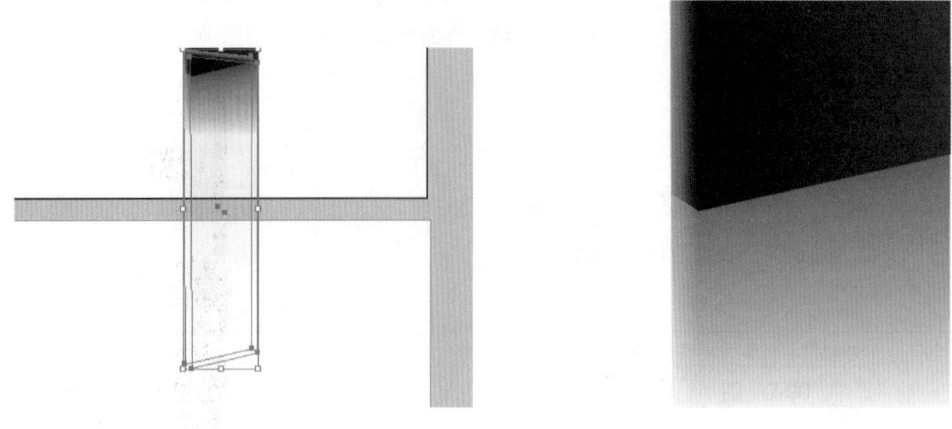

图 8-108　　图 8-109

（12）使用“直线工具”，设置“填充”为“无”，“描边”为黑色，“描边宽度”为0.5pt，设置完成后，按住Shift键绘制线条，如图8-110所示。继续使用“横排文字工具”T，在画面中输入文字，效果如图8-111所示。

（13）将“画板1”中的人物剪影复制一份移动到画面中的合适位置，适当放大，效果如图8-112所示。

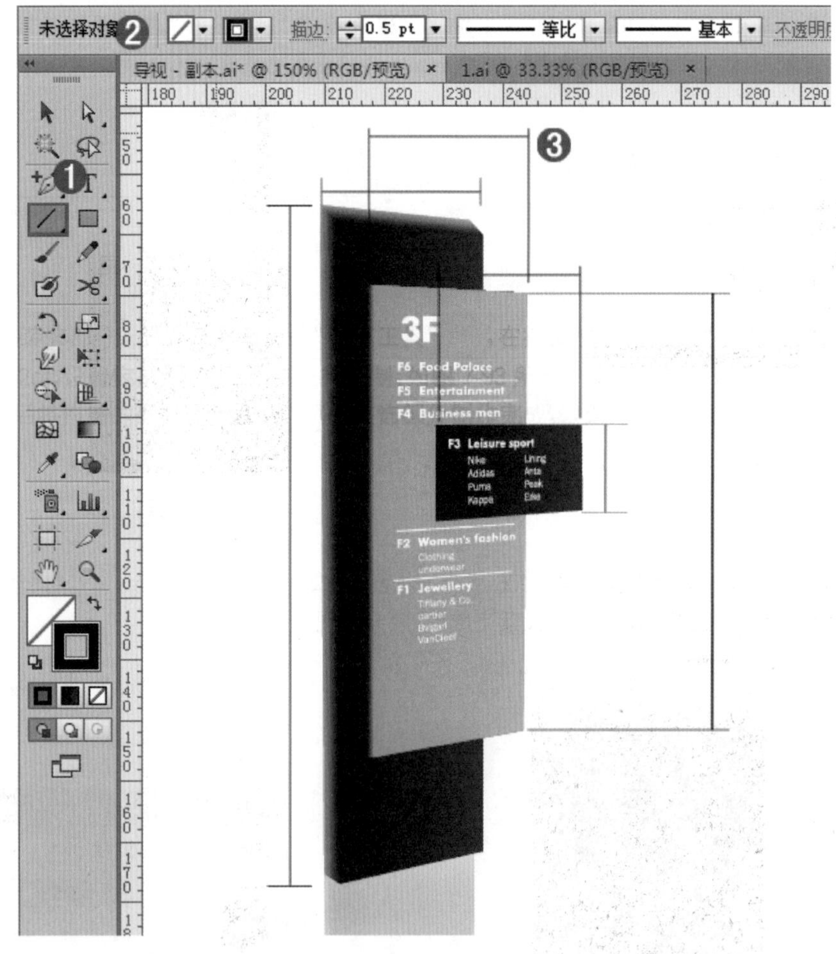

图 8-110

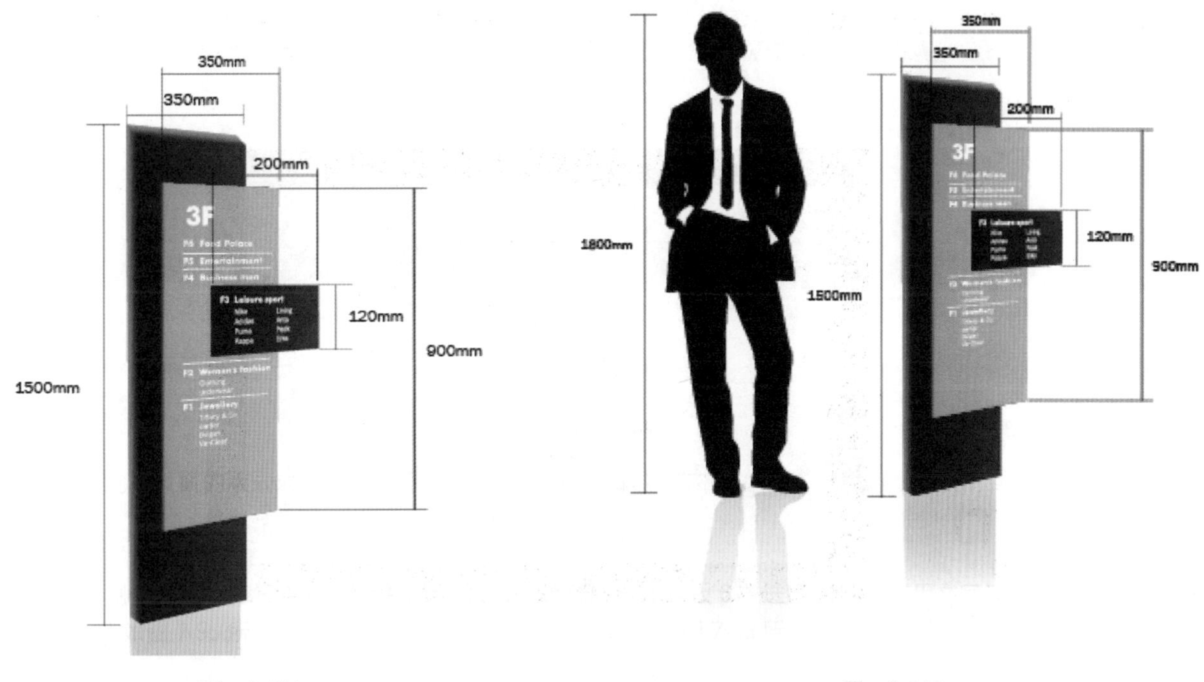

图 8-111　　图 8-112

8.2.4 楼层平面图

(1) 制作楼层平面图。选择工具箱中的“矩形工具”在画面空白的画板中绘制一个矩形，填充一个由深灰色到黑色的渐变。效果如图 8-113 所示。使用同样的方法绘制一个稍小的矩形形状，填充一个由浅黄到橘黄的渐变，效果如图 8-114 所示。

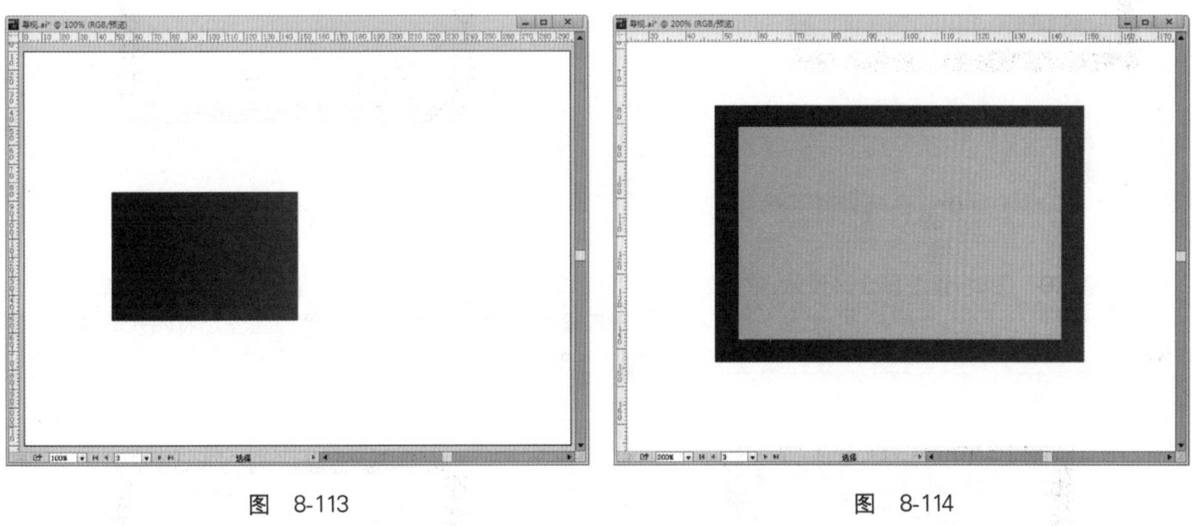

图 8-113　　图 8-114

(2) 选择工具箱中的“矩形工具”，在控制栏中设置“填充”为“无”，“描边”为黑色，“描边宽度”为 1pt。在画面中相应位置绘制一个矩形，如图 8-115 所示。选择工具箱中的“直接选择”工具，将这个矩形的左上角的锚点按住 Shift 键向下拖动，如图 8-116 所示。

(3) 使用矩形工具在相应位置绘制矩形形状。使用文字工具在相应位置输入文字，如图 8-117 和图 8-118 所示。

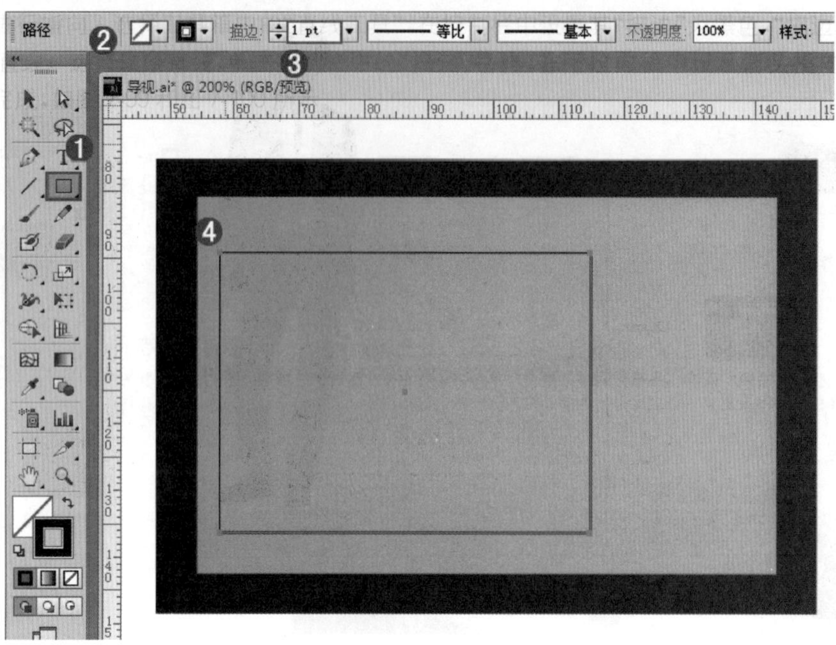

图 8-115

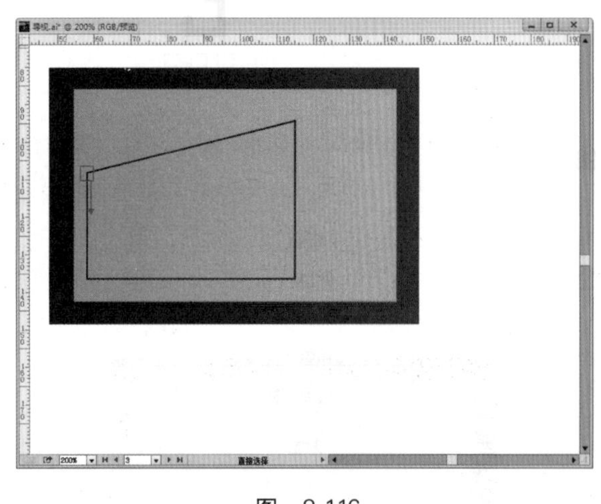

图 8-116

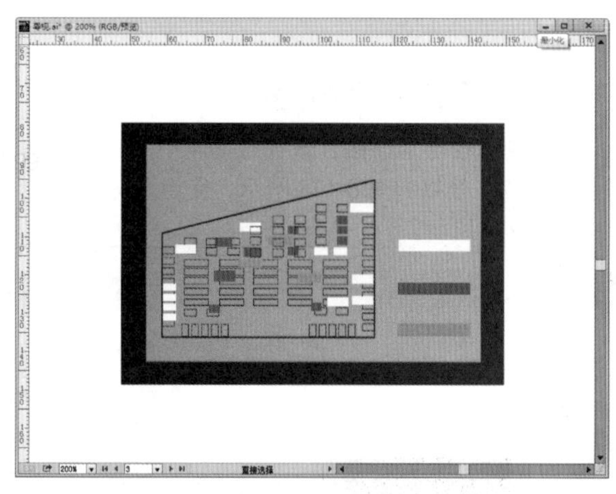

图 8-117

（4）制作高光部分。使用“矩形工具”绘制一个与黄色矩形等大的矩形，并填充白色系半透明渐变，如图 8-119 所示。

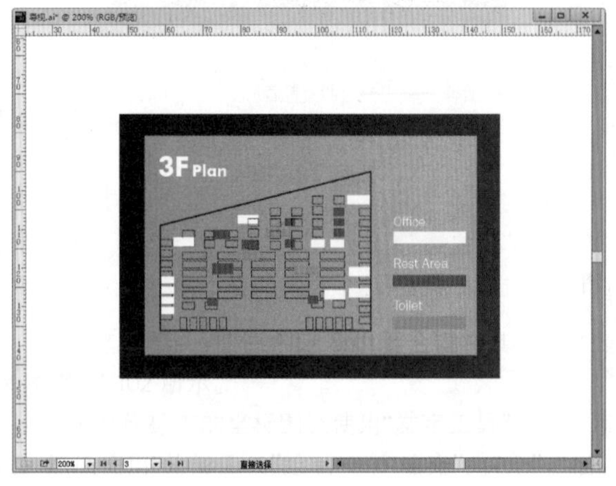

图 8-118

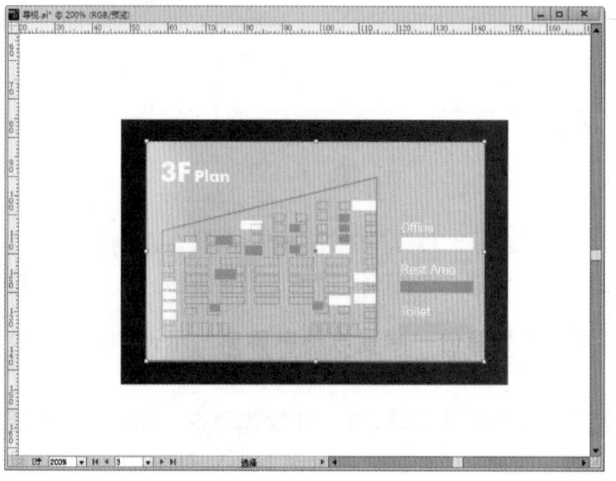

图 8-119

(5) 通过剪切蒙版保留高光所需部分。选择工具箱中的“钢笔工具”绘制一个多边形，如图 8-120 所示。选择这个多边形和白色透明的矩形，使用快捷键 Ctrl+7 建立剪切蒙版，效果如图 8-121 所示。高光部分制作完成。

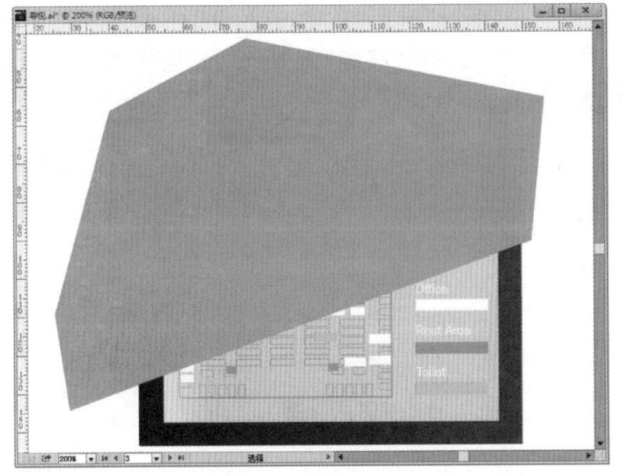

图 8-120

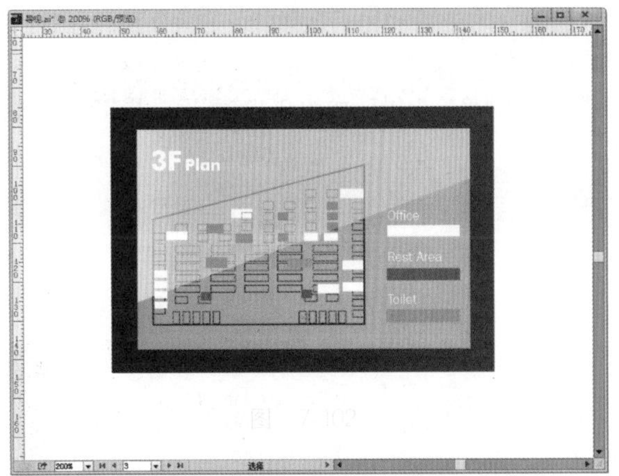

图 8-121

(6) 为这部分添加尺寸提示，效果如图 8-122 所示。

(7) 制作其结构图。将平面图复制，如图 8-123 所示。

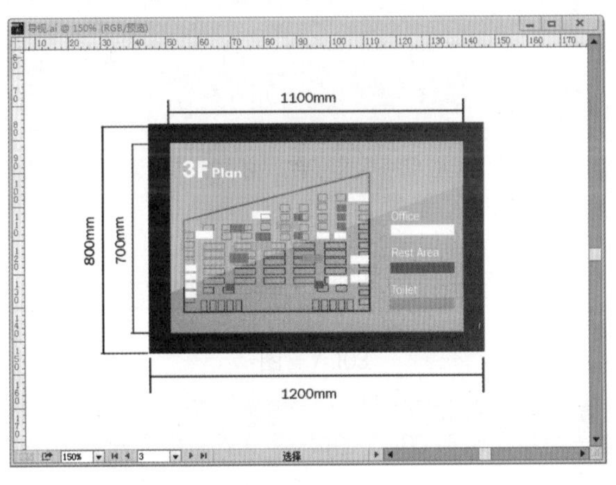

图 8-122

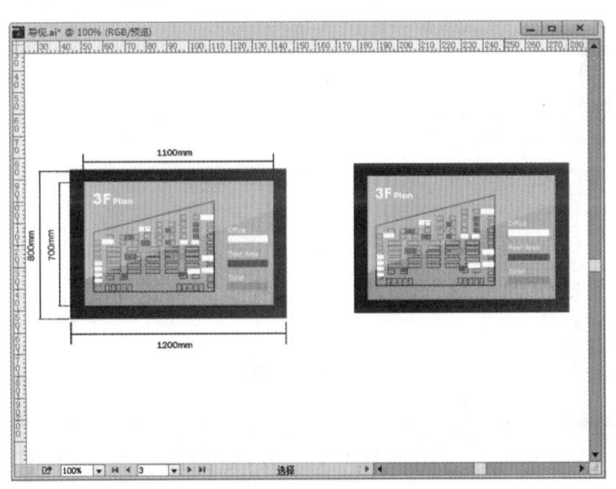

图 8-123

(8) 将复制得到的平面图选中，单击工具箱中的“自由变换工具”，选中“自由扭曲”工具，调整控制点，使其形状发生改变，如图 8-124 所示。调整控制点位置，制作出透视的效果如图 8-125 所示。

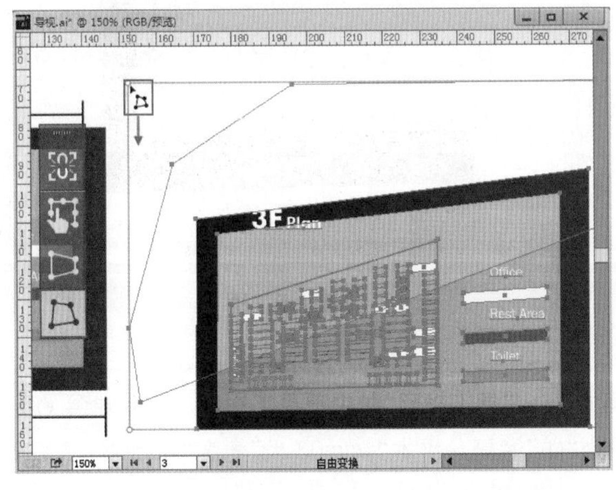

图 8-124

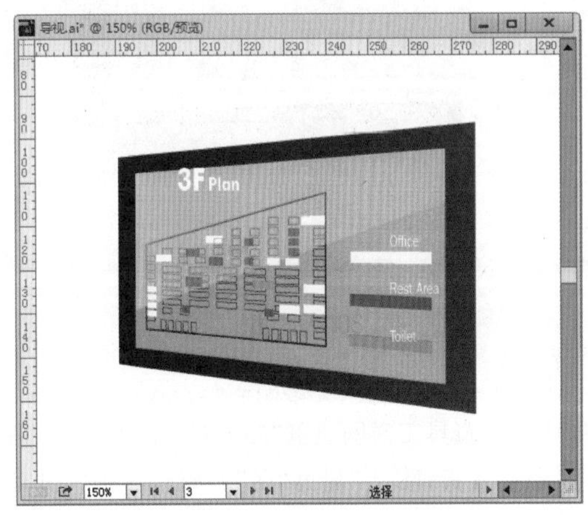

图 8-125

(9) 使用“选择工具” 将平面图进行拆分，效果如图 8-126 所示。

(10) 制作投影部分。选择黑色的背景部分，执行“效果”→“风格化”→“投影”命令，在打开的投影窗口中设置“模式”为“正片叠底”，“不透明度”为 75%，“X 位移”为 1mm，“Y 位移”为 2mm，“模糊”为 1mm，“颜色”为黑色。设置完成后单击“确定”按钮，如图 8-127 所示。投影效果如图 8-128 所示。

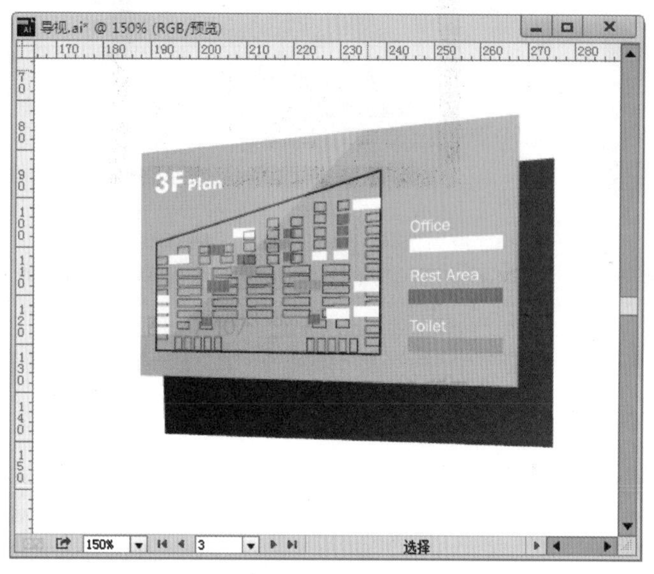

图 8-126

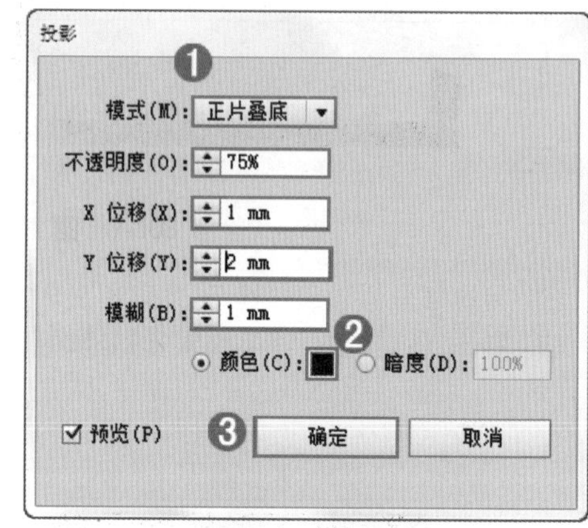

图 8-127

(11) 在制作平面图时，高光部分是塑料的反光，在高光部分还要制作出塑料的质感。选择黄色的四边形，将其复制一份到最前方，如图 8-129 所示。将这个四边形填充一个半透明白色的渐变，并向左上角移动，如图 8-130 所示。

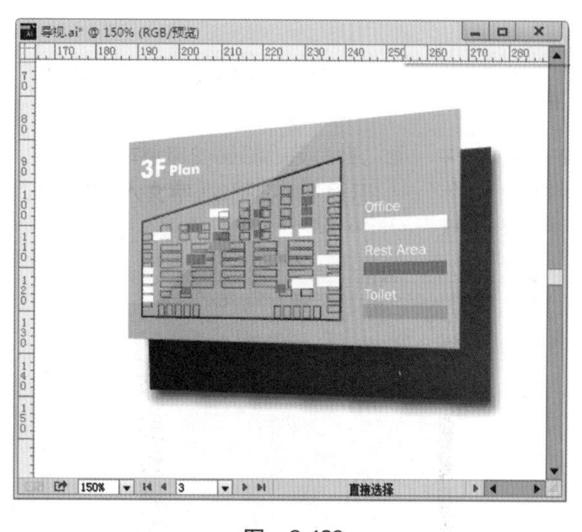

图 8-128

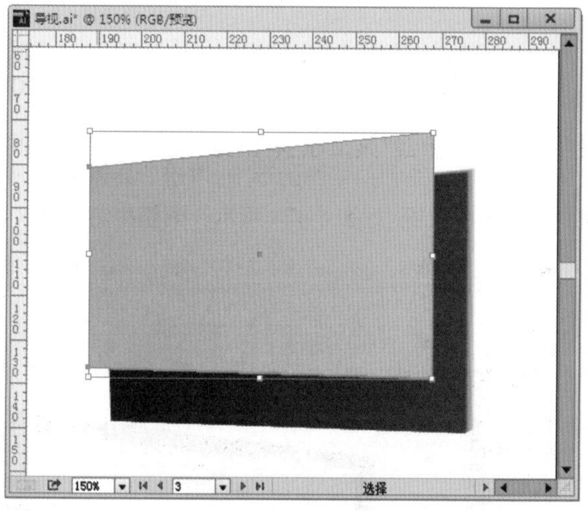

图 8-129

(12) 设置该形状的“不透明度”为 30%，效果如图 8-131 所示。为平面图的立体效果添加提示，效果如图 8-132 所示。

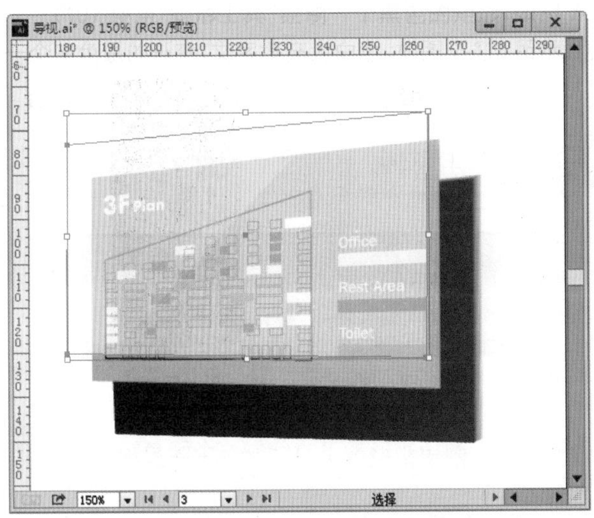

图 8-130

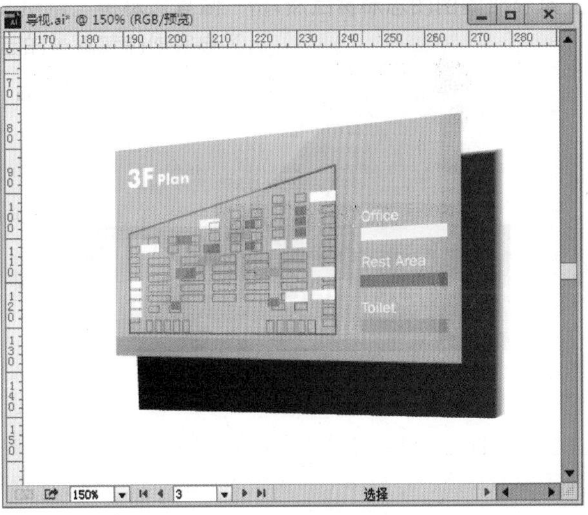

图 8-131

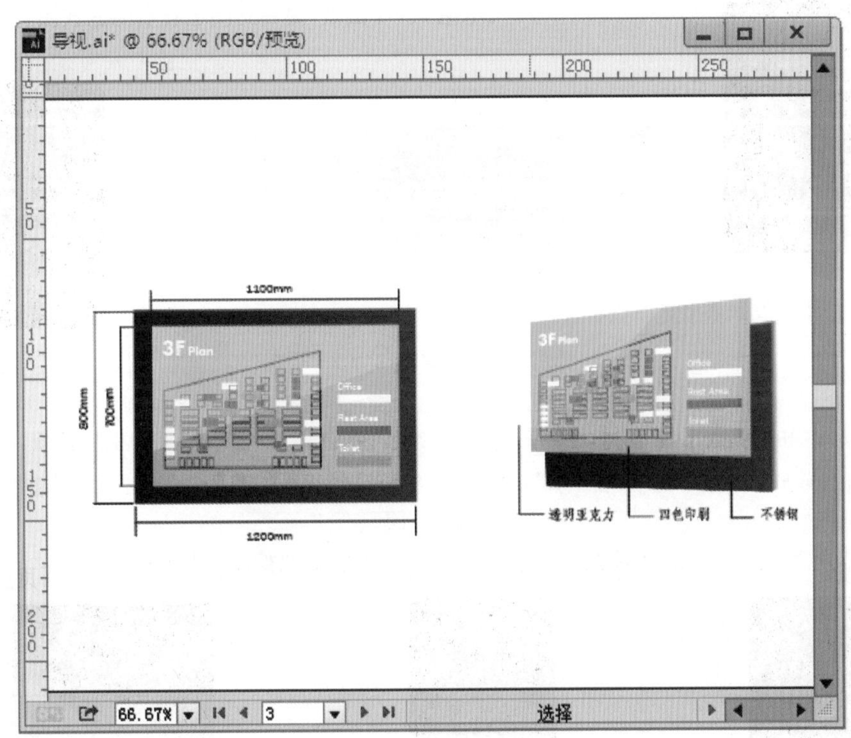

图 8-132

8.2.5 警示牌

(1) 选择工具箱中的“渐变工具”，执行“窗口”→“渐变”命令，在弹出的“渐变”面板中设置“类型”为“线性”，“角度”为 0°，渐变颜色为由深灰色到黑色的渐变，如图 8-133 所示。

(2) 双击工具箱中的“圆角矩形工具”，在弹出的“圆角矩形”窗口中，设置“宽度”为 50mm，“高度”为 100mm，“圆角半径”为 5mm，参数设置如图 8-134 所示。设置完成后，单击“确定”按钮，圆角矩形效果如图 8-135 所示。

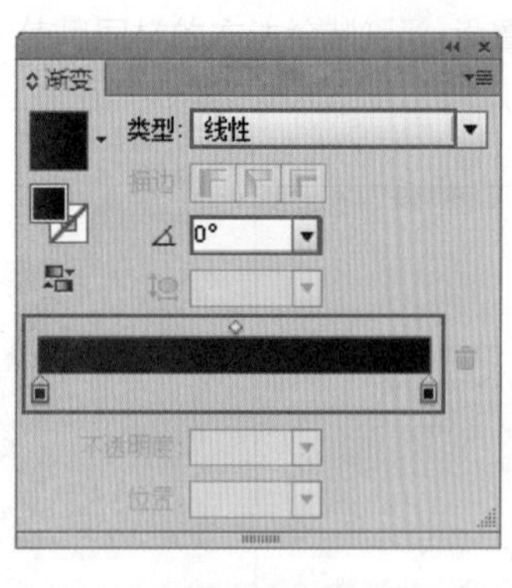

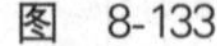
图 8-133

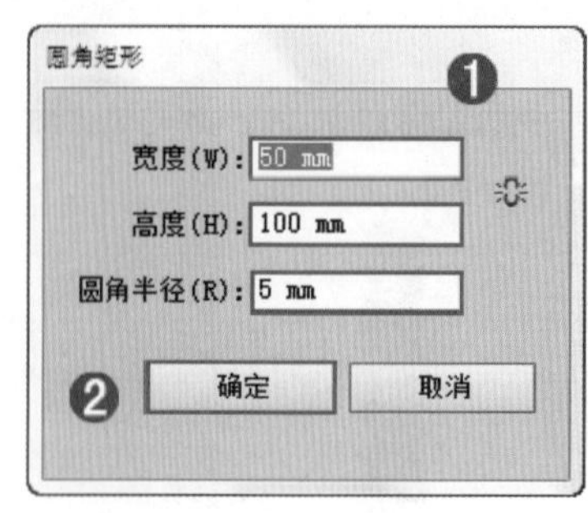

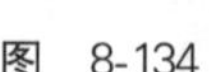
图 8-134

图 8-135

(3) 通过“路径查找器”将圆角矩形下方的圆角边更改为直角。在圆角矩形的下方绘制一个圆角矩形，这个圆角矩形的长度一定要长于原来的矩形的宽度，如图 8-136 所示。

(4) 将这两个形状加选，执行“窗口”→“路径查找器”命令，打开“路径查找器”面板，在该面板中单击“减去顶层”按钮，如图 8-137 所示，效果如图 8-138 所示。

图 8-136　图 8-137　图 8-138

(5) 选择工具箱中的“椭圆工具”，绘制一个椭圆形状，将其移动到导示牌上的相应位置，如图 8-139 所示。选择这个椭圆形状，单击工具箱中的“吸管工具”，将光标移动到背景的圆角矩形上方，单击鼠标即可拾取颜色，效果如图 8-140 所示。

(6) 将这个圆角矩形复制一份，也填充一个黄色系的渐变颜色，效果如图 8-141 所示。

图 8-139　图 8-140　图 8-141

(7) 将这两个椭圆形状加选，双击工具箱中的“混合工具”，在弹出的“混合选项”窗口中，设置“间距”为“指定的步数”，步数为 200，参数设置如图 8-142 所示。设置完成后，执行“对象”→“混合”→“建立”命令，建立混合效果，如图 8-143 所示。

图 8-142

图 8-143

(8) 选择工具箱中的"文字工具"T,设置合适的字体、字号,在相应位置输入文字,效果如图 8-144 所示。

(9) 在"矩形工具"下方绘制一个黑色的矩形,效果如图 8-145 所示。

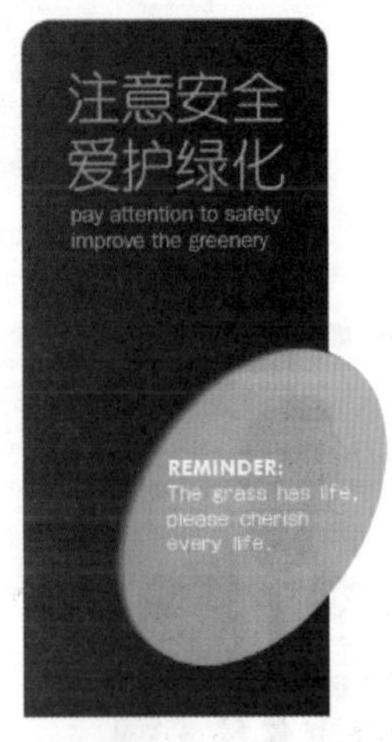

图 8-144

图 8-145

(10) 制作导视牌的侧面。使用"矩形工具"在画面中绘制一个细长的矩形并填充一个由黑色到深灰色的渐变,效果如图 8-146 所示。继续绘制形状,制作出导示的侧面,效果如图 8-147 所示。

图 8-146

图 8-147

(11) 选择工具箱中的"直线工具"╱,设置"填充"为无,"描边颜色"为无,"描边宽度"为 0.5pt,设置完成后,按住 Shift 键绘制直线,如图 8-148 所示。使用"横排文字工具"T 输入文字,效果如图 8-149 所示。

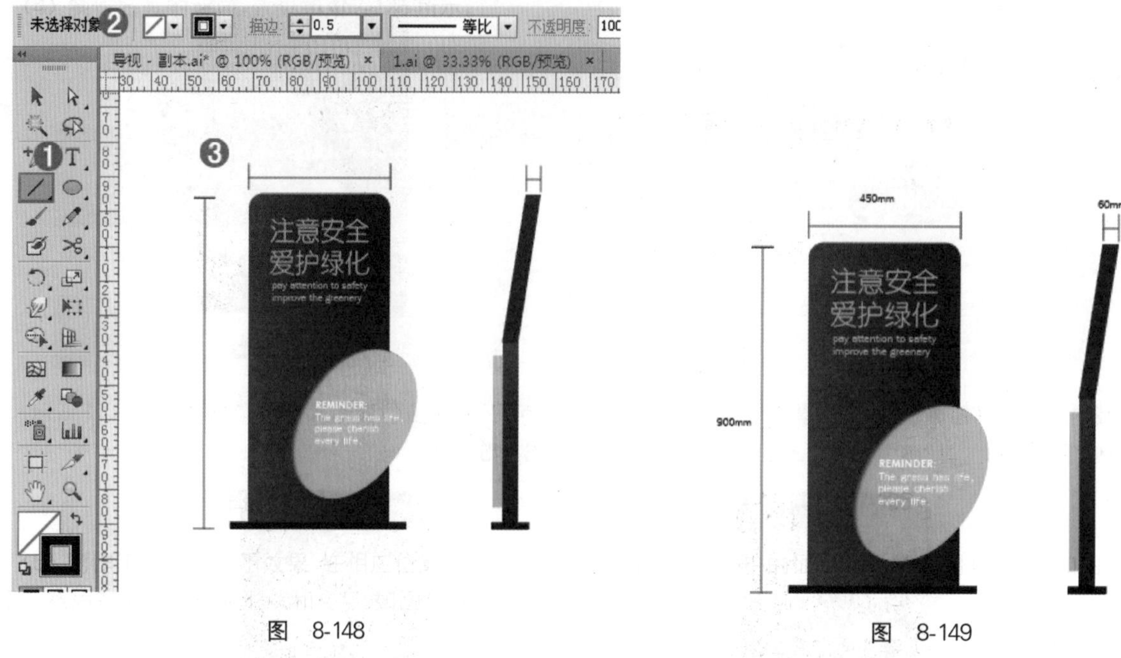

图 8-148　　图 8-149

（12）将人物剪影素材复制一份，移动到“画板 4”中，适当放大，效果如图 8-150 所示。

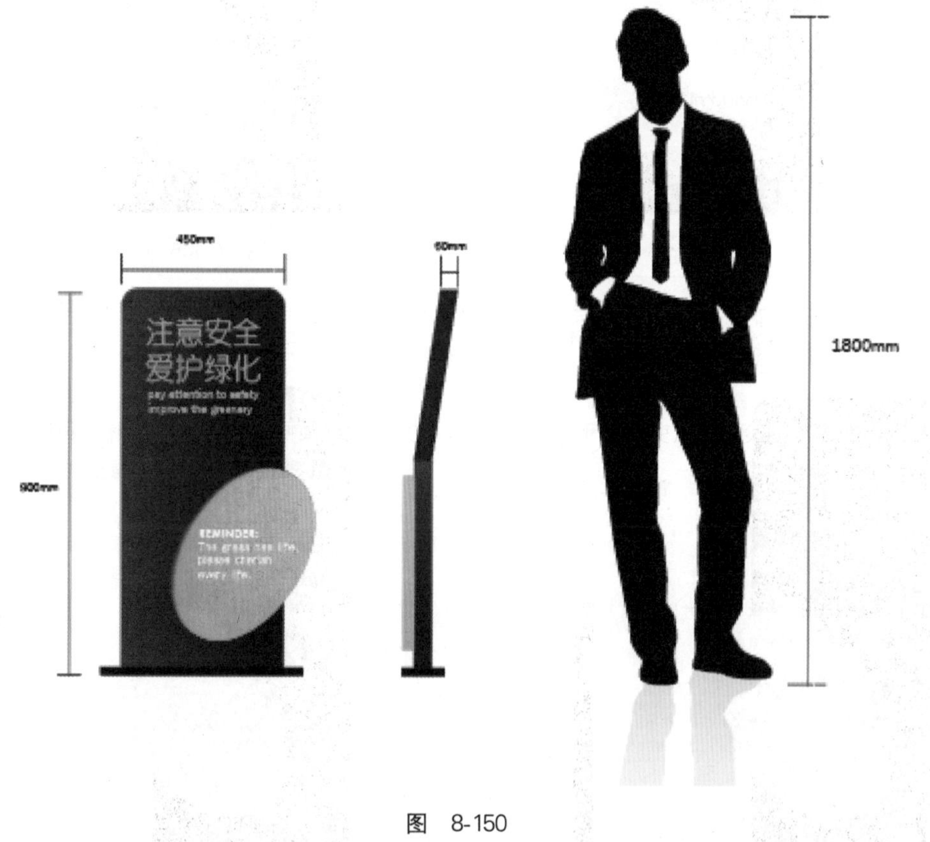

图 8-150

8.4 灵感补给站

参考优秀设计案例，启发设计灵感，如图 8-151 所示。

A13
PORTE
DOOR
D9
E40
LIFT
Astor
Ballrooms
B,C & D
Restrooms
Training Kitchens
Student Support Area
Deaf & Dyslexia Cntr
The View Restaurant
Birch 2
Access to
Birch Level 1
via Maple
Faculty of Pharmacy and
Pharmaceutical Sciences
acmi
You are here
05
5
4
3
2

图 8-151

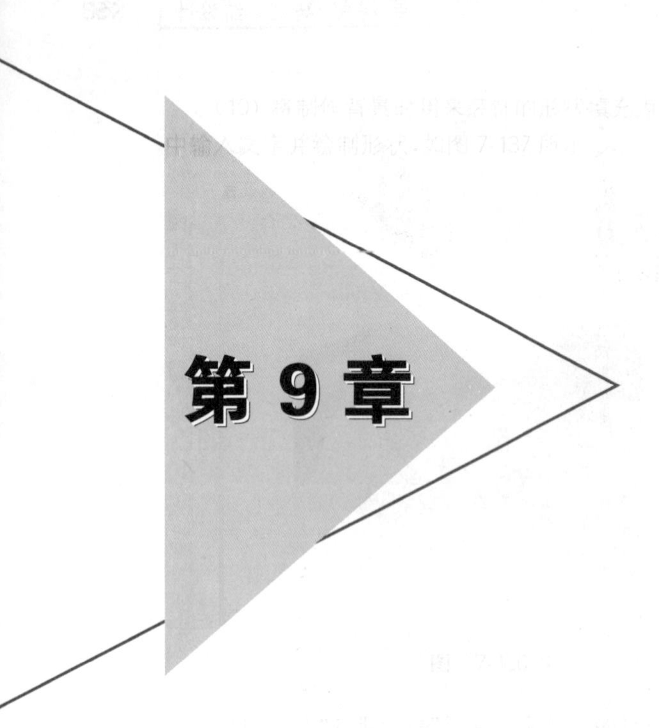

第 9 章 网页设计

• **课题概述**

当今信息时代中，网络早已成为人们生活的一个重要部分，当我们打开浏览器随意点击时，呈现在我们面前的往往都是制作精美的网站页面。不同内容、不同风格，有的精致、有的简约、有的华丽，虽然网页设计的风格不同，但是它们的目的都是相同的，就是为了吸引浏览者的注意力，借此达到信息传播或者广告宣传等目的。

• **教学目标**

进行网页的设计制作之前首先要了解网页的基本构成内容以及常见的布局方式，然后通过两种类型的案例来练习网页设计的制作方法。

9.1 网页设计概述

随着社会的进步和发展，网络在人的生活中变得越来越重要，这使得网页设计也得到了飞速的发展。当用户输入网址后，在浏览器中所看到的页面就是网页。实际上网站的设计是由“网页美工”与“网站程序”两个部分组成的。本章节所要讲解的是设计师的“网页美工”部分的工作。图 9-1 和图 9-2 所示为优秀的网页设计作品。

图 9-1

图 9-2

9.1.1 认识网页设计

虽然在我们的生活中，网页就像日用品一样司空见惯，但是对于“网页是什么”这个问题可能不太好说清楚。网页(Webpage)是构成网站的基本元素，是承载各种网站应用的平台。网页是由网址(URL)来识别与访问的，当我们在网页浏览器输入网址后，经过一段计算机程序的运行，网页文件会被传送到计算机中，通过浏览器解释网页的内容并展示到用户眼前。比如我们打开 www.baidu.com(百度搜索)，此时我们打开的是百度搜索网站的首页，如图 9-3 所示。继续单击网站按钮，打开的是百度搜索网站的图片搜索页面，如图 9-4 所示。正是由这一个个页面构成了整个网站。

图 9-3

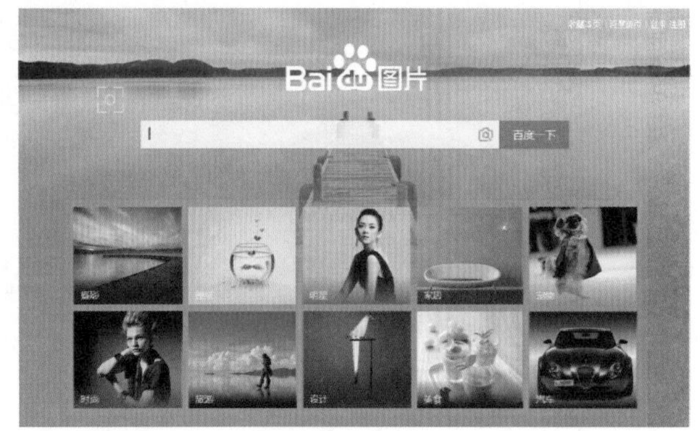

图 9-4

对于平面设计师而言，网页设计是将网页的美化工作，通过网页的宣传的目的、受众人群等方面为出发点，对网页中的颜色、字体、图片、样式进行美化。网页设计要能充分吸引访问者的注意力，让访问者产生视觉上的愉悦感。网页是作为企业对外宣传的一部分，美观的网页设计对于提高品牌形象是至关重要的。网页设计一般分为三种大类：功能型网页设计、形象型网页设计和信息型网页设计。设计网页的目的不同，应选择不同的网页策划与设计方案。图 9-5 和图 9-6 所示为优秀的网页设计作品。

图 9-5

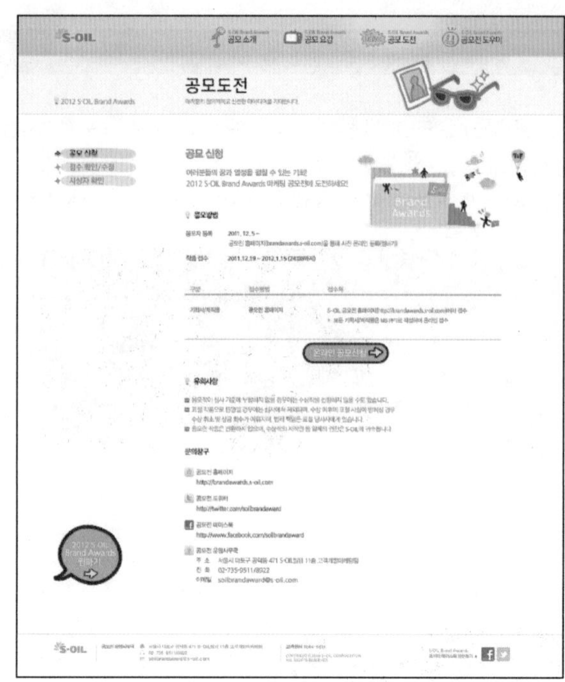

图 9-6

9.1.2 网页的主要组成部分

不同性质类别的网站页面的内容安排也许各不相同，但是通常情况下的网页都会具有相似的组成部分，例如网页标题、网站 LOGO、页眉、页脚、导航、主体内容等，如图 9-7 所示。

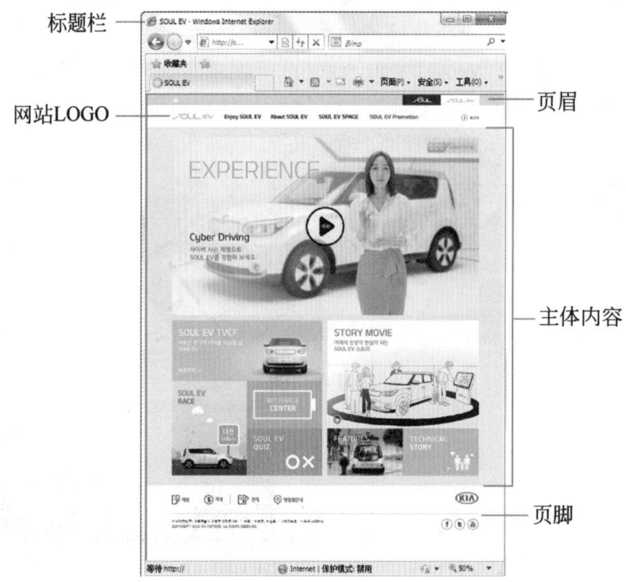

图 9-7

1. 网页标题

网页标题虽然不属于页面设计，但是网页标题至关重要，它是对一个网页的高度概括，每一个网站中的每个页面都有一个标题，它的主要作用是引导访问者清楚地浏览网站中的内容。如图 9-8 和图 9-9 所示的搜索引擎标题简单明了地阐明了网站的特性或网站态度。

图 9-8

图 9-9

2. 网页页眉

与书籍版面一样，网页页眉也是指页面顶端的部分。根据视觉流程，人眼在页面左上角的第一停留机会最大，所以页眉位置的吸引力较高。大多数网站创建者在此放置网站标志、网站的宗旨、宣传口号、广告标语等，如图 9-10 和图 9-11 所示。

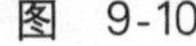

图 9-10

图 9-11

3. 网站标志

网站标志是与其他网站链接以及让其他网站链接的标志和门户，代表一个网站或网站的一个板块。为了便于在 Internet 上传播信息，统一的国际标准是必要的。关于网站的 LOGO。目前有三种常见规格。88px × 31px 是互联网上最普遍的 LOGO 规格，120px × 60px 用于一般大小的 LOGO，120px × 90px 用于大型 LOGO，如图 9-12 和图 9-13 所示。

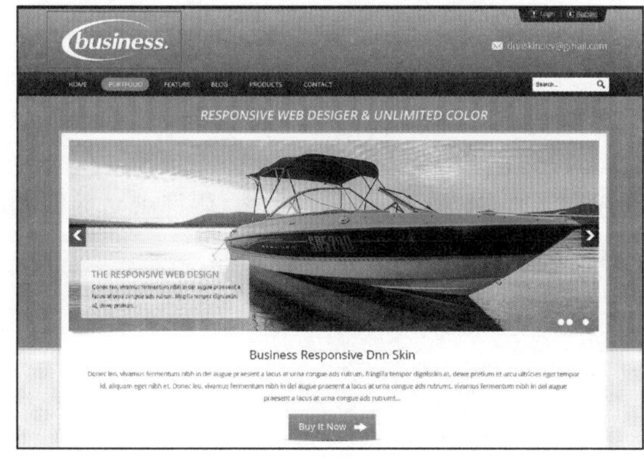

图 9-12

图 9-13

4. 网页导航

导航条是一组超级链接，方便用户访问网站内部各个栏目。导航栏一般由多个按钮或者多个文本超级链接组成。导航条可以是文字，也可以是图片，还可以使用 Flash 来制作。导航条可以显示多级菜单和下拉菜单效果，如图 9-14 和图 9-15 所示。

图 9-14

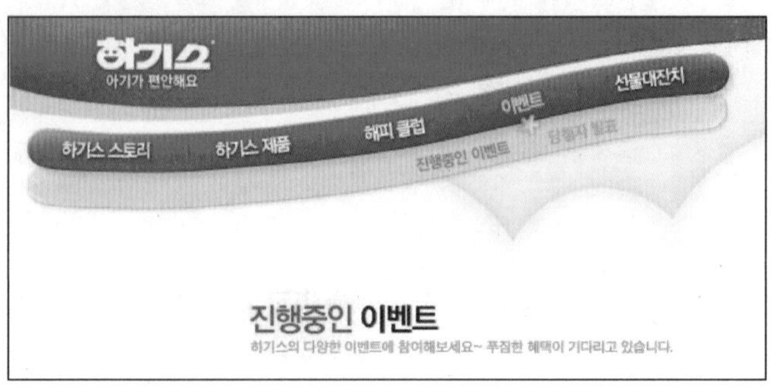

图 9-15

5. 网页的主体内容

主体内容是网页设计的元素。它一般是二级链接内容的标题，或是内容提要，或是内容的部分摘录。表现手法一般是图像和文字相结合，如图 9-16 和图 9-17 所示。

图 9-16

图 9-17

6. 网页页脚

网页的页脚位于页面的底部，通常用来标注站点所属公司的名称、地址、网站版权信息、邮件地址等信息。使用户能够从中了解该站点所有者的基本情况，如图 9-18 和图 9-19 所示。

7. 条幅广告

用来宣传站内的活动或栏目，一般都为 GIF 动画，如图 9-20 和图 9-21 所示。

8. 图标

图标具有路标的功能。一方面用来导航；另一方面作为美化装饰，如图 9-22 和图 9-23 所示。

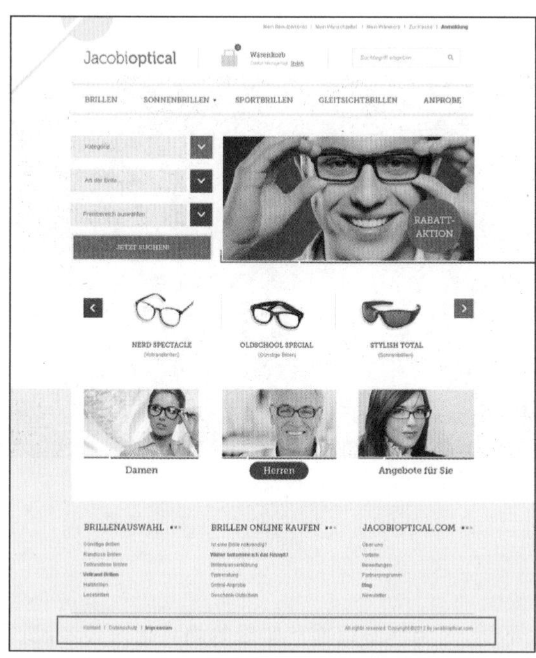

图 9-18

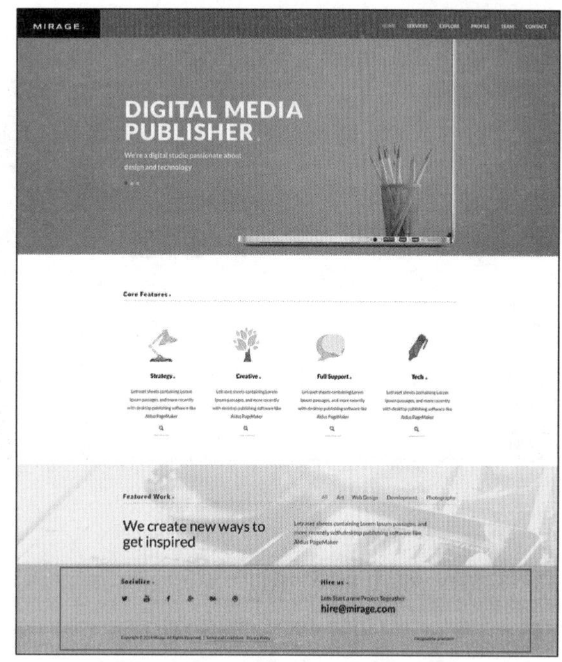

图 9-19

图 9-20

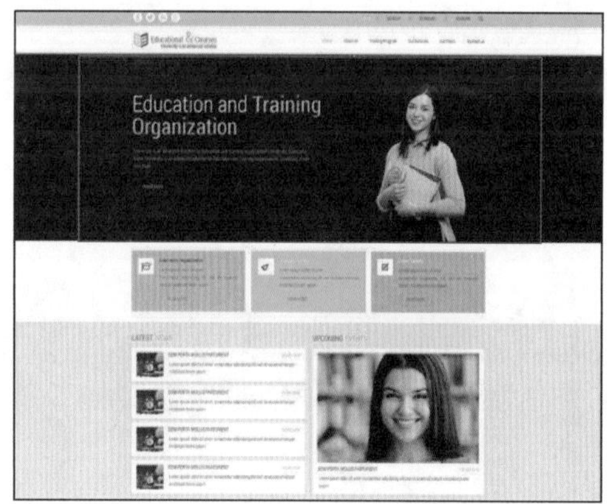

图 9-21

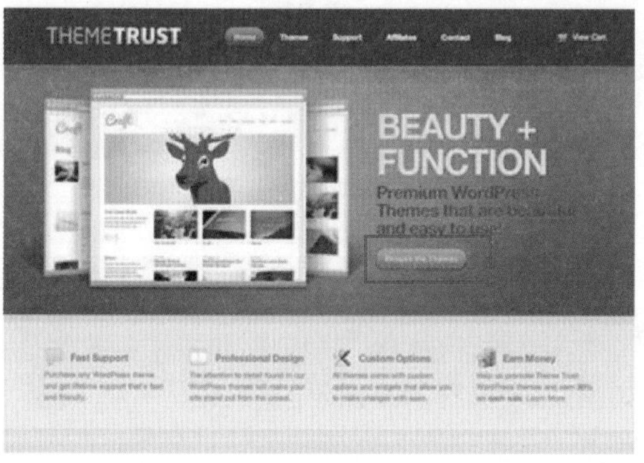

图 9-22

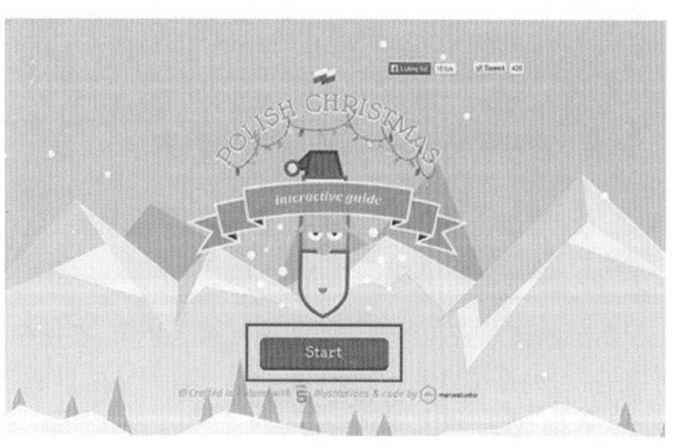

图 9-23

9. 背景图

用来装饰和美化网页，使网页中的内容更加饱满，如图 9-24 和图 9-25 所示。

图 9-24

图 9-25

9.1.3 网页的布局

网页版面与书籍海报等纸面媒体的版面设计方式有很大不同，因为网站页面可实现的内容相对较多，页面宽度固定，但是页面的长度却可以无限延伸。所以网页的版面也有一些特定的常见布局，如国字型、拐角型、标题正文型、左右框架型、上下框架型、封面型、Flash 型和变化型。

1. 包围式布局

“包围式布局方式”又称“国字型”布局方式，是一种最常见的网页布局方式。通常在网页的上方是标题以及横幅广告条，下面是网页的内容，网站的两侧分布一些小条信息内容，中间是主要部分，最下面是网站的一些基本信息、联系方式、版权声明等。通常会将页面四周用边框或者图案包围起来，封闭的空间给人一种安全感，产生一种信任、稳定的感受，如图 9-26 和图 9-27 所示。

图 9-26

图 9-27

2. 拐角型

拐角型的布局方式与国字型的布局极为相似，在拐角型网页中，上面是标题及广告横幅，接下来的左侧是一窄列链接等，右列是很宽的正文，下面也是一些网站的辅助信息，如图 9-28 和图 9-29 所示。

3. 卫星式布局

以各种元素环绕主体式进行布局，为用户营造开放、自由的空间，如图 9-30 和图 9-31 所示。

图 9-28

图 9-29

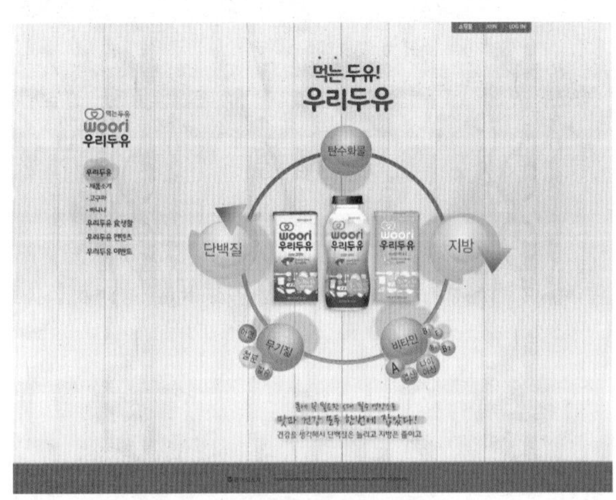

图 9-30

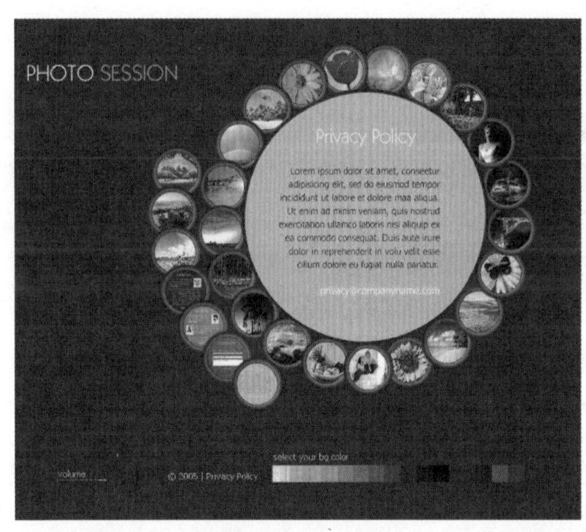

图 9-31

4. 全景式布局

全景式的网页布局大部分会出现在网站的首页，通常会是一些精美的图片、文字或者 Flash 动画。放上一些连接或者“进入”字样。设计精美的首页往往是留住浏览者的关键所在。全景式布局通过趣味性和新颖吸引用户，通常给用户一种舒展、大方的视觉感觉，如图 9-32 和图 9-33 所示。

图 9-32

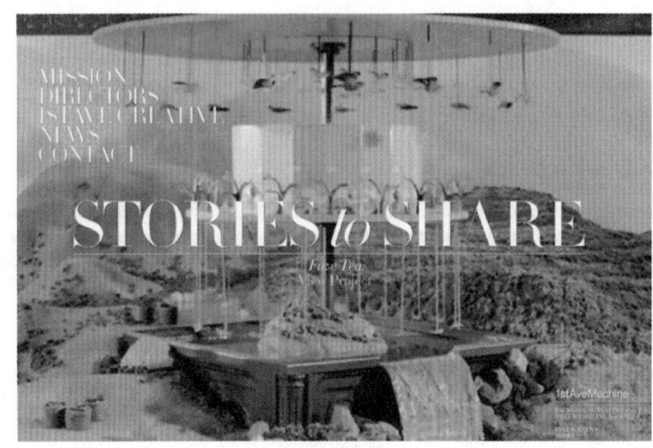

图 9-33

5. 标题正文型

标题正文型的网页主要特点是，在网页的上方是标题或类似的一些东西，下面是正文，如图 9-34 和图 9-35 所示。

图 9-34

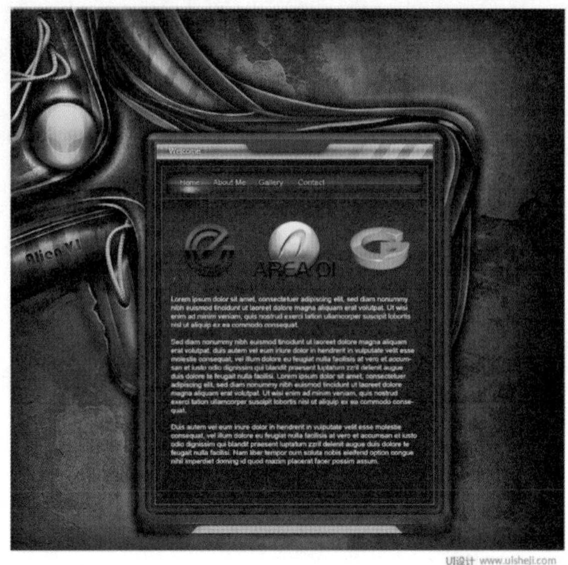

图 9-35

6. 对称式布局

对称式布局方式给人稳定、庄重理性的感觉。对称分为绝对对称和相对对称。一般多采用相对对称，以避免过于严谨，如图 9-36 和图 9-37 所示。

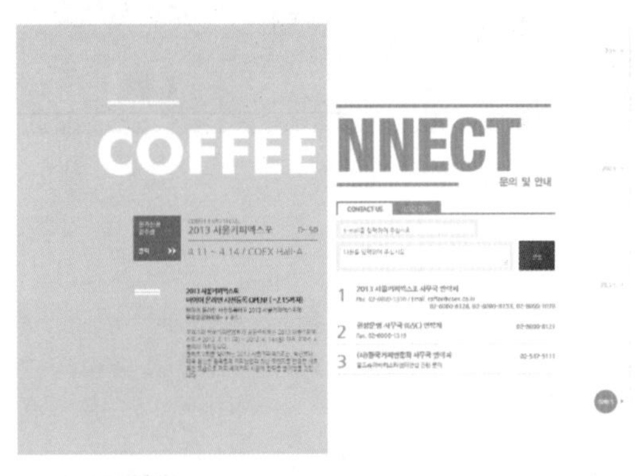

图 9-36

图 9-37

7. 黄金分割式布局

黄金分割式布局方式通常利用黄金分割，将版面分为两个部分。通常上部分以图片展示为主，下半部是文字。黄金分割式的布局方式通过完美的比例给用户视觉上的享受，如图 9-38 和图 9-39 所示。

8. 散开式布局

散开式布局方式是结合以上几种类型。例如，一个网站在视觉上是接近拐角型，但在结构上又是上、下、左、右的综合框架型。散开式布局方式是比较灵活的，这也就要求设计师有创新的思维、独到的表现方式，如图 9-40 和图 9-41 所示。

图 9-38

图 9-39

图 9-40

图 9-41

9. 照片组合式布局

照片经过组合后会产生与众不同的画面感，常用于图像展示类网站页面，例如摄影网站、绘画作品展示网站等，如图 9-42 和图 9-43 所示。

图 9-42

图 9-43

10. Flash 型

Flash 具有强大的功能，使页面所要表达的信息更加丰富，其视觉效果及听觉效果如果处理得当，绝不差于传统的多媒体，如图 9-44 和图 9-45 所示。

图 9-44

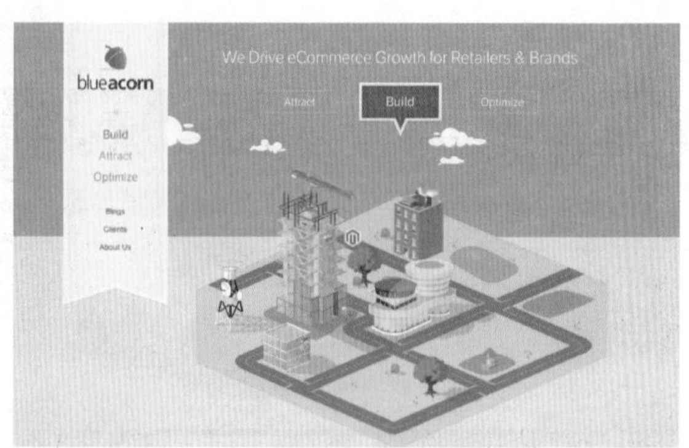

图 9-45

9.1.4 网页的构成元素

网页是由文本、图像、超链接、表格等元素构成的。网页设计就是将这些元素合理的、美观的布置在同一个页面中。

1. 文本

文本是网页构成的重要元素之一。网页中的文本要根据网页的特点、放置的文字，针对字体、大小、颜色、底纹、边框等进行设置。一般情况下，网页中正文部分的文字大小不要过大，字体常用宋体。在整个画面中，不要采用多种字体，避免凌乱的感觉，如图 9-46 和图 9-47 所示。

图 9-46

图 9-47

2. 图像

图像在网页中的比重很大，决定了页面是否内容丰富多彩，引人注目。网页支持的图像格式包括 JPG、GIF、PNG 等格式。在网页中图形一般用来点缀或介绍商品，如图 9-48 和图 9-49 所示。

图 9-48

图 9-49

3. 超链接

超级链接是网站的灵魂，是 Web 网页的主要特色。是指从一个网页指向另一个目的端的链接，这个“目的端”通常是指另一个网页。但也可能是一张图片、一个电子邮箱、一个文字等。超链接的重要载体一般以文本、图片或 Flash 动画等为主。有链接的地方，鼠标指上时默认会变成小手形状，单击即可进入超链接，如图 9-50 和图 9-51 所示。

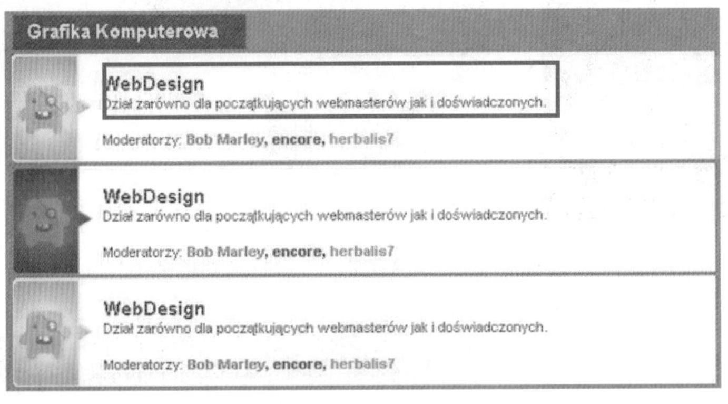

图 9-50

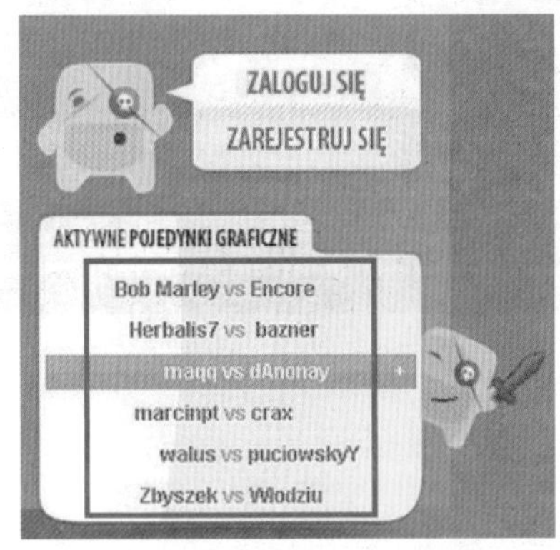

图 9-51

4. 表格

表格在网页中的作用非常大，是 HTML 语言中的一种元素，主要用于网页内容的布局。通过表格可以精确地控制各网页元素在网页中的位置，设计各种精美的网页效果，也可以用来组织和显示数据，如图 9-52 和图 9-53 所示。

图 9-52

图 9-53

5. 其他元素

在页面中可能还包括 GIF 动画、Flash 动画、音频、视频等，如图 9-54 和图 9-55 所示。

9.1.5 网页广告设计

毫无疑问网站的运营需要资金支持，浏览量越大、影响范围越广的网站往往需要大笔的费用去运营维护，所以大部分网站都会选择与商家合作在自己的网站上为其宣传，当然宣传的途径也就是网页广告。而对于商家而言，无须印制纸质宣传单/册，也无须花费过于高昂的费用在电视媒体上投放广告，就可以有针对性的投放形式灵活、内容丰富的广告，何乐而不为呢？图 9-56 和图 9-57 所示为无处不在的网页广告。

图 9-54

图 9-55

图 9-56

图 9-57

现如今，网页广告可以说早已成了网站的一个部分，而且其展示形式也越来越丰富，不仅可以是传统的静态广告图像，更可以是动态广告、有声广告、甚至是带有互动性的广告。实际上，从设计原理角度来说，网页广告与常规平面广告并无太大区别，但需要注意的是网页广告有多种展示形式，不同形式的网页广告因其展示位置的不同，制作尺寸和表现手法也有所不同，所以进行网页广告设计之前要了解一下常见的网页广告形式。

1. 横幅广告

横幅广告也就是通常我们所说的 banner，可以说是较早的网络广告形式。横幅广告常定位在网站页面的最上方，非常引人注目。横幅广告可以是静态也可以是动态，常用格式有 GIF、JPG、swf 等，如图 9-58 和图 9-59 所示。

图 9-58

图 9-59

2. 按钮广告

按钮广告是一类较小尺寸的网页广告形式，可以出现在首页，也可以出现在频道、子频道等各级页面中。通常是一个链接着公司的主页或站点的公司标志，表现手法较简单，多用于提示性广告，并注明“Click me”字样，希望网络浏览者主动来点选。根据美国交互广告署(IAB)的标准，按钮广告通常有四种形式，分别是：125px×125px方形按钮、120px×90px按钮、120px×60px按钮、88px×31px小按钮，容量一般不超过2K。由于按钮广告尺寸较小，所以其费用也相对较低。但是对于设计师而言，想要在窄小的空间完美地表现出广告意图还要多费些心思，如图9-60和图9-61所示。

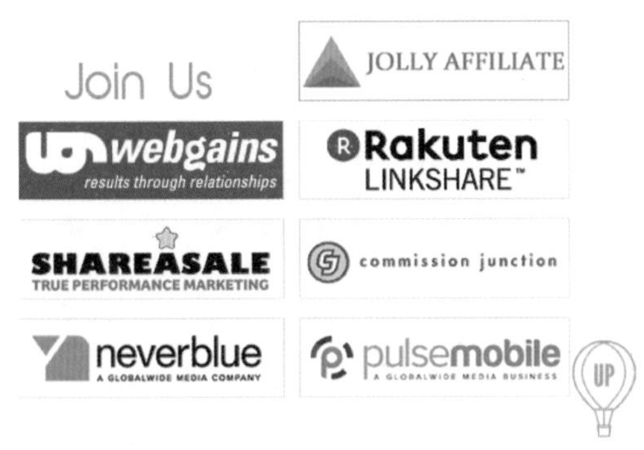

图 9-60

图 9-61

3. 通栏广告

通栏广告以横贯页面的形式出现，常在网站首页、频道页面顶部或中部。尺寸较大，属于扁长型，视觉冲击力较强，能吸引浏览者的注意力。通栏广告并没有固定的尺寸，根据各个网站页面尺寸差异也各不相同。常用的尺寸有：760px×90px、468px×60px、250px×60px、728px×90px、950px×90px、658px×60px等，如图9-62和图9-63所示。

图 9-62

图 9-63

4. 文字链接广告

文字链接广告就是只有文字的一种网络广告形式，通过单击文字即可跳转到设置好的超链接页面中。文字链接广告相对于图片、动画等广告，不但文件体积小，而且传输速率快。由于广告形式为文本，所以受众群对于广告内容更加一目了然，特别是信息量很大的页面，如图9-64和图9-65所示。

5. 直邮广告

互联网直邮广告是传统DM广告的延续，更加适应现代人的生活方式。直邮广告以邮件的形式将广告信息发给用户，有两种形式：一种是把一段广告性的文字或网页放在电子邮件中间发送给用户。另一种邮件注脚广告是在邮件注脚处添加一条广告，链接到广告主公司主页或提供产品或服务的特定页面，如图9-66和图9-67所示。

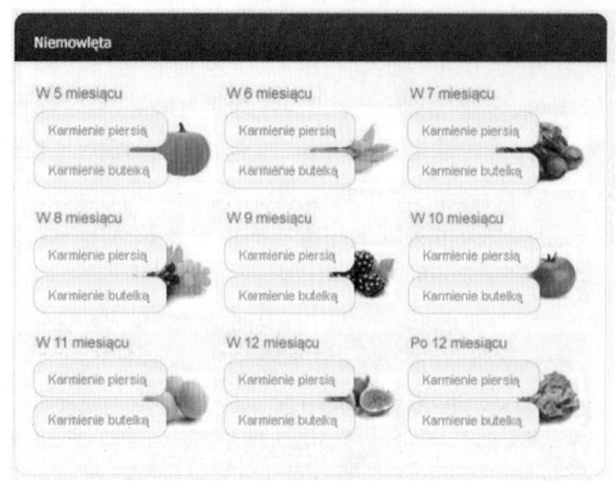

图 9-64

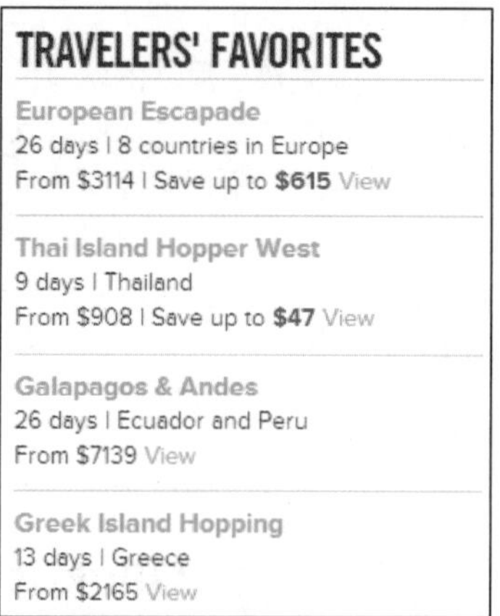

图 9-65

图 9-66

图 9-67

6. 游标广告

游标广告也称为浮动广告，是一类打破常规的广告形式。由于这类广告并不是固定于网页的某一指定位置，所以游标广告既可以沿着某一固定的曲线飘动，也可以随着用户拖动浏览器的滚动条而做直线上下浮动。其表现形式灵活，能极大地满足广告主宣传自己形象的需要，如图 9-68 和图 9-69 所示。

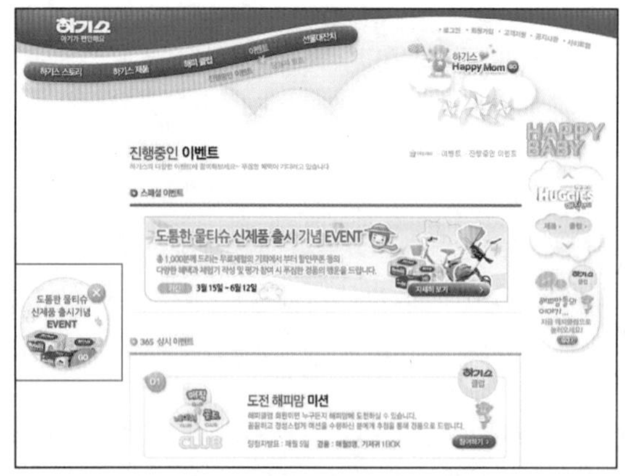

图 9-68

图 9-69

7. 弹出窗口广告

弹出窗口广告通过代码实现在用户打开网页时，以弹出单独页面的形式，将广告页面呈现在正在浏览的页面前端，对受众群影响较大，如图 9-70 和图 9-71 所示。

图 9-70

图 9-71

8. 画中画广告

画中画广告是指在网页文章里强制加入广告图片，常用于发布在新闻文本中，表现内容也较为丰富，可静态，也常借助 Flash 制作有声的动态效果，使用户在浏览网页时注意到广告图片，如图 9-72 和图 9-73 所示。

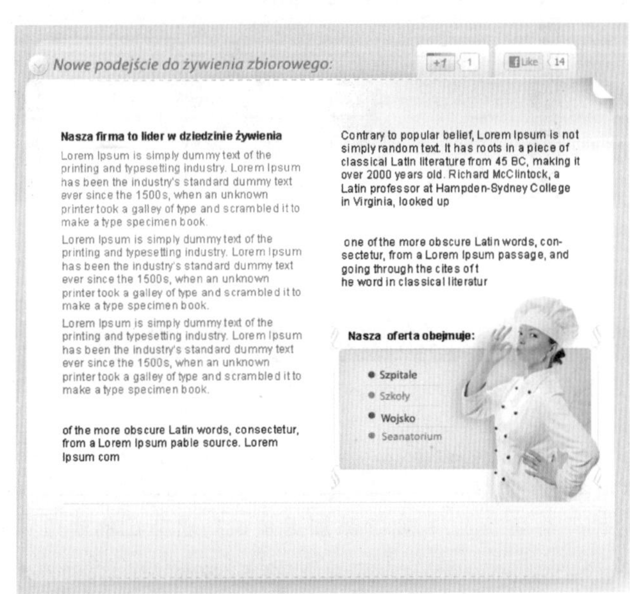

图 9-72

图 9-73

9. 全屏收缩广告

全屏收缩广告是一种带有些许“强制性”的广告形式。当用户打开网站页面时，会迅速以全屏或非全屏的方式展示广告画面，接着逐渐回缩至消失或回缩到一个固定广告位。这是一种较为新型的广告形式，具有很强的表现力，如图 9-74 和图 9-75 所示。

10. 对联广告

对联广告是一种利用网站左右两侧空间的竖式广告，形似“对联”悬挂在页面两侧，而且可以制作成兼具浮动特性的广告。在不干涉用户浏览页面的同时，也有助于传播广告相关讯息。对联广告常用于直接、详细的说明客户的产品和产品特点，也可以进行特定的数据调查、有奖活动等，如图 9-76 和图 9-77 所示。

图 9-74

图 9-75

图 9-76

图 9-77

9.2 圣诞主题登录页面

9.2.1 设计解析

本案例制作的是一款圣诞主题网站的登录页面，渲染一种欢快、喜庆的氛围，以红橙色为主色调，为冬日的寒冷增添积分温度，点缀圣诞树的绿色，形成鲜明对比。圣诞老人、礼物的添加更是烘托出节日的欢乐之感。图9-78和图9-79所示为优秀的登录页面设计作品。

图 9-78

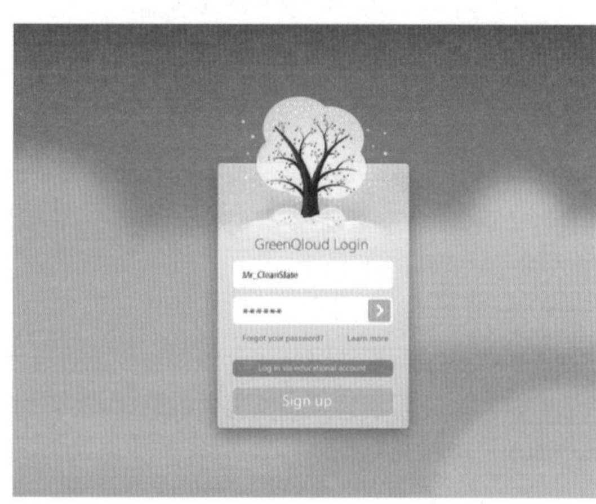

图 9-79

9.2.2 制作流程

本案例背景部分利用渐变填充和半透明圆形构成，登录框则使用圆角矩形工具进行制作，为了丰富效果还需要添加一些卡通元素。案例的制作主要使用到了文字工具、渐变工具、矩形工具、圆角矩形工具、路径查找器、钢笔工具等工具进行制作。图 9-80 所示为本案例基本制作流程。

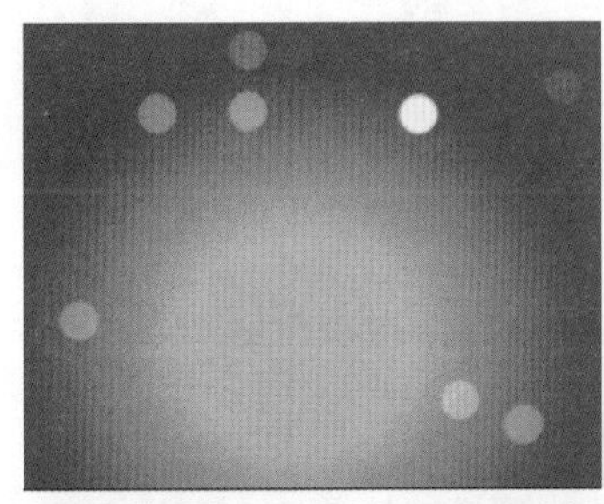

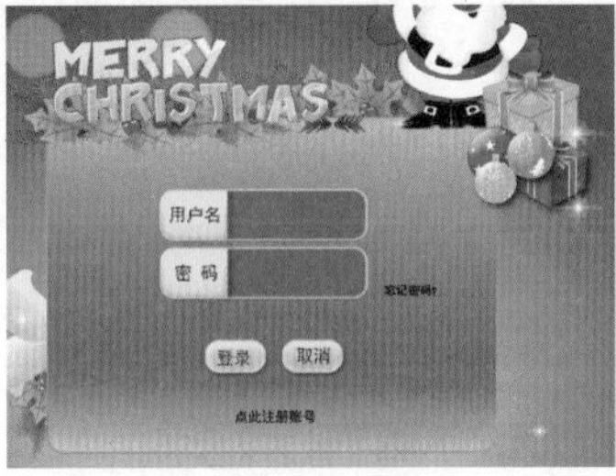

图 9-80

9.2.3 案例效果

最终制作的案例效果如图 9-81 所示。

图 9-81

9.2.4 操作精讲

(1) 执行“文件”→“新建”命令，在打开的“新建文档”窗口中设置“配置文件”为“自定”，“大小”为 1024×768，颜色模式为 RGB，分辨率为 72，设置完成后单击“确定”按钮。如图 9-82 所示。

(2) 制作渐变背景。单击工具箱中的“矩形工具”，绘制一个与画板等大的矩形。执行“窗口”→“渐变”命令，调出渐变面板，设置“类型”为“径向”，编辑一个橘黄色的渐变，如图 9-83 所示。渐变编辑完成后，使用“渐变工具”在矩形上按住鼠标左键拖曳设置渐变位置，效果如图 9-84 所示。

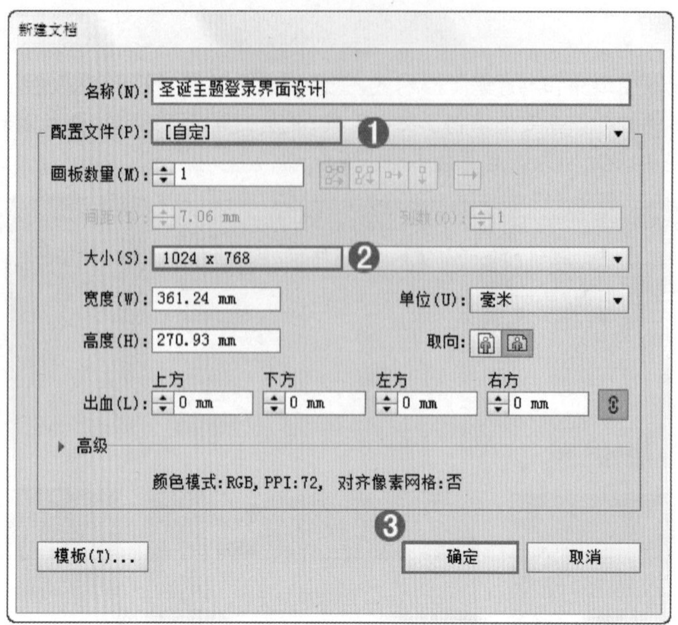

图 9-82

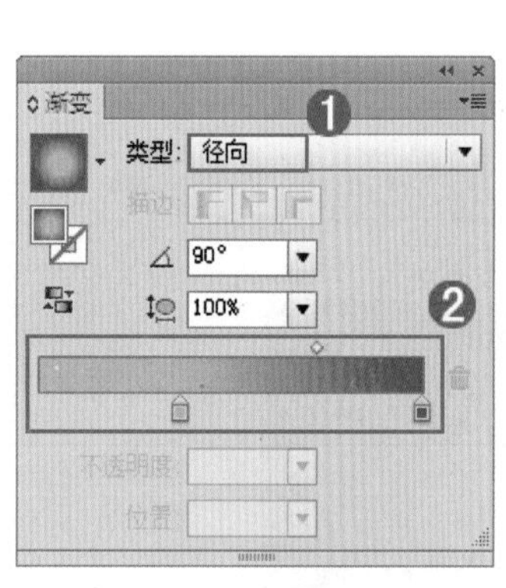

图 9-83

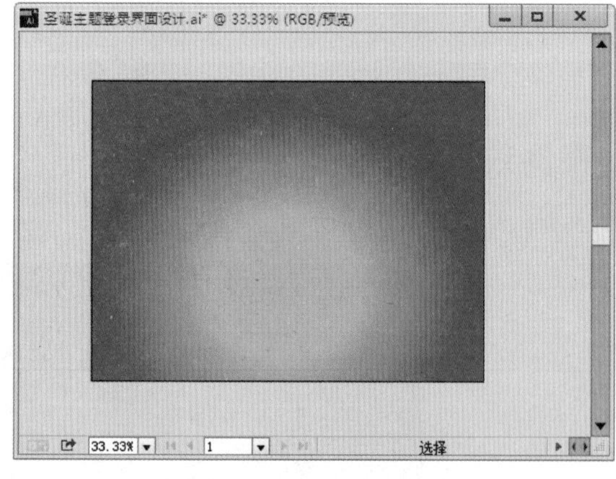

图 9-84

(3) 使用“椭圆工具”绘制一个白色的正圆，将不透明度设置为 20%，如图 9-85 所示。将这个正圆复制并调整不透明度，效果如图 9-86 所示。

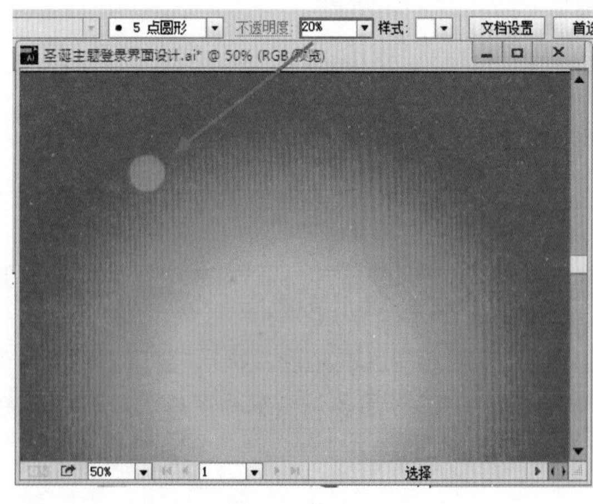

图 9-85

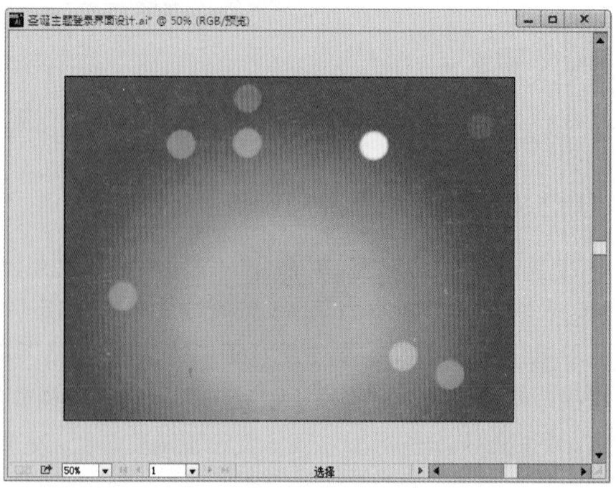

图 9-86

(4) 打开素材“1. ai”，将铃铛素材复制到该文档中，并移动到画面合适位置，如图 9-87 所示。

图 9-87

(5) 绘制圆角矩形。选择“圆角矩形工具”。设置一个橘红色系的渐变，描边为橘红色，如图 9-88 所示。设置完成后，在画面中单击，在弹出的“圆角矩形”窗口中设置“宽度”为 165mm，“高度”为 120mm，“圆角半径”为 4.5mm，参数设置如图 9-89 所示。单击“确定”按钮，将绘制圆角矩形移动到画面中合适位置，效果如图 9-90 所示。

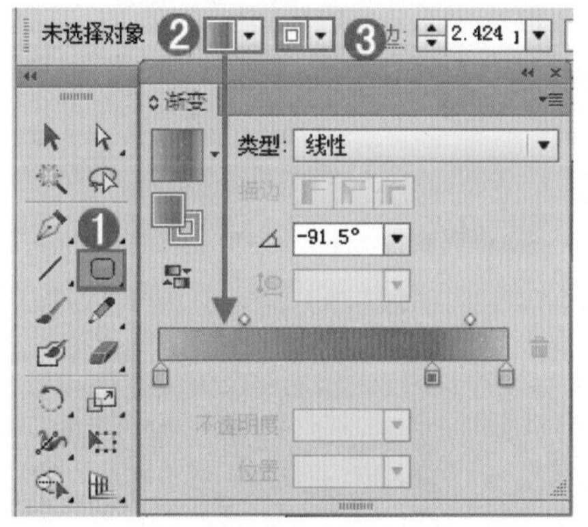

图 9-88

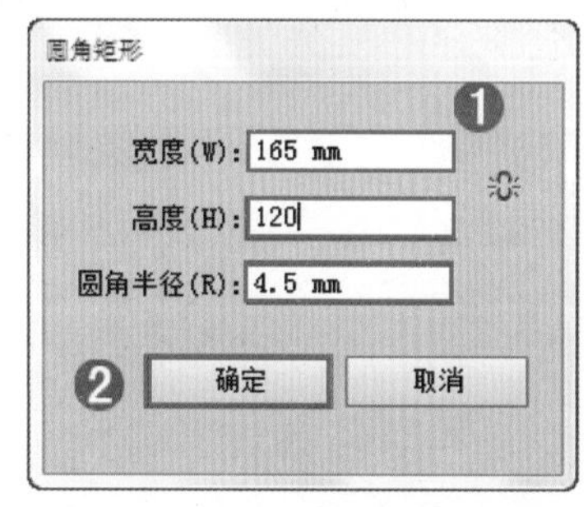

图 9-89

(6) 将素材“1. ai”中的星星素材和圣诞素材复制到该文件中，移动到合适位置，效果如图 9-91 所示。

图 9-90

图 9-91

（7）制作标题文字。使用“文字工具”T，输入文字。执行“文字”→“创建轮廓”命令，将其创建轮廓，如图9-92所示。选择这个文字，将其“填充”设置为黄色的线性渐变，描边为褐色，如图9-93所示。

图 9-92

图 9-93

（8）制作文字上的高光部分。选择工具箱中的“钢笔工具”，将“填充”设置为亮黄色，参照文字的位置进行绘制，效果如图9-94所示。使用同样的方式制作其他文字的高光部分，效果如图9-95所示。

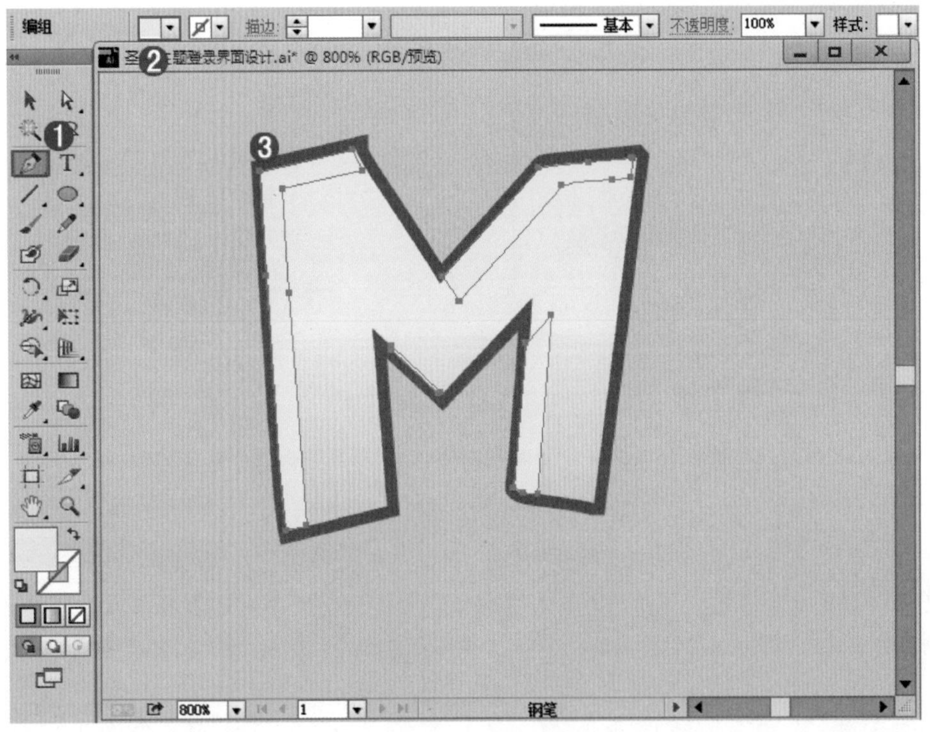

图 9-94

（9）使用同样的方法制作剩余的文字部分，效果如图9-96所示。

（10）使用“路径查找器”制作文字最上层的高光部分。将文字复制出一份，如图9-97所示。使用“钢笔工具”绘制一个类似于光束的不规则四边形，如图9-98所示。

（11）在使用制作之前，需要将该形状进行复制。将字母“Y”和四边形选中，如图9-99所示。执行“窗口”→“路径查找器”命令，调出“路径查找器”面板，单击“交集”按钮，得到形状，如图9-100所示。

图 9-95

图 9-96

图 9-97

图 9-98

图 9-99

图 9-100

（12）在制作其他形状之前，先使用“贴在前面”快捷键 Ctrl + F 将四边形贴在前面。之后制作其他形状，效果如图 9-101 所示。将得到的形状选中填充一个白色到透明的渐变，并移动到文字的合适位置，效果如图 9-102 所示。使用同样的方法制作另一个高光，并将文字移动到合适位置，效果如图 9-103 所示。

图 9-101

图 9-102

（13）制作界面上的按钮。使用“圆角矩形”工具绘制一个蓝灰色的圆角矩形，效果如图 9-104 所示。将这个圆角矩形复制并贴在前面，在其上方绘制一个矩形，如图 9-105 所示。

图 9-103

图 9-104

（14）将这两个形状选中，单击“路径查找器”中的“减去顶层”按钮，将得到的形状填充一个黄色系的渐变，效果如图 9-106 所示。

图 9-105

图 9-106

（15）选择这个形状，执行“效果”→“风格化”→“投影”命令，在弹出的“投影”窗口中设置“模式”为“正片叠底”，“不透明度”为30%，“X位移”为2mm，“Y位移”为0mm，“模糊”为1mm，“颜色”为蓝灰色，参数设置如图9-107所示。效果如图9-108所示。

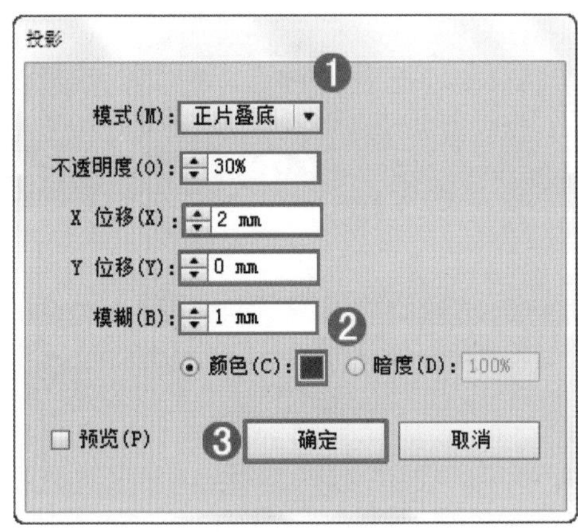

图 9-107

图 9-108

（16）继续执行“效果”→“风格化”→“内发光”命令，在弹出的“内发光”窗口中设置“模式”为“正常”，“颜色”为黄色，“不透明度”为75%，“模糊”为2mm，勾选“中心”，参数设置如图9-109示。画面效果如图9-110所示。

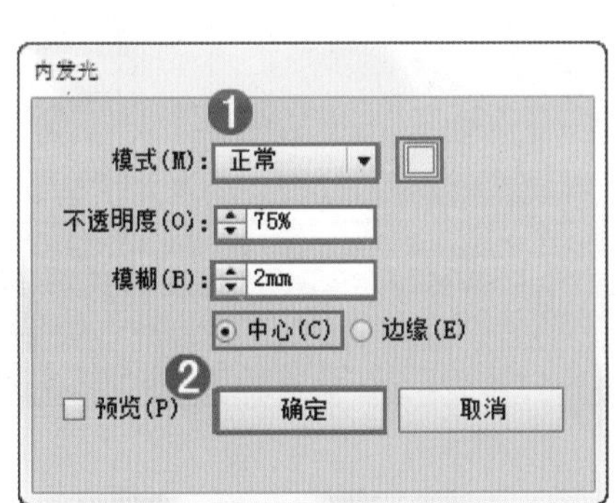

图 9-109

图 9-110

（17）在按钮上输入相应的文字，效果如图9-111所示。使用同样的方法制作其他按钮部分，效果如图9-112所示。

图 9-111

图 9-112

(18) 制作投影部分。将界面主体选择并编组，执行“对象”→“变换”→“对称”命令，在弹出的“镜像”窗口中勾选“水平”，单击“复制”按钮，如图 9-113 所示，将复制得到的对象移动到合适位置，效果如图 9-114 所示。

图 9-113

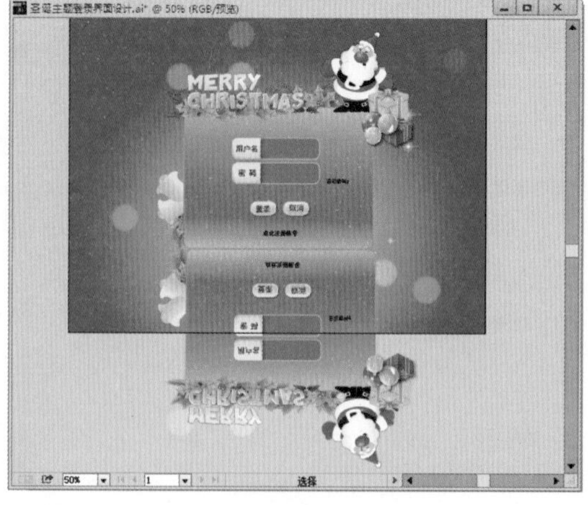

图 9-114

(19) 使用“不透明度蒙版”制作半透明的效果。使用“矩形工具”绘制一个由深灰色到黑色的矩形，如图 9-115 所示。将复制得到的对象和这个黑色的矩形选中，执行“窗口”→“透明度”命令，在弹出的“透明度”面板中单击“制作蒙版”按钮，画面效果如图 9-116 所示。

图 9-115

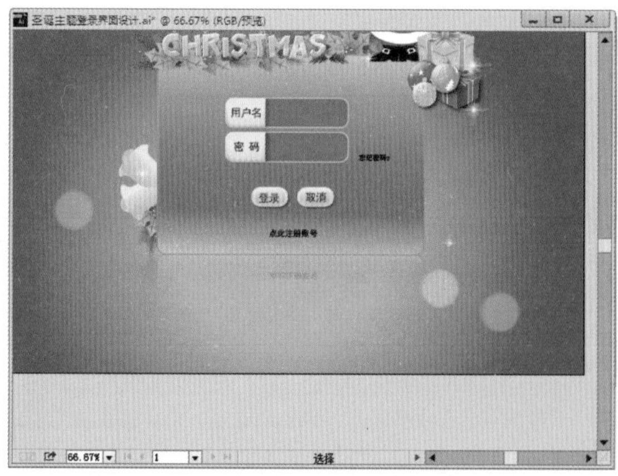

图 9-116

(20) 投影制作完成后，制作前景部分。使用“钢笔工具”绘制形状，如图 9-117 所示。将这个形状复制，贴在前面并调整其颜色为白色，并进行位置的调整。完成前景的制作，效果如图 9-81 所示。本案例制作完成。

图 9-117

9.3 饮品宣传网页设计

9.3.1 设计解析

本案例设计的是一款橙汁饮品的宣传网页，页面内容并不多，所以在布局上采用了非常宽松的以展示图片为主的版式。整体颜色采用了明艳的橙色，与橙汁饮料这一主题非常匹配。受众群体只要看到这个颜色就会联想到橙汁，图 9-118 和图 9-119 所示为优秀设计作品。

图 9-118

图 9-119

9.3.2 制作流程

本案例气泡部分是制作的重点，气泡的制作看似复杂，其实是通过为形状添加渐变得到的。在本案例中，主要使用到了文字工具、渐变工具、效果、置入命令、封套扭曲命令、剪切蒙版等技术。图 9-120 所示为本案例基本制作流程。

图 9-120

9.3.3 案例效果

最终制作的案例效果如图 9-121 所示。

图 9-121

9.3.4 操作精讲

Part 1 制作网页主体部分

(1) 新建一个 800pt×600pt 的空白文档，执行“窗口”→“渐变”命令，在打开的“渐变”面板中设置“类型”为“径向”，“角度”为 −34°，编辑一个橘黄色的渐变，如图 9-122 所示。渐变编辑完成后，单击工具箱中的“矩形工具”按钮，绘制一个与画板等大的矩形，效果如图 9-123 所示。

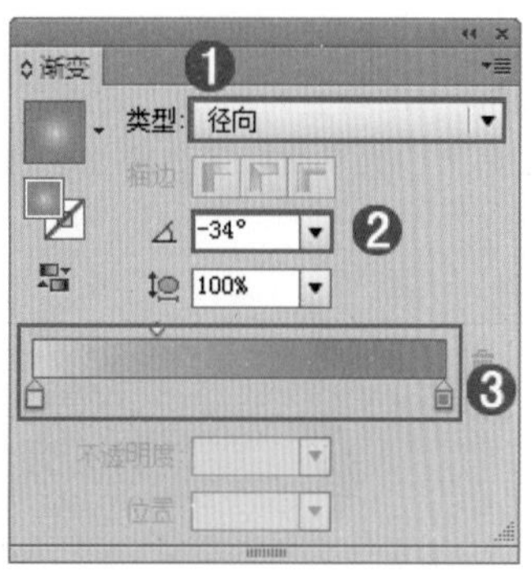

图 9-122

图 9-123

(2) 执行“文件”→“置入”命令，将人像素材“1.png”置入到文件中，并将其移动摆放至合适位置，如图 9-124 所示。制作画面中的波浪部分。使用“钢笔工具”绘制黄色的波浪形状，如图 9-125 所示。

图 9-124

图 9-125

(3) 使用“网格工具”制作波浪的渐变效果。单击工具箱中的“网格工具”，将填色设置为橘黄色，在“浪花”的相应位置进行单击，添加网格点，如图 9-126 所示。继续添加并调整网格点，制作出浪花效果，如图 9-127 所示。

图 9-126

图 9-127

Part 2 制作“浪花”中的气泡

(1) 先制作气泡的轮廓。在“渐变”面板中编辑一个黄色系的“线性”渐变，然后在工作区中使用“椭圆”工具绘制一个椭圆形状。若对渐变效果不满意，可以使用“渐变工具”进行调整，如图 9-128 所示。使用同样的方法制作一个稍小的渐变正圆，效果如图 9-129 所示。

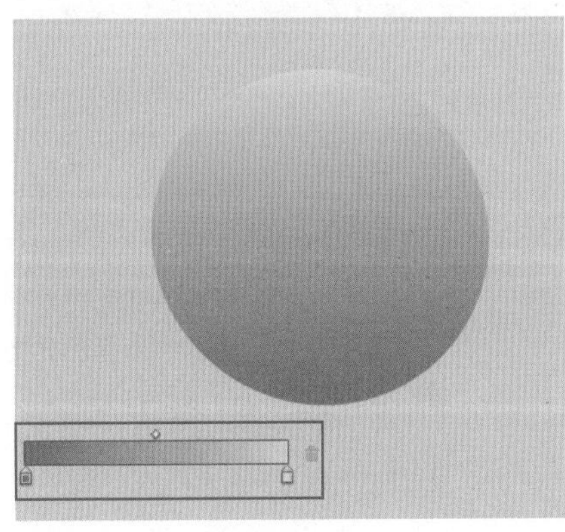

图 9-128

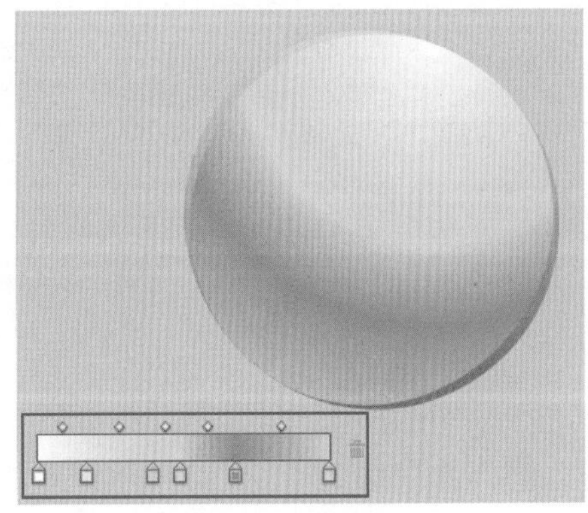

图 9-129

（2）制作气泡上的阴影部分。使用"钢笔工具"绘制形状，如图 9-130 所示。绘制完成后填充一个黄色系"线性"渐变。使用同样的方法制作另一个渐变形状，如图 9-131 所示。

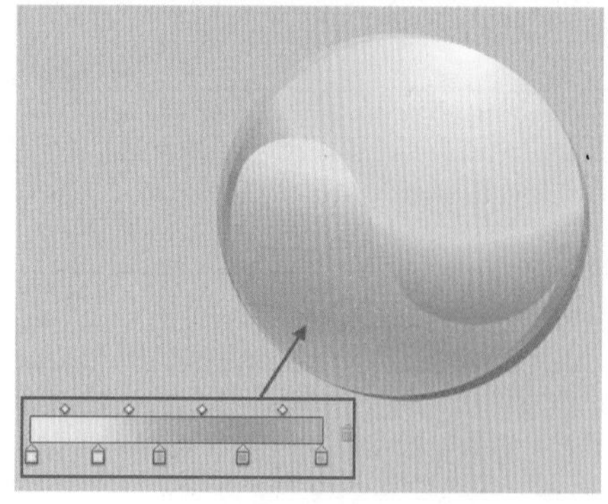

图 9-130

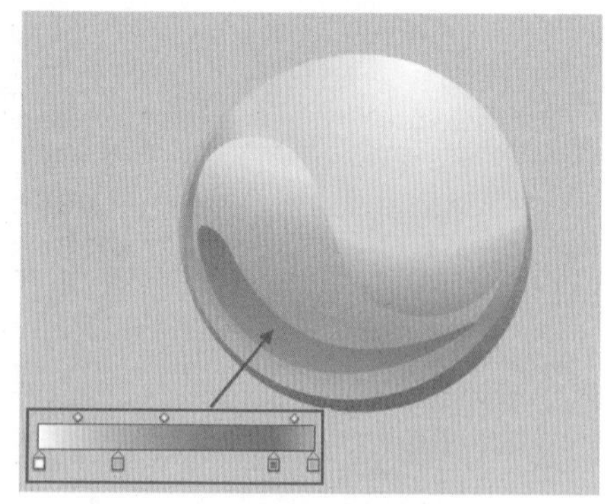

图 9-131

（3）使用"椭圆形状"工具在相应位置绘制两个不同黄色的椭圆形状，作为气泡折射的光斑，如图 9-132 所示。使用同样的方法制作气泡高光的部分，案例效果如图 9-133 所示。

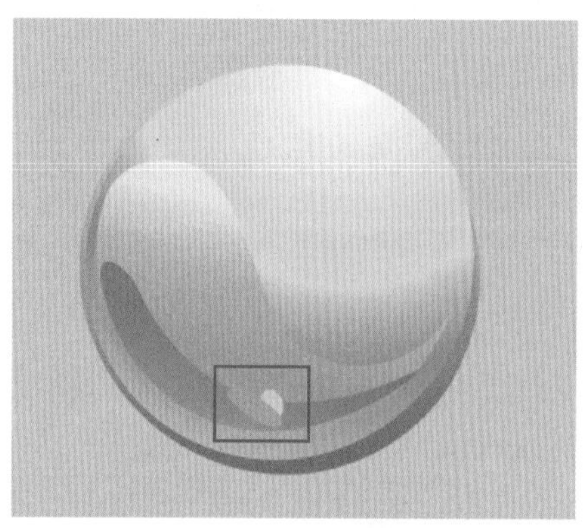

图 9-132

图 9-133

（4）将气泡选中，使用"编组"快捷键 Ctrl + G 将其编组。将编组后的气泡移动到浪花处，选中该气泡，执行"窗口"→"透明度"命令，在"透明度"面板中设置"混合模式"为"正片叠底"，"不透明度"为 80%，此时气泡效果如图 9-134 所示。将气泡不断的复制、缩放、更改"不透明度"和的大小，来制作浪花中的气泡效果，效果如图 9-135 所示。

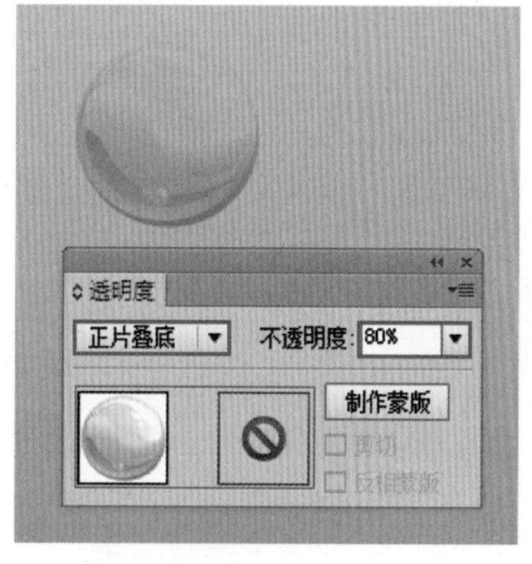

图 9-134

图 9-135

Part 3 制作文字部分

（1）制作标题文字部分。单击工具箱中的"文字工具"按钮 T，设置合适的字体、字号在工作区输入两行点文字，如图 9-136 所示。选择文字，执行“文字”→“创建轮廓”命令，将其“创建轮廓”。填充一个黄色系“线性”渐变，如图 9-137 所示。

图 9-136

图 9-137

(2) 选择文字，执行“对象”→“封套扭曲”→“用变形建立”命令，在弹出的“变形选项”窗口中设置“样式”为“上升”，勾选“水平”，“水平”为 25%，参数设置如图 9-138 所示。设置完成后单击“确定”按钮，文字效果如图 9-139 所示。使用“钢笔工具”绘制用来装饰的形状，并将其旋转、移动到画面的合适位置，如图 9-140 所示。

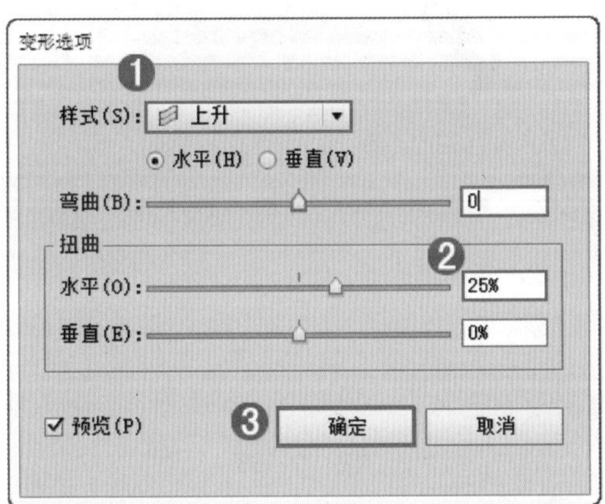

图 9-138

图 9-139

(3) 制作投影效果。选择文字，执行“效果”→“风格化”→“投影”命令，在“投影”窗口中设置“模式”为“正片叠底”，“不透明度”为 75%，“X 位移”为 1.5mm，“Y 位移”为 1.5mm，“模糊”为 0mm，颜色为深橙色，参数设置如图 9-141 所示。设置完成后，单击“确定”按钮，文字效果如图 9-142 所示。

图 9-140

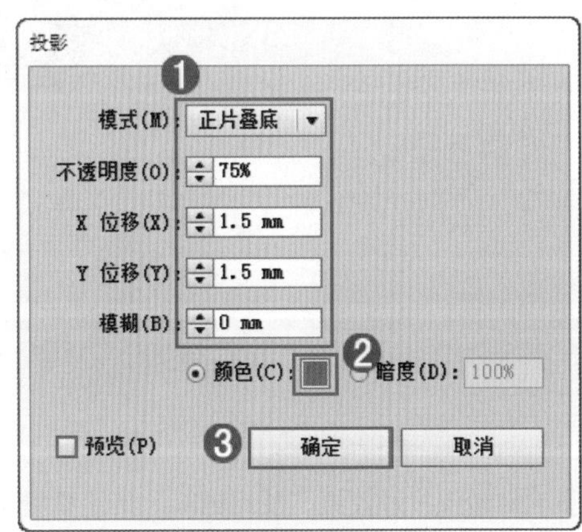

图 9-141

(4) 将填色设置为黄色系渐变，描边颜色为褐色。单击工具箱中的“圆角矩形工具”按钮，在画板中单击鼠标左键，在弹出的“圆角矩形”窗口中设置“宽度”为 30mm，“高度”为 10mm，“圆角半径”为 5.5m，参数设置如图 9-143 所示。将绘制完的圆角矩形移动画面的合适位置，如图 9-144 所示。

图 9-142

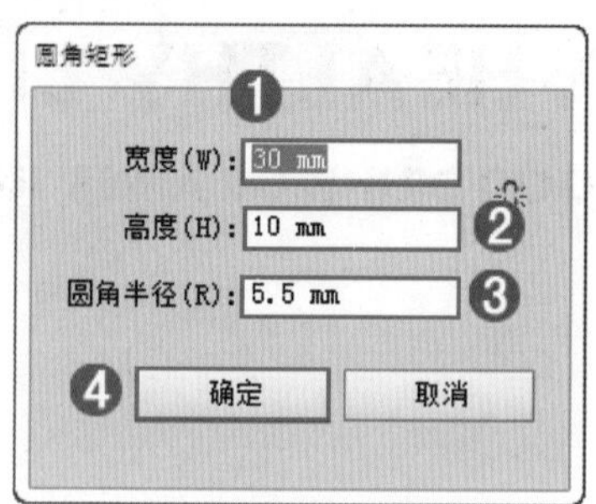

图 9-143

(5) 在画面中输入相应的文字，如图 9-145 所示。

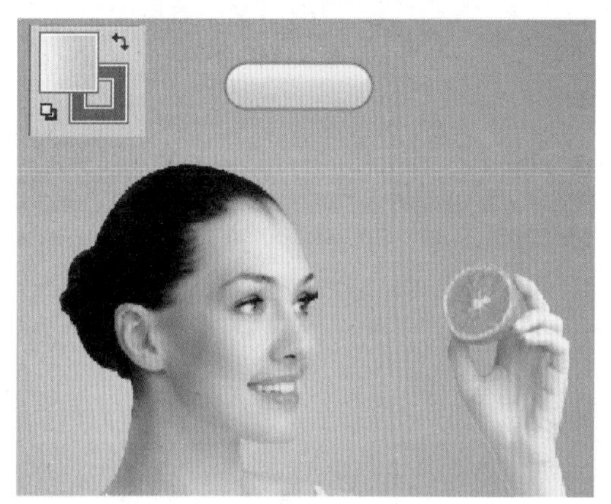

图 9-144

图 9-145

Part 4 制作网页前景部分

(1) 执行“文件”→“置入”命令，将素材“2.png”置入到文件中并移动摆放到合适位置，如图 9-146 所示。

图 9-146

(2) 接下来制作投影效果。使用钢笔工具沿着橙子边缘绘制形状，如图 9-147 所示。选择该形状，执行“效果”→“模糊”→“高斯模糊”命令，在弹出的“高斯模糊”窗口中设置“半径”为 25 像素，画面效果如图 9-148 所示。

图 9-147

图 9-148

(3) 选中橙子,使用"置于顶层"快捷键 Ctrl+Shift+]将橙色置于顶层。画面效果如图 9-149 所示,橙色投影部分制作完。将果汁素材"3.png"置入到文件中,摆放在画面的合适位置,如图 9-121 所示。本案例制作完成。

图 9-149

9.4 简约色块感男装网页

9.4.1 设计解析

本案例是一款男装品牌网站首页设计,男装定位介于商务和时尚之间,所以网站页面的风格并不古板。采用色块分割的方式将页面分割为三个部分,左上角留白区域较大,布置了网页导航以及产品宣传文字,右下方则以图片的形式展现产品特色。图 9-150 和图 9-151 所示为优秀设计作品。

图 9-150

图 9-151

9.4.2 制作流程

本案例首先制作背景部分，背景部分是通过绘制渐变背景，然后添加彩色形状，添加人物素材，添加混合模式让人物素材呈现出偏色的状态。最后制作前景部分。在本案例中主要使用到了文字工具、钢笔工具、椭圆工具、矩形工具，混合模式等技术。图 9-152 所示为本案例基本制作流程。

图 9-152

9.4.3 案例效果

最终制作的案例效果如图 9-153 所示。

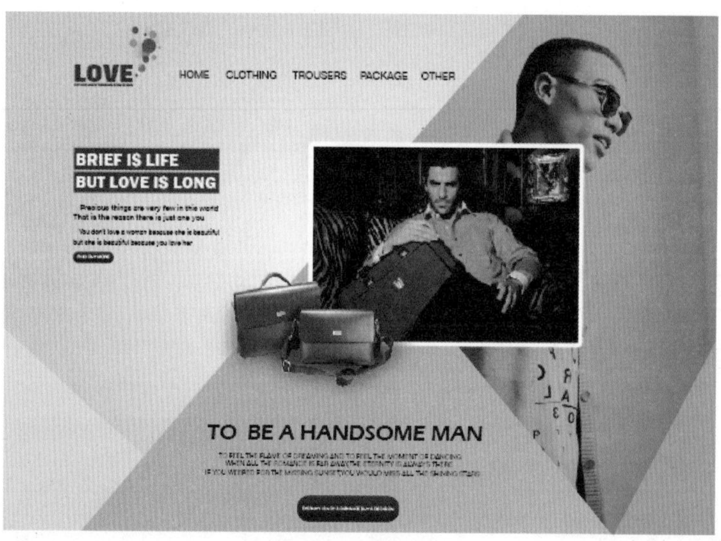

图 9-153

9.4.4 操作精讲

Part 1 制作背景部分

(1) 新建一个 A4 大小的横版文件。执行"窗口"→"渐变"命令，在弹出的"渐变"面板中设置"类型"为"径向"，编辑一个灰色系渐变。并单击渐变色块，如图 9-154 所示。渐变编辑完成后，单击工具箱中的"矩形工具"按钮，绘制一个与画板等大的矩形，如图 9-155 所示。

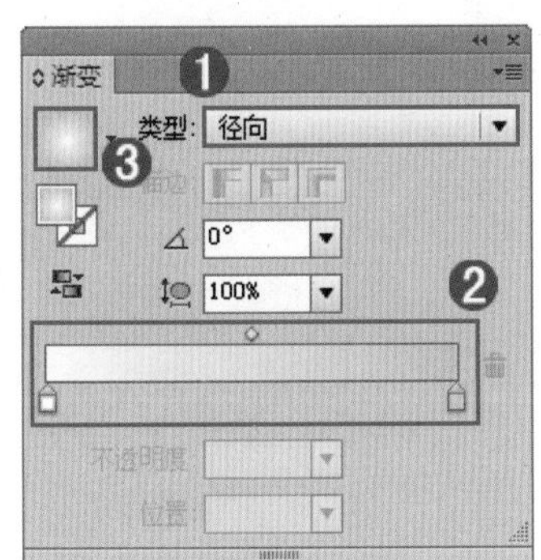

图 9-154

图 9-155

(2) 单击工具箱中的“钢笔工具”按钮，在画板的左下角绘制一个浅灰色的三角形，如图 9-156 所示。继续使用“钢笔工具”绘制其他颜色的三角形，如图 9-157 所示。

图 9-156

图 9-157

(3) 执行“文件”→“置入”命令，将人物素材“1. jpg”置入到文件中，如图 9-158 所示。下面使用“剪切蒙版”将多余的人像素材进行隐藏。使用钢笔工具绘制一个青色形状，如图 9-159 所示。形状绘制完成后，使用快捷键 Ctrl + C 将其进行复制，在下一步操作中需要用到该形状。

图 9-158

图 9-159

(4) 将这个形状和人像同时选中，使用“创建剪切蒙版”快捷键 Ctrl + 7 创建剪切蒙版，此时画面效果如图 9-160 所示。使用快捷键 Ctrl + F 将上一步复制的内容粘贴在前面，如图 9-161 所示。

图 9-160

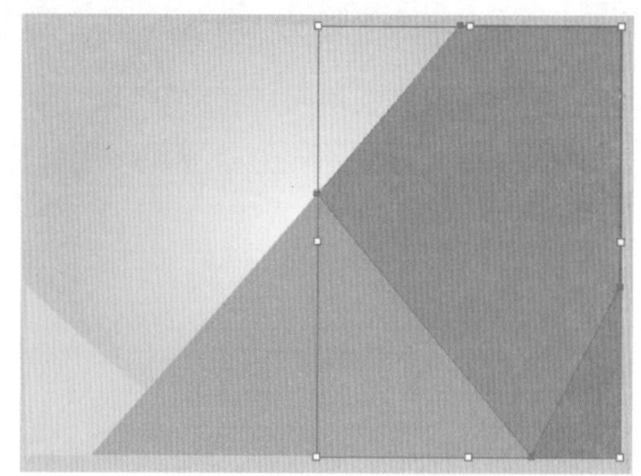
图 9-161

(5) 选择该形状，执行“窗口”→“透明度”命令，在“透明度”窗口中设置“混合模式”为“正片叠底”，“不透明度”为 80%，参数设置如图 9-162 所示，此时画面效果如图 9-163 所示。

图 9-162

图 9-163

Part 2 制作网页 LOGO 及文字

(1) 先制作网页 LOGO。单击工具箱中的“文字工具”按钮 T，设置填充为深灰色，设置合适的字体在工作区输入文字，如图 9-164 所示。使用同样的方法制作另一处点文字，如图 9-165 所示。

图 9-164

图 9-165

(2) 单击工具箱中的“椭圆工具”按钮，将填充设置为红色，在相应位置绘制一个正圆形状。接着在控制栏中设置该圆形的“不透明度”为 85%，如图 9-166 和图 9-167 所示。

图 9-166

图 9-167

(3) 继续使用“椭圆工具”绘制一个绿色的正圆，在控制栏中设置该圆形的“不透明度”为 70%，如图 9-168 所示。使用同样的方法继续绘制其他圆形，效果如图 9-169 所示。LOGO 部分制作完成。

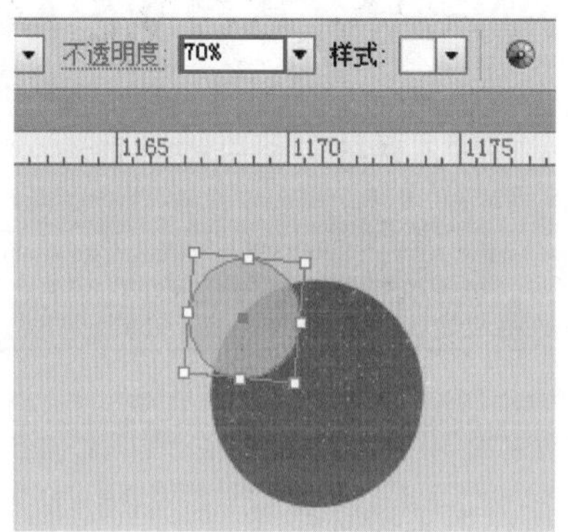

图 9-168

图 9-169

(4) 使用文字工具在画面中输入其他文字，如图 9-170 所示。

图 9-170

Part 3 制作按钮及前景

(1) 在“渐变”面板中编辑一个“类型”为“线性”的渐变，如图 9-171 所示。单击工具箱中的“圆角矩形工具”按钮，在画面中单击鼠标左键，在弹出的“圆角矩形”窗口中设置“宽度”为 45mm，“高度”为 10mm，“圆角半径”为 6mm，参数设置如图 9-172 所示。设置完成后单击“确定”按钮，圆角矩形绘制完成。

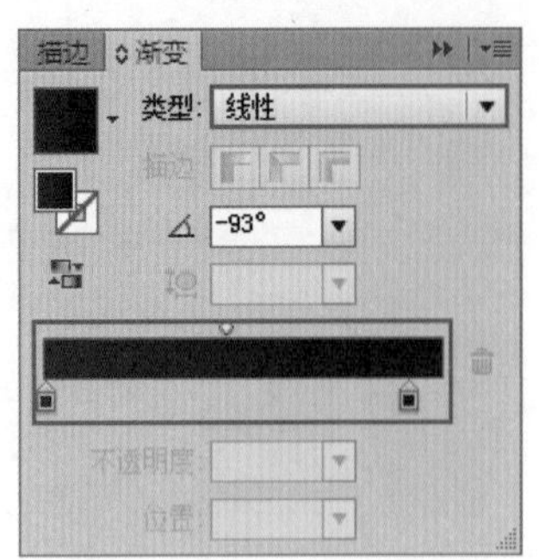

图 9-171

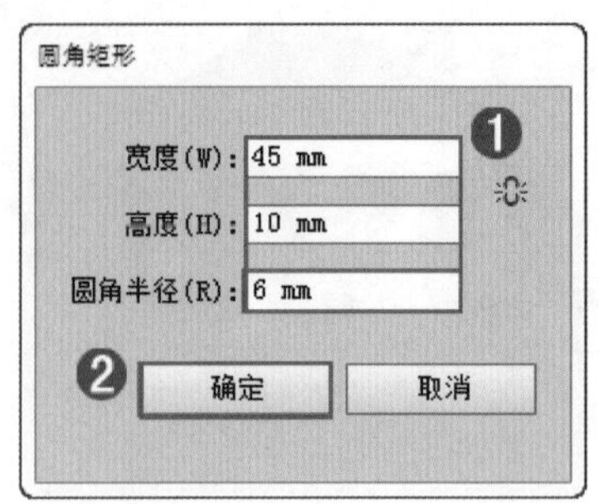

图 9-172

（2）圆角矩形绘制完成后将其移动至画面合适位置，如图 9-173 所示。使用“文字工具”在圆角矩形上方输入相应文字，如图 9-174 所示。

图 9-173

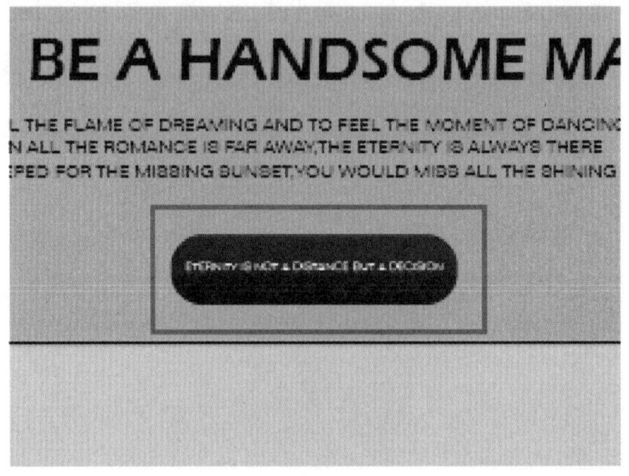

图 9-174

（3）将圆角矩形和文字同时选择，使用编组快捷键 Ctrl + G 将其进行编组。按钮制作完成。使用同样的方法制作另一处按钮，如图 9-175 所示。

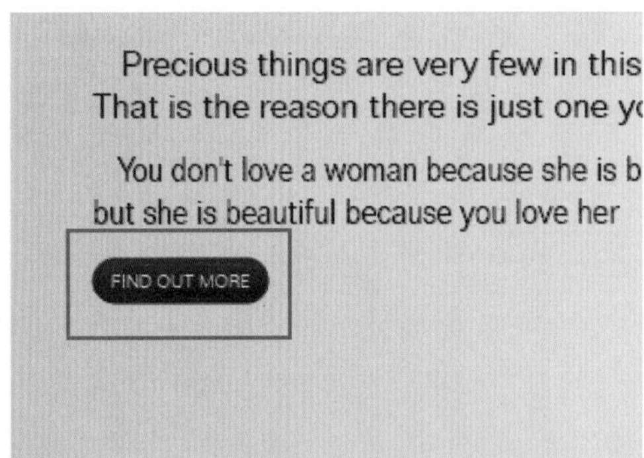

图 9-175

（4）使用“圆角矩形”工具在画面中绘制一个白色的圆角矩形，如图 9-176 所示。将人物素材“2. jpg”置入到文件中放置在白色圆角矩形的上方，如图 9-177 所示。

（5）执行“文件”→“置入”命令，将男包素材“3. jpg”置入到文件中，如图 9-178 所示。下面制作男包的投影效果。选择男包执行“效果”→“风格化”→“投影”命令，在弹出的“投影”窗口中设置“模式”为“正片叠底”，“不透明度”为 80%，“X 位移”为 1.5mm，“Y 位移”为 1.5mm，“颜色”为黑色，参数设置如图 9-179 所示。设置完成后单击“确定”按钮，投影效果如图 9-153 所示。本案例制作完成。

图 9-176

图 9-177

图 9-178

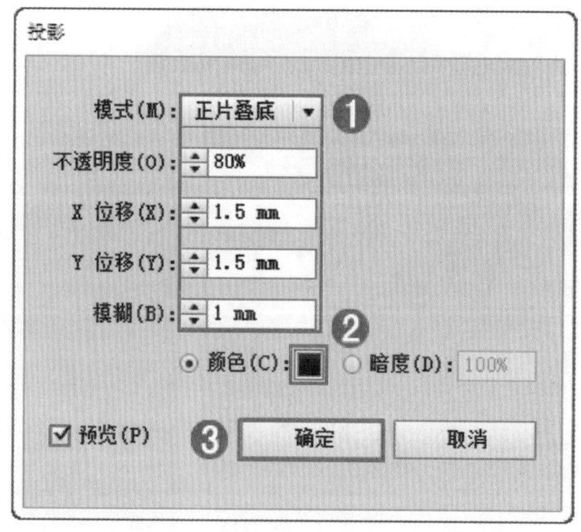

图 9-179

9.5 灵感补给站

参考优秀设计案例，启发设计灵感，如图 9-180 所示。

图 9-180

STYLISH FAMILYSHIP

PI'S EPIC JOURNEY
CREATING THE UNFORGETTABLE
LIFE OF PI

In the whirl of fantastic ideas

BEURRE & SEL
Sophisticated Cookies,
Simple Happiness.

MAKERS
EVOLUTION
HAPPENINGS
VISION

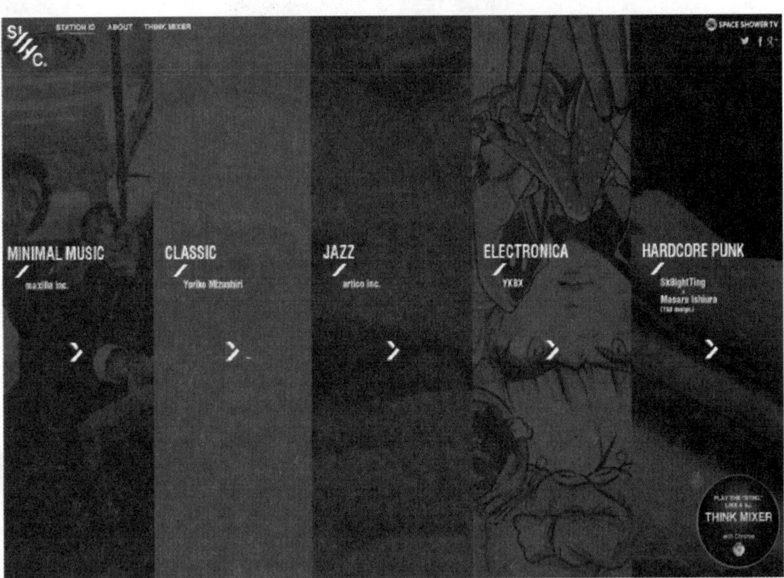
STATION ID
ABOUT
THINK MIXER
SPACE SHOWER TV
MINIMAL MUSIC
CLASSIC
JAZZ
ELECTRONICA
HARDCORE PUNK
THINK MIXER

10:17
10:18
10:19
10:20
10:21
10:22
ADD

图 9-180（续）

WNETRZE
SILNIK
STYLISTYKA
WEZ UDZIAŁ
W KONKURSIE
NOWA SKODA
Yeti
DOŁACZ
DO NASZEJ
WYPRAWY

Restaurant
Reservation
드라마틱한 즐거움이 펼쳐지는 레스토랑 h로
Open 11/24,25
NOVEMBER 24
메뉴 주문하기
Play hoppin, Have fun

图 9-180(续)

第10章

海报设计

- **课题概述**

海报设计是一种视觉冲击力极强的平面设计类型，它具有视觉效果强、信息传播性强等特点。海报作为平面设计范畴内的一个重要部分，海报的独特宣传魅力从遥远的古代就被发觉出来，直至网络、电视、广播等新媒体盛行的今天也无法取代海报在平面设计中的地位。在本章首先认识一下什么是海报，熟悉海报的分类、特点和设计法则。只有掌握了这些基础知识，才能更好地理解海报设计的精髓。

- **教学目标**

通过本章节的学习，了解海报设计的基本知识；掌握海报设计制作的常见流程，并且通过海报设计案例的学习实践，进而能够独立进行海报的设计制作。

10.1 认识海报设计

海报是应用最为广泛的广告形式。虽然科技在发展，思维在进步，不同的观念、理论、传播手段在不断地涌现，但是海报始终无法被代替，在广告界仍占有一席之地。

10.1.1 海报概述

“海报”一词最早起源于上海。早年的上海通常将职业性的戏剧演出称为“海”，称职业戏剧表演为“下海”。所以作为宣传演出信息的张贴物便称为“海报”。演变至今，海报的范围已不仅仅是职业性戏剧演出的专用张贴物了，现如今“海报”又称为“招贴”、“宣传画”。“海报”是用来悬挂或张贴在公共场合的印刷品，如图 10-1～图 10-4 所示。

图 10-1

图 10-2

图 10-3

图 10-4

海报常分布于各种商场、街道、影(剧)院、机场、车站、码头、公园等公共场所，也正是因为海报常出现在这些空间，而这些空间中的观者基本以强流动性为特性，并不会长久的欣赏海报，所以海报也可以说是一种“瞬间的艺术”，为了在极短的时间内捕捉观者的眼睛，并为其留下深刻的印象，设计师就需要对图片、文字、色彩、空间等要素进行完美的结合，在第一时间内将人们的目光吸引住，并获得瞬间的刺激，如图 10-5 和图 10-6 所示。

图 10-5

图 10-6

10.1.2 海报的特点

海报作为瞬间艺术，通常应用在户外。在信息大爆炸的今天，海报不仅要准确、直观的表达出所要传递的信息，还要以独到的艺术效果和思想内涵去吸引观者注意。相对于卡片传单等广告手段，海报具有面积大、远视强、艺术性高三个特点。图 10-7 和图 10-8 所示为优秀的海报设计作品。

图 10-7

图 10-8

1. 面积大

放置在户外的海报尺寸够大才能够吸引人的注意。通常这类海报会以通俗易懂的文字和图形，鲜明的视觉形象、引人注目的文案来吸引人的关注，使人能够迅速理解海报的目的，从而达到传递信息的作用，如图 10-9 和图 10-10 所示。

图 10-9

图 10-10

2. 远视强

海报除了面积大的特点还应该具有远视强的特点。在设计海报时，应该以简练的图形，鲜明的色彩，突出的标题和大面积的留白来引起观者的注意，让海报在很远的地方就能吸引人的注意，并传递信息，如图 10-11 和图 10-12 所示。

图 10-11

图 10-12

3. 艺术性

好的海报设计不仅需要充分、快速的表达信息，还必须以独特的角度和创意手法将信息传达出去。海报的艺术性，既要符合潮流，还要符合审美，更要贴近现代人的生活。艺术源于生活，若想要创作出好的艺术作品，这就需要设计师从生活出发，热爱生活、发现生活，通过敏锐的洞察力去观察生活中的各种细微之处，并将其以艺术的手法表达出来，如图 10-13 所示。

图 10-13

10.1.3 海报的类型

随着社会的进步，海报的分类也越加细化，针对不同行业、不同目的，可以将海报大致分为四类，分别是商业海报、文化海报、电影海报和公益海报。

1. 商业海报

商业海报是商家以宣传为目的的海报设计，是指宣传商品或商业服务的商业广告性海报。大致分为商品展示型、商标展示型、商品特写型、不良后果型、环境烘托型、插画手法型、情趣意境型、画面反常型、戏剧场面型、标题图示型、成分原料型、功能示范型、电脑表现型、剖视透视型、采用比喻型、故事型、文化底蕴型和超然想象型，每一种类型都有各自的特点，类型与类型之间的关系也是很密切的，如图 10-14 所示。

图 10-14

戏剧场面型	标题图示型	成分原料型	功能示范型
电脑表现型	剖视透视型	采用比喻型	故事型
文化底蕴型	超然想象型		

图 10-14（续）

2. 文化海报

文化海报是指各种社会文娱活动及各类展览的宣传海报。文化活动的种类很多，不同的文化活动都有它各自的特点，设计师需要了解活动的内容才能运用恰当的方法表现其内容和风格。图 10-15 和图 10-16 所示分别为运动会、足球赛的宣传海报。

图 10-15

图 10-16

3. 电影海报

电影海报主要的作用是用来宣传电影、吸引观众、刺激票房。在电影海报中，通常会公布电影的名称、时间、地点、演员和内容。并配上与电影内容相关的画面，还会将电影的主演加入进来，以扩大宣传力度。图 10-17 和图 10-18 所示为优秀电影海报。

图 10-17

图 10-18

4. 公益海报

公益海报是从社会公益的角度出发，去传递一种社会正能量，这类海报通常不以营利为目的。公益海报通常带有一定的思想性，如环保、反腐倡廉、奉献爱心、保护动物、反对暴力等。图 10-19 和图 10-20 所示分别为以"全球变暖"和"二手烟影响儿童"为主题的公益海报。

图 10-19

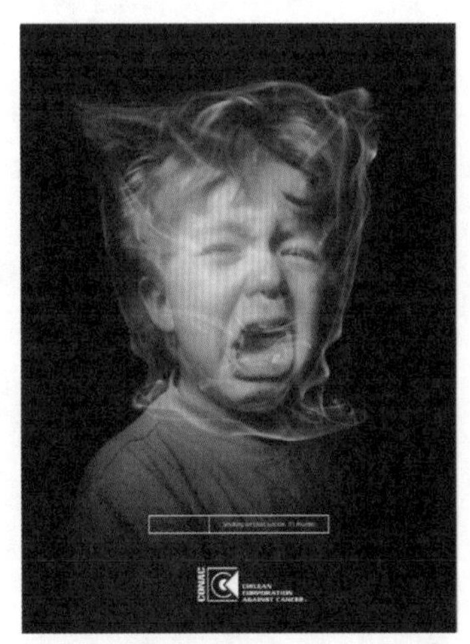

图 10-20

10.1.4 海报的构成要素

海报源于早期人们对消息或产品的宣传，虽然，随着社会的发展，科技的发达，宣传手法也从简单的文字图像发展到现在的电视广告等多种更形象生动的方式，但海报的宣传力量也仍是不容忽视的。海报作为一种无声的艺术语言，它用最基本的几种元素构成并表达了深刻的思想内涵。这几种元素分别是：创意、色彩、图形和文字。

1. 创意

在海报设计的过程中，画面并不是通过简单的拼凑构成，而是要求设计师以独特的思维去开拓新的领域，从不同的来源中获得创意灵感。当然创意灵感也并非随手拿来就可以，在制作海报之前首先要确定设计这幅海报的目的是什么，海报的目标受众群是什么样的群体以及他们通常的接收方式，对比同类海报的优劣，取其优点并进一步发掘此次设计的创意点到底在哪里，以什么样的手段将创意与产品有机的融合，最后将这些创意理念转换为图像的形式。如图 10-21 所示画面中，将倾倒出的啤酒制作成小熊冲浪的图形，表达了活力与健康。如图 10-22 所示的被劈开的酒桶露出了雪白的椰肉，与画面中右下角的商品相互呼应。

图 10-21

图 10-22

2. 色彩

图案和文字都脱离不了色彩的表现，色彩由色相、明度、纯度三个元素组合而成。在对海报进行配色时，应该根据创意动机、受众目标和张贴环境来考虑色彩的应用。图 10-23 所示为一款冲调类饮品的广告，大面积的草绿色点缀些许黄色，给人以自然清新之感，而这种感觉往往会从视觉逐渐过渡到味觉，酸酸的清新口感是不是已经出现了呢？如图 10-24 所示的饮品广告，采用的是暗调的棕红色，与咖啡色、白色相搭配，调和出的则是一种浓郁的香甜口感。

图 10-23

图 10-24

3. 图形

图形是海报设计的主要构成要素，它能够形象的表现广告主题和广告创意，是主要吸引观者目光的重点。海报中的图形不仅指方形、圆形这些简单的几何图形，还有其他的很多种类型，如摄影型、创意型、装饰型、混合型、细腻性和新锐型，不同的图形类型都有不同的优点。在海报设计中，图形设计不是简单的拼凑，而是要求设计师以独特的思维去开拓新的图形领域，从不同的来源中获得灵感，如图 10-25 和图 10-26 所示。

图 10-25

图 10-26

4. 文字

文字作为一种重要的信息交流手段，是传达海报主题、抒发感情的最重要的表达元素。文字在海报设计中占有举足轻重的地位，是理性与感性兼具的设计创作。通常在海报设计中会根据海报的需要将文字做图形化的处理，使之具有艺术化的效果。如图 10-27 所示的海报中将文字处理成连贯的线条，模拟出一种流淌的液体效果。如图 10-28 所示的文字则镶嵌在天空中悬挂的柔软抱枕中，与底部物体相映成趣。

图 10-27

图 10-28

10.1.5 海报设计的法则

发展至今日，海报的表现形式早已不再刻板守旧，而是种类多样、题材广泛，在进行设计制作时没有过多的限制。也正是因为如此，想要设计出一幅别具一格的海报作品才让人觉得更加困难。如果您正陷入了设计的“僵局”，那么不妨温习一下海报设计的几点法则。

1. 简洁明确

海报是瞬间艺术，需要在一瞬间，一定距离之外将其看清楚。在设计时，需要去繁就简，这样才能突出重点，简洁明确。如图 10-29 所示的该画面中，只有三个元素，商品 LOGO、商品和广告语，简单的画面方便观者记忆。如图 10-30 所示，在该画面中，梨子穿着“毛衣”象征着该水果受到很好的保护。好的创意和简洁的画面令人印象深刻。

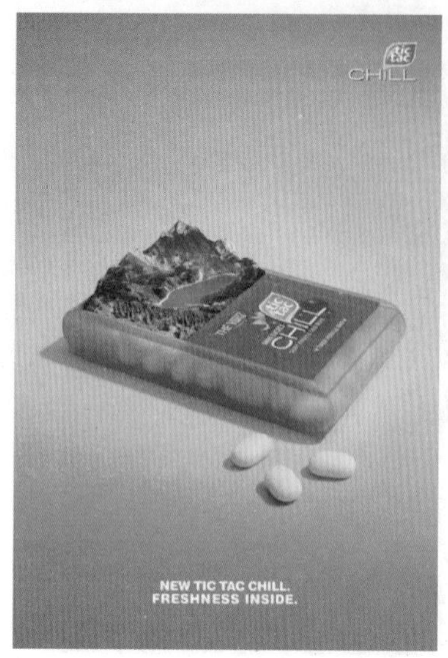

图 10-29

图 10-30

2. 紧扣主题

只有清晰、明确的表达出海报的主题，这幅海报才有存在有意义。在海报设计时，应从海报的主题出发，明确主题思想，才能创作出紧扣主题的作品。如图 10-31 所示的这幅海报中，通过蓝色调的配色向观者传递出啤酒清凉、冰爽的特点。如图 10-32 所示的红色的色调和画面中的辣椒相呼应，这就突出商品的口味，紧扣主题。

图 10-31

图 10-32

3. 艺术创意

艺术创意是海报设计中的一种重要表达手段，是将一种再平常不过的事物以其他人想象不到的方法表达出来。好的广告创意，可以引发人的深思，为人留下深刻的印象，像一壶陈年佳酿，回味绵长。如图 10-33 所示，在这幅公益海报中，微睁的眼睛象征着疲劳驾驶，在上眼皮和下眼睑的位置分别绘有车辆，这不禁让人联想到眼睛只要闭上就会有车祸发生，借此来警醒人们不要疲劳驾驶。如图 10-34 所示，画面中，从牛奶盒子倒出的牛奶被形象地比作了正在跳水的人物，这幅海报借此来表达，喝牛奶可以增加身体活力。如图 10-35 所示的这幅海报中，将女人制作成蜘蛛的造型，八条腿上都穿着丝袜，突出了喜爱这个品牌丝袜的主题。

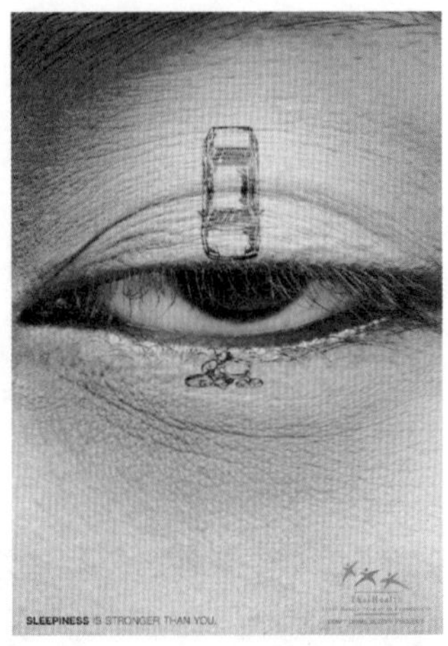

图 10-33

图 10-34

图 10-35

10.2 活动宣传海报

10.2.1 设计解析

本案例制作的是一款活动宣传海报，海报的目的是吸引人参与活动，所以首先需要吸引人的眼球，并让观者迅速了解活动内容。基于此，海报选择了较少的层次，以密集的斑点背景，夸张的人像作为中景，白色矩形为衬底的粉色文字作为前景。前背景之间明度差异非常大，所以即使背景再复杂也不会影响到前景文字的展示。图 10-36 和图 10-37 所示为优秀的海报设计作品。

图 10-36

图 10-37

10.2.2 制作流程

本案例主要制作装饰用的形状，制作的方法是绘制正圆后填充渐变颜色，并将其新建为"符号"，喷枪工具将符号绘制到画面中，利用符号喷枪工具组中的工具调整符号的位置、大小、密度等。最后输入文字，完成案例的制作。在本案例中主要使用到了文字工具、矩形工具、渐变工具、喷枪工具、符号缩放器工具、符号缩放器工具、符号缩放器工具、符号紧缩器工具等技术进行制作。图 10-38 所示为本案例的基本制作流程。

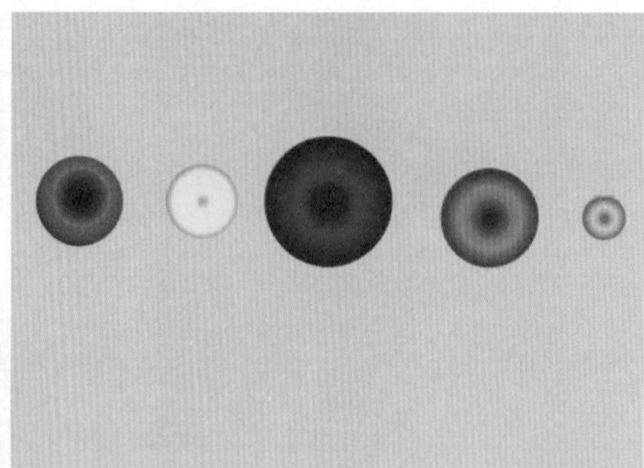

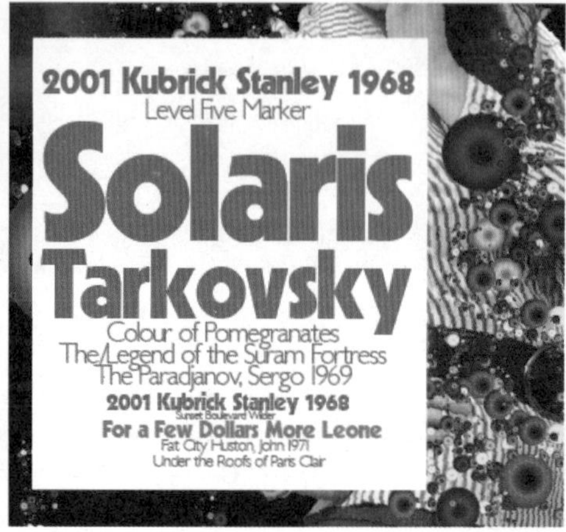

图 10-38

10.2.3 案例效果

最终制作的案例效果如图 10-39 所示。

图 10-39

10.2.4 操作精讲

Part 1 制作背景部分

(1) 执行“文件”→“新建”命令，新建一个 A4 大小的新文件，如图 10-40 所示。单击工具箱中的“矩形工具”按钮，设置“填充”为黑色，绘制一个与页面等大的矩形，如图 10-41 所示。

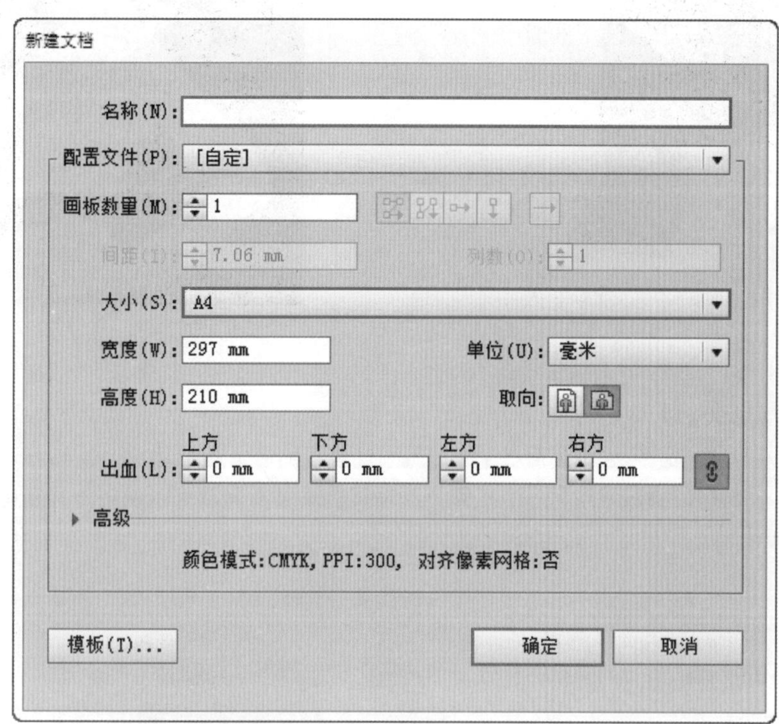

图 10-40

(2) 执行“文件”→“置入”命令，将人物素材置入到文件中，如图 10-42 所示。选择黑色矩形，使用快捷键 Ctrl + C 将其复制，使用 Ctrl + F 组合键将其粘贴在人物的前面，如图 10-43 所示。

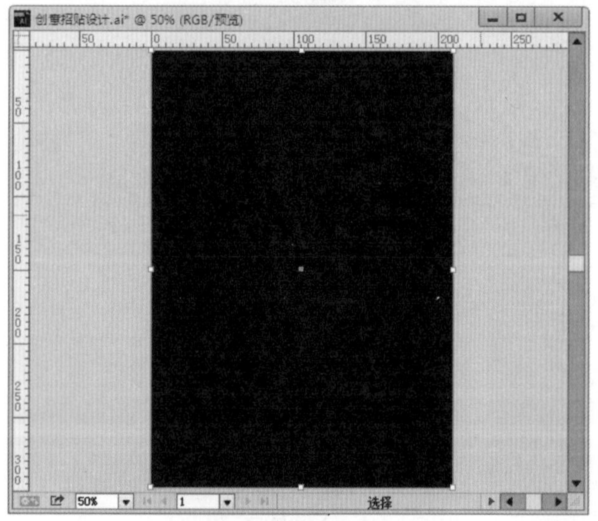

图 10-41

图 10-42

(3) 将其与人物同时选中，执行“对象”→“剪切蒙版”→“建立”命令，建立剪切蒙版，画面效果如图 10-44 所示。

图 10-43

图 10-44

Part 2 制作圆形装饰

(1) 执行“窗口”→“渐变”命令，在渐变面板中编辑一个红色系的径向渐变，如图 10-45 所示。单击工具箱中的“椭圆工具”按钮，在画板以外区域绘制一个正圆。若对渐变效果不满意可以使用工具箱中的“渐变工具”进行调整，如图 10-46 所示。

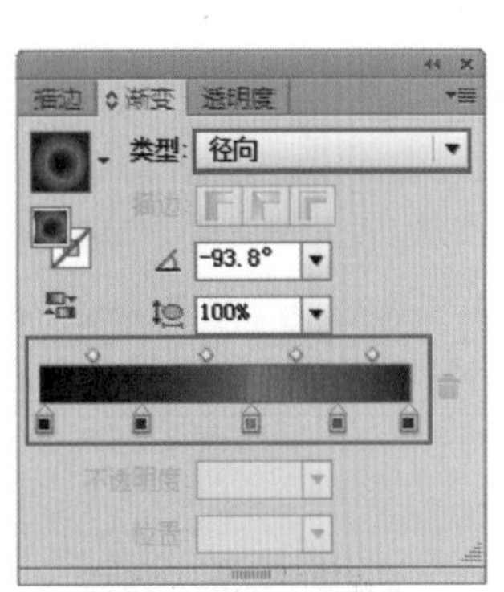

图 10-45

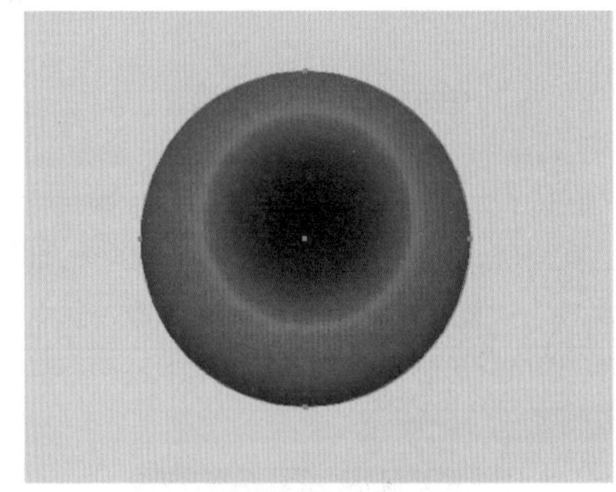

图 10-46

(2) 继续制作其他颜色的渐变圆形，如图 10-47 所示。

(3) 缩放正圆。选择一个正圆，执行“窗口”→“变换”命令，在变换窗口中设置“宽”为 2mm，“高”为 2mm，如图 10-48 所示。正圆大小如图 10-49 所示。

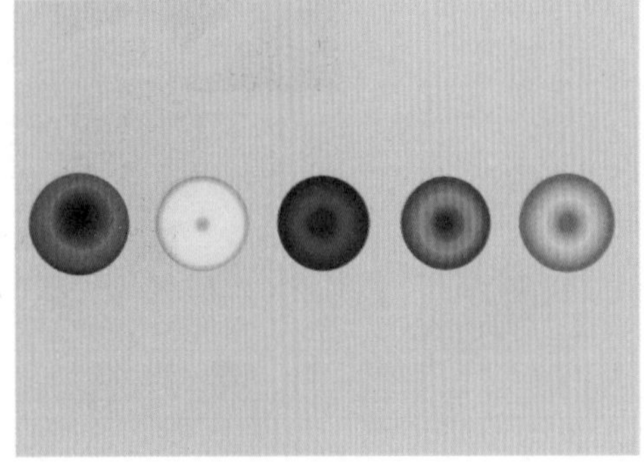

图 10-47

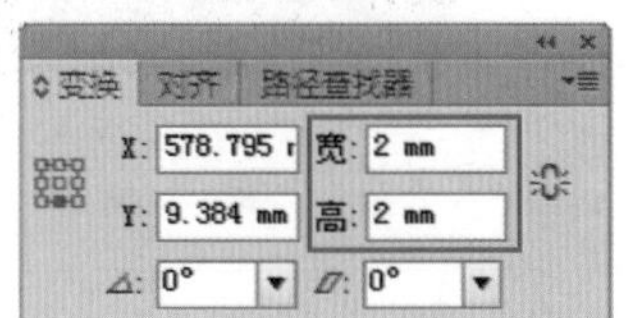

图 10-48

(4) 参照刚刚缩放的正圆大小缩放其他正圆，如图 10-50 所示。

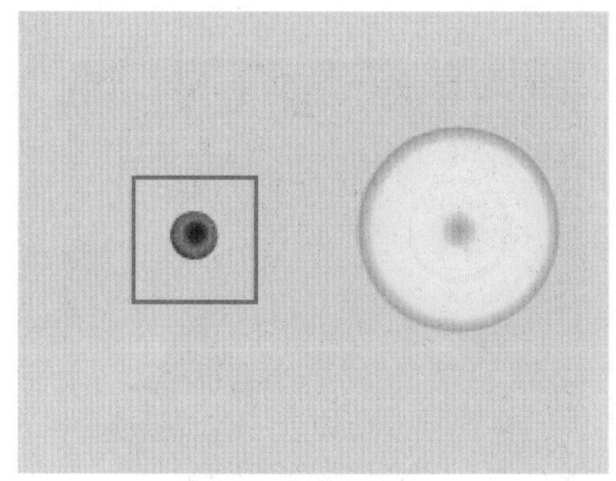

图 10-49

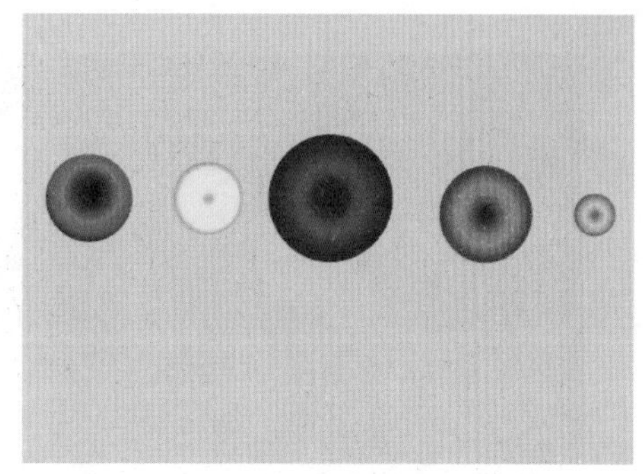

图 10-50

(5) 通过符号来制作大面积的圆形装饰。执行“窗口”→“符号”命令，打开“符号”窗口。选择某一个正圆将其拖曳至“符号”窗口，新建符号，如图 10-51 所示。使用同样的方法将其他的正圆制作成符号，如图 10-52 所示。

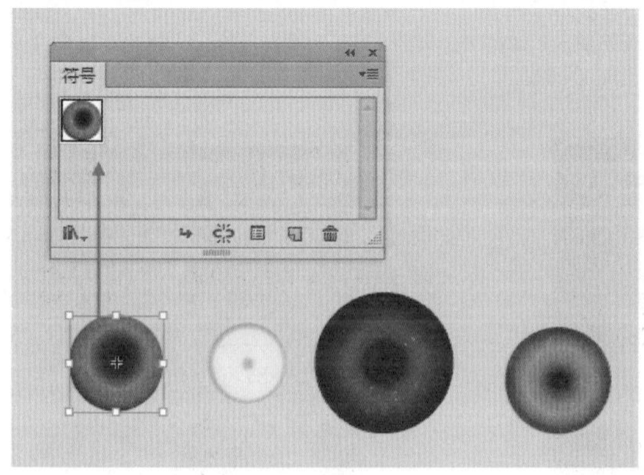

图 10-51

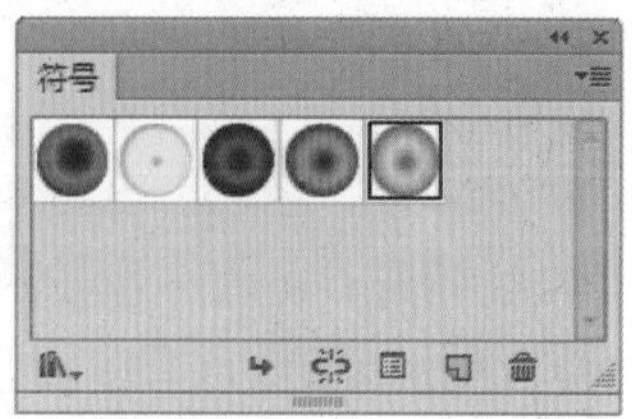

图 10-52

(6) 单击工具箱中的“喷枪工具”按钮，选择刚刚新建的符号，在画面相应位置进行绘制，如图 10-53 所示。此时可以发现绘制的符号特别小，需要使用“符号缩放器工具”对其进行放大。单击双击工具箱中的“符号缩放器工具”按钮，在弹出的“符号工具选项”窗口中设置“直径”为 10mm，设置完成后，单击“确定”按钮，如图 10-54 所示。

图 10-53

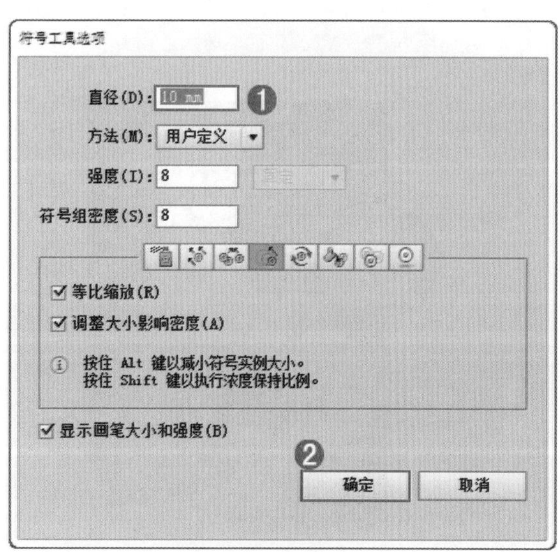

图 10-54

(7) 使用“符号缩放器工具”在相应的符号上单击将符号进行放大，如图 10-55 所示。继续调整符号的大小，如图 10-56 所示。

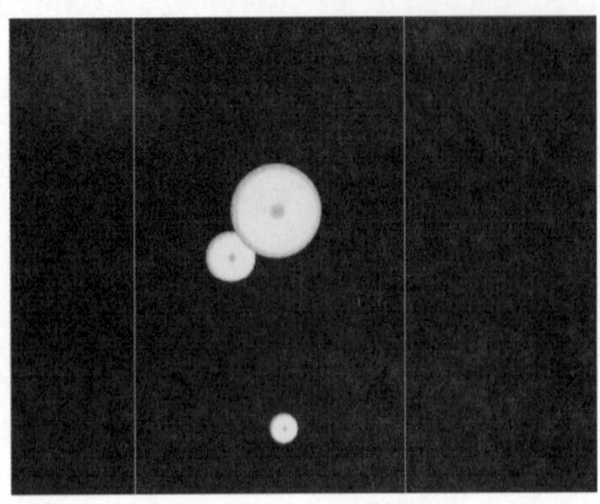

图 10-55

图 10-56

(8) 使用“符号喷枪工具”进行绘制，并配合“符号缩放器工具”、“符号紧缩器工具”和“符号位移器工具”调整符号，如图 10-57 所示。继续大面积的进行绘制，人物背景绘制完成后，选择人物素材，执行“对象”→“排列”→“置于顶层”命令，将人物置于顶层如图 10-58 所示。

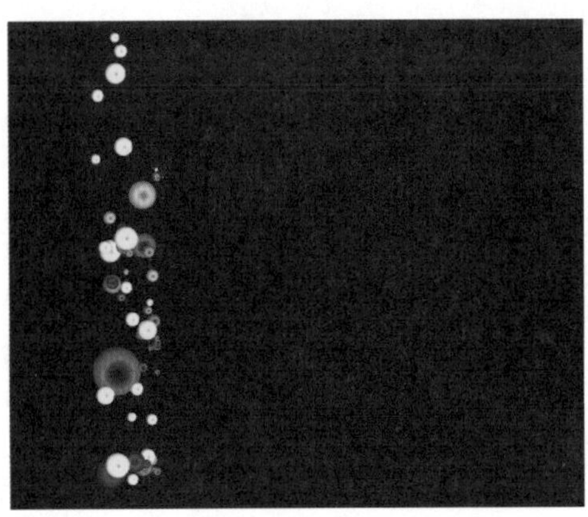

图 10-57

图 10-58

(9) 背景处的圆形装饰绘制完成后。使用同样的方法绘制前景中的圆形装饰。案例效果如图 10-59 所示。使用“矩形工具”绘制一个与页面等大的矩形，将黑色背景以外的内容选择，使用“剪切蒙版”快捷键 Ctrl + 7 建立剪切蒙版。画面效果如图 10-60 所示。

图 10-59

图 10-60

Part 3 制作文字部分

(1) 使用“矩形工具”绘制一个白色矩形，如图 10-61 所示。单击工具箱中的“文字工具”按钮T，设置“填充”为粉色，“描边”为“无”，设置合适的字体，字号为 40pt，设置完成后，在画面相应位置输入点文字，如图 10-62 所示。

图 10-61

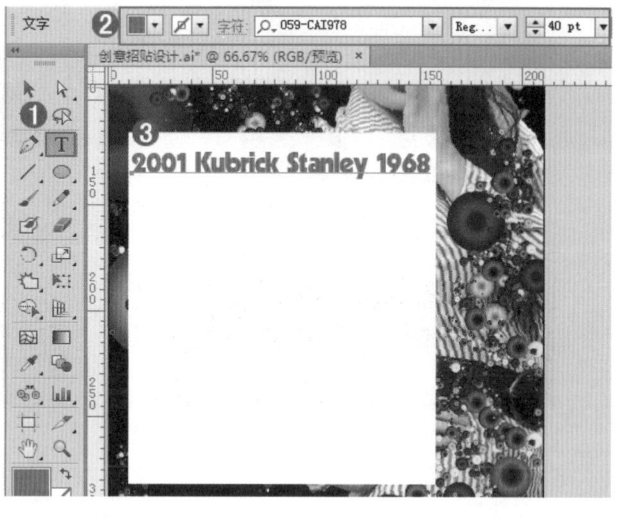

图 10-62

(2) 使用同样的方法继续输入其他文字，如图 10-63 所示。将白色矩形和文字部分选中，旋转适当的角度，完成本案例的制作，如图 10-39 所示。

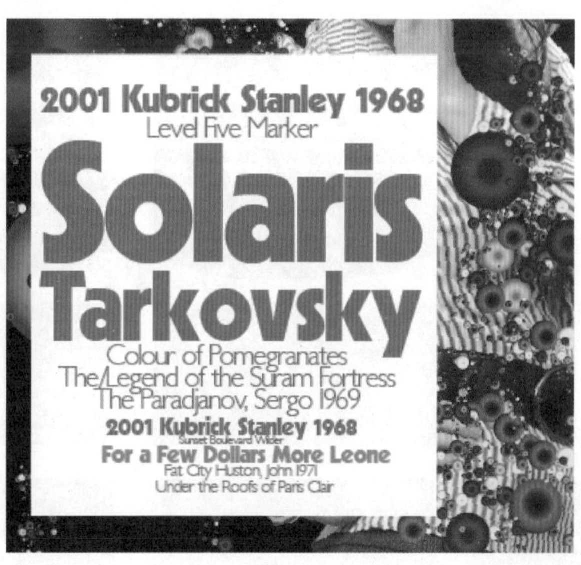

图 10-63

10.3 地产海报设计

10.3.1 设计解析

地产类的海报通常讲求恢宏、大气，本案例的受众群为中青年人群，在使用了较为沉稳的暗蓝色为背景色的同时，前景中添加大量照片素材，并点缀七彩效果的元素。需要注意的是这些七彩元素使用的颜色需要保持一致，否则容易产生混乱之感。图 10-64 和图 10-65 所示为优秀的海报设计作品。

图 10-64

图 10-65

10.3.2 制作流程

在本案例中利用钢笔工具绘制形状，利用剪切蒙版制作前景装饰，使用文字工具输入文字。在本案例中主要使用到了文字工具、剪切蒙版、钢笔工具、矩形工具、“投影”效果等技术进行制作。图 10-66 所示为本案例的基本制作流程。

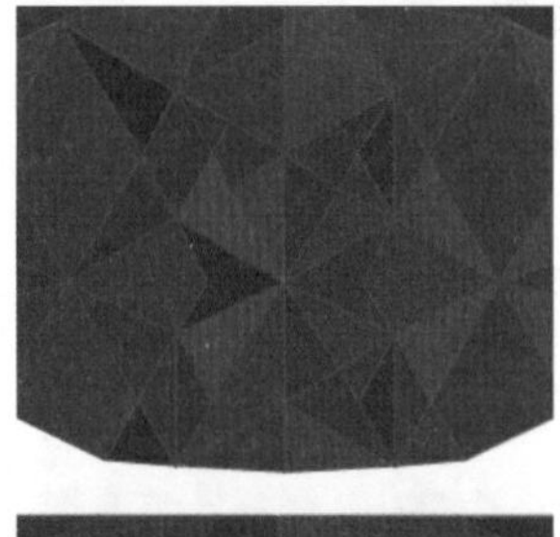

图 10-66

10.3.3 案例效果

最终制作的案例效果如图 10-67 所示。

图 10-67

10.3.4 操作精讲

(1) 执行“文件”→“新建”命令，如图 10-68 所示。新建一个 A4 大小的文件，如图 10-69 所示。

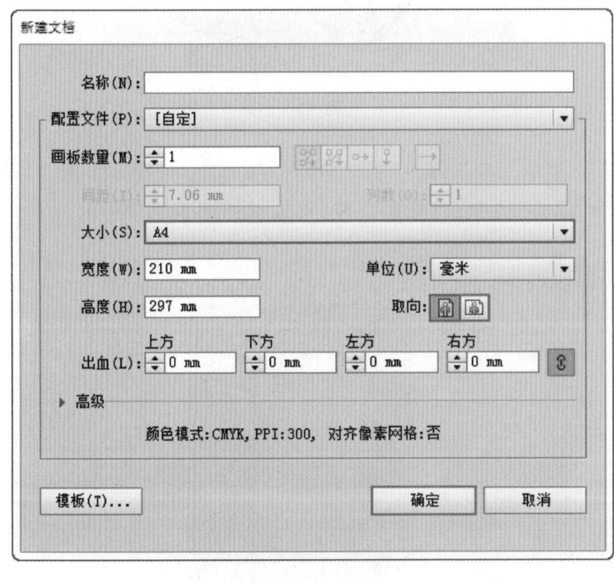

图 10-68

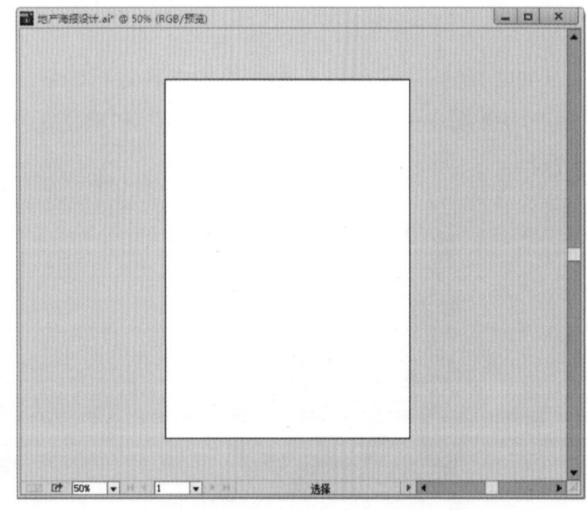

图 10-69

(2) 接下来制作背景部分。选择工具箱中的“钢笔工具”，设置填充为深蓝色，描边为同色系的蓝色，在画面中进行绘制，如图 10-70 所示。继续在画布中进行绘制，绘制的时候适当更改填充颜色，如图 10-71 所示。

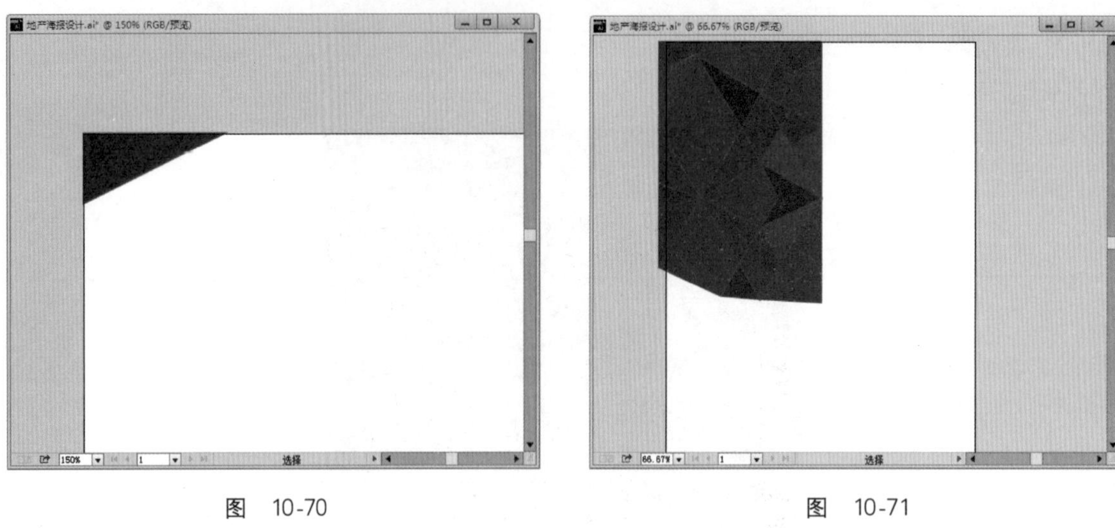

图 10-70　　图 10-71

(3) 将绘制的形状选中，使用“编组”快捷键 Ctrl + G 将其进行编组。将其复制并移动到右侧，如图 10-72 和图 10-73 所示。

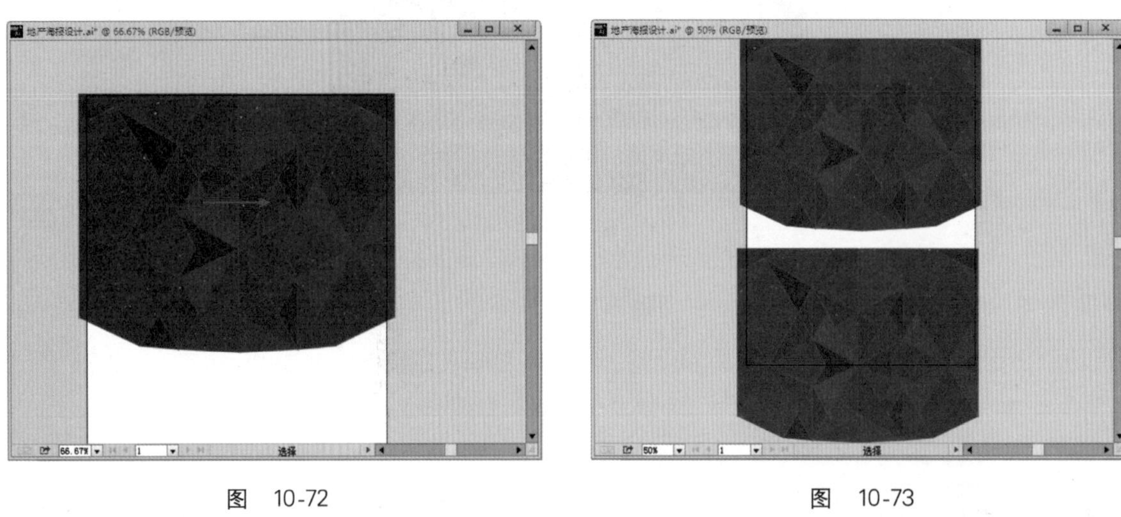

图 10-72　　图 10-73

(4) 利用剪切蒙版将多出版面的内容进行隐藏。使用“矩形工具”绘制一个与画板等大的矩形，如图 10-74 所示。将画面中的内容选中，执行“对象”→“剪切蒙版”→“建立”命令，建立剪切蒙版，效果如图 10-75 所示。

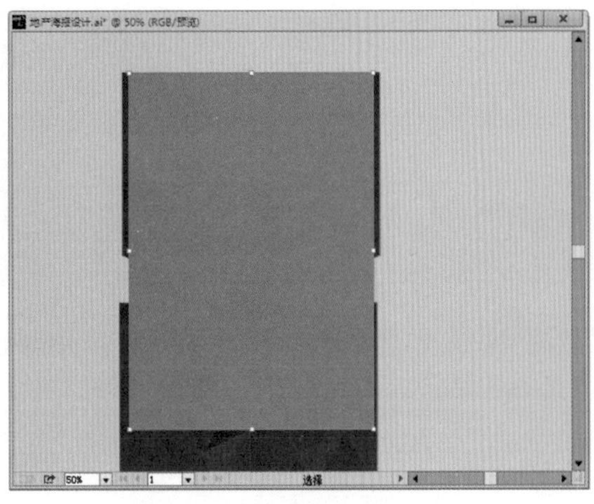

图 10-74

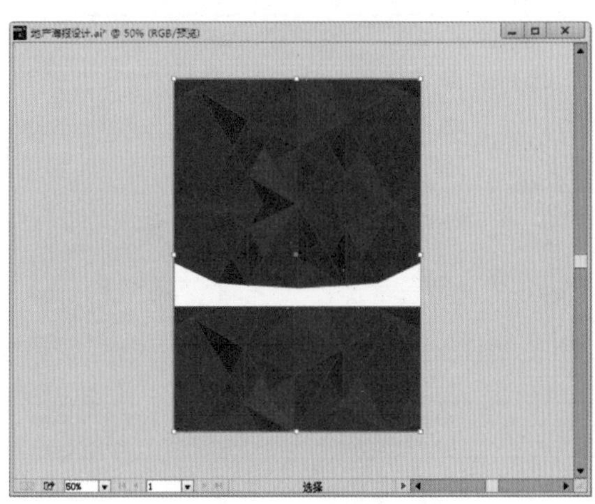

图 10-75

(5) 制作标题文字部分。使用“矩形工具”绘制一个黄色的矩，如图 10-76 所示。选中这个矩形按住 Alt + Shift 组合键将其平移并复制，如图 10-77 所示。使用“重复上一步”的操作快捷键 Ctrl + D 进行矩形的复制，如图 10-78 所示。

图 10-76

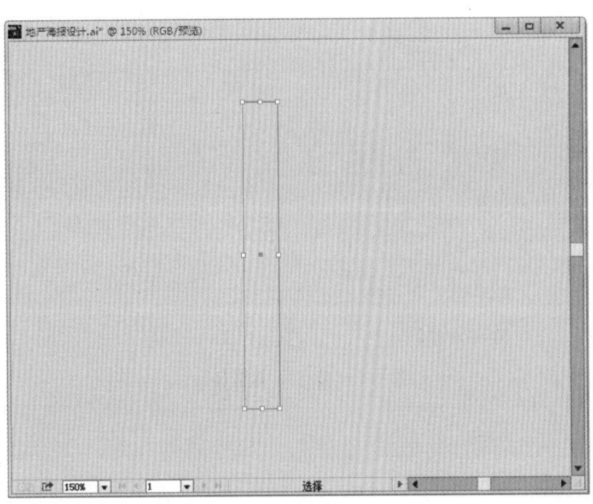
图 10-77

(6) 将这些矩形填充为其他颜色，依次选择每个矩形，然后在“色板”面板中单击不同的颜色，填色完成后将其编组，如图 10-79 所示。可以将彩色矩形组复制一份摆在其他位置，因为后面的制作还要使用到。使用“文字工具” T，在这些彩色矩形上方输入文字，如图 10-80 所示。将彩色矩形组和文字选中，建立剪切蒙版，最后将彩色文字移动到画面中合适位置，效果如图 10-81 所示。

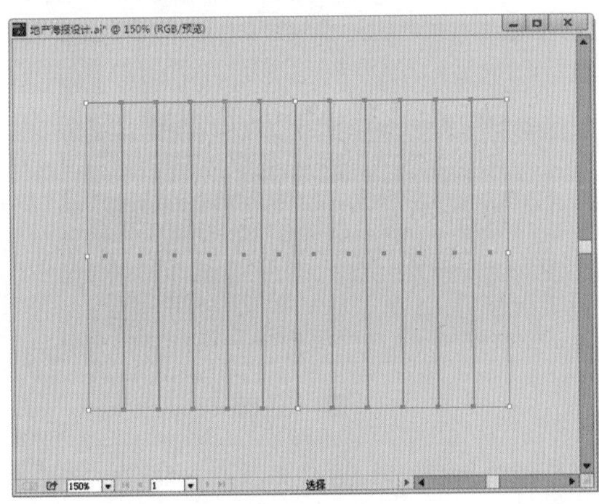
图 10-78

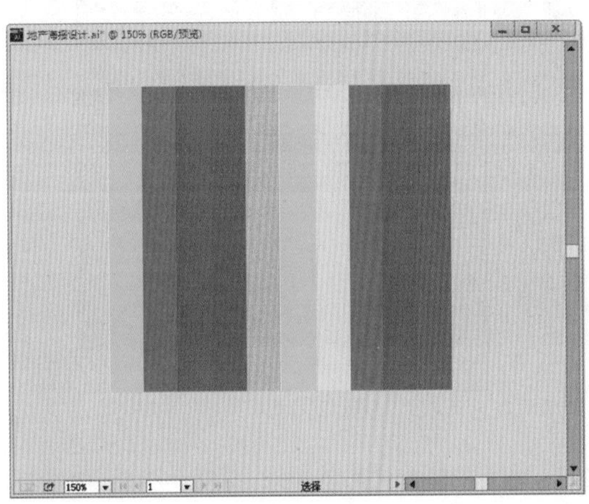
图 10-79

图 10-80

图 10-81

（7）为文字添加投影效果。选择文字，执行“对象”→“效果”→“投影”命令，在弹出的“投影”窗口中设置“模式”为“正片叠底”，“不透明度”为 75%，“X 位移”为 1mm，“Y 位移”为 0mm，“模糊”为 0mm，“颜色”为黑色，参数设置如图 10-82 所示。画面效果如图 10-83 所示。

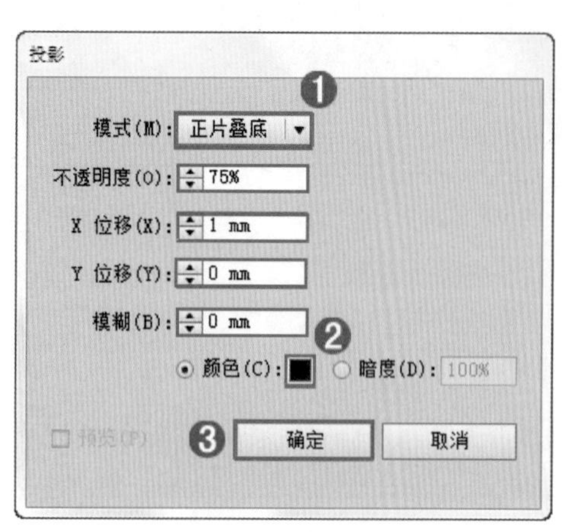

图 10-82

图 10-83

（8）在画面中输入文字，效果如图 10-84 所示。

（9）打开素材“1. ai”，将其中的光效素材复制到该文件中合适位置，效果如图 10-85 所示。

图 10-84

图 10-85

（10）将之前复制的彩色矩形，调整大小后，放置在画中合适位置，如图 10-86 所示。使用“钢笔工具”绘制形状，如图 10-87 所示。

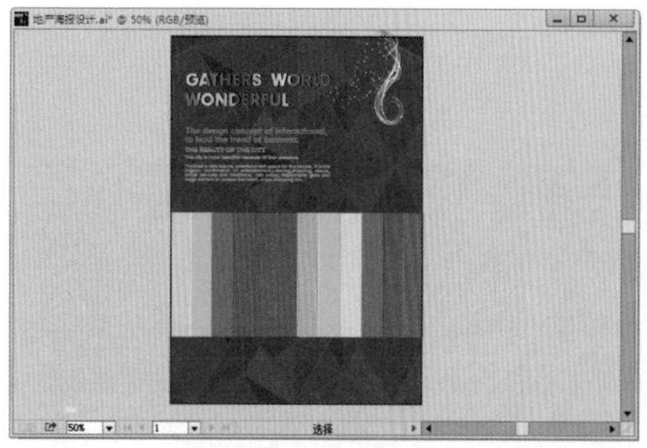

图 10-86

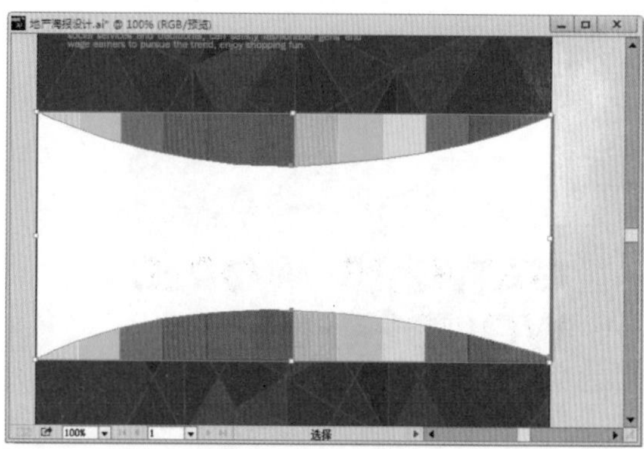

图 10-87

（11）将这个形状和下方的彩色矩形组选中，单击右键执行“建立剪切蒙版”命令，效果如图 10-88 所示。

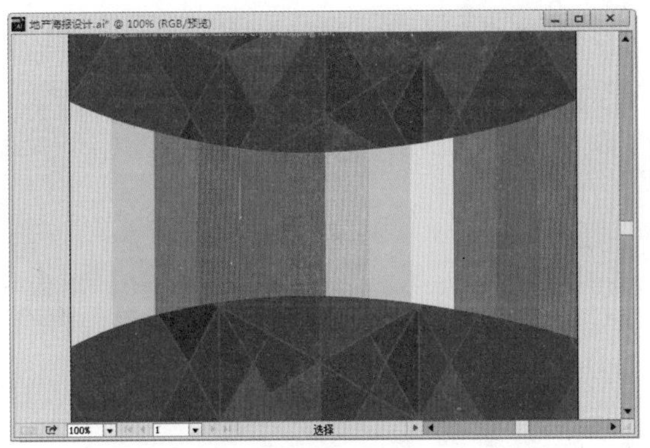

图 10-88

（12）选中工具箱中的“钢笔工具”，在控制栏中设置“填充”为白色，“描边”为红色，“描边宽度”为 1pt，然后在画面中绘制形状，如图 10-89 所示。选中这个形状使用快捷键 Ctrl＋C 将其复制。将人物素材“2. jpg”导入到画面中，放置到合适位置，如图 10-90 所示。

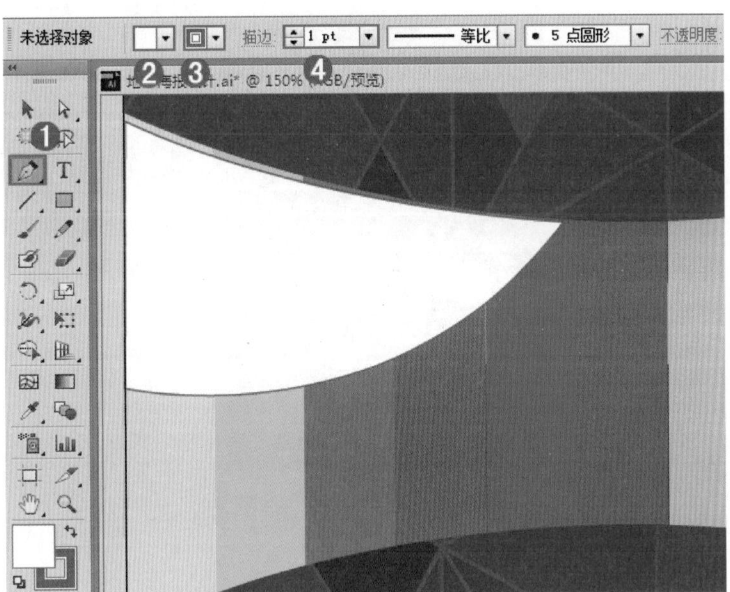

图 10-89

图 10-90

（13）将刚刚复制的内容使用“贴在前面”快捷键 Ctrl + F 将复制的内容贴在前面，画面效果如图 10-91 所示。将这二者选中建立蒙版，效果如图 10-92 所示。

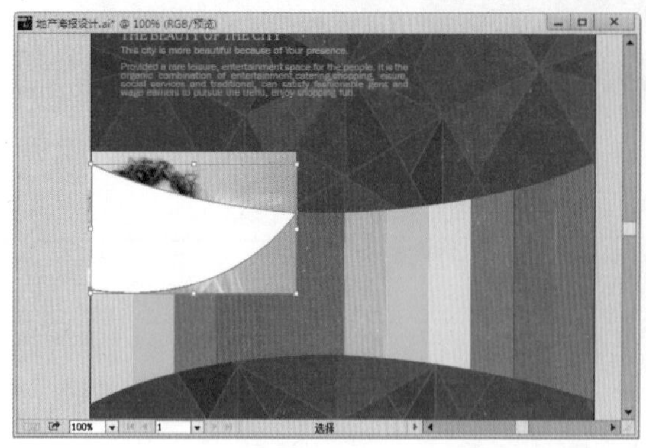

图 10-91　　图 10-92

（14）使用同样的方法制作其他部分的照片拼贴效果，如图 10-93 所示。

图 10-93

（15）选择工具箱中的“椭圆工具”，设置填充为红色，在画中相应位置按住 Shift 键绘制一个正圆，如图 10-94 所示。选中这个正圆，按住 Shift + Alt 组合键将其平移并复制，如图 10-95 所示。

图 10-94

图 10-95

（16）在画面中输入文字，如图 10-96 所示。继续在画面中绘制形状，输入文字，效果如图 10-97 所示。

图 10-96

图 10-97

（17）将光效素材复制一份放置在画面中合适位置，如图 10-98 所示。将人物素材“9.png”置入到画面中，放置在合适位置，效果如图 10-99 所示。

图 10-98

图 10-99

（18）此时画面中还有很多内容超出了画板的范围，可以使用剪切蒙版进行隐藏。使用“矩形工具”绘制一个与画板等大的矩形，如图 10-100 所示。将画板中的内容选中建立蒙版，效果如图 10-67 所示。本案例制作完成。

图 10-100

10.4 灵感补给站

参考优秀设计案例，启发设计灵感，如图 10-101 所示。

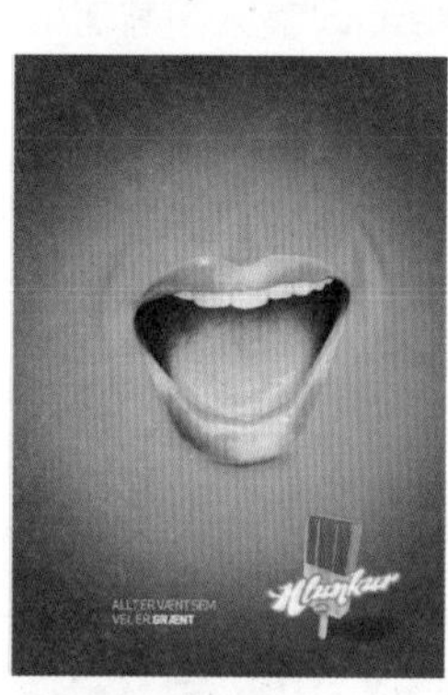

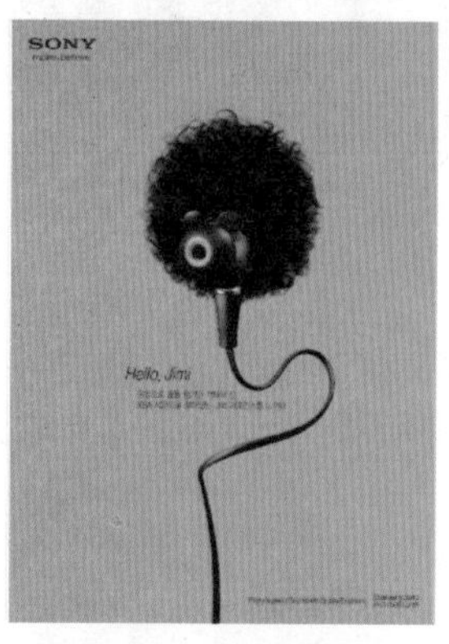

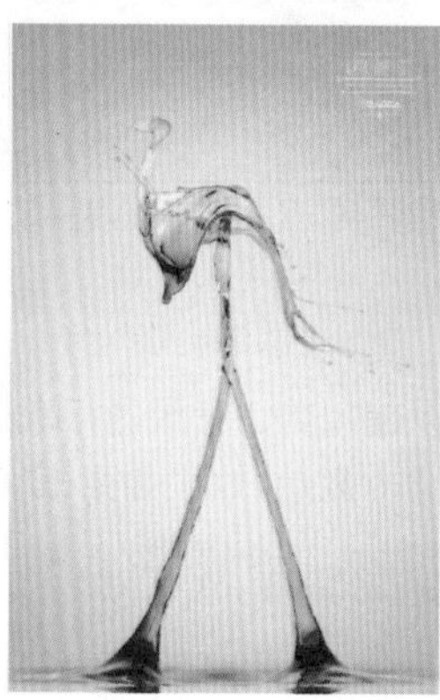

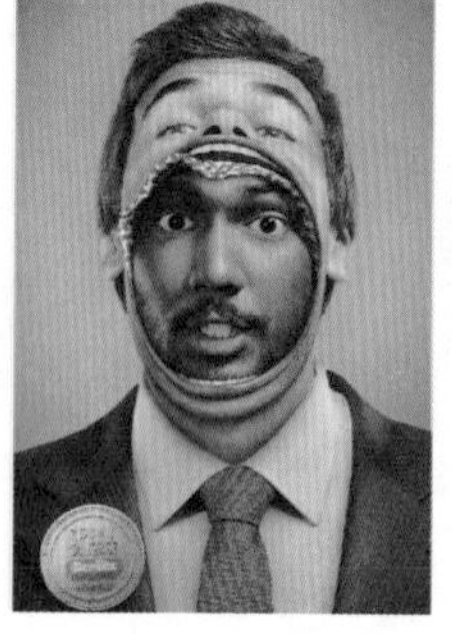

图 10-101

第 11 章

DM 广告设计

• **课题概述**

DM 是 Direct Mail Advertising 的简称，DM 广告是一种很贴近生活的广告宣传方式，通常会通过邮寄或赠送的形式将宣传品送到消费者的家中、手中或公司所在地。这种广告宣传更有针对性。它具有成本低廉、传播范围较为广泛等特点。

• **教学目标**

在本章中主要学习 DM 广告的设计制作，首先需要了解 DM 广告是什么，如何进行传递以及其常见的开本，然后以实际设计案例进行 DM 广告设计的练习。

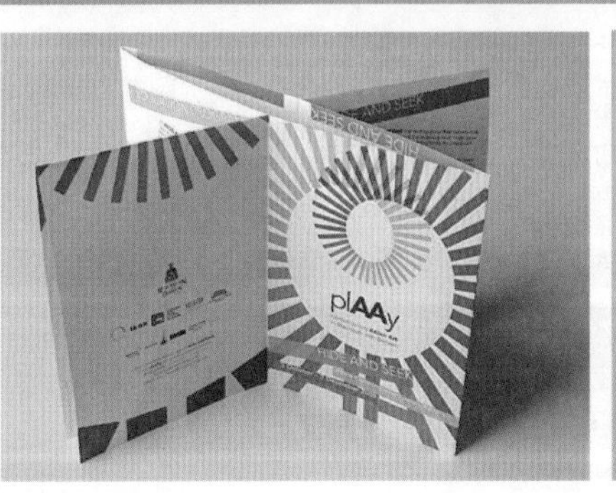

11.1 DM 广告概述

DM 广告在生活中随处可见，如大街上派发的宣传单，银行中摆放在关于理财产品的折页、超市中打折商品的彩页，这些都是 DM 广告。因为 DM 广告价格低廉、形式多变，所以深受商家喜爱。图 11-1 和图 11-2 所示为优秀的设计作品。

图 11-1

图 11-2

11.1.1 认识 DM 广告

DM 的英文全拼为 Direct Mail Advertising，直译为“直接邮寄广告”。是一种通过邮递、赠送的形式，将宣传品送到消费者的家中、手中或公司所在地的广告形式。DM 有广义和狭义之分，广义上包括广告单页、折页等。例如街头、商场的宣传单。狭义上仅包括装订成册的集纳型广告宣传画册。DM 广告通常会以良好的创意、富有吸引力的设计来吸引目标对象，从而达到宣传的目的。DM 的设计比较自由，表现形式多样化，主要有传单、折页、请柬、立体卡片、宣传册等。图 11-3 和图 11-4 所示为优秀的设计作品。

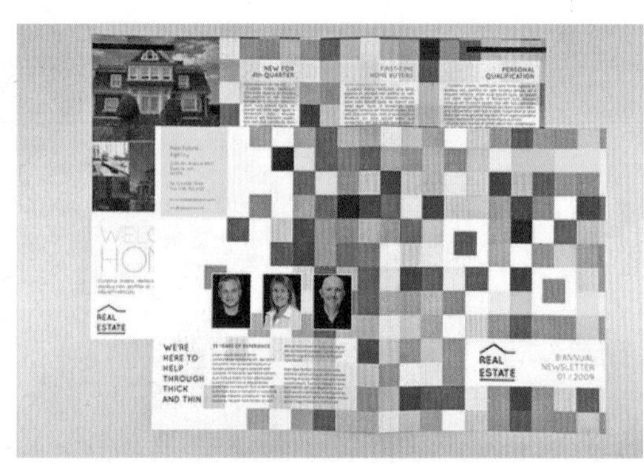

图 11-3

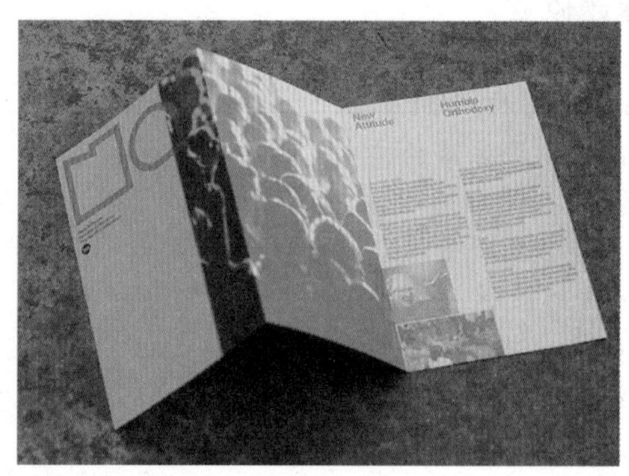

图 11-4

DM 广告常用于新产品推广、提高公司知名度、增加企业竞争力、刺激消费、提高商场营业额以及稳定已有的顾客群并吸引增加新顾客等。DM 杂志不同于其他传统广告媒体，它可以有针对性地选择目标对象，有的放矢、减少浪费。而且在 DM 广告发送过程中，可以一对一的直接发送，从而减少信息传递过程中的客观挥发，使广告客户效果达到最大化。图 11-5 和图 11-6 所示为优秀的设计作品。

DM 广告在生活中随处可见，因其具有针对性强、低投入，高回报、投递方式多种多样、印刷形式多种多样、时效性长和个性化突出的特点，一直是很多商家用来宣传的重要手段。

1. 针对性强

由于 DM 广告可以直接将广告信息传递给真正的受众，具有强烈的选择性和针对性，其他媒介只能将广告信息笼统地传递给所有受众，而不管受众是否是广告信息的目标对象。

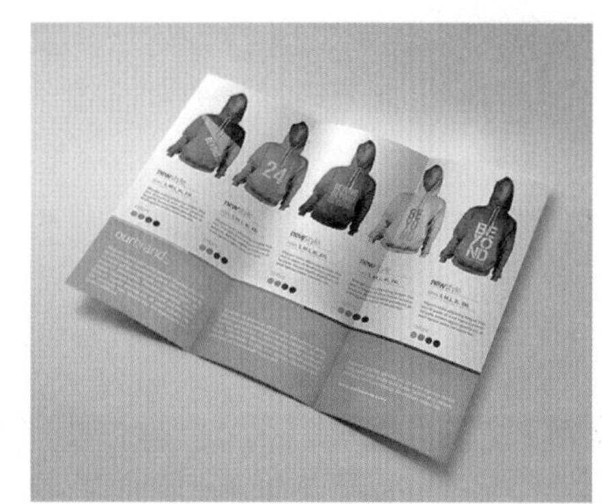

图 11-5

图 11-6

2. 低投入，高回报

DM 广告的价格低廉，但广告效果回报率高。图 11-7 和图 11-8 所示为优秀的设计作品。

图 11-7

图 11-8

3. 投递方式多种多样

DM 广告虽然被翻译为“直接投递广告”，但并不是只有邮递一种传递方式。它的投递方式多种多样，能满足各种覆盖需求。

4. 印刷形式多种多样

DM 在设计、印刷、纸张选择等方面都有多种选择，可以满足各种用户的需求。图 11-9 和图 11-10 所示为优秀的设计作品。

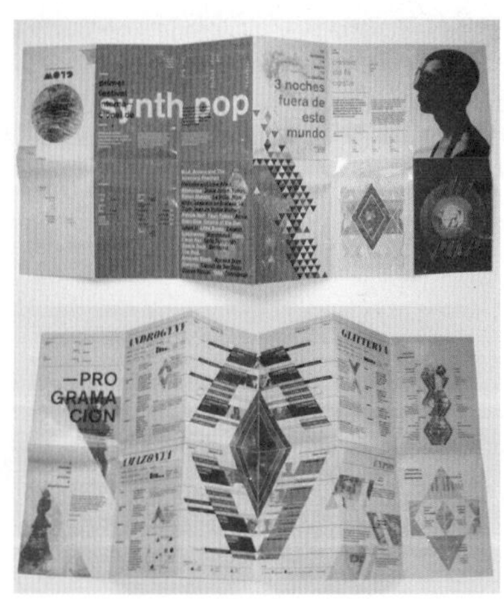

图 11-9

图 11-10

5. 时效性长

目标客户在做出最后决定之前，可以反复翻阅广告信息，阅尽产品的各项性能指标，直到最后做出购买或舍弃决定。

6. 个性化突出

一张设计、制作精美的广告信函或邮件，会留给客户美好的印象，让顾客亲身体验独特的享受，接受对方人性关怀。图 11-11 和图 11-12 所示为优秀的设计作品。

图 11-11

图 11-12

11.1.2 DM 广告的传递方式

DM 广告虽然被翻译为“直接邮寄广告”，但并不是只有邮递一种传递方式。其传递的方式大概分为四种，作为报刊夹页传递、专门信件寄送传递、随定期服务信函寄送和雇用人员派送。

1. 作为报刊夹页传递

作为报刊夹页传递是一种与报纸杂志社或邮政部门合作的传递方式，将 DM 广告夹在报纸杂志中一并发行，然后在投递报刊时送到读者的手中。由于投放的广告可以参考报纸杂志受众群的喜好，所以这种传递方式具有一定的针对性。

2. 专门信件寄送

利用信件将广告直接邮寄到受众手中，针对性较强。例如，在商场办理会员卡时，客户会留下姓名、住址和联系电话，商家利用这些信息，会将商场的促销宣传单、企业画册等邮寄到客户手中。

3. 随定期服务信函寄送

通过定期的服务信函寄送。例如，银行会针对信用卡的客户，随着每月的账单寄送相应的广告。

4. 雇用人员派送

雇用人员派送是一种比较常见的传递方式，商场会雇用一些派发人员，然后有针对性地进行派发。例如，大型超市针对附近小区居民定期派送优惠商品目录。

11.1.3 DM 广告的常见形式

在 DM 广告纸张的选择上，可以根据内容和定位选择不同的纸张。一般用铜版纸、贺卡、玻璃卡等。DM 广告的开本有 32 开、24 开、16 开、8 开等，还有采用长条开本和经折叠后形成新形式的开本。开本大的用于张贴，开本小的利于邮寄，携带。根据 DM 的开本形式，可以将其分为单页和折页两种。单页版面一般在页面的正面或者背面进行信息的编排，如图 11-13 所示。当信息量较大时，会采用折页的形式进行信息的编排，如图 11-14 所示。DM 折页分为单折页和多折页，可以是横向的，也可以是纵向的。下面就来介绍几种折页开本。

图 11-13

图 11-14

1. 普通折

普通折又称对折型是一种极其常见的折叠方法，几乎所有的印刷机和折纸机都可以进行折叠。这种折叠方法操作简单且经济实用，适合用于请柬、小指南等，如图 11-15 和图 11-16 所示。

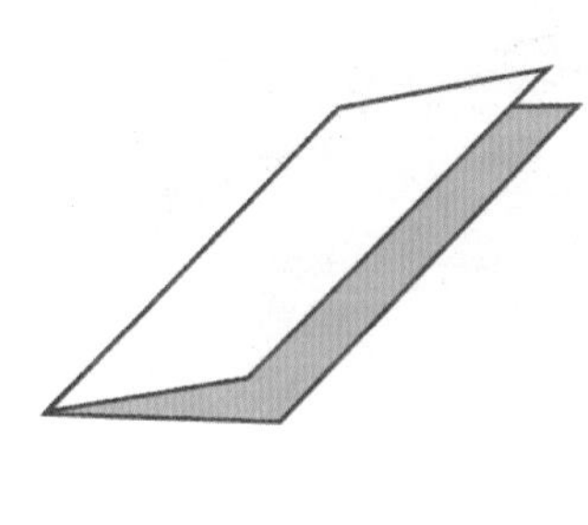
普通折

图 11-15

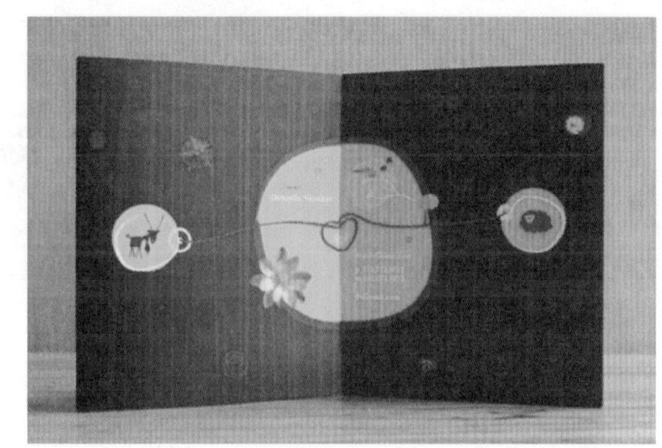
图 11-16

2. 三折页

三折页的折叠方法也比较常用，它比普通折内容更丰富些，分为内三折和外三折两种，如图 11-17～图 11-19 所示。

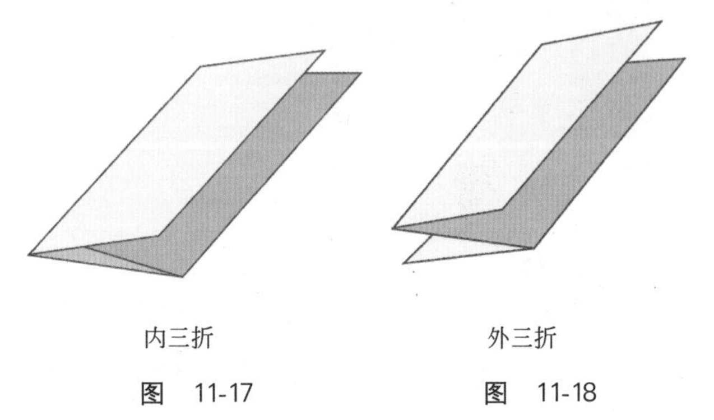
内三折　　外三折

图 11-17　　图 11-18

图 11-19

3. 风琴折

风琴折是种类最多的折叠方法，且很容易进行辨认，它有点像汉字中的“之”字。在印刷机和折页机允许的情况下，风琴折的折页数不限，如图 11-20～图 11-22 所示。

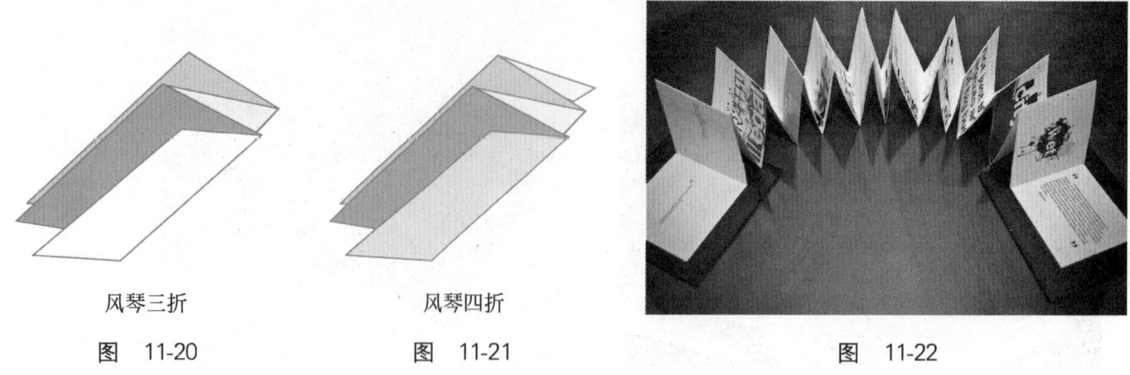

图 11-20　　图 11-21　　图 11-22

4. 对门折

对门折又称观音折，是一种对称折叠的方法。它是将两个或多个页面从反方向向中心折。这种折叠的方法需要折纸机有相应的设备才能进行操作，如果没有只能采用手工折叠，如图 11-23 和图 11-24 所示。

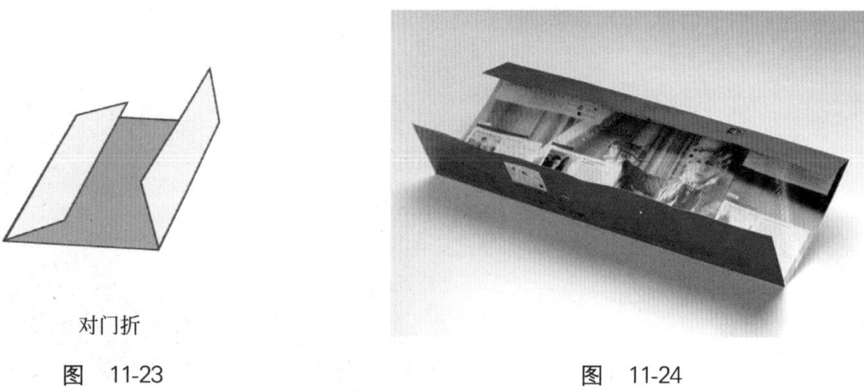

图 11-23　　图 11-24

5. 卷轴折

卷轴折是将四个或四个以上的页面依次向中心进行折叠。这就要求在设置页面宽度的时候应该逐渐减少，这样才能便于折叠，且折叠出来比较平整，如图 11-25 和图 11-26 所示。

图 11-25　　图 11-26

6. 特殊折

特殊折是挑战人创意的一种折叠方法。这种折叠方法通常需要特殊的折纸机，或者人工操作，所以价格也会比以上的折叠方法要高很多，如图 11-27 和图 11-28 所示。

图 11-27

图 11-28

11.1.4 DM广告的设计原则

DM广告设计整体必须谐调、统一、条理分明、有助于消费者阅读。为达到以上要求，在进行DM广告设计时需要注意以下原则。

1. 诱翻原则

DM广告的封面是很重要的部分，应该具有强烈的吸引力，吸引受众进行翻阅。起到吸引受众和介绍自己的作用，让客户看了封面就明白基本的内容。图11-29和图11-30所示为优秀的作品。

图 11-29

图 11-30

2. 连贯、简洁原则

DM是一个整体的设计，设计师应该在设计过程中注意画面整体的连贯性，但是每个版面又是相对独立的。所以在设计中必须要保证版面的干净、整洁，还要保证画面的风格统一。图11-31和图11-32所示为优秀的作品。

图 11-31

图 11-32

3. 可读性原则

DM 广告设计过程中，应该让受众产生需求心理，有好感。让受众接受并进行阅读，才能达到广告传递的作用。图 11-33 和图 11-34 所示为优秀的作品。

图 11-33

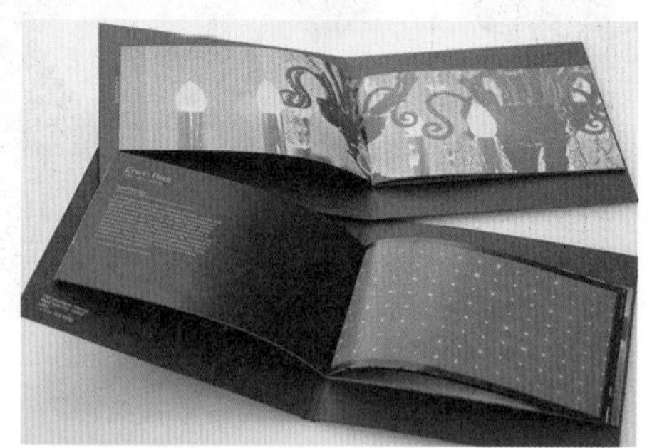

图 11-34

4. 新颖、美观

在 DM 广告设计中，要利用连贯的版式设计、统一的色彩搭配、考究的制作工艺，来吸引受众。图 11-35 和图 11-36 所示为优秀的作品。

图 11-35

图 11-36

11.2 有机大米 DM 广告折页设计

11.2.1 设计解析

本案例是一款粮食的 DM 折页广告，为了突出产品的纯天然、无污染、有机、健康的特性，版面整体以白色为底色，以象征自然的草绿色为主色调，白绿相间的版面给人以产品具有洁净、健康特性的暗示。与此同时，亮调的照片素材的添加更是让消费者直观地感受到产品的优质。图 11-37 和图 11-38 所示为优秀的 DM 广告设计作品。

图 11-37

图 11-38

11.2.2 制作流程

本案例包括六个单独的页面，每个页面上的内容基本相同，所以制作方法也基本一致。主要利用文字工具输入文字，然后将制作好的一组文字多次复制摆放在各个页面上并更改内容即可。图片部分需要通过“文件”→“置入”命令置入素材，配合剪切蒙版功能使多余部分隐藏。除此之外表格部分的制作是个重点，主要利用了“网格工具”进行制作。在本案例中主要使用到了文字工具、矩形工具、剪切蒙版、钢笔工具、网格工具、路径查找器等技术。图 11-39 所示为本案例基本制作流程。

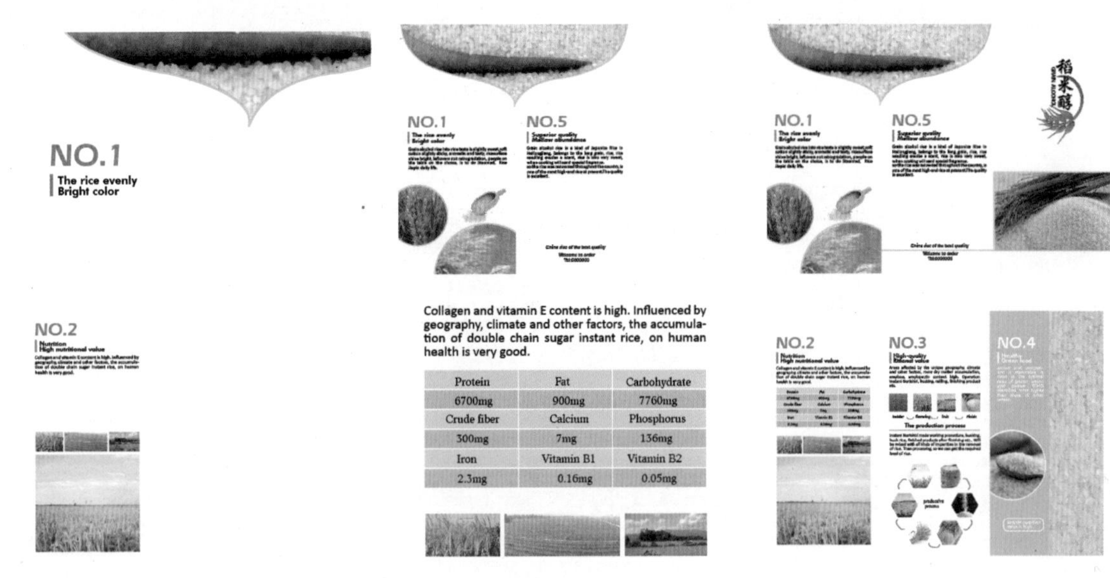

图 11-39

11.2.3 案例效果

最终制作的案例效果如图 11-40 所示。

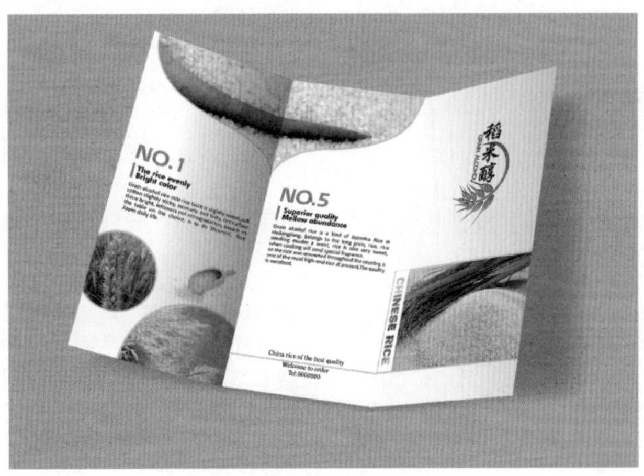

图 11-40

11.2.4 操作精讲

(1) 执行“文件”→“新建”命令，在“新建文档”窗口中设置合适的名称，设置“画板数量”为 3，单击“按列排列”按钮，“大小”为 A4，设置完成后点击“确定”按钮，如图 11-41 所示。画板新建完成，如图 11-42 所示。

(2) 使用“矩形工具”工具在第一个画板上绘制一个与画面等大的白色矩形。使用“锁定”快捷键 Ctrl + 2 将其锁定，如图 11-43 所示。

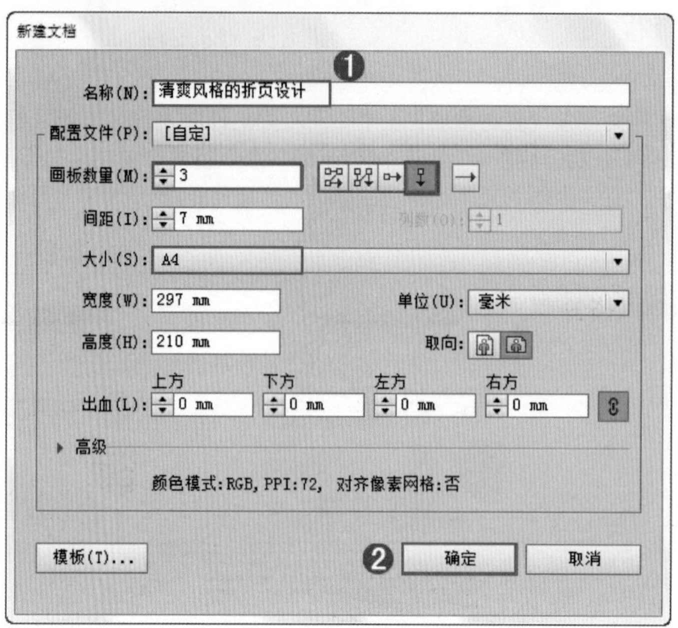

图 11-41

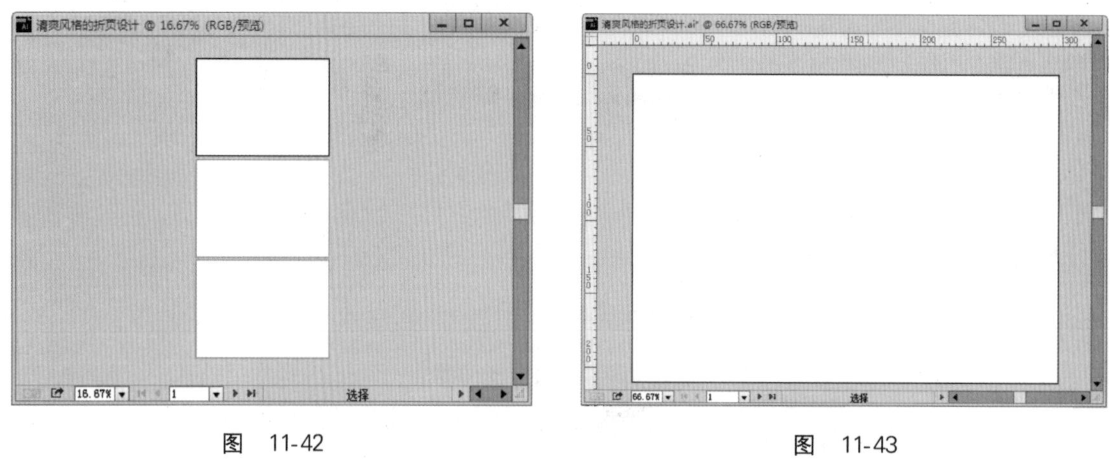

图 11-42　　图 11-43

(3) 将素材“1.jpg”导入到画面中，并放置在合适位置，如图 11-44 所示。选择工具箱中的“钢笔工具”绘制形状，如图 11-45 所示。

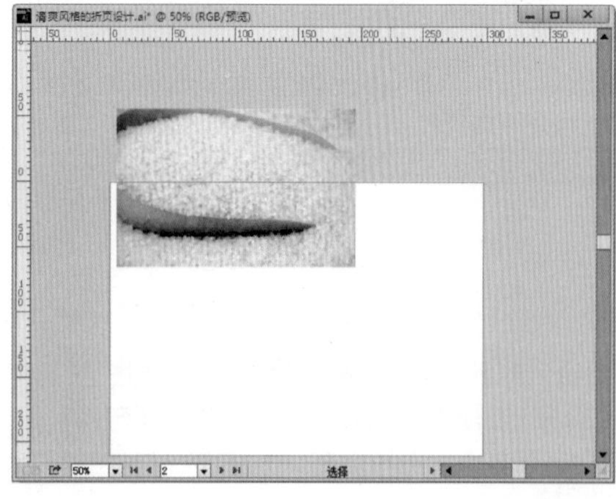

图 11-44

图 11-45

(4) 将这二者选中，执行“对象”→“剪切蒙版”→“建立”命令，建立剪切蒙版。此时多余的位图部分被隐藏了，效果如图 11-46 所示。将这个形状选中，设置一个绿色的描边，如图 11-47 所示。

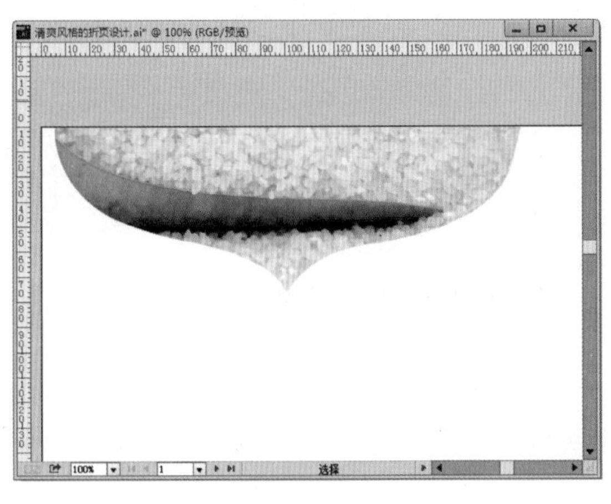

图 11-46

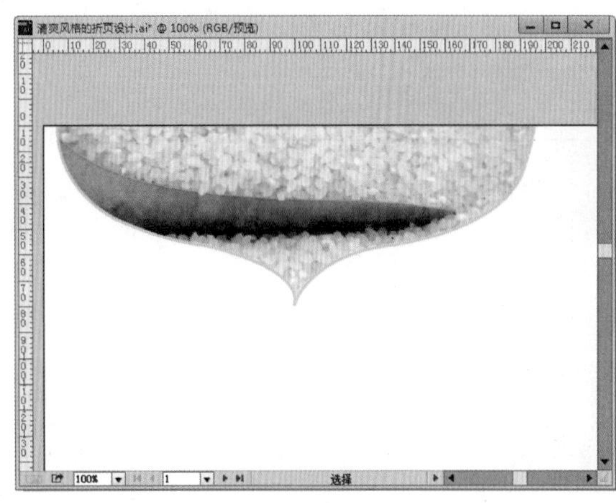

图 11-47

(5) 使用“文字工具”在画面中输入文字，如图 11-48 所示。使用“矩形工具”在黑色文字的左侧绘制一个绿色的矩形，如图 11-49 所示。

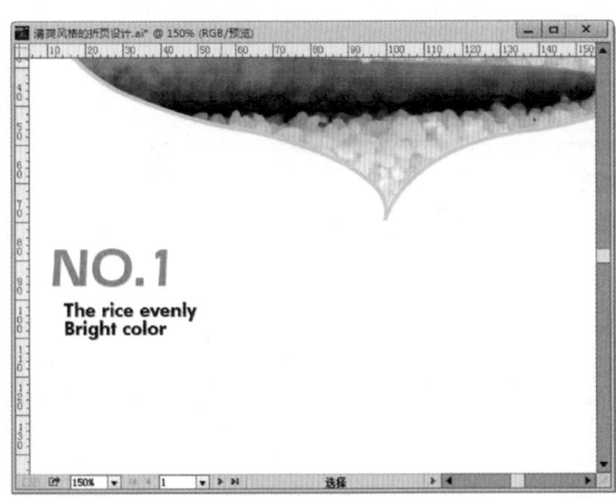

图 11-48

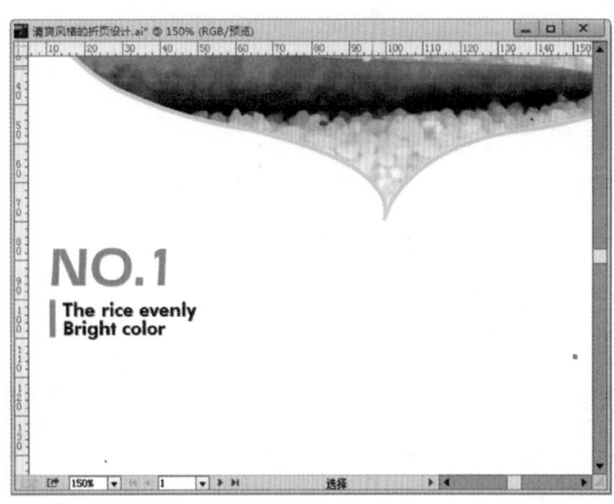

图 11-49

(6) 使用“文字工具”绘制一个文字选框，如图 11-50 所示。在控制栏中设置合适的字体、字号，接着在画面中输入段落文字，效果如图 11-51 所示。

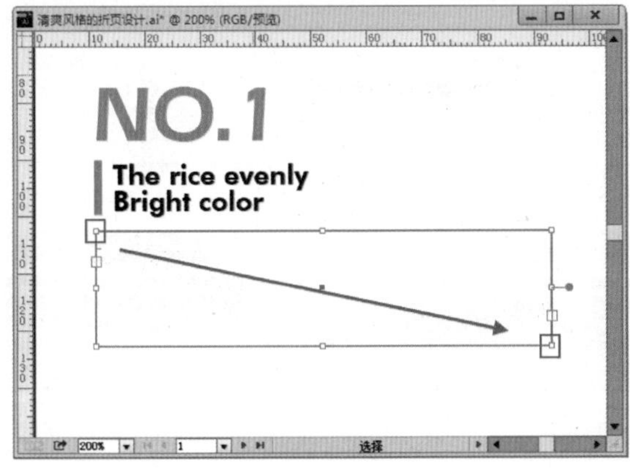

图 11-50

图 11-51

(7) 将这一组文字全部选中，复制并移动到中央，更改其中的文字，如图 11-52 所示。执行“文件”→“置入”命令，置入另外几个位图素材，同样利用“剪切蒙版”隐藏多余部分。效果如图 11-53 所示。

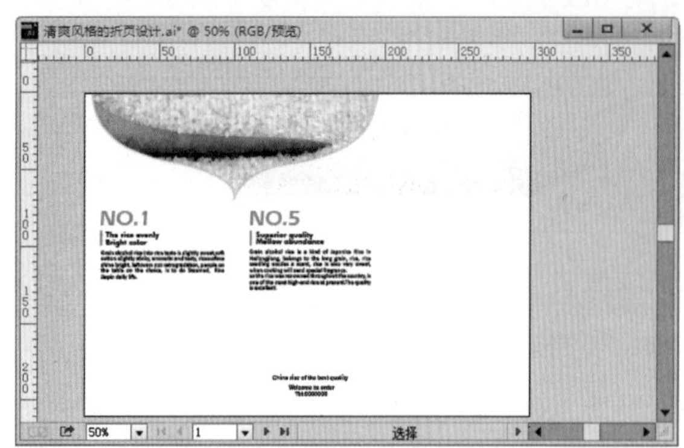

图 11-52

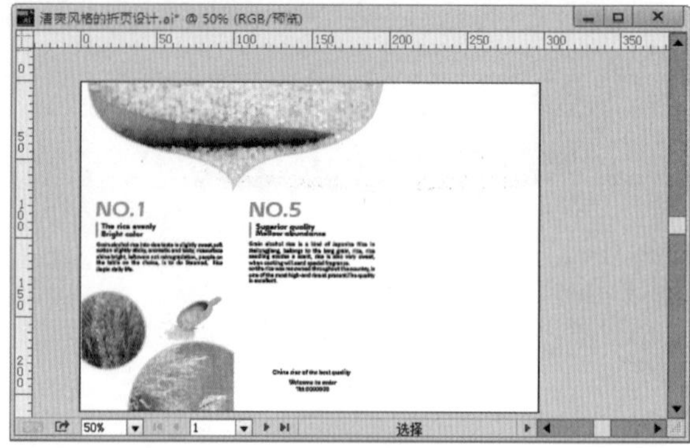

图 11-53

(8) 制作右侧的页面部分。使用“矩形工具”在版面的右侧绘制一个米白色的矩形，如图 11-54 所示。将标志素材“5. png”导入到画面中，放置在右侧页面的上半部分，如图 11-55 所示。

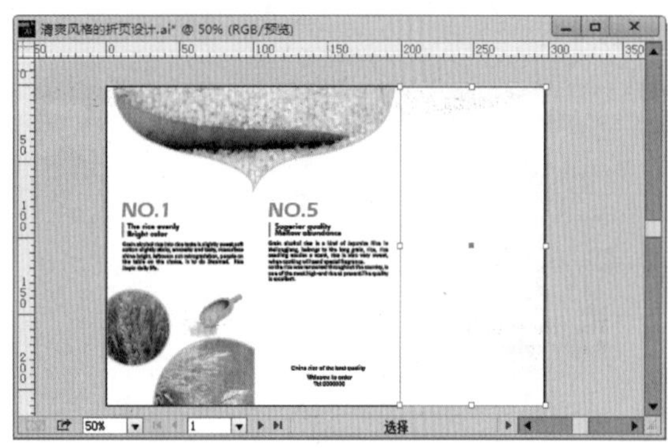

图 11-54

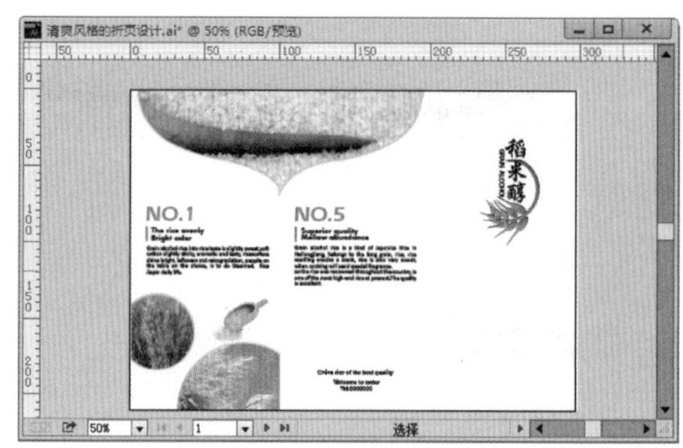

图 11-55

(9) 将素材“6. jpg”导入到画面中，添加蒙版并描边，效果如图 11-56 所示。使用“矩形工具”绘制一个细长的绿色矩形。进行装饰，效果如图 11-57 所示。折页的正面就制作完成了。

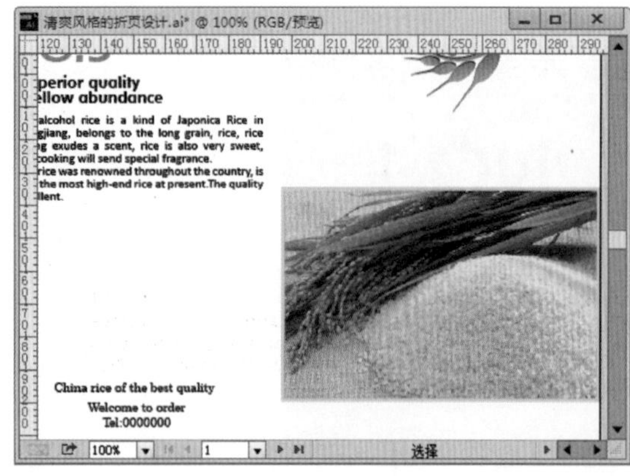

图 11-56

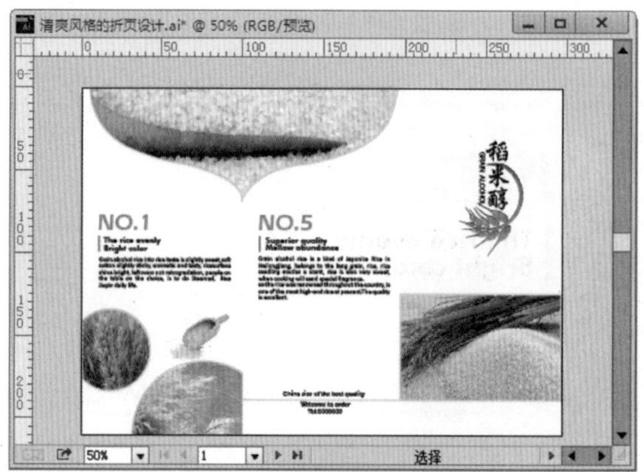

图 11-57

（10）接下来制作折页的另一面。折页的另一面的制作与正面的制作方法非常相似，复制正面的文字，移动到当前页面中并更改文字信息即可，如图 11-58 所示。接着置入位图素材，如图 11-59 所示。

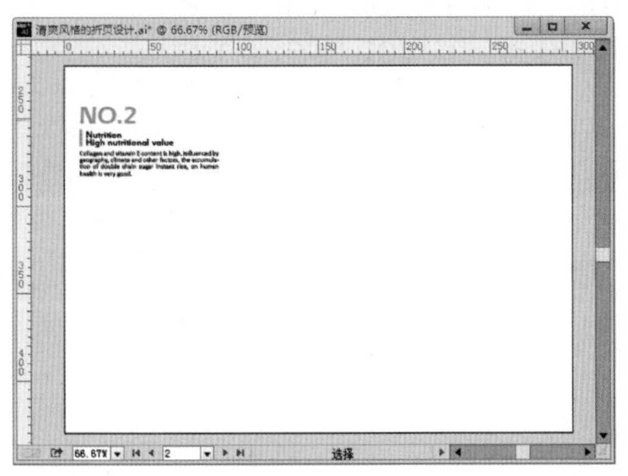

图 11-58

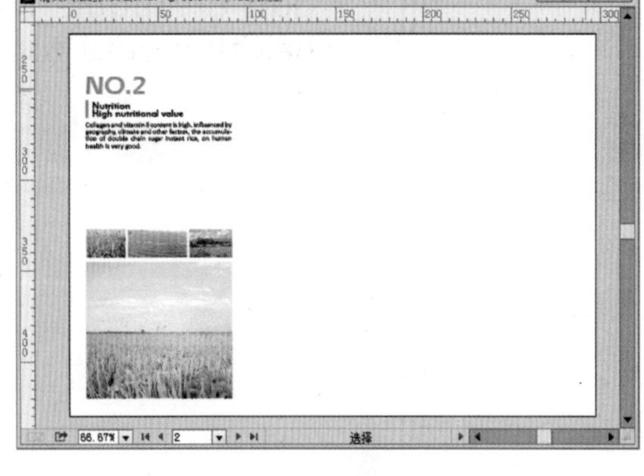

图 11-59

（11）制作页面中的表格。选择工具箱中的“网格工具”，在控制栏中设置“填充”为“无”，“描边”为白色。在画面中单击，在弹出的“矩形网格工具选项”创作设置“水平分隔线”的“数量”为 5，“垂直分隔线”的“数量”为 2，参数设置，如图 11-60 所示。设置完成后单击“确定”按钮，将绘制的网格移动到合适位置，如图 11-61 所示。

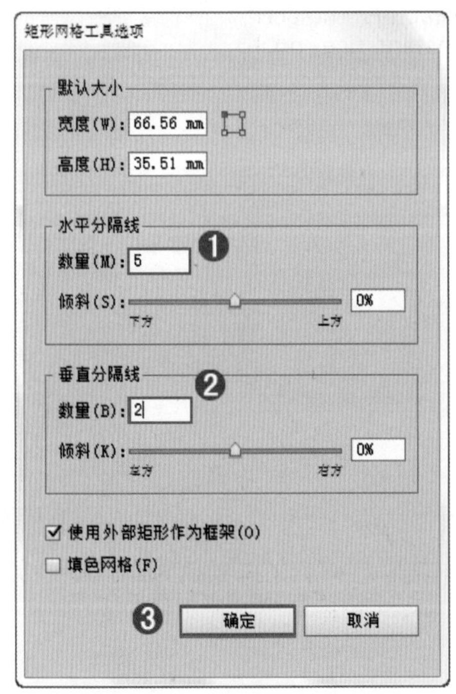

图 11-60

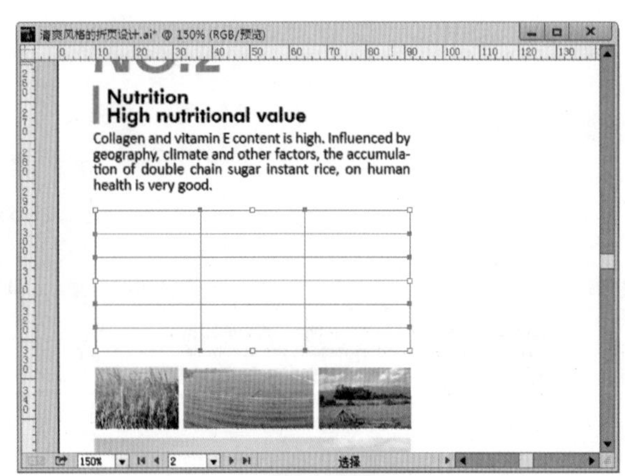

图 11-61

（12）使用“实时上色工具”为网格填充颜色。选择工具箱中的“实时上色工具”，将前景色设置为黄绿色。将光标移动到网格的左上角，如图 11-62 所示。单击鼠标左键，进行填色，如图 11-63 所示。

（13）使用同样的方法为网格进行填色，效果如图 11-64 所示。填色完成后，在网格的相应位置输入文字，如图 11-65 所示。

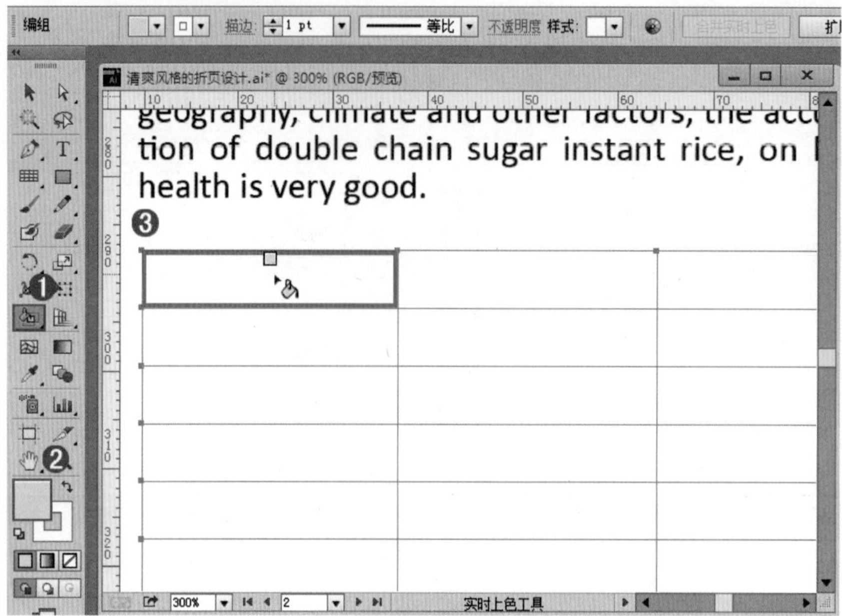

图　11-62

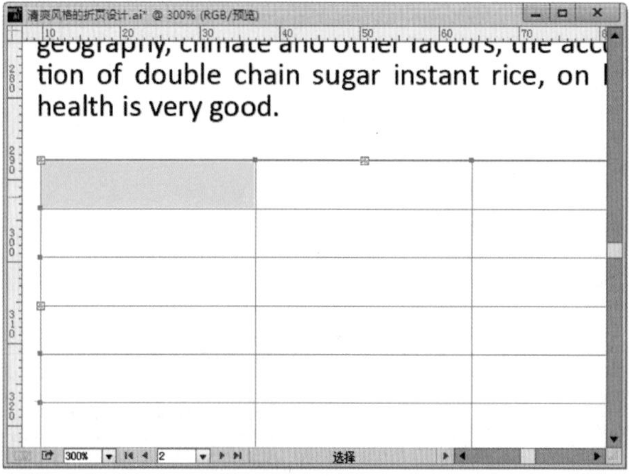

图　11-63

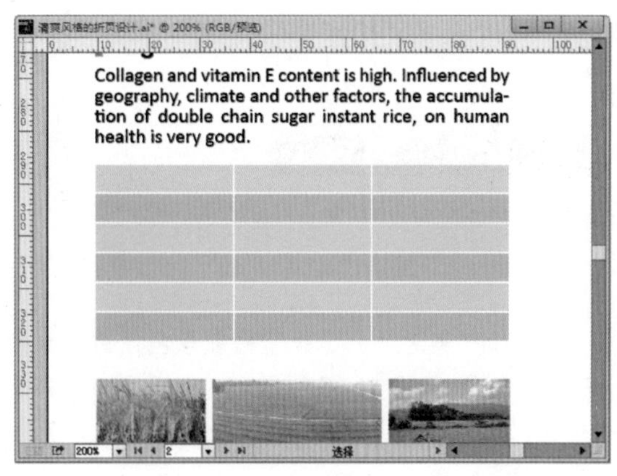

图　11-64

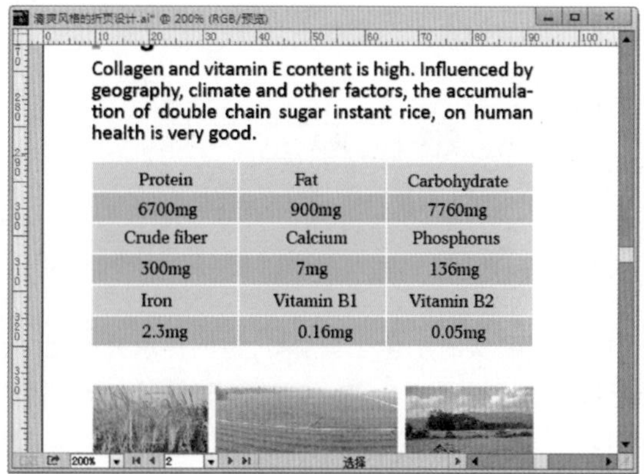

图　11-65

（14）在中间页面添加文字，置入合适素材并利用剪切蒙版使之显示出部分区域，如图 11-66 和图 11-67 所示。

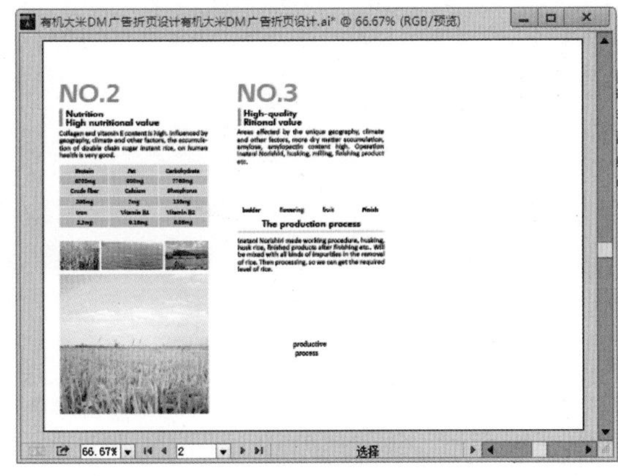
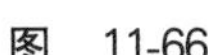
图 11-66

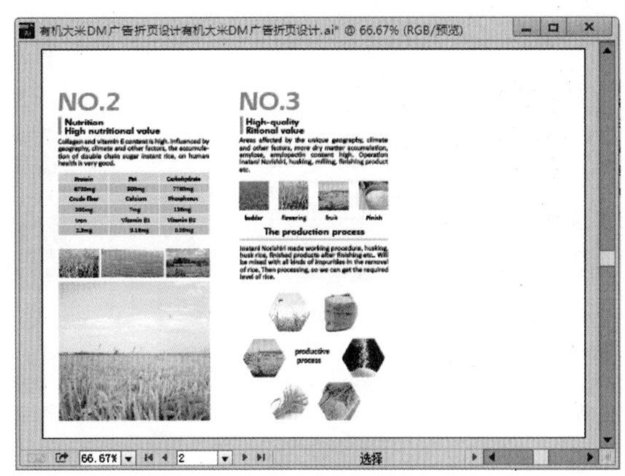
图 11-67

（15）制作一个连接符号。选择工具箱中的“圆角矩形”，设置“填充”为“无”，“描边”为绿色，在画板以外的区域绘制圆角矩形，如图 11-68 所示。使用“矩形工具”在其上方绘制一个矩形，如图 11-69 所示。

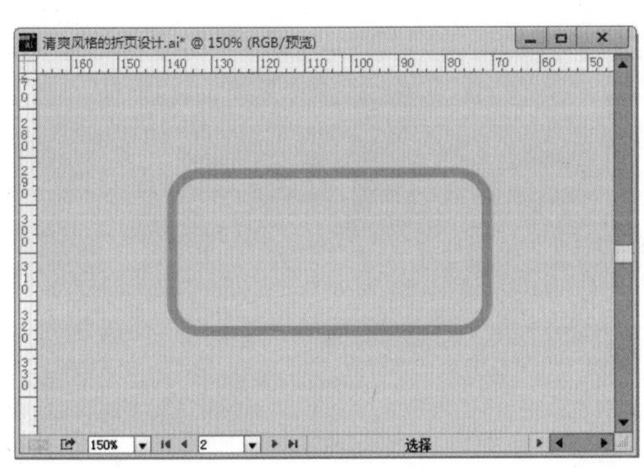
图 11-68

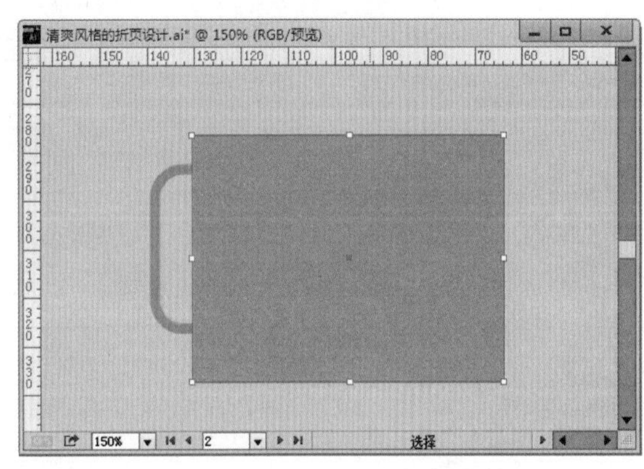
图 11-69

（16）将这二者选中，执行“窗口”→“路径查找器”命令，在调出“路径查找器”面板后，单击“减去顶层形状”按钮，得到形状，如图 11-70 所示。将部分路径删除，得到一段带圆角的路径，效果如图 11-71 所示。

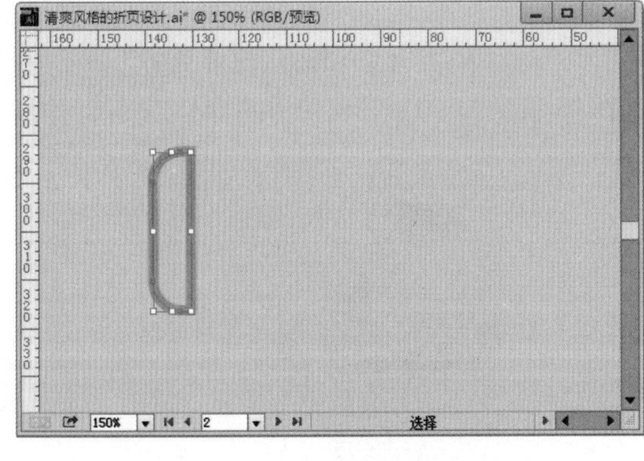
图 11-70

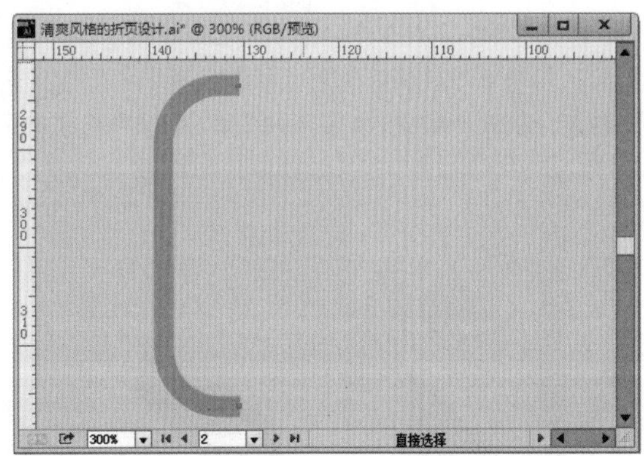
图 11-71

（17）将绘制好的连接符号多次复制并摆放在合适位置上，如图 11-72 所示。单击工具箱中的矩形工具，在封底处绘制一个绿色矩形，并置入位图素材，如图 11-73 所示。

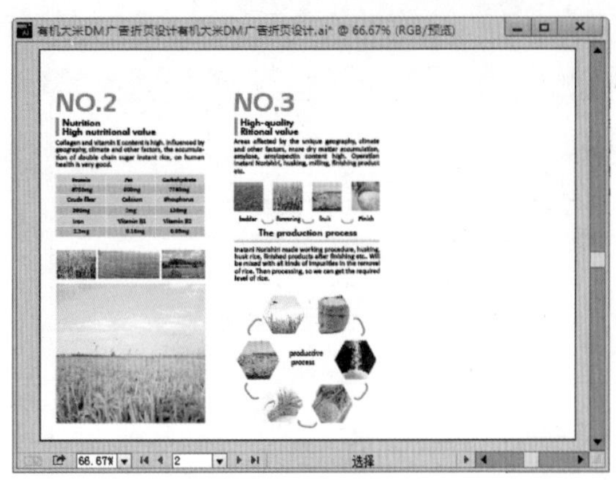
图 11-72

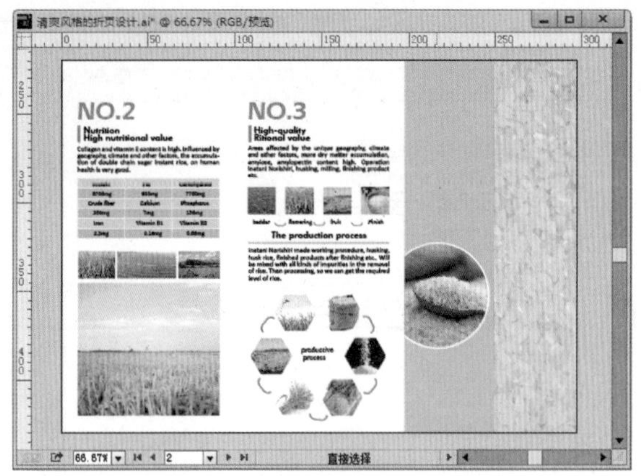
图 11-73

（18）最后在封底输入文字，如图 11-74 所示。到这里本案例就制作完成了，折页展示效果如图 11-40 所示。

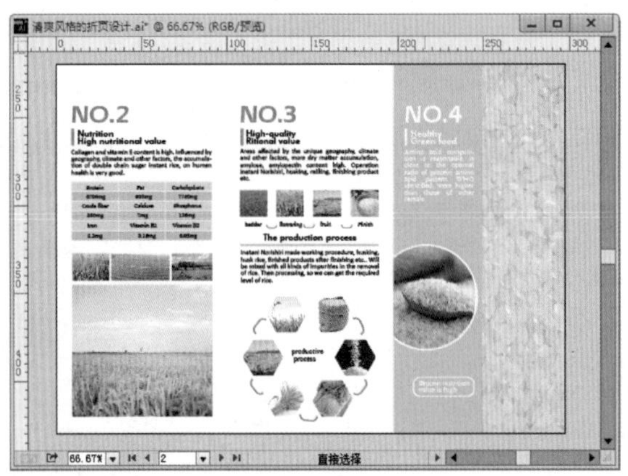
图 11-74

11.3 汽车产品 DM 宣传册

11.3.1 设计解析

本案例制作的是汽车产品的折页 DM 宣传册设计，这种折页形式的宣传册，造价低廉，随手可得。它虽然没有华丽的外表，但是它以其简练的形式可以迅速地向受众传递信息。在本案例中，以汽车为主体，以青色和灰色作为主色调，这种颜色的对比效果，给人一种冷静、睿智的心理感受。图 11-75 和图 11-76 所示为优秀的 DM 广告设计作品。

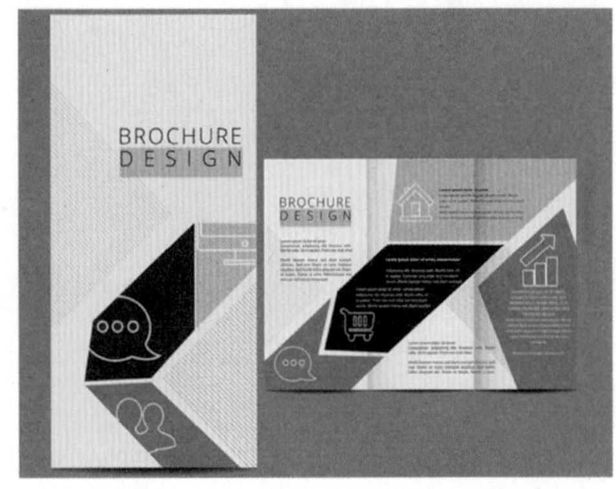

图 11-75

图 11-76

11.3.2 制作流程

本案例在制作之初为了保证DM宣传册中每一页的内容都合适的显示在各自版面中，利用标尺在版面中添加了辅助线。制作过程主要利用矩形工具、钢笔工具以及直接选择工具制作图形，图形与画面的叠加效果主要利用到了不透明度的设置。通过置入汽车素材丰富画面效果，利用文字工具输入宣传册上的宣传文案，利用自由变换工具制作宣传册的展示效果。本案例在制作过程中主要使用到了矩形工具、直接选择工具、文字工具、剪切蒙版、"置入"命令、自由变换工具、"投影"效果等。图11-77所示为本案例基本制作流程。

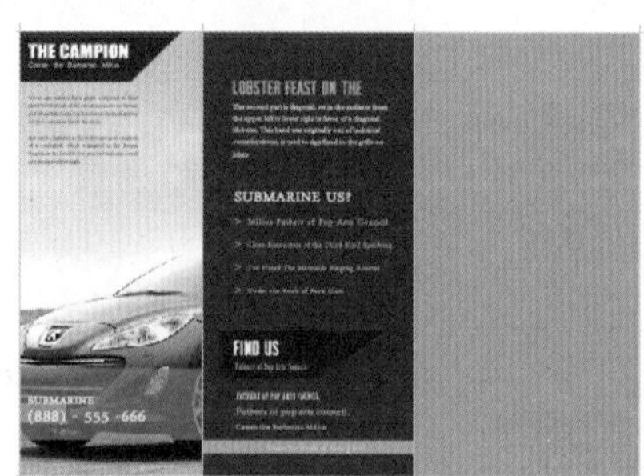

图 11-77

11.3.3 案例效果

最终制作的案例效果如图11-78所示。

图 11-78

11.3.4 操作精讲

Part 1 制作宣传册的正面

(1) 执行"文件"→"新建"命令，在弹出的"新建文档"窗口中设置"画板数量"为3，单击"按行排列"按钮，设置"大小"为A4，"出血"为3mm，参数设置如图11-79所示。单击确定按钮，新建一个新文件。如图11-80所示。

(2) 为画面中添加辅助线，以帮助更精准的操作。执行"视图"→"标尺"→"显示标尺"命令，显示出窗口左侧和上方的标尺，如图11-81所示。

图 11-79

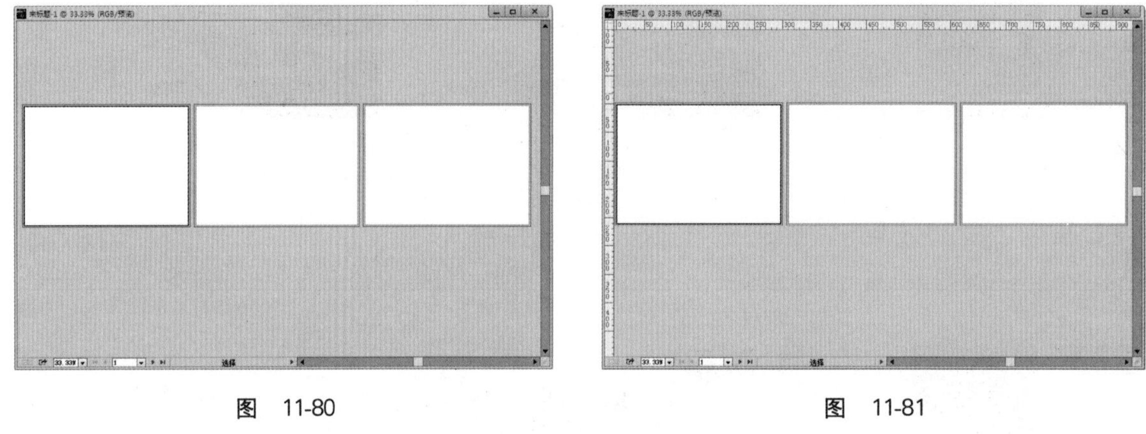

图 11-80　　　　图 11-81

(3) 将光标移动到左侧标尺处，按住鼠标左键拖曳出参考线，如图 11-82 所示。继续建立其他的参考线，如图 11-83 所示。

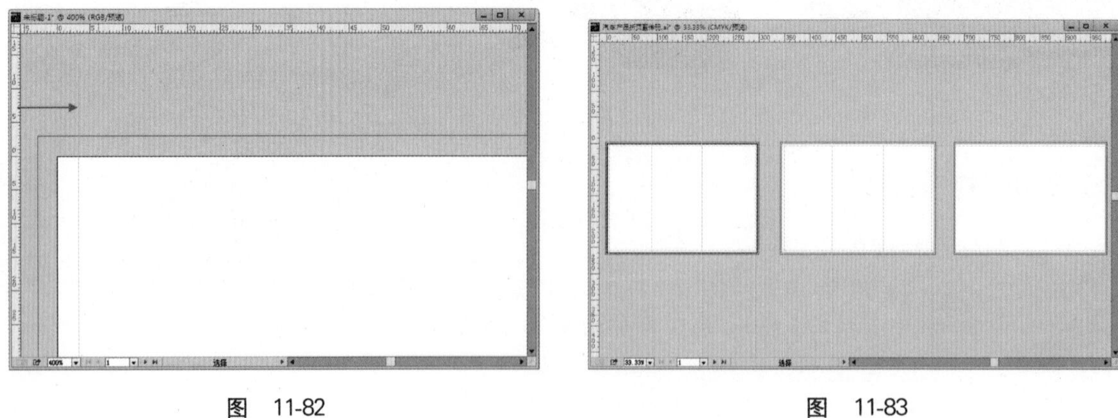

图 11-82　　　　图 11-83

(4) 制作宣传册的平面效果。选择工具箱中的“矩形工具”，在控制栏中设置“填充”为白色，“描边”为“无”，在第一个画板中绘制一个占整个版面三分之二大小的矩形，如图 11-84 所示。继续在画板的右侧绘制一个三分之一大小的矩形，如图 11-85 所示。

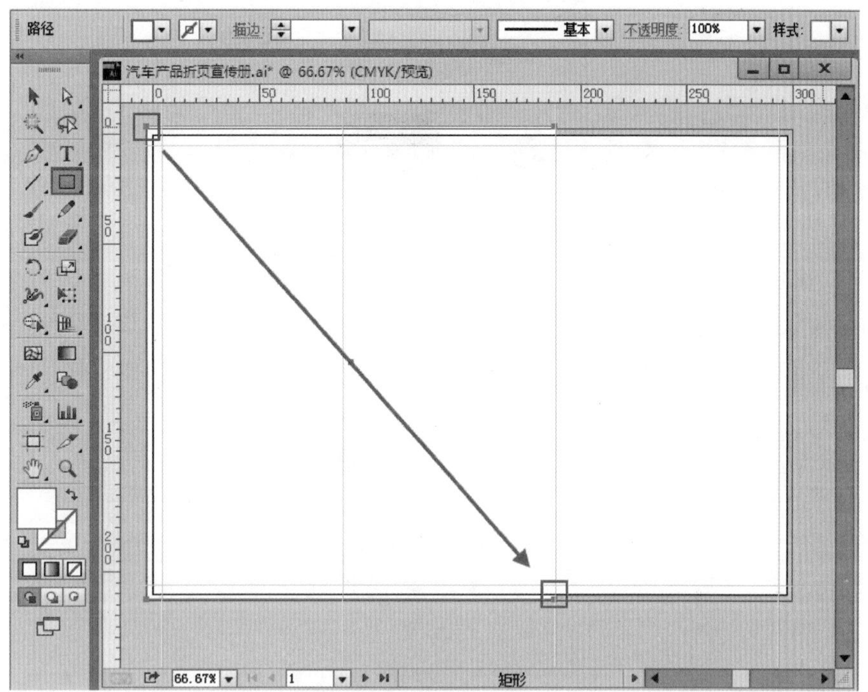

图 11-84

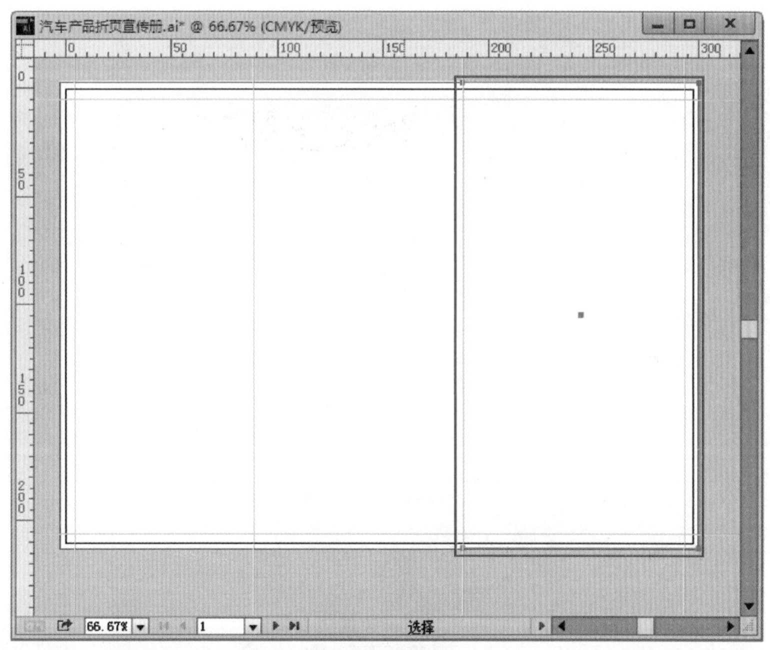

图 11-85

(5) 将汽车素材在软件中打开。执行“文件”→“置入”命令，在打开的“置入”窗口中选择素材“1. jpg”，单击“置入”按钮，如图 11-86 所示。在画面中点击鼠标左键，图片素材就会出现在画面中，如图 11-87 所示。

(6) 单击控制栏中的“嵌入”按钮，将图像进行嵌入。此时可以看到图像被嵌入到文件中，如图 11-88 所示。

图 11-86

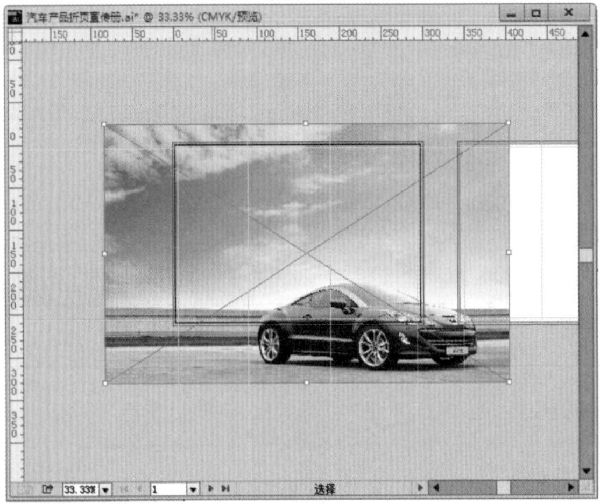

图 11-87

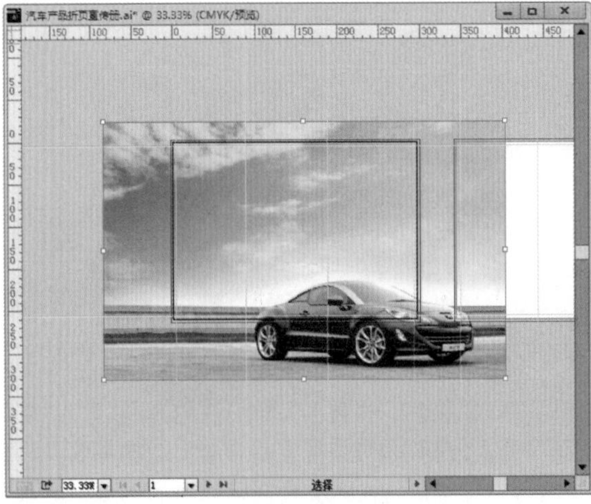

图 11-88

(7) 选择该图像，单击鼠标右键，在弹出的快捷菜单中执行“变换”→“对称”命令，如图 11-89 所示。随即会弹出“镜像”窗口，在该窗口中勾选“垂直”，单击“确定”按钮，如图 11-90 所示。此时画面效果如图 11-91 所示。

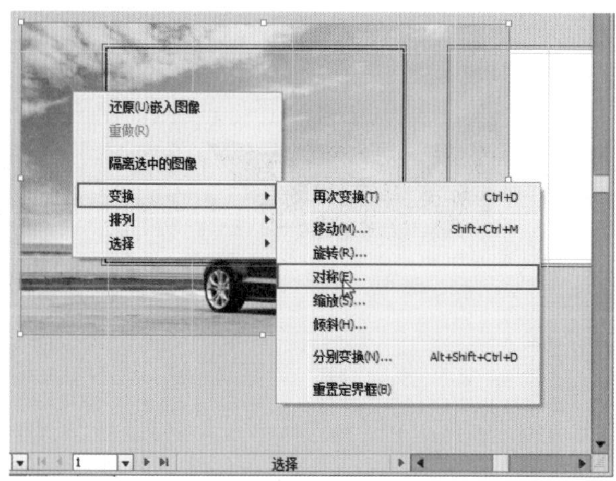

图 11-89

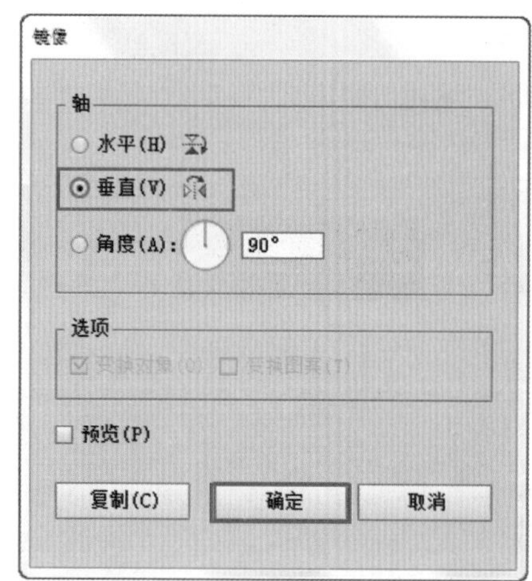

图 11-90

(8) 将汽车素材进行缩放，调整到合适位置，效果如图 11-92 所示。

图 11-91

图 11-92

(9) 通过“剪切蒙版”将多余的图像隐藏，使用“矩形工具”参照参考线的位置绘制一个矩形，如图 11-93 所示。将这个矩形和下方的图像加选，执行“编辑”→“剪切蒙版”→“建立”命令，建立剪切蒙版，效果如图 11-94 所示。

图 11-93

图 11-94

（10）下面制作不规则的四边形效果。选择工具箱中的“矩形工具”，设置“填充”为深灰色，在画面的左上角绘制一个矩形，如图 11-95 所示。选择工具箱中的“直接选择工具”，选择矩形的右下角的锚点，按住 Shift 键向左侧拖曳。制作出不规则的四边形效果，如图 11-96 所示。

图 11-95

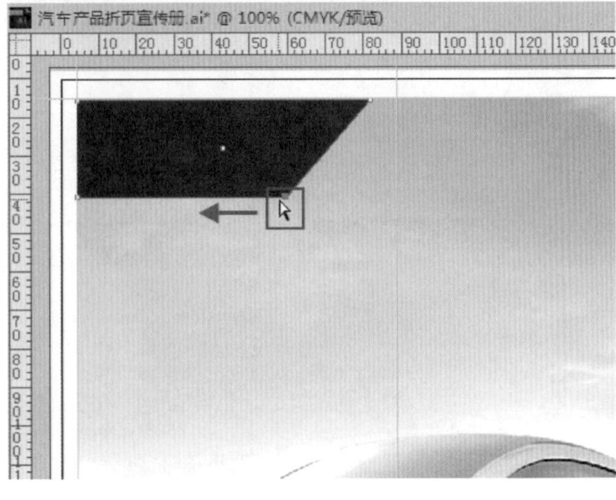

图 11-96

（11）选择工具箱中的“横排文字工具”T，在四边形的上方输入文字，如图 11-97 所示。继续输入文字，如图 11-98 所示。

图 11-97

图 11-98

（12）接下来输入段落文字，使用文字工具绘制出文本框，如图 11-99 所示。在文本框中输入段落文字，如图 11-100 所示。

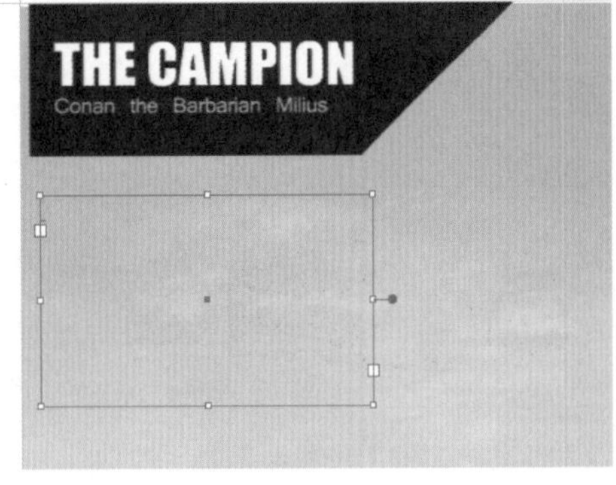

图 11-99

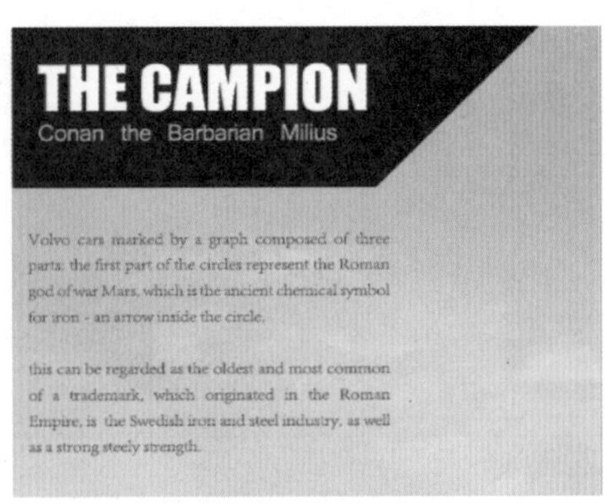

图 11-100

(13) 绘制一个半透明的矩形，选择工具箱中的“矩形工具”，设置颜色为青色，“不透明度”为 70%。参照参考线的位置绘制一个矩形，如图 11-101 所示。矩形绘制完成后，在其上方输入文字，如图 11-102 所示。

图 11-101

(14) 继续使用“矩形工具”绘制一个深灰色的矩形，如图 11-103 所示。

图 11-102

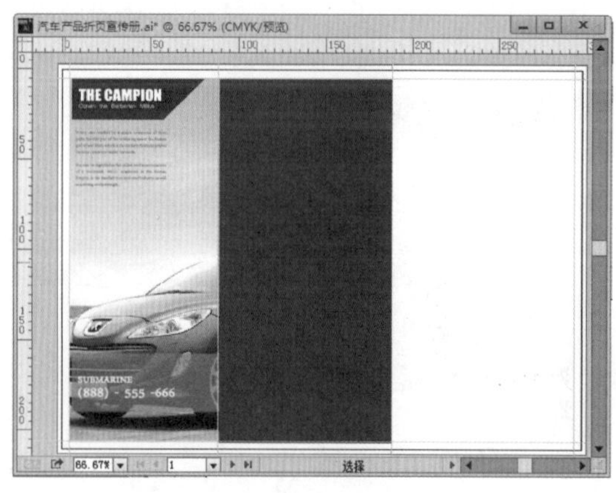

图 11-103

(15) 复制形状。选择工具箱中的“选择工具”，选择画面左上角的不规则四边形，按住 Alt 键将其移动并复制，移动到画面中合适位置，如图 11-104 所示。继续绘制一个青色的矩形，如图 11-105 所示。

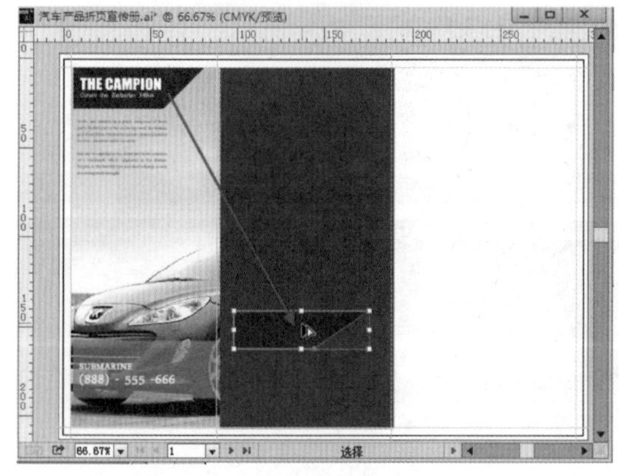

图 11-104

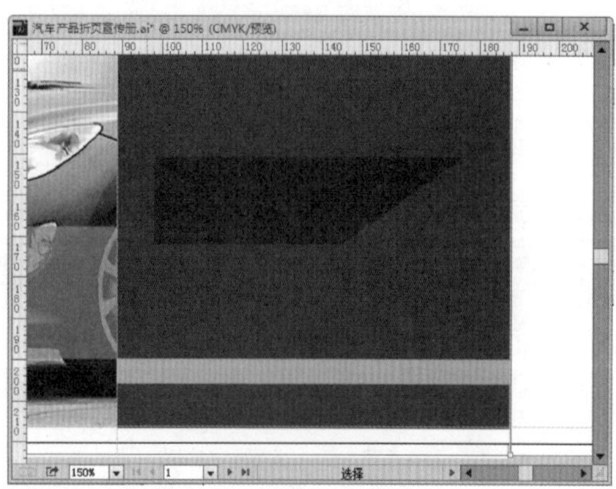

图 11-105

（16）在画面中输入文字，效果如图 11-106 所示。

图 11-106

（17）制作画面的右侧部分。使用“矩形工具”绘制一个矩形形状，如图 11-107 所示。

（18）再次复制一次四边形，如图 11-108 所示。选择该图层，单击鼠标右键，在弹出的快捷菜单中执行“变换”→“对称”命令，在弹出的“镜像”窗口中设置“轴”为“垂直”，如图 11-109 所示。效果如图 11-110 所示。

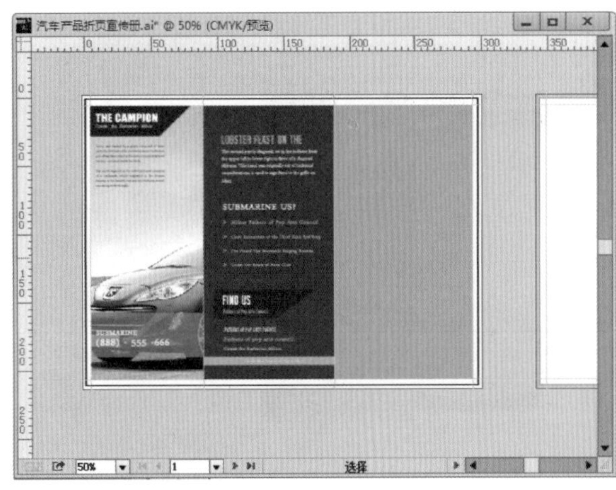

图 11-107

图 11-108

图 11-109

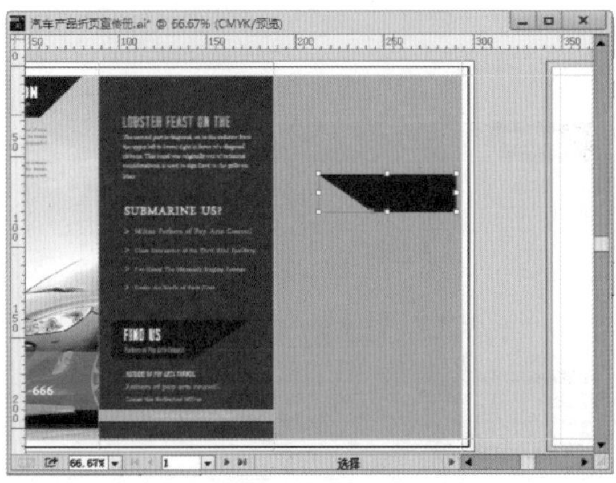

图 11-110

(19) 将该四边形更改为青色，效果如图 11-111 所示。

(20) 使用“钢笔工具”绘制一个三角形。选择工具箱中的“钢笔工具”，设置“填充”为深灰色，参照参考线的位置绘制一个三角形，效果如图 11-112 所示。

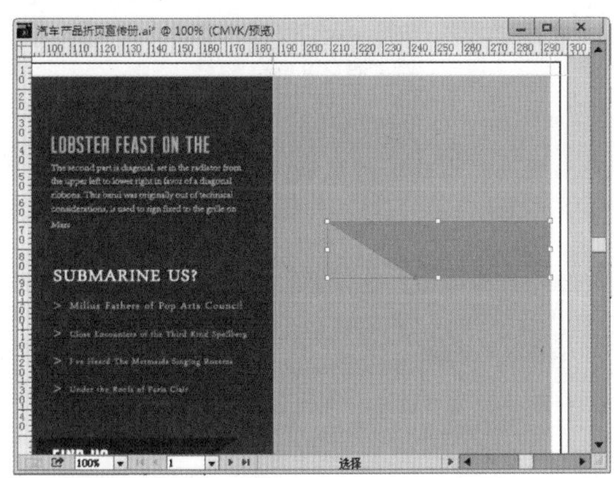

图 11-111

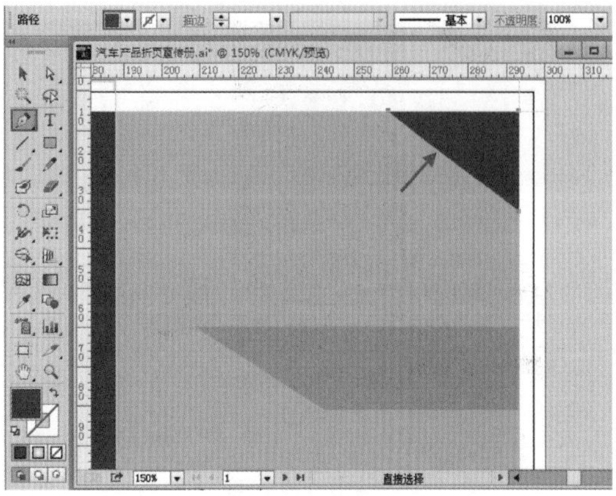

图 11-112

(21) 将汽车素材“2.jpg”置入到画面中，移动到合适位置。如图 11-113 所示。接着使用“钢笔工具”绘制出一个三角形，如图 11-114 所示。

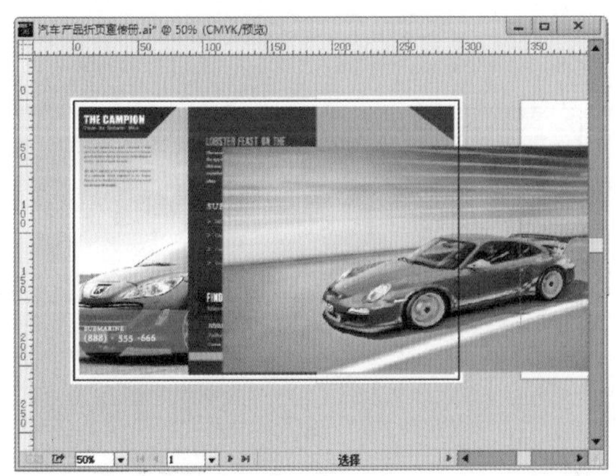

图 11-113

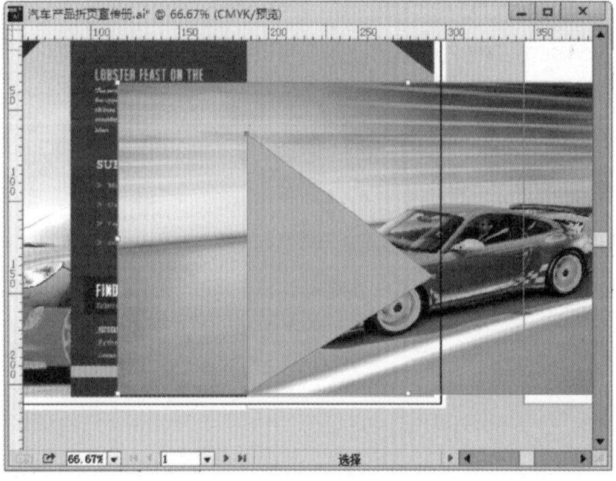

图 11-114

(22) 将三角形和汽车图片按住 Shift 键加选，执行“编辑”→“剪切蒙版”→“建立”命令，建立剪切蒙版，此时画面效果如图 11-115 所示。

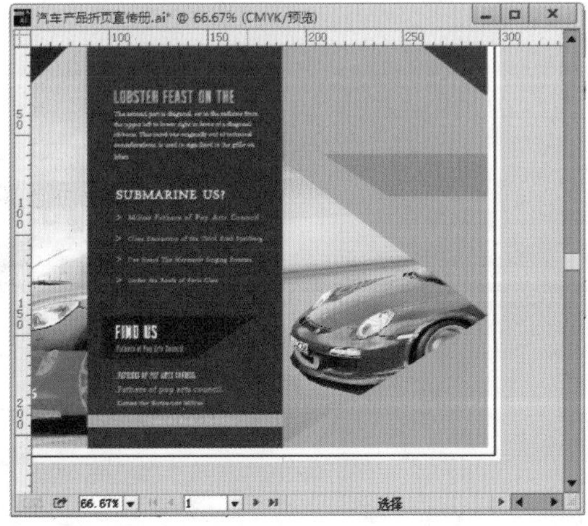

图 11-115

(23) 使用“钢笔工具”绘制一个“不透明度”为60%的白色三角形，效果如图11-116所示。最后，在画面中输入文字，效果如图11-117所示。宣传册的正面就制作完成了。

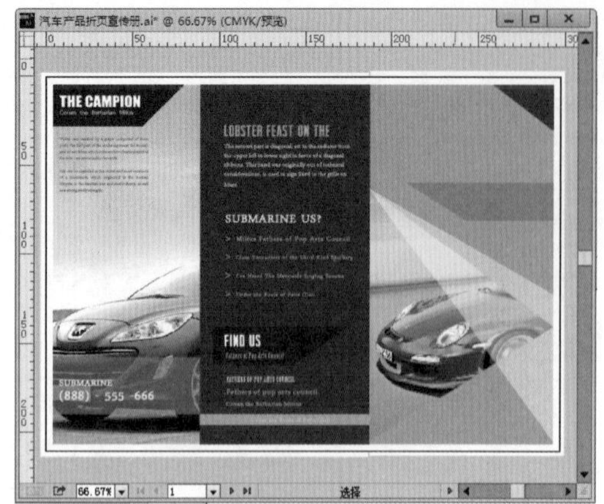

图 11-116

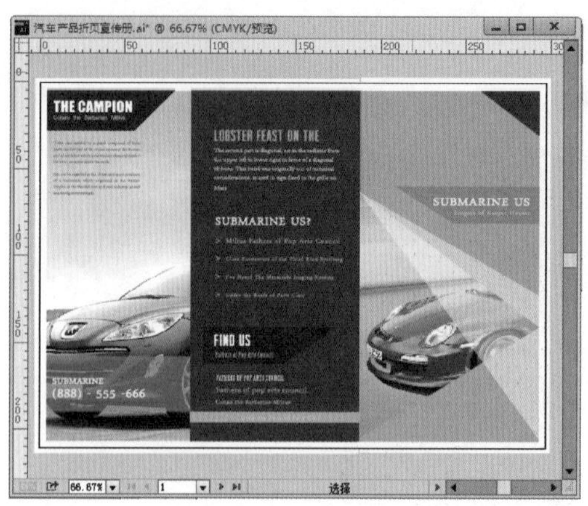

图 11-117

Part 2 制作宣传册背面

(1) 使用“矩形工具”绘制一个比版面大的，在出血范围内的白色矩形，这个白色矩形将作为版面的背景，效果如图11-118所示。

(2) 继续参照参考线的位置绘制一个青色的矩形，效果如图11-119所示。

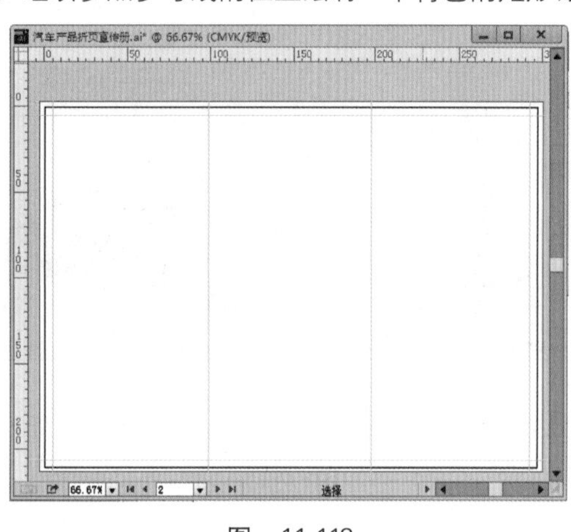

图 11-118

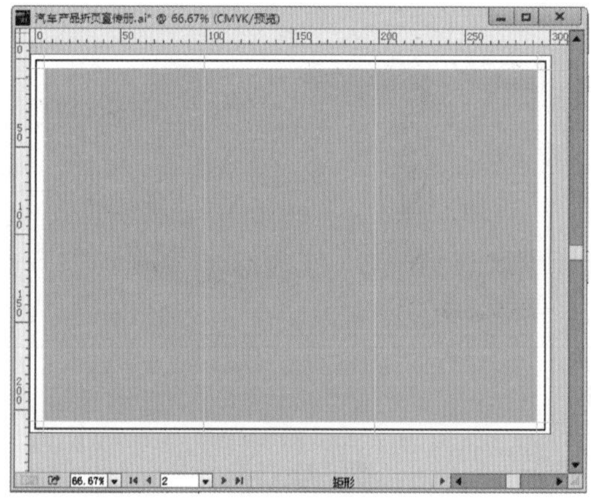

图 11-119

(3) 将上一部分中制作的四边形复制一份，移动该画板的左上角，效果如图11-120所示。接着输入文字，效果如图11-121所示。

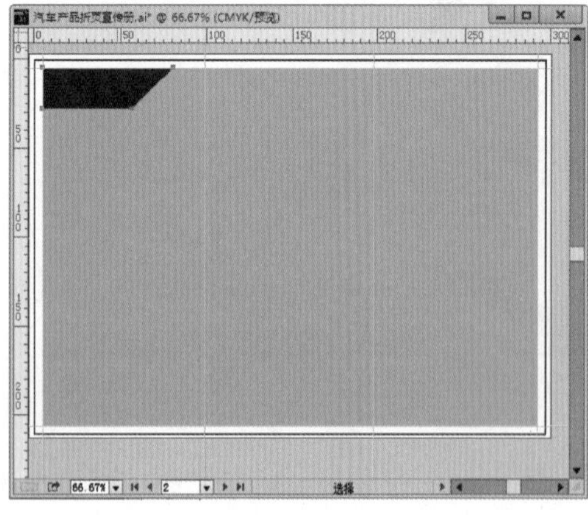

图 11-120

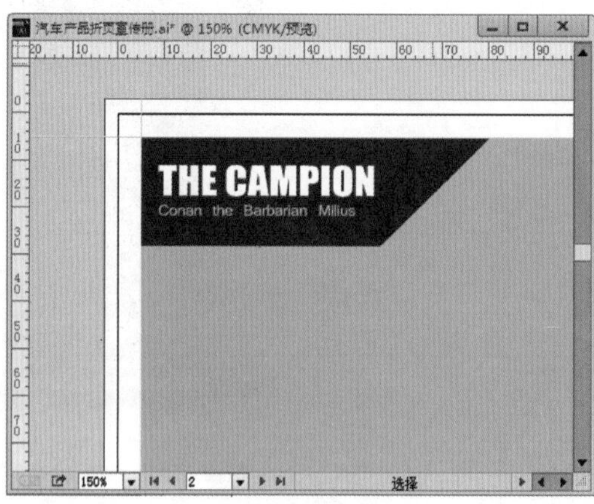

图 11-121

(4) 制作拼图效果。将汽车素材导入到画面中，如图 11-122 所示。使用钢笔工具绘制一个多边形，效果如图 11-123 所示。

图 11-122

图 11-123

(5) 将四边形和汽车图层选中，使用“建立剪切蒙版”快捷键 Ctrl+7 建立剪切蒙版，效果如图 11-124 所示。使用同样的方式制作另外两处的图案部分，效果如图 11-125 所示。

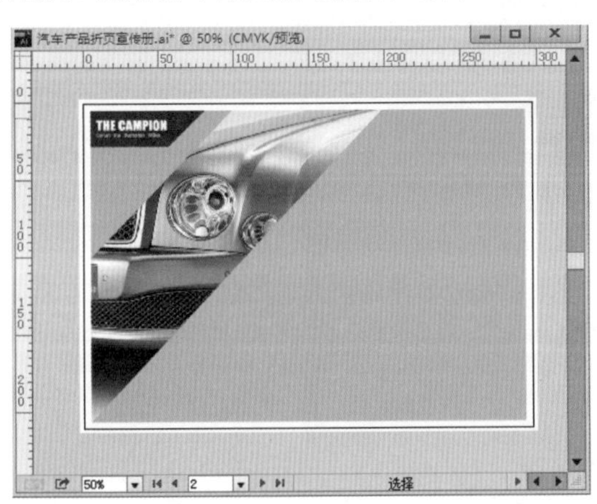

图 11-124

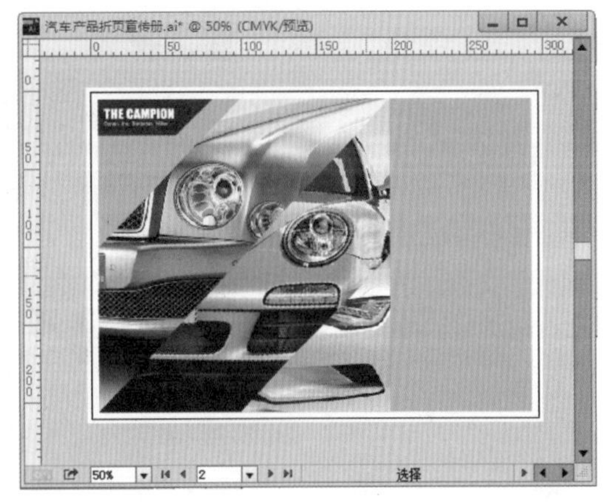

图 11-125

(6) 使用“矩形工具”绘制一个细长的直线，效果如图 11-126 所示。

(7) 选择工具箱中的“椭圆工具”，设置“填充颜色”为白色，设置“描边”为“无”，在直线的尽头绘制一个椭圆形状，效果如图 11-127 所示。

图 11-126

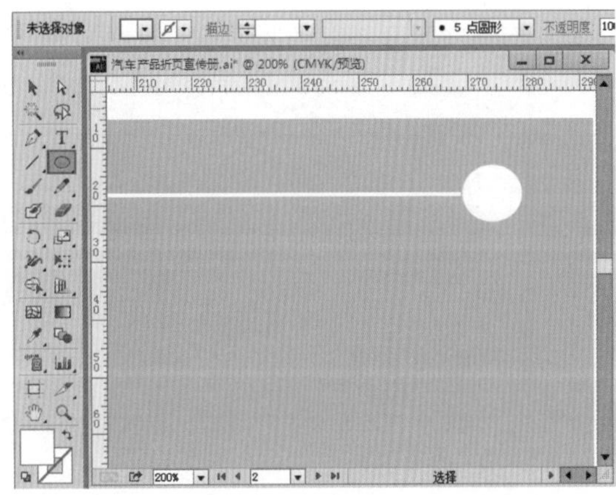

图 11-127

(8) 使用“横排文字工具”输入点文字，效果如图 11-128 所示。输入段落文字，效果如图 11-129 所示。

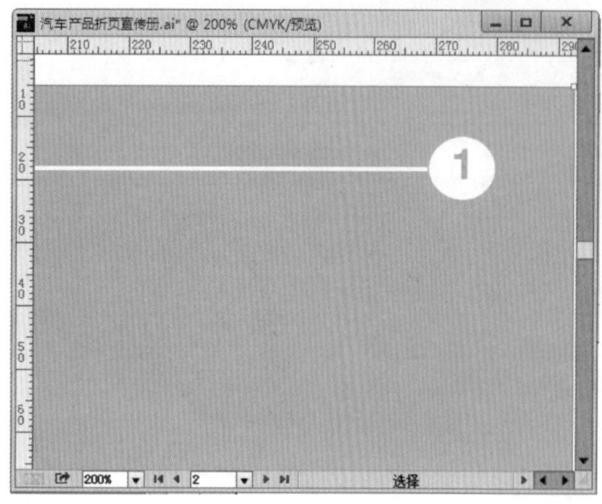

图 11-128

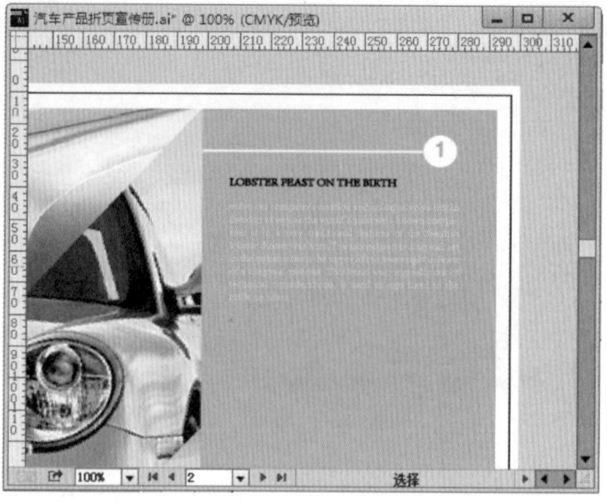

图 11-129

(9) 使用同样的方式制作另外两处的文字，折页的平面效果就制作完成了，效果如图 11-130 所示。

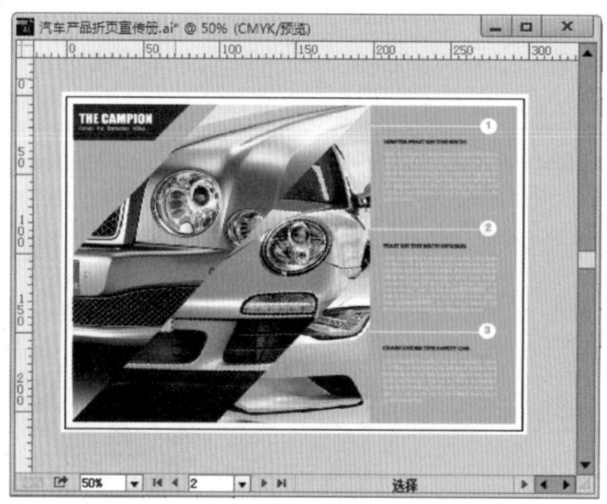

图 11-130

Part 3 制作宣传册的展示效果

(1) 制作渐变色的背景。绘制一个大于版面的矩形，如图 11-131 所示。

(2) 为该矩形填充渐变颜色。选择该矩形，执行“窗口”→“渐变”命令，在“渐变”面板中编辑一个灰色系的渐变，设置“类型”为“径向”，如图 11-132 所示。使用“渐变工具” 进行填充，效果如图 11-133 所示。

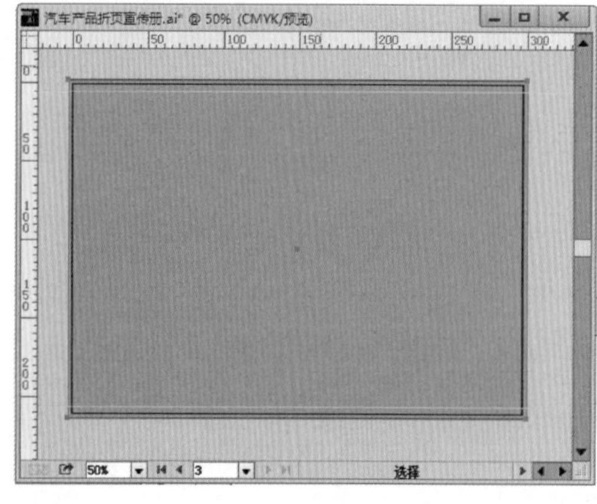

图 11-131

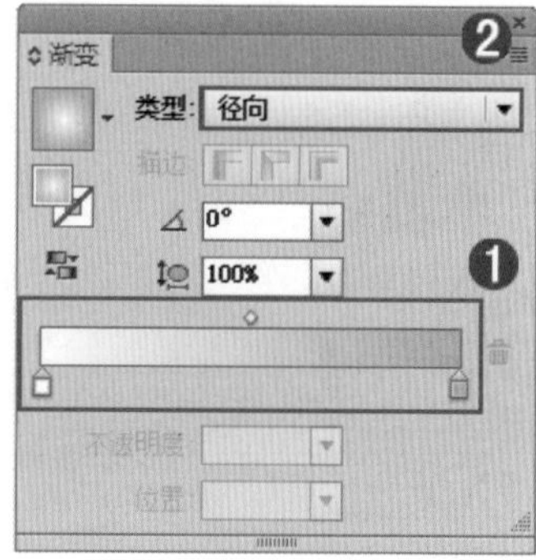

图 11-132

(3) 制作展示效果。将封面部分进行复制。来到画板 1 中，将这部分的右侧框选，如图 11-134 所示。

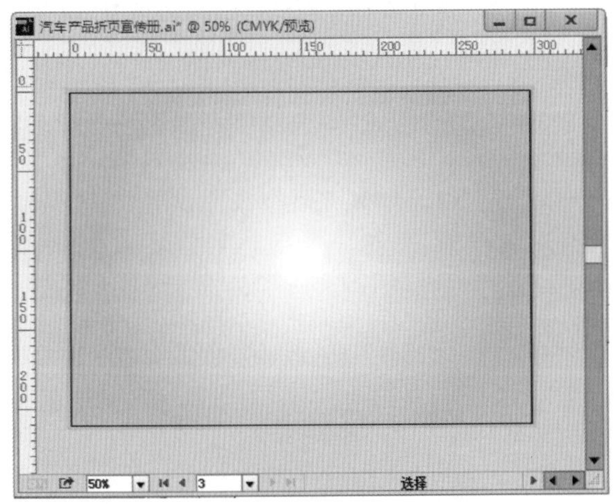

图 11-133

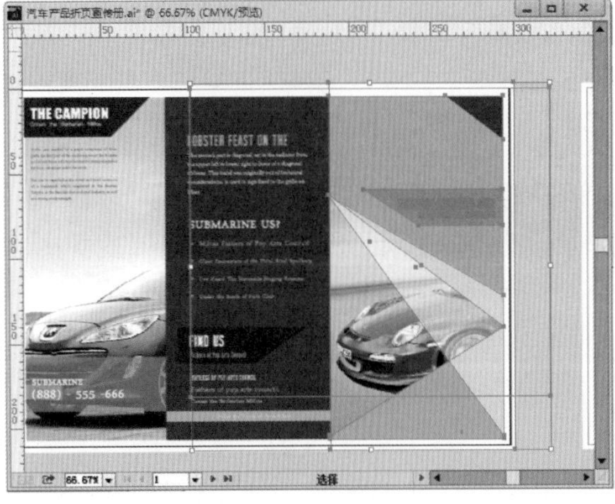

图 11-134

(4) 使用复制快捷键 Ctrl + C 将这部分复制，接着使用快捷键 Ctrl + V 将其粘贴。将复制的这份封面选中，执行“对象”→“编组”命令将其编组，如图 11-135 所示。移动到“画板 3”中，如图 11-136 所示。

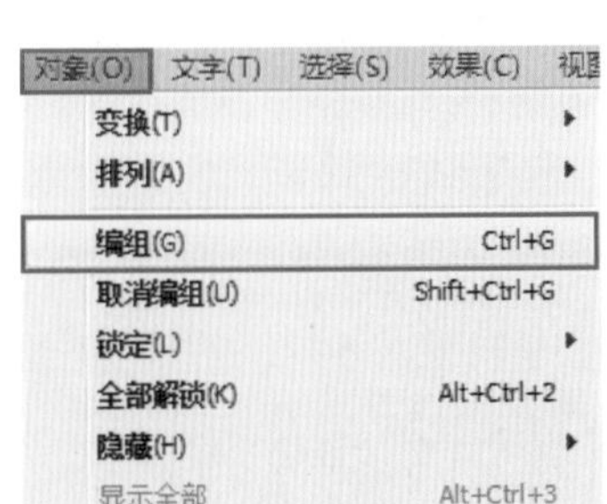

图 11-135

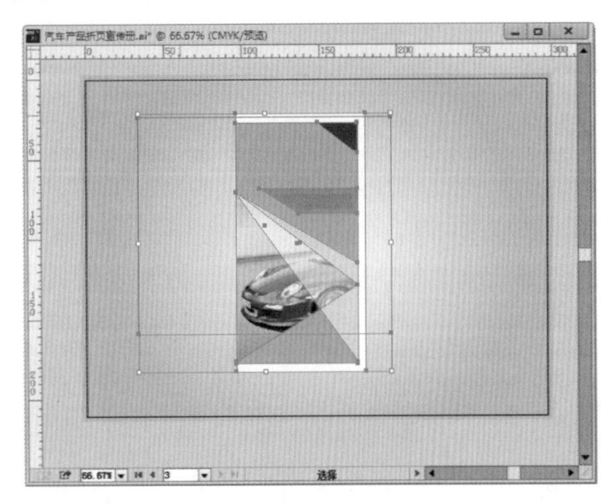

图 11-136

(5) 将封面进行变形，选择工具箱中的“自由变换工具”，选择该工具组中的“自由扭曲”工具，将封面进行自由扭曲，如图 11-137 所示。继续调整变形，最后效果如图 11-138 所示。

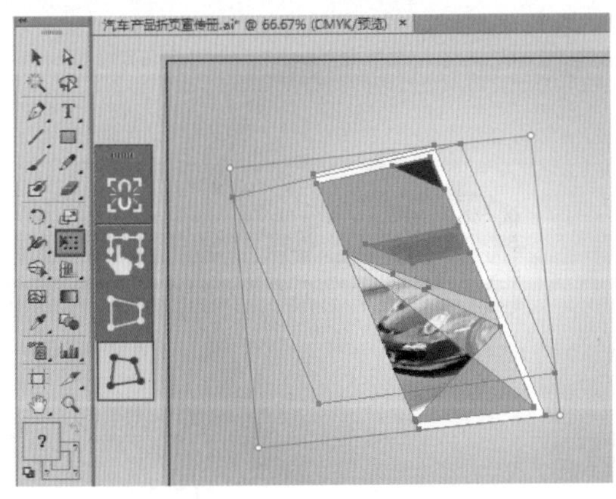

图 11-137

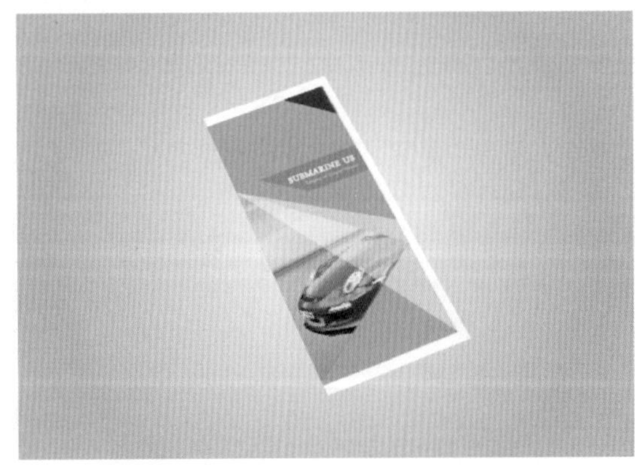

图 11-138

(6) 为封面加“投影”效果。选中变形后的封面，执行“效果”→“风格化”→“投影”命令，在“投影”窗口中设置“模式”为“正片叠底”，“不透明度”为 75%，“X 位移”为 0.3mm，“Y 位移”为 0.3mm，“模糊”为 0.5mm，“颜色”为黑色，参数设置如图 11-139 所示。效果如图 11-140 所示。

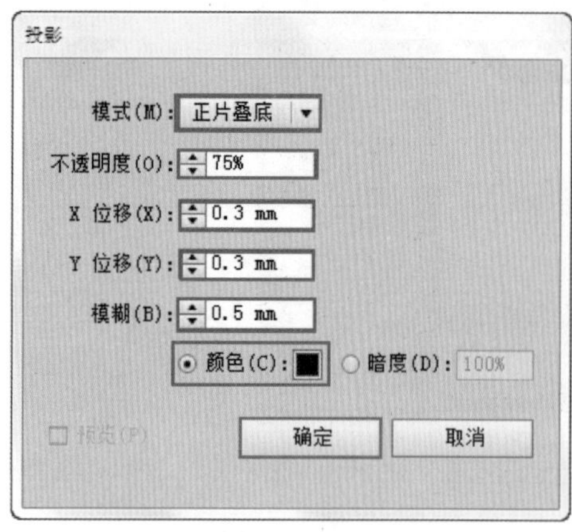

图 11-139

图 11-140

(7) 将宣传册复制两份，并进行旋转、移动、缩放操作，效果如图 11-141 所示。

图 11-141

11.4 灵感补给站

参考优秀设计案例，启发设计灵感，如图 11-142 所示。

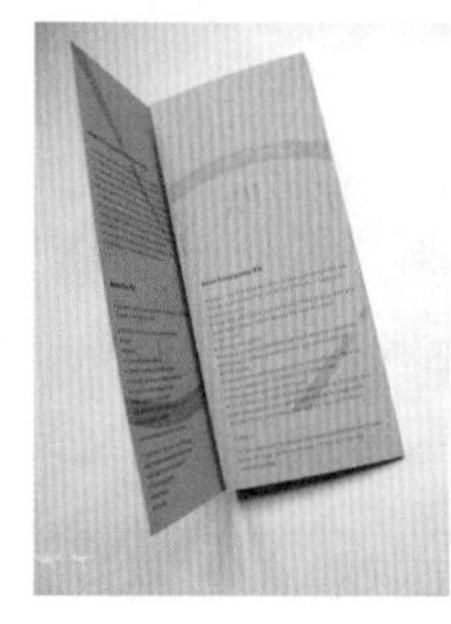
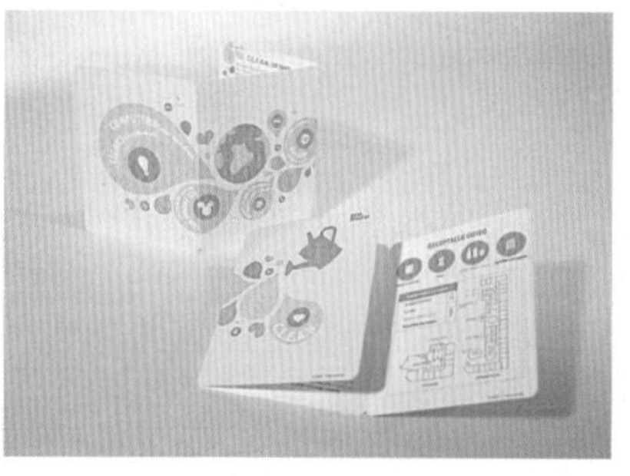

图 11-142

HEALTH
POLICY
HAPPY
HANDS
STYLE
MUSIC
ART
YAO
LU
LEE
JEUNG-LOK
SHEN
CHAO-LIANG
WU TIEN
CHANG
Fruitylicious
For healthy life
Five a day
the color way
WRITE US:
Mission
SIMPL
ICITY
WORKS
ENYXEE

图 11-142(续)

第12章

包装设计

- **课题概述**

现如今的包装已经不仅仅局限于传统意义上的保护与收纳商品,而是更加注重包装的美感与设计感。在市场经济的今天,包装已然成为商品计划、广告推销等市场销售活动的焦点。在日常生活中精心设计过的包装随处可见,可以说包装已经和商品融为一体。它是实现商品价值和使用价值的一种手段,发挥着极其重要的作用。

- **教学目标**

包装设计具有商品和艺术相结合的双重性,在本章中通过了解包装设计概念、包装的基本功能,认识包装的常见类型,学习包装设计中的要素,然后通过饼干包装和糖果包装两个案例进行包装设计的练习。

12.1 包装设计概述

在现如今的快节奏消费时代里，市场中早已不再是被“老字号”占领的年代了。商品种类快速的推陈出新，大批陌生的新鲜产品出现在消费者的视野中，那么消费者将如何从完全陌生的同类产品中选出其中之一呢？其实很多时候对于商场中琳琅满目的商品而言消费者能够感受到的并不是商品的“本质”，而是商品的包装所“传达”出的信息。也正是因为如此，产品的包装设计可以说在很大程度上决定了商品的受欢迎程度。在经济全球化的今天，包装与商品已融为一体。包装设计已经不再仅仅具有保护商品的作用，还具有传递商品信息、方便使用、运输、促销等功能。所以说，包装设计是一门综合性学科，具有商品和艺术相结合的双重性，如图 12-1 和图 12-2 所示。

图 12-1

图 12-2

12.1.1 什么是包装

“包装”一词对于商品而言既可以是名词，也可以是动词。既是指物体外层包裹容器，同时也是指对产品进行美化。包装设计一般包括包装容器造型设计、包装装潢设计、包装结构设计三个方面，以形态分类可分为工业包装和商业包装两大类，商业包装又称为销售包装。“包装”是为在流通过程中保护产品、方便储运、促进销售，按一定的技术方法所用的容器、材料和辅助物的总体名称；也指为达到上述目的在采用容器材料和辅助物的过程中施加一定技术方法等的操作活动。图 12-3～图 12-6 所示为优秀的产品包装设计作品。

图 12-3

图 12-4

图 12-5

图 12-6

12.1.2 包装的基本功能

包装作为商品的外衣，具有多种功能，主要有保护功能、便利功能和销售功能三种功能。

1. 保护功能

保护功能是包装最基本的功能，使商品在运输、销售中不受外力的损坏。一件商品从生产到销售，其中要经过多次的运输与搬运。它所要经历的冲撞、震动、挤压、潮湿、日照等因素都会影响到商品。设计师在设计之前，首先要考虑到的就是包装的结构与材料，这样才能保证商品在流通过程中的安全，如图 12-7 和图 12-8 所示。

图 12-7

图 12-8

2. 便利功能

包装的设计在对生产、流通、存储和使用过程中都具有适应性。包装设计应该站在消费者的立场上去思考，做到“以人为本”，这样才能拉近商品与消费者之间的距离，从而增加消费者的购买欲望。例如易拉罐的设计、桶装方便面等的设计，都是很人性化的，如图 12-9 和图 12-10 所示。

图 12-9

图 12-10

3. 销售功能

在市场竞争日益激烈的今天，包装的作用受到了越来越多商家的认可。如何让产品在琳琅满目的货架中“跳”出来，这就需要为产品设计一个引人注意的包装。为了争夺有限的市场，设计师就必须在包装设计的独特性上下功夫，这样才能促进产品的销售，如图 12-11 和图 12-12 所示。

图 12-11

图 12-12

12.1.3 包装的常见分类方式

包装的种类繁多，形态各异。常见的分类方式也很多，如根据产品内容、包装材料、产品性质、包装的形状进行分类，不同类型的包装设计方式也各不相同。

1. 产品内容

产品内容包括日用品类、食品类、烟酒类、化妆品类、医药类、文体类、工艺品类、化学品类、五金家电类、纺织品类、儿童玩具类、土特产类等。图 12-13 所示为食品类包装常用的纸质包装盒，图 12-14 所示为饮料常用的塑料瓶包装。

图 12-13

图 12-14

2. 包装材料

根据商品的特点，从运输、展示、摆放等不同因素，包装所采用的材料也不同。可以采用的材料包括：纸包装、金属包装、玻璃包装、木包装、陶瓷包装、塑料包装、棉麻包装、布包装等。如图 12-15 所示的玻璃包装常用于液体的储存，能够很好地展示产品的特性，但也同时具有易碎的缺点。图 12-16 所示为质地轻薄，成本较低的纸质包装。

图 12-15

图 12-16

3. 产品性质

销售包装：销售包装又称商业包装，销售包装是直接面对消费者的包装，所以在设计时，应该力求简单实用、设计精美，能够体现出商品的特点。销售包装分为内销包装、外销包装、礼品包装、经济包装等。

储运包装：包装运输的目的主要是用来运输和储存。在设计时，运输包装并不是设计的重点，只要注明产品的数量，发货与到货日期、时间与地点等，也就可以了。

军需品包装：军需品的包装，也可以说是特殊用品包装。

4. 包装的形状

从包装的形状上来分可以将其分为个包装、中包装和大包装。个包装是指产品的内容包装。也被称为小包装或内包装。它最贴近产品，是产品的第一道保护。中包装主要是为了增强对商品的保护、便于计数而对商品进行组装或套装。比如一盒鸡蛋是 12 个、一提可乐是 6 瓶、一条香烟是 10 包等。大包装也称外包装、运输包装。它承载着保护商品在运输中安全的作用。大包装在设计上比较简单，通常会加上一些警醒符号，诸如小心轻放、防潮、防火、堆压极限、有毒等，如图 12-17 所示。

大包装

中包装

个包装

图 12-17

12.1.4 包装平面视觉要素

包装就像商品的“衣服”，“衣服”样式的好与坏很大程度上能够影响到产品的销售。包装虽然是立体的，但是包装设计首先要在平面化的外形上进行设计，这与平面设计有着莫大的关联。简单来说，包装设计可以说是通过将商标、图形、文字和色彩排列在一起从而构成一个完整画面的过程，如图 12-18 和图 12-19 所示。

图 12-18

图 12-19

1. 商标设计

商标是企业及产品的象征符号，是品牌所有者向政府有关部门注册登记后享有的专利，是受到法律保护的一种标志。在之前的学习中，已经讲过标志的设计。标志在包装上具有识别性，是塑造品牌的一个关键。一件漂亮的包装也许能讨得消费者的一时欢心，但是商标一旦深入人心，便会获得长久的市场效益，如图 12-20 和图 12-21 所示。

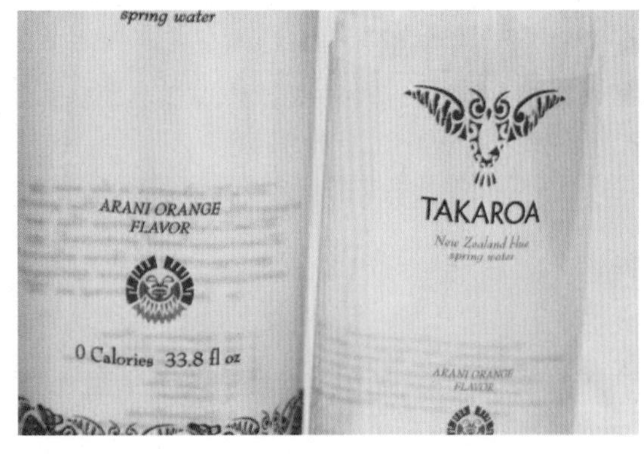

图 12-20

图 12-21

2. 图形设计

包装设计中的图形主要指产品的形象和其他辅助装饰形象等。对于包装的图形设计而言，丰富的内涵和设计意境在简洁的图形中更容易体现，这是由图形自身传递信息的特点所决定。当消费者接收到图形信息的同时，也会感受到商品所传达的独到的人文关怀，从而产生购买热情，如图 12-22 和图 12-23 所示。

图 12-22

图 12-23

3. 色彩设计

色彩是人类视觉感知的重点要素之一，而色彩也会构成消费者对包装的重点印象。所以色彩在包装设计中占据重要位置，包装设计中的色彩要求个性鲜明，对比强烈，有较强的吸引力和竞争力，以唤起消费者的购买欲望，促进销售。有些商品的包装会采用企业的标准色作为商品的主色调，这样可以在消费者注意到商品时，瞬间与品牌形象联系到一起。图 12-24 和图 12-25 所示为颜色鲜明，吸引人购买的产品包装设计。

图 12-24

图 12-25

4. 文字设计

在设计包装时，可以没有图案，但是不可以没有文字。因为文字可以用来传达思想、交流感情和信息，是包装中不可缺少的一部分。许多优秀的包装设计都十分注重字体的设计，如图 12-26 和图 12-27 所示。包装的文字内容主要包括以下几个方面。

品牌文字：品牌文字是设计的重点，通常被安排在包装的正面。品牌文字包括名称、品牌和出产企业名称等。品牌文字一般做规范化处理，有助于树立产品形象。

资料文字：资料文字包括产品成分、容量、型号、规格等。编排部位多在包装的侧面、背面，也可以有选择的安排在正面。设计一般采用印刷字体。

说明文字：用来说明的文字要简明扼要，字体一般采用印刷体，一般不出现在包装的正面。

图 12-26

图 12-27

12.1.5 包装设计的表现手法

一个成功的包装设计，在设计之初都要去考虑要表现什么和如何将其进行表现，那么如何将包装设计进行表现就是一个至关重要的问题，通常包装设计有以下几种表现手法。

1. 直接表现

直接表现手法是重点表达商品本身，包括其外观形态、用途、用法等。最常用的方法是运用摄影图片或开窗来表现。图 12-28 所示为在包装上卡通动物造型的嘴部“开天窗”来展示产品实物，图 12-29 所示为采用摄影图片展示的包装设计。直接表现的手法还需要进行辅助的图形和颜色进行装饰，通常会采用其他衬托、夸张、特写的表现手法进行包装的设计。

图 12-28

图 12-29

1）衬托

利用图形、图像进行产品的衬托，使得商品得到更充分的表现。在设计中，要处理得当，否则会产生喧宾夺主的感觉。衬托的形象可以是抽象的也可以是具体的。如图 12-30 所示以水果混合牛奶般的色彩作为饮品包装的主色调，衬托出饮品的美味。如图 12-31 所示的饮品包装，在华贵的烫金咖啡色商标映衬下，不仅显出饮品清亮甘洌的口感，更展现出奢华之感。

图 12-30

图 12-31

2）夸张

夸张的包装设计可以增加包装的情趣。采用夸张手法的包装设计在设计过程中要把握整体形象，不宜采用丑化的形式，通常会采用可爱、搞怪的形式。如图 12-32 所示的食品包装盒以一个卡通线描厨师的形象为主体，与纤细的四肢相比“翩翩大腹”显得非常滑稽。如图 12-33 所示采用了夸张的卡通面孔为主题图，并在画面中巧妙的展现了产品图像。

图 12-32

图 12-33

3）特写

特写是一种以部分表现整体的处理方式，着重表现商品最突出的特性。使消费者在观察包装时能够通过感受产品展示出的特性，进而推及整个产品，从而产生购买欲望。如图 12-34 所示的产品包装以产品局部特写作为包装的一部分，吸引消费者。如图 12-35 所示将多种水果的局部图像展现在包装表面，营造出一种鲜美的诱人果味之感。

图 12-34

图 12-35

2. 间接表现

间接表现手法是指在包装的表面不出现任何产品的图形，而是借助其他相关联的事物来表现该对象。这种表现手法使用更为广泛。就产品来说，有的东西无法进行直接表现。如酒水、饮料、洗衣粉等，这就需要用间接表现法来处理，如图 12-36 和图 12-37 所示。

图 12-36

图 12-37

1）比喻

“比喻”手法是指将包装比喻为与之相关联的事物。采用比喻手法设计包装时，所采用的比喻成分必须是大多数人都了解和认同的事物，否则会起到事与愿违的负面作用。如图 12-38 所示将面包比喻成健硕的腹肌，似乎暗示着吃了这个面包你也会有一样健壮的身体。如图 12-39 所示则是将食物与胃相结合，风趣而富有深意。

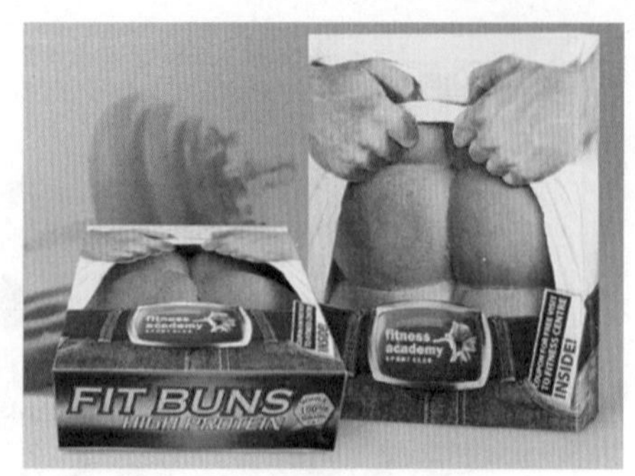

图 12-38

图 12-39

2）联想

“联想”手法是一种由此及彼的设计方法，通常是采用某种形象引导观者的认识向一定方向集中，由观者产生的联想来补充画面上所没有直接交代的东西。采用联想的对象可以是抽象的也可是具体的，联想使得包装设计变得更加灵活、多变。例如，在饮料包装上出现苹果的图案，就会让消费者联想到这瓶饮料是苹果口味的，这就是联想表现手段的魅力所在，如图 12-40 和图 12-41 所示。

图 12-40

图 12-41

3）象征

“象征”的表现手法是将包装象征为某种事物，是比喻与联想相结合的转化，在表现的含义上更为准确。如图 12-42 所示，将耳机以一定的形式固定在背板上，展现出了音符的形态，象征着美妙的音乐。如图 12-43 所示，将果冻杯盖采用水果横截面的图案，象征着果冻中蕴含的水果成分。

图 12-42

图 12-43

4）装饰

任何包装都会采用装饰手法进行装饰，使用装饰手法进行表现可以让包装更为美观，并吸引和引导观者注意。不同类型的产品包装其装饰内容也各不相同，这要考虑到产品特性以及受众群体的喜好。如图 12-44 所示的儿童食品采用了卡通形象作为装饰。如图 12-45 所示的啤酒包装上则采用了很酷的抽象面孔图案作为装饰。

图 12-44

图 12-45

12.2 红酒口味饼干包装盒设计

12.2.1 设计解析

本案例将要制作一款创意十足的饼干包装盒，由于这款饼干具有“红酒”口味的特点，所以在包装上添加了红酒瓶的图形，并且在酒瓶原本的玻璃部分采用了与透明塑料膜拼接的工艺，透明的材质可以使消费者直观地看到包装内部的食品，更加容易引起消费者的购买欲望。图 12-46 和图 12-47 所示为优秀的包装设计作品。

图 12-46

图 12-47

12.2.2 制作流程

本案例首先制作包装的平面图，在制作平面图中主要使用路径查找器制作出包装的刀版图，然后制作包装上的装饰及文字。最后借助“自由变换”功能制作包装的立体效果。在本案中主要使用到矩形工具、圆角矩形工具、路径查找器、文字工具、钢笔工具、自由变换工具等技术进行制作。图 12-48 所示为本案例基本制作流程。

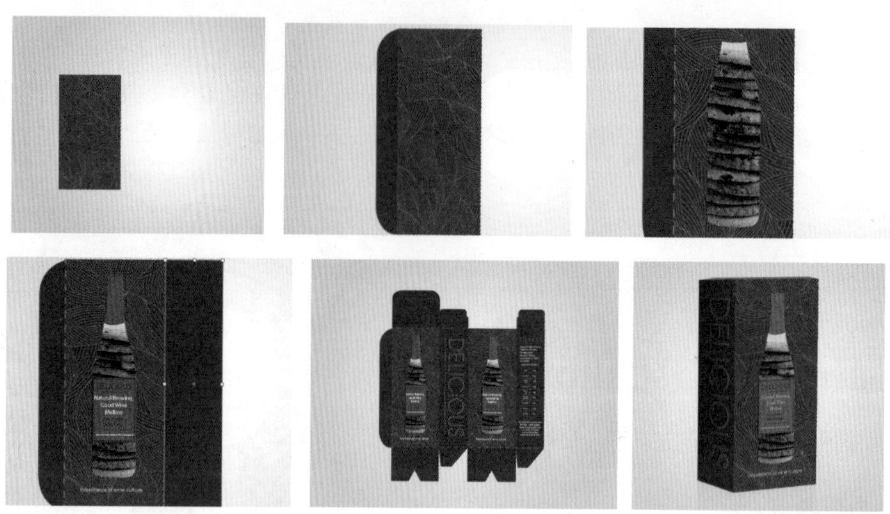

图 12-48

12.2.3 案例效果

最终制作的案例效果如图 12-49 所示。

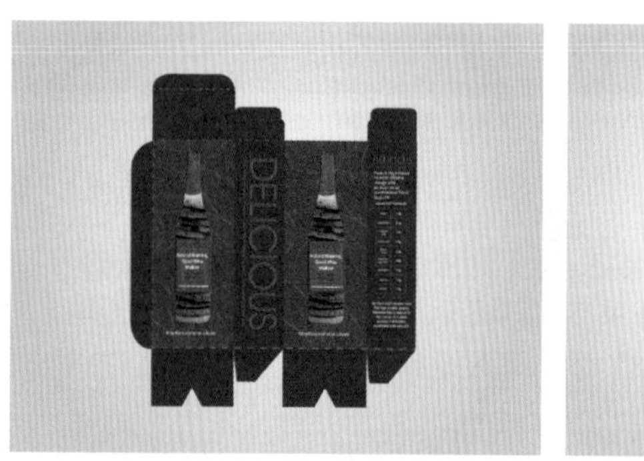

图 12-49

12.2.4 操作精讲

（1）执行“文件”→“新建”命令，在“新建文档”窗口中设置“画板数量”为 2，单击“按行排列”按钮，设置“大小”为 A4，如图 12-50 所示。单击“确定”按钮，新建完成，如图 12-51 所示。

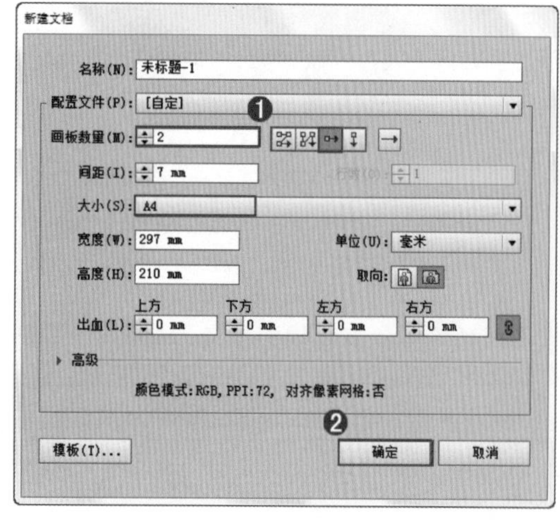

图 12-50

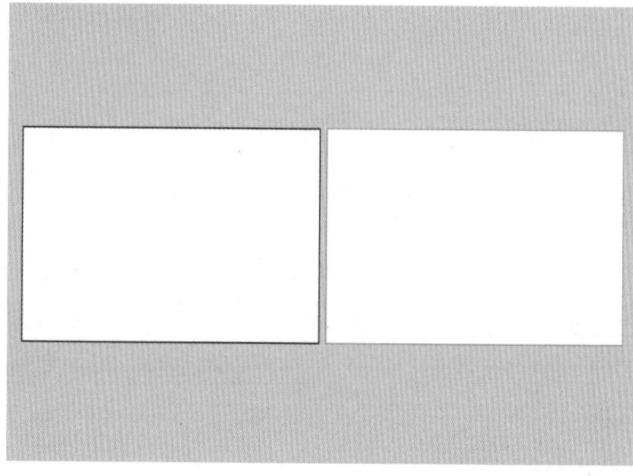

图 12-51

(2) 使用"矩形工具"绘制一个与画板等大的矩形。选择这个矩形，执行"窗口"→"渐变"命令，在弹出的"渐变"面板中设置"类型"为"径向"，编辑一个浅灰色的渐变，如图 12-52 所示。渐变编辑完成后，使用"渐变工具"在画面中拖曳调整渐变的位置。背景部分制作完成，效果如图 12-53 所示。

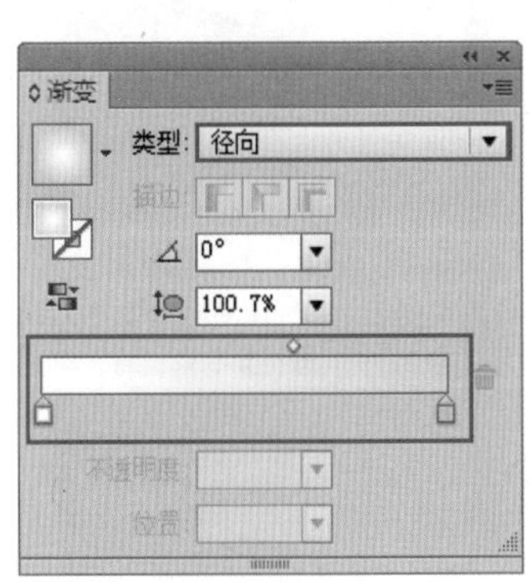

图 12-52

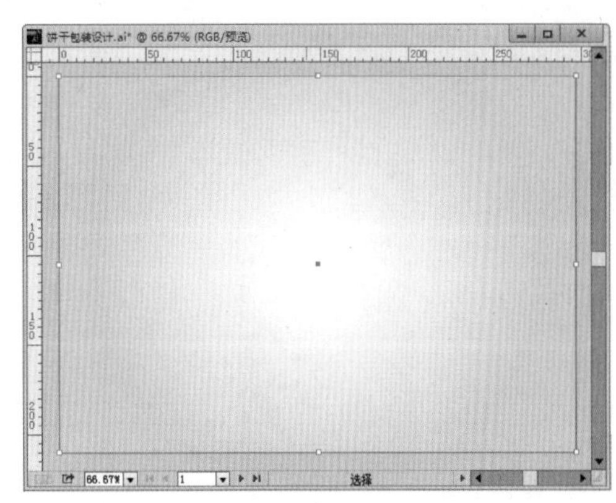

图 12-53

(3) 制作包装的平面图。使用"矩形工具"绘制一个深灰色的矩形，如图 12-54 所示。打开素材"1. ai"，将花纹素材复制到该文件中，放置在灰色矩形上。效果如图 12-55 所示。

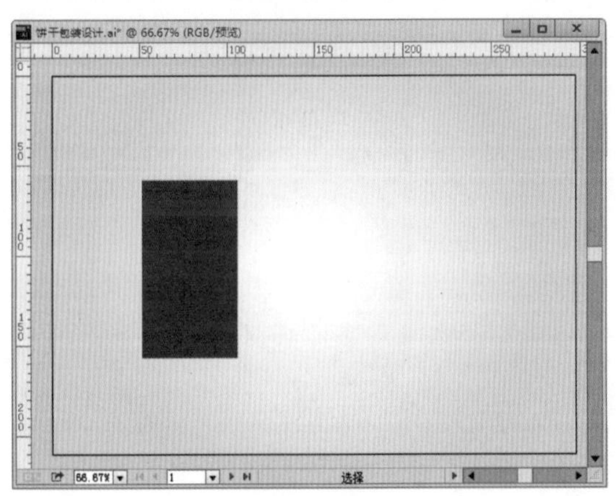

图 12-54

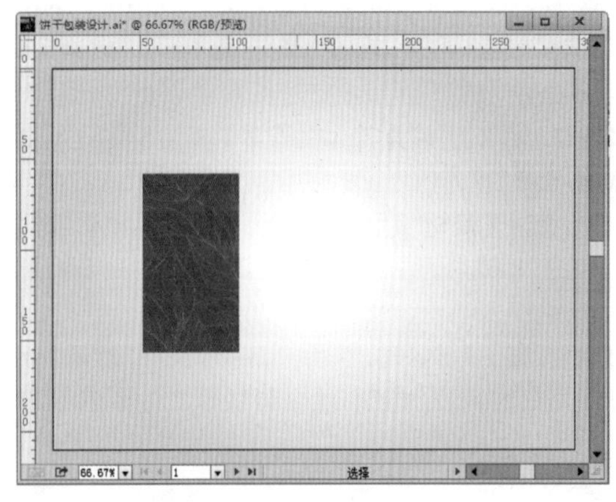

图 12-55

(4) 使用"路径查找器"制作形状。选择工具箱中的"圆角矩形"工具，在画面中单击，在弹出的"圆角矩形"窗口中，设置"宽度"为 33mm，"高度"为 100mm，"圆角半径"为 16mm，设置完成后，单击"确定"按钮。完成圆角矩形的绘制，如图 12-56 和图 12-57 所示。

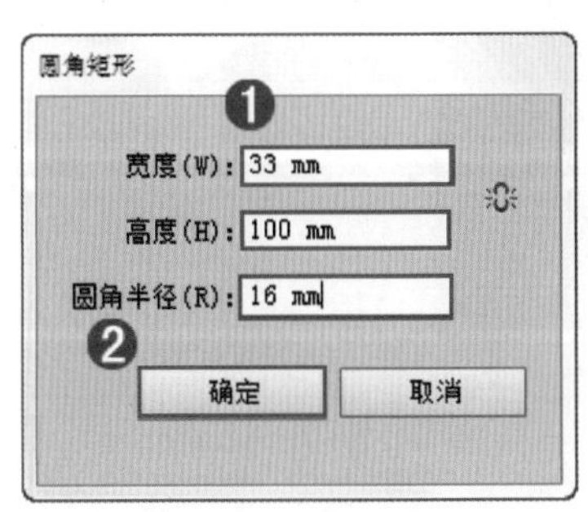

图 12-56

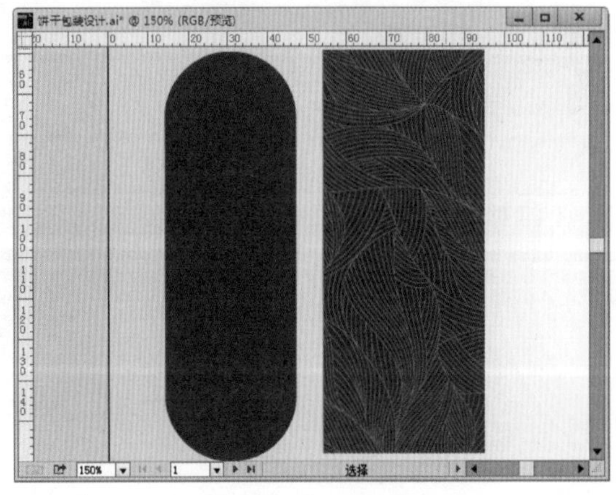

图 12-57

(5) 使用“矩形工具”在圆角矩形的上方绘制一个矩形，如图 12-58 所示。将这两个形状选中，执行“窗口”→“路径查找器”命令，调出“路径查找器”面板，单击“剪切顶层形状”按钮，得到形状，如图 12-59 所示。

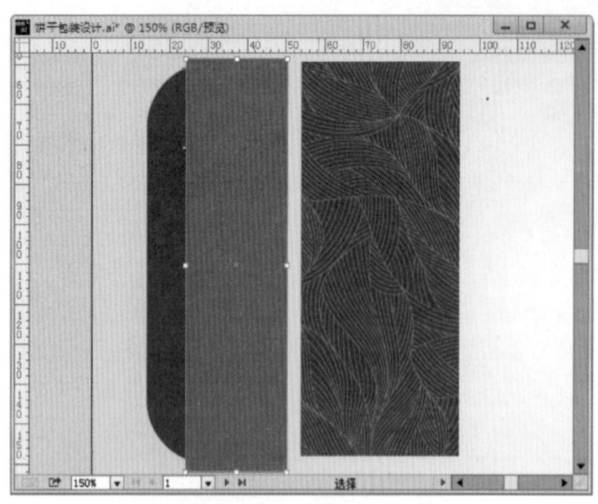

图 12-58

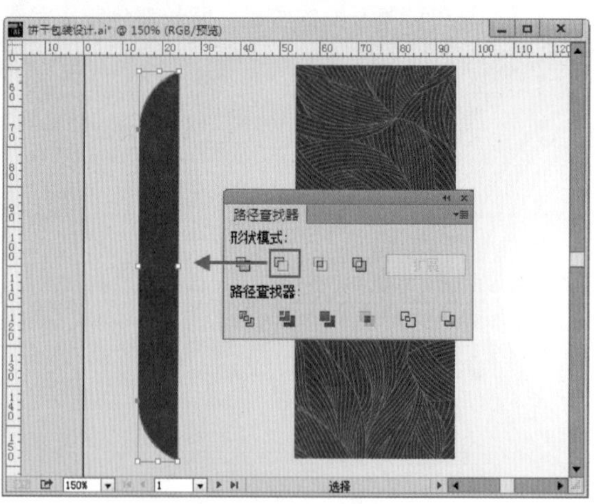

图 12-59

(6) 将得到的形状移动到带花纹的矩形左侧，如图 12-60 所示。接着绘制虚线。选择工具箱中的“钢笔工具”，在控制栏中，设置“填充”为“无”，“描边”为浅灰色，单击“描边”按钮，在下拉面板中设置“粗细”为 1pt，勾选“虚线”，虚线为 7pt，在画面中相应位置绘制虚线，如图 12-61 所示。

(7) 将饼干素材“2. jpg”导入到画面中放置在合适位置，如图 12-62 所示。使用“钢笔工具”绘制一个酒瓶形状，如图 12-63 所示。

(8) 将瓶子形状和饼干图片选中，执行“对象”→“剪切蒙版”→“建立”命令，建立剪切蒙版。画面效果如图 12-64 所示。继续使用“钢笔工具”绘制瓶颈部分，如图 12-65 所示。

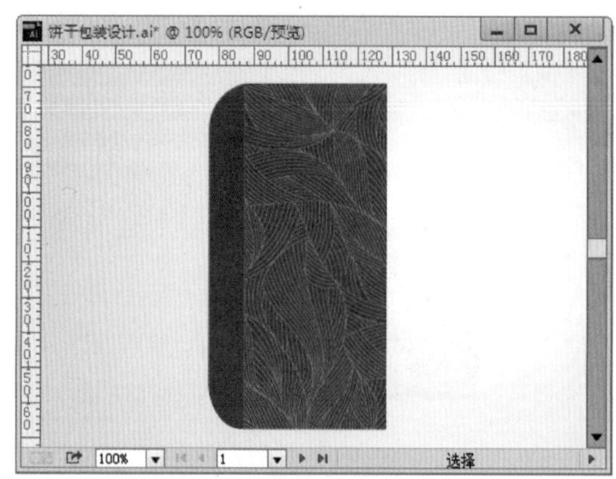

图 12-60

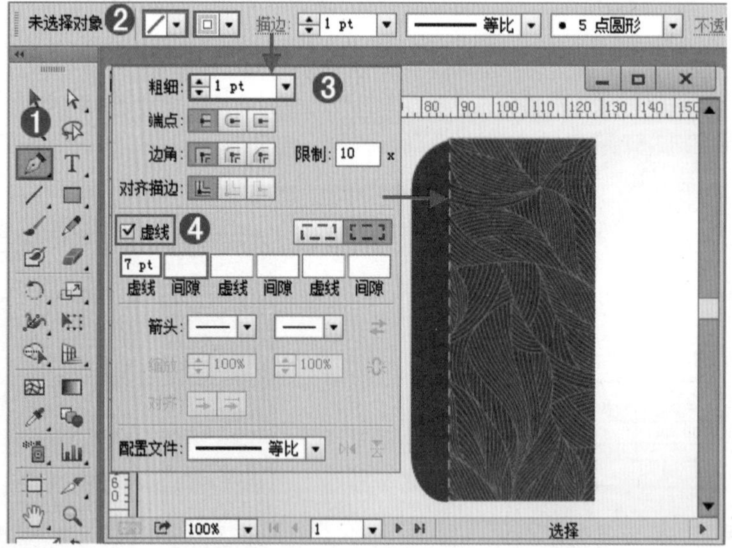

图 12-61

图 12-62

图 12-63

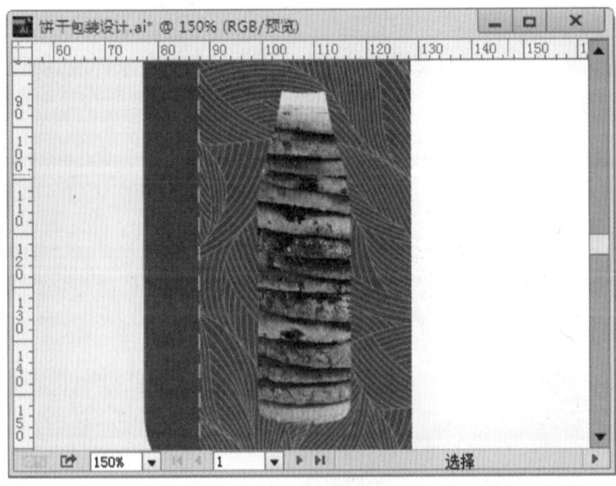

图 12-64

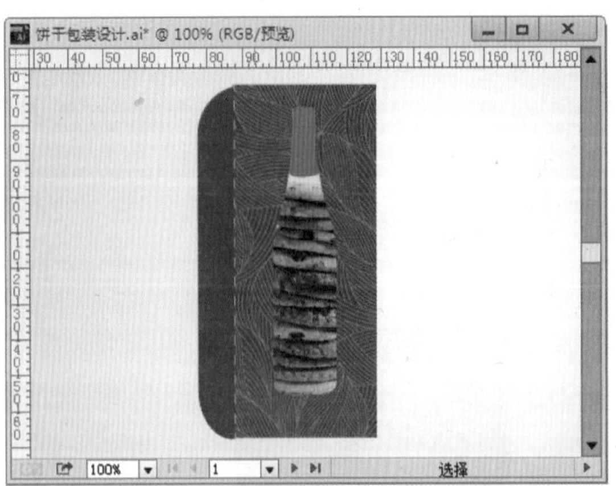

图 12-65

(9) 使用“矩形工具”绘制一个“填充”为粉色，“描边”为红色的矩形，如图 12-66 所示。继续使用“文字工具”在相应位置输入文字，如图 12-67 所示。

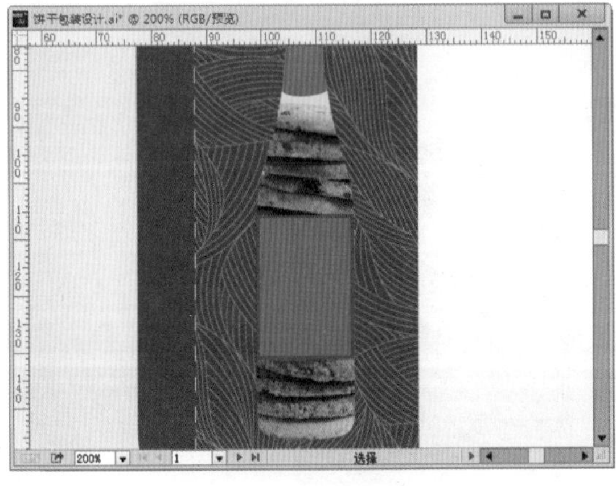

图 12-66

图 12-67

（10）使用“矩形工具”绘制两个细长的矩形，放在标签的文字中间，作为分割线，如图 12-68 所示。

图 12-68

（11）单击工具箱中的“矩形工具”在右侧绘制一个与正面等高的矩形，如图 12-69 所示。接着使用“文字工具”输入两行字，颜色使用与“酒瓶装饰”相同的粉红色，如图 12-70 所示。

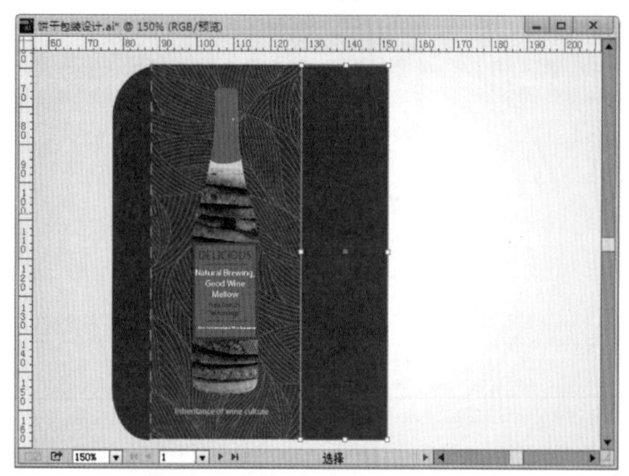

图 12-69

图 12-70

（12）选中这两行文字，将光标定位到一角处，按住 Shift 键进行旋转，旋转为垂直的状态，如图 12-71 所示。松开鼠标，并将文字移动到刚刚绘制的矩形上，效果如图 12-72 所示。

图 12-71

图 12-72

（13）选中正面部分的元素，使用“移动工具”按住 Alt 键进行移动复制，摆放在矩形的右侧，如图 12-73 所示。接着选择中央的矩形，同样进行移动复制，摆放在最右侧的位置，如图 12-74 所示。

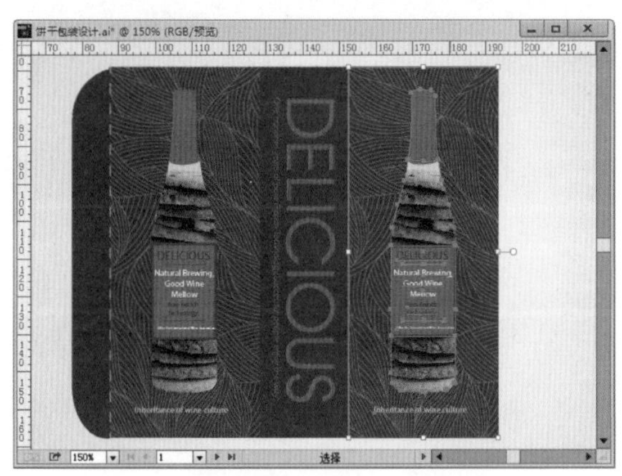

图 12-73

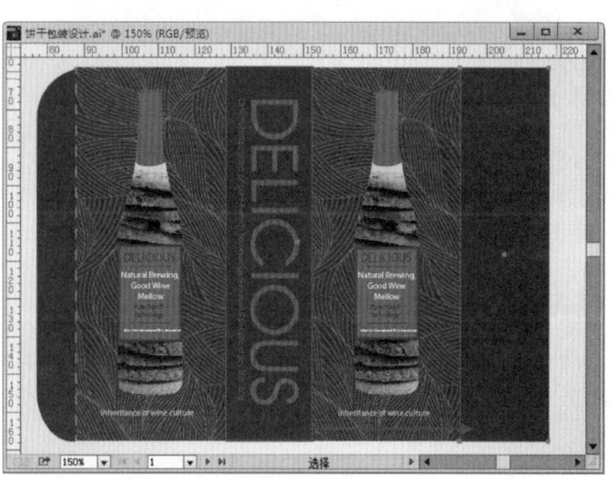

图 12-74

（14）长按工具箱中的“直线段工具”，在工具列表中选择“矩形网格工具”，如图 12-75 所示。在画面中单击鼠标左键即可弹出“矩形网格工具选项”，设置合适的宽度与高度，水平分割线设置为 9，垂直分割线设置为 1，如图 12-76 所示。

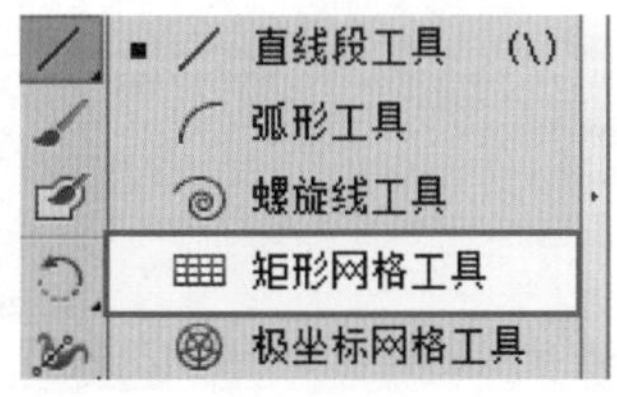

图 12-75

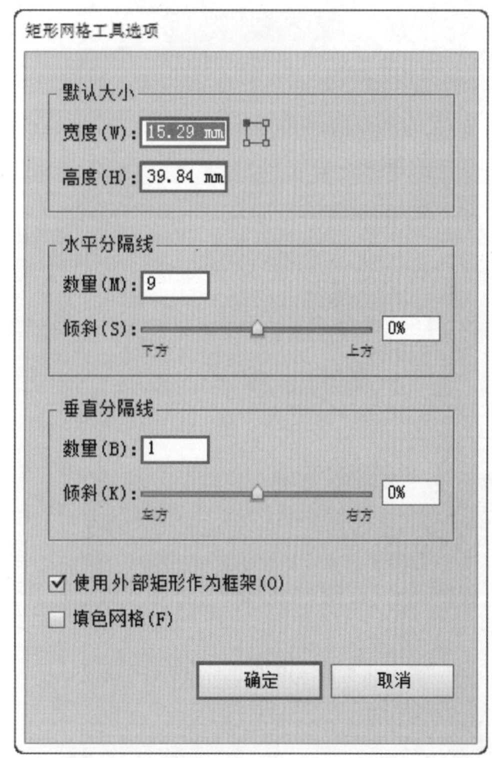

图 12-76

（15）设置完成后按下“确定”按钮，此时画面中出现了矩形的网格，将其移动到右侧的矩形上，如图 12-77 所示。接着可以使用“文字工具”在其中输入文字，如图 12-78 所示。

（16）单击工具箱中的“文字工具”，设置颜色为粉红色，在右侧矩形的表格上方输入文字，如图 12-79 所示。使用“矩形工具”绘制一条矩形分割线，如图 12-80 所示。

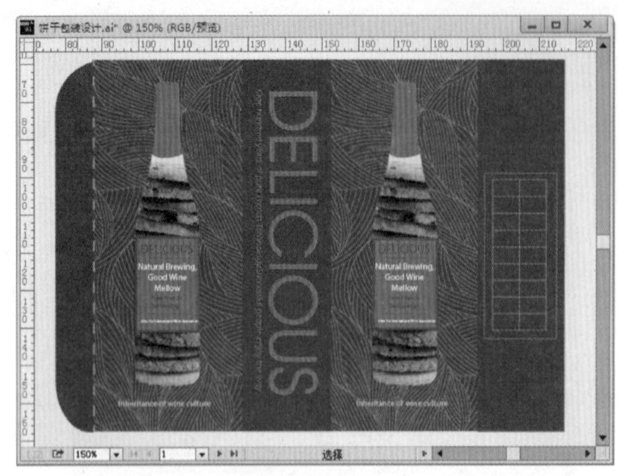

图 12-77

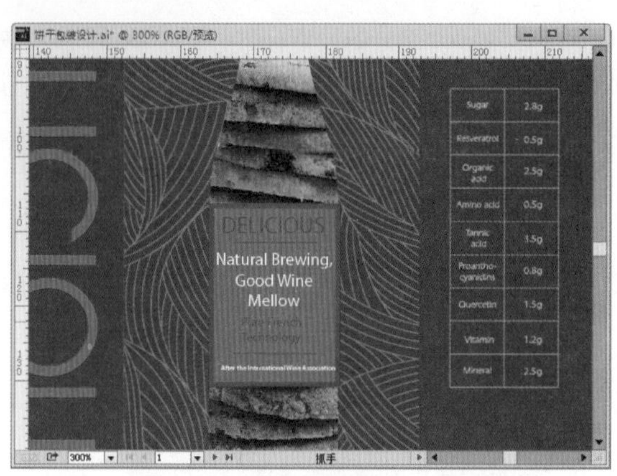

图 12-78

图 12-79

图 12-80

（17）使用“文字工具”，在选项栏中设置对齐方式为“左对齐”，在表格上输入多行文字，如图 12-81 所示。更改对齐方式为“中对齐”，在表格下方输入文字，如图 12-82 所示。

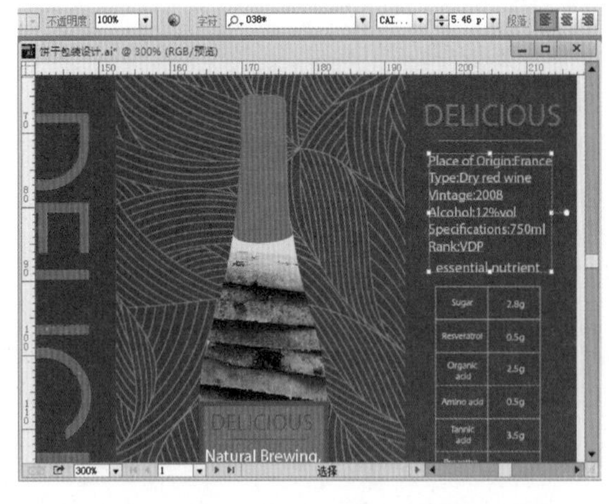

图 12-81

图 12-82

（18）制作底部图形。使用钢笔工具，在控制栏中设置填充颜色为深灰色，在第一个矩形底部绘制图形，如图 12-83 所示。同样的方法绘制另外几个图形，如图 12-84 所示。

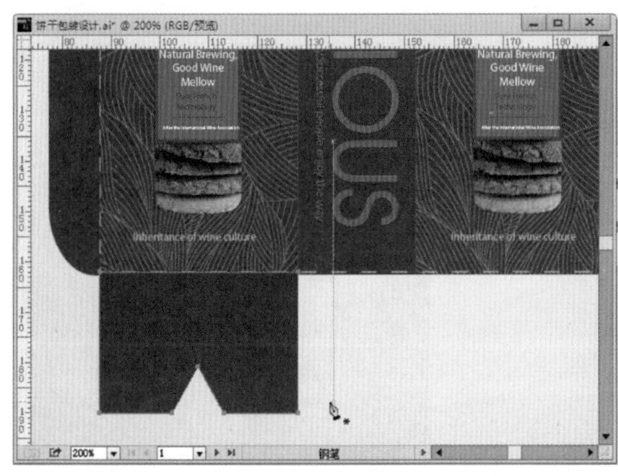

图 12-83

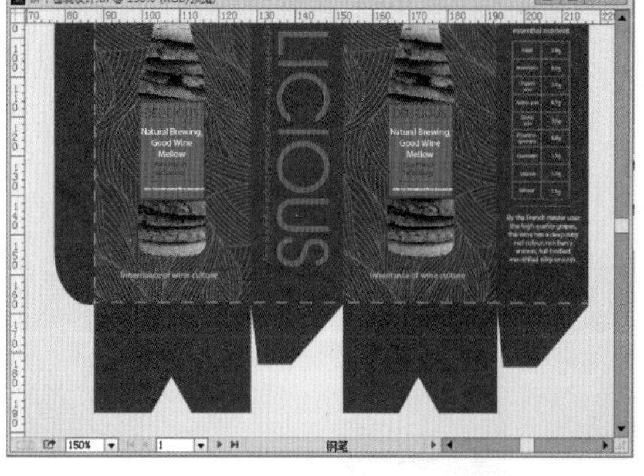

图 12-84

(19) 使用矩形工具和圆角矩形工具绘制顶部的图形，绘制方法与最初绘制左侧图形的方法一致，如图 12-85 所示。到这里平面展开图就制作完成了，效果如图 12-86 所示。

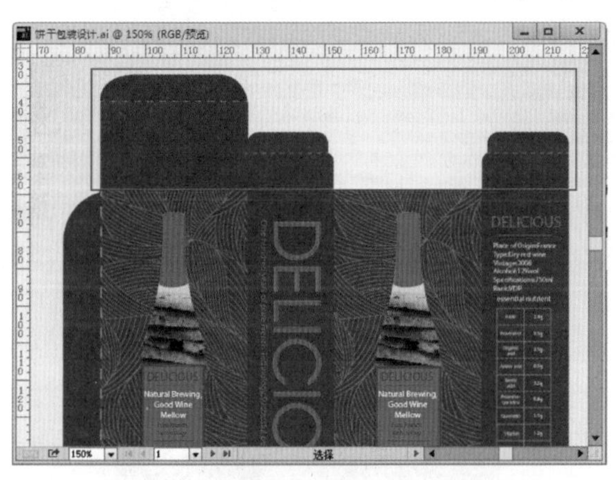

图 12-85

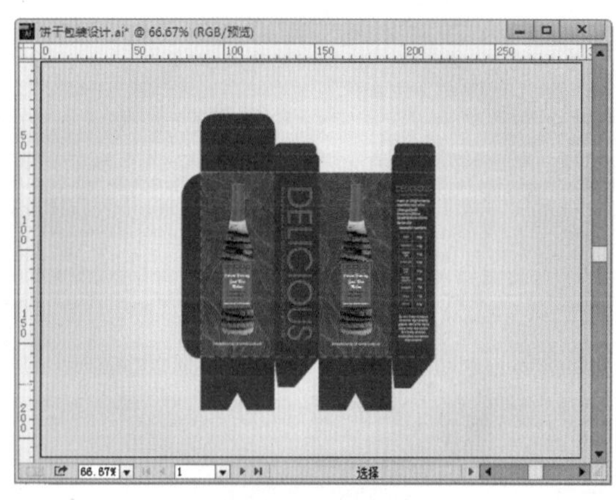

图 12-86

(20) 在另一个画板中制作包装的立体效果。首先将“画板 1”中的背景颜色复制到“画板 2”中，如图 12-87 所示。将包装的正面部分进行复制，移动到“画板 2”中，如图 12-88 所示。

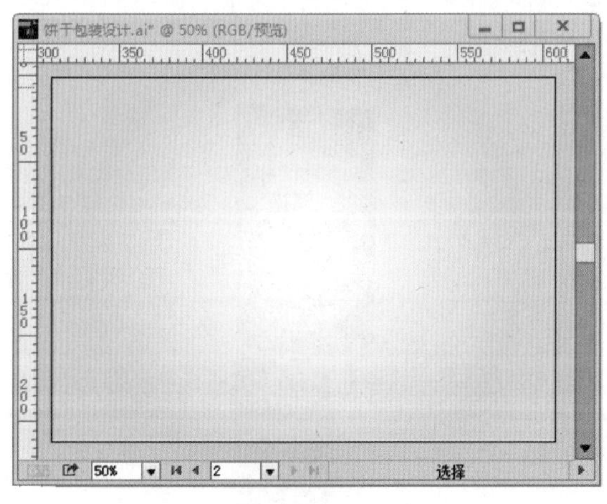

图 12-87

图 12-88

(21) 选择这个形状，单击工具箱中的“自由变换”，继续单击“自由扭曲”按钮，调整控制点位置，继续调整包装的侧面，如图 12-89 和图 12-90 所示。

图 12-89

图 12-90

（22）制作侧面的阴影效果。使用“钢笔工具”绘制一个与侧面相同的形状，填充由透明到黑色的渐变，如图 12-91 所示。使用“钢笔工具”绘制包装的顶部的图形，并填充一个深色系的渐变，如图 12-92 所示。

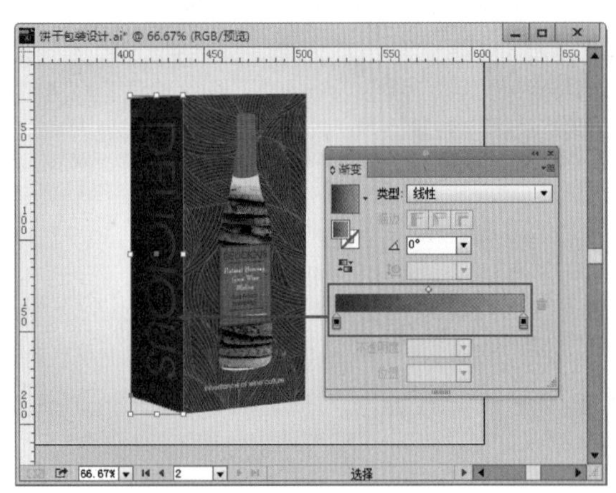

图 12-91

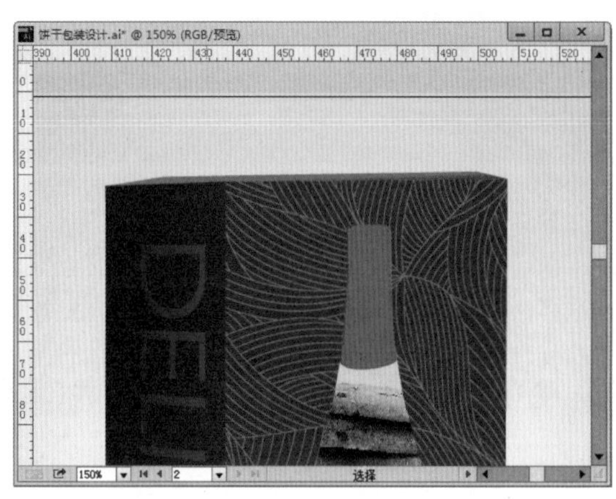

图 12-92

（23）制作包装在地上的倒影部分效果。选择包装的正面，执行“对象”→“变换”→“对称”命令，如图 12-93 所示。将选择的对象进行复制，并移动到画面中合适位置，如图 12-94 所示。

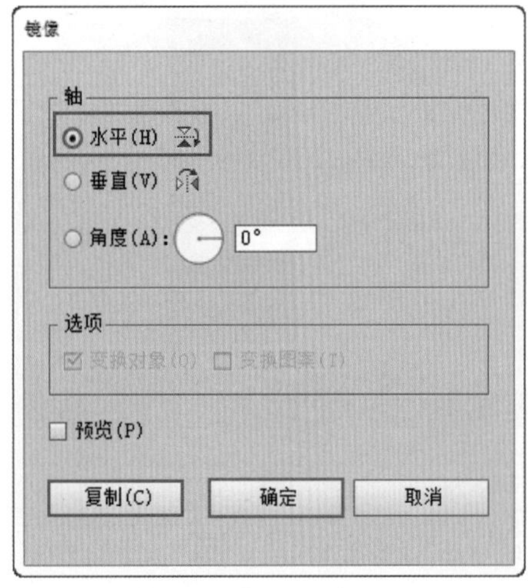

图 12-93

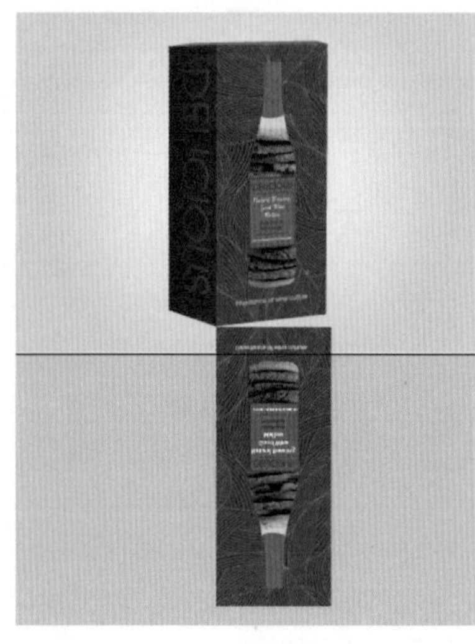

图 12-94

(24) 同样使用“自由变换”功能对正面部分进行形状调整，使其与包装的底边相吻合，如图 12-95 所示。使用同样的方法将包装的侧面进行复制并调整形态，效果如图 12-96 所示。

图 12-95

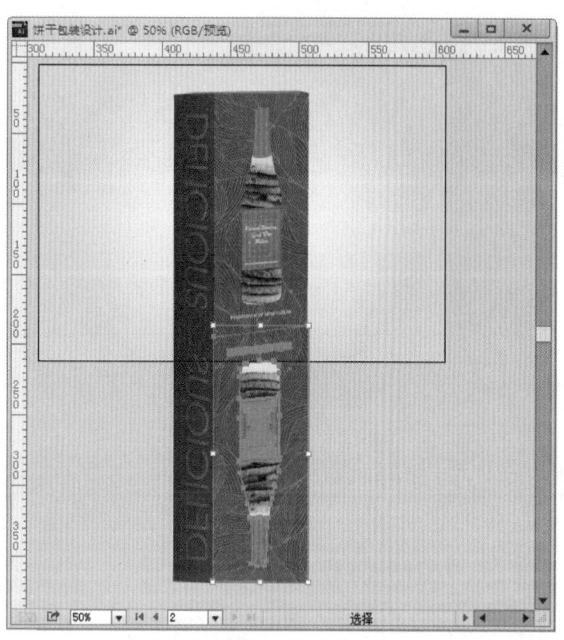

图 12-96

(25) 将复制得到的对象选中，使用快捷键 Ctrl + G 将其编组。使用“矩形工具”在相应位置绘制矩形，并为其填充一个由白色到黑色的线性渐变，如图 12-97 所示。将这二者选中，执行“窗口”→“透明度”命令，调出“透明度”面板，单击“制作蒙版”按钮，建立不透明度蒙版，如图 12-98 所示。

图 12-97

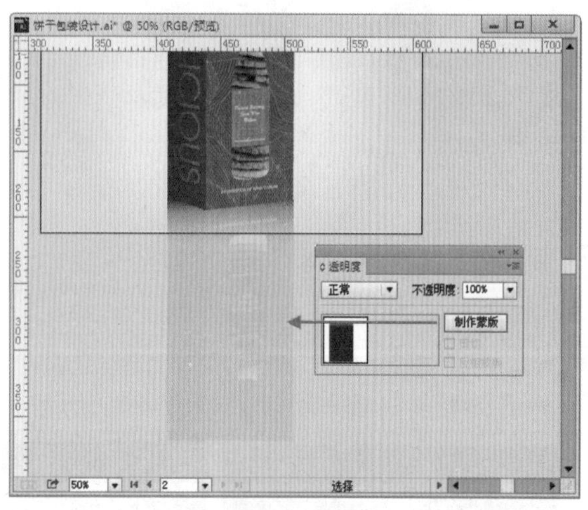

图 12-98

(26) 接下来利用剪切蒙版将超出页面的部分隐藏。在相应位置绘制一个矩形，如图 12-99 所示。将投影与矩形选中，建立剪切蒙版，效果如图 12-100 所示。本案例制作完成。

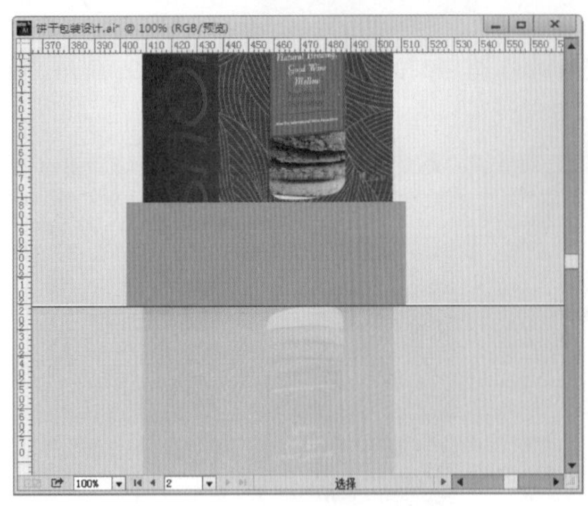

图 12-99

图 12-100

12.3 糖果包装设计

12.3.1 设计解析

塑料包装袋也是包装中比较常见的类型，如膨化食品、糖果、洗涤用品等。制作这一类包装的重点在于塑料包装立体效果的质感表现，为了表现出塑料包装的立体效果以及反光/哑光质感，通常需要在包装袋立体效果上添加阴影与高光部分。图 12-101 和图 12-102 所示为优秀的包装设计作品。

图 12-101

图 12-102

12.3.2 制作流程

本案例首先需要制作立体包装的外轮廓，然后在包装上添加装饰及文字。接着在亮部区域以及暗部区域绘制形状，通过混合模式使之融入包装中，呈现出带有光感的立体效果。在本案例制作过程中主要使用到了钢笔工具、文字工具、“旋转”命令、路径查找器、效果等命令。图 12-103 所示为本案例基本制作流程。

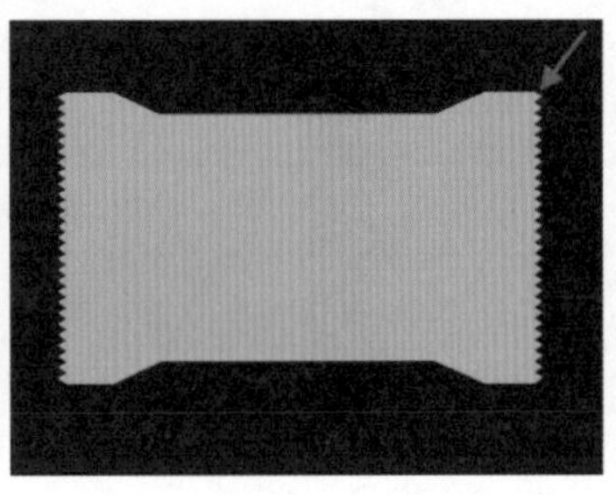

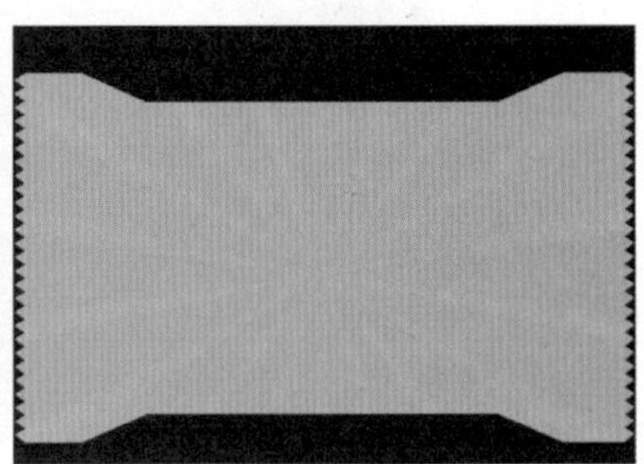

图 12-103

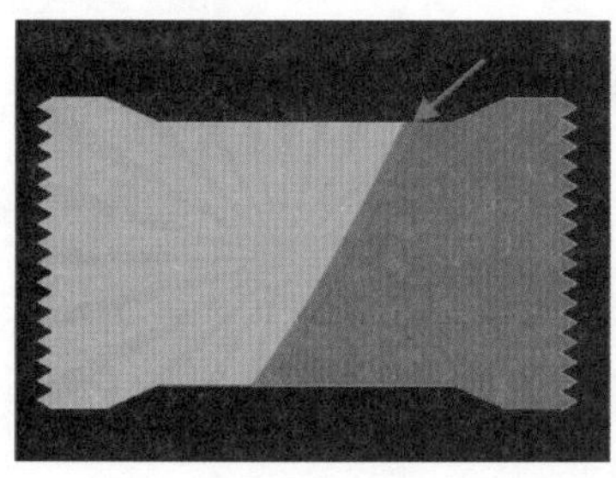

图 12-103(续)

12.3.3 案例效果

最终制作的案例效果如图 12-104 所示。

图 12-104

12.3.4 操作精讲

(1) 执行"文件"→"新建"命令，创建一个 A4 大小的文件。使用"矩形工具"绘制一个与画板等大的黑色矩形，如图 12-105 所示。

(2) 制作包装部分。使用选择工具箱中的"钢笔工具"，在控制栏中设置填充为黄色，"描边"为"无"，然后在画面中绘制形状，如图 12-106 所示。

图 12-105

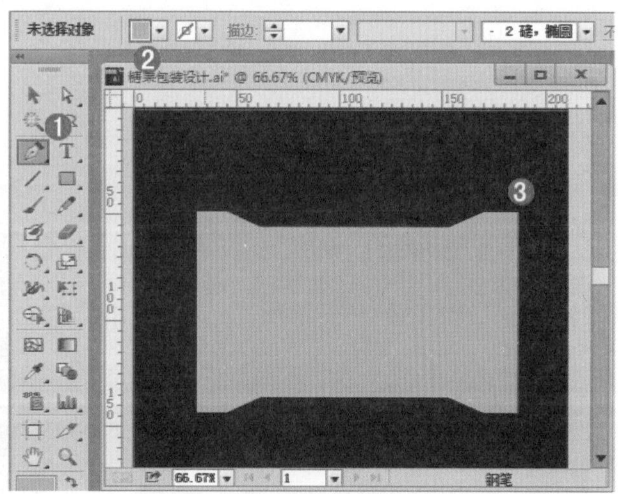

图 12-106

(3) 制作包装的撕口。使用"钢笔工具"绘制一个三角形，如图 12-107 所示。选择这个三角形。按住 Alt + Shift 组合键将其复制，如图 12-108 所示。使用"重复变换"快捷键 Ctrl + D 重复变换，如图 12-109 所示。

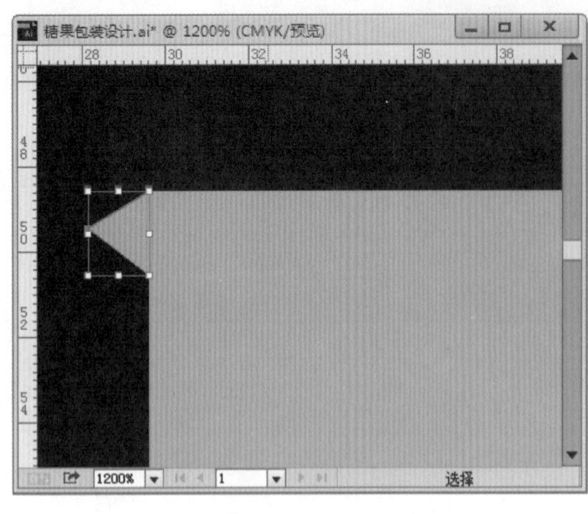

图 12-107

图 12-108

（4）将这些三角形同时选中，使用编组快捷键 Ctrl＋G 将其进行编组。选中三角形组，执行“对象”→“变换”→“对称”命令，在弹出的“镜像”窗口中，设置“轴”为“垂直”，单击“复制”按钮，如图 12-110 所示。然后将复制得到的对象移动到合适位置，如图 12-111 所示。

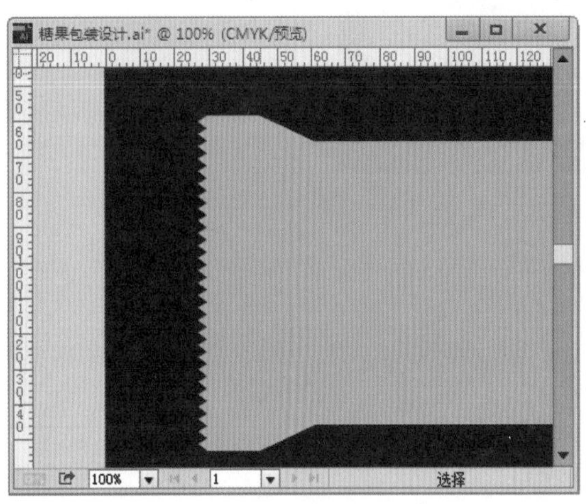

图 12-109

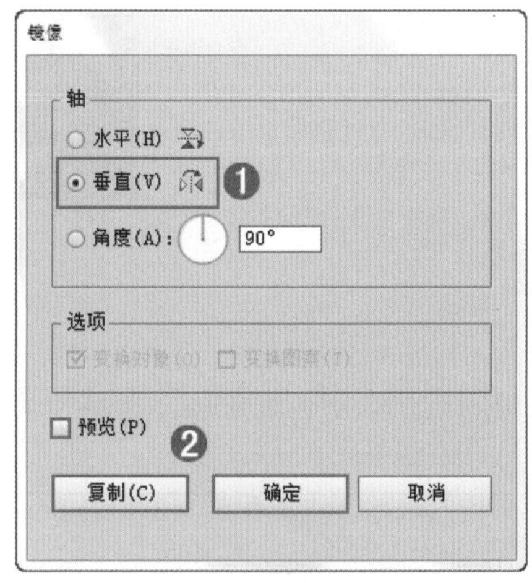

图 12-110

（5）使用“路径查找器”进行形状的编辑。将包装的主体和三角形组选中，执行“窗口”→“路径查找器”命令，在打开的“路径查找器”面板中单击“联集”按钮，进行形状的拼合。效果如图 12-112 所示。

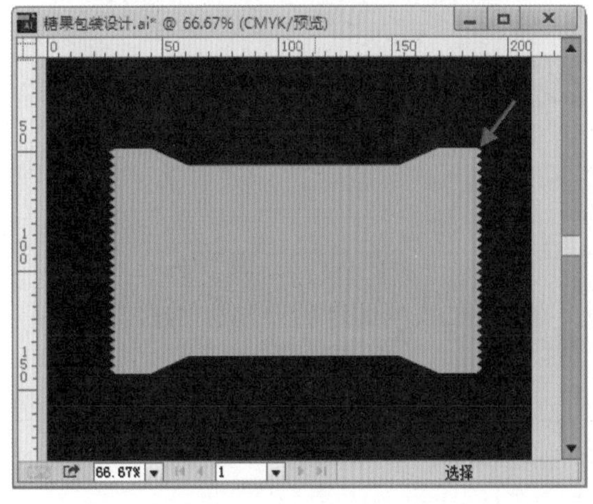

图 12-111

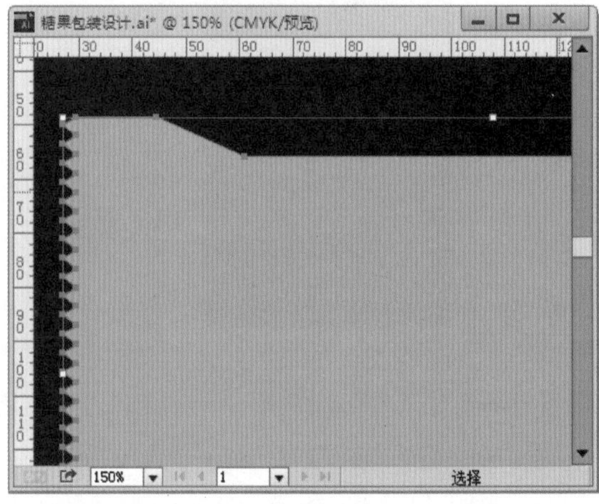

图 12-112

(6) 制作放射状背景部分。在画板以外绘制一个三角形。选中这个三角形，将其继续复制后移动到合适位置，如图 12-113 所示。将这两个三角形选中进行编组，如图 12-114 所示。

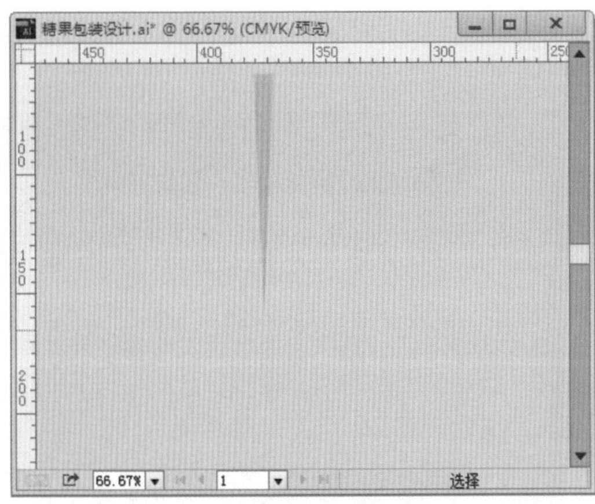
图 12-113

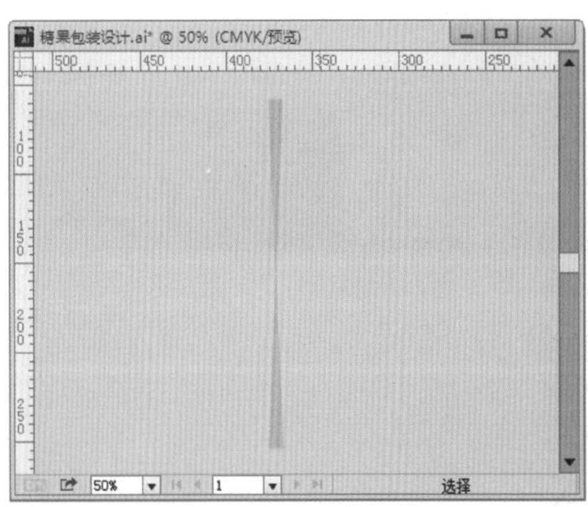
图 12-114

(7) 选中三角形组，执行“对象”→“变换”→“旋转”命令，在弹出的“旋转”窗口中设置“角度”为 20 度，单击“复制”按钮，如图 12-115 所示。效果如图 12-116 所示。

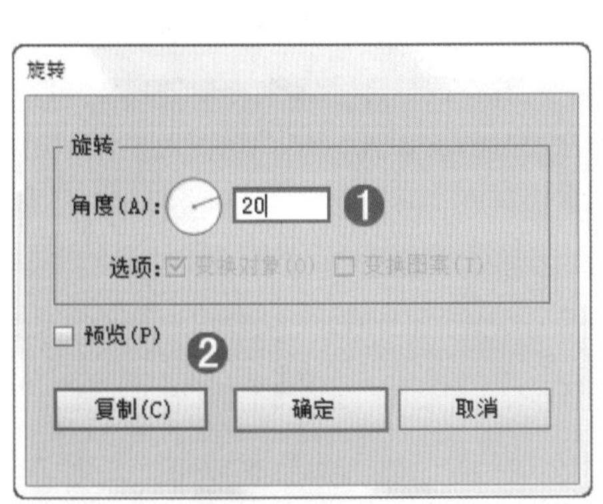

图 12-115

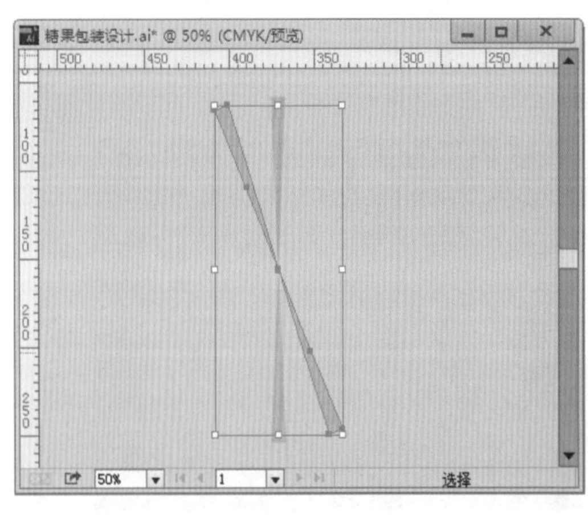
图 12-116

(8) 使用“再次变换”快捷键 Ctrl + D 进行再次变换。将放射状的背景移动到合适位置，如图 12-117 所示。选择包装，使用快捷键 Ctrl + C 将其进行复制。然后，使用快捷键 Ctrl + V 将其粘贴在放射状背景的前面，如图 12-118 所示。

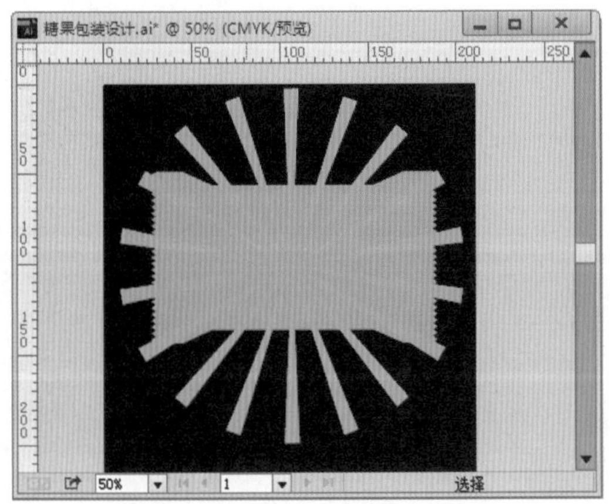
图 12-117

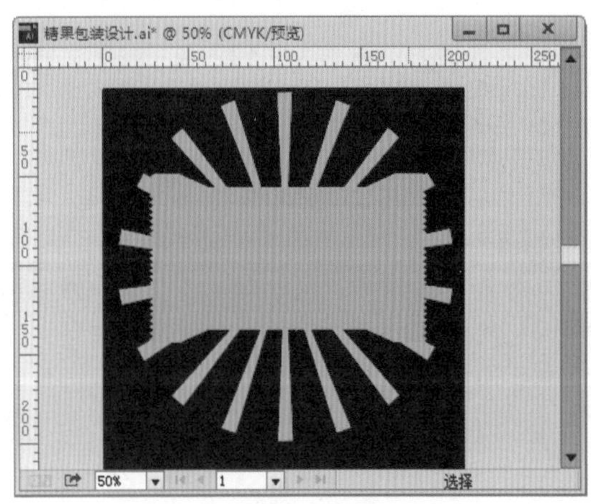
图 12-118

(9) 选中放射状的背景，执行“窗口”→“透明度”命令，在“透明度”面板中设置“混合模式”为“正片叠底”，“不透明度”为 20%，如图 12-119 所示。将放射状的背景和刚刚复制得到的对象选中，执行“对象”→“剪切蒙版”→“建立”命令，建立剪切蒙版，效果如图 12-120 所示。

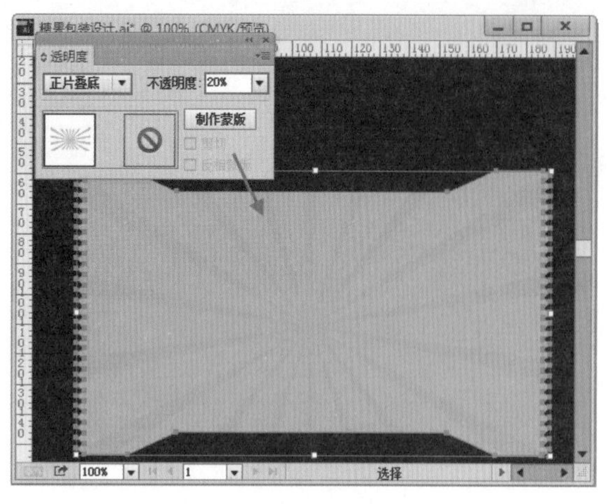

图 12-119

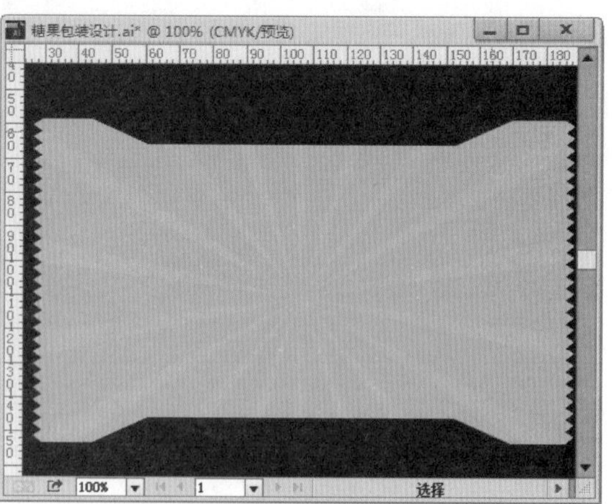

图 12-120

(10) 制作前景中的红色部分。复制包装的形状，将其粘贴到放射状背景的上面。然后将其更改为红色，如图 12-121 所示。使用“钢笔工具”绘制形状，如图 12-122 所示。

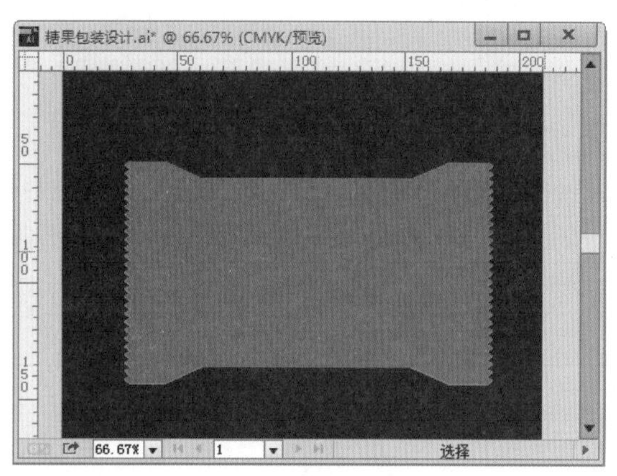

图 12-121

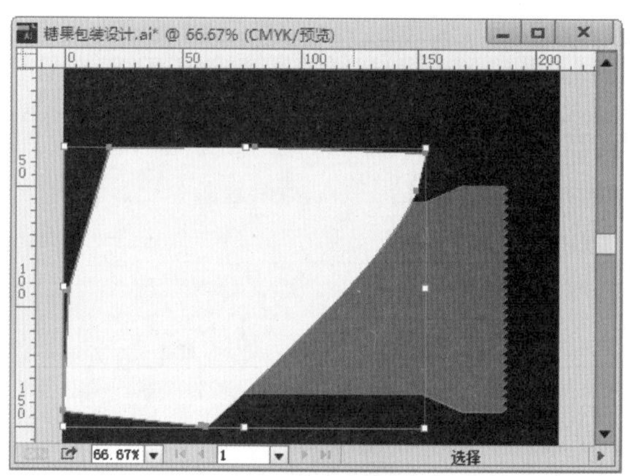

图 12-122

(11) 将这个形状与红色的包装形状选中，单击“路径查找器”窗口中减去“顶层形状”按钮，得到形状，如图 12-123 所示。继续使用“钢笔工具”绘制分割线处的形状，如图 12-124 所示。

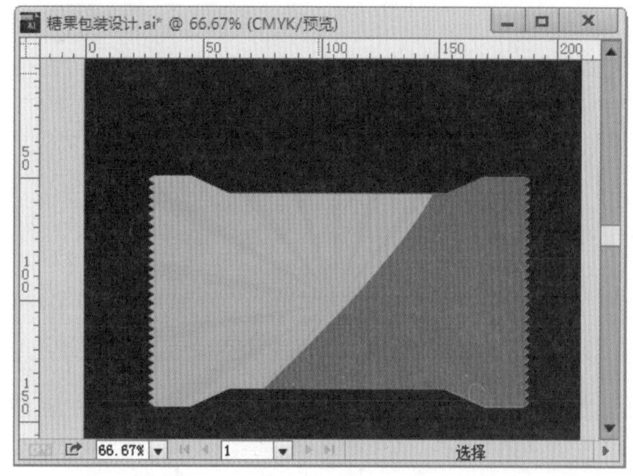

图 12-123

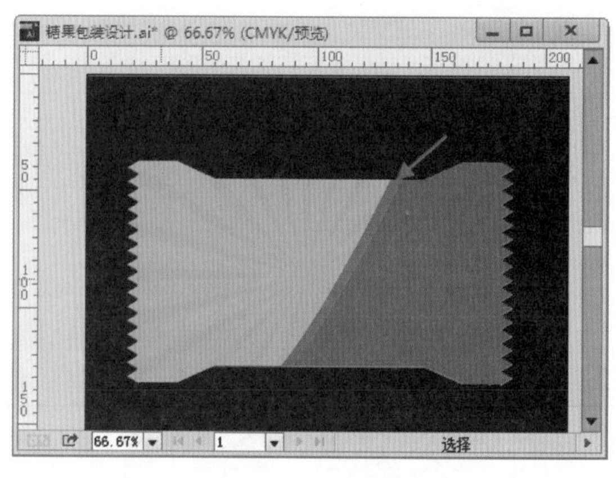

图 12-124

（12）制作包装两端的压印，使用“矩形工具”在画板以外绘制一个细长的灰色矩形，该矩形的高度应与包装的高度相等，如图 12-125 所示。将矩形进行复制，如图 12-126 所示。

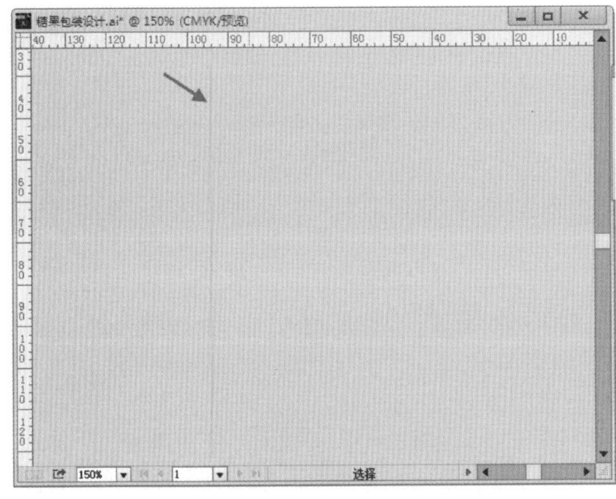

图 12-125

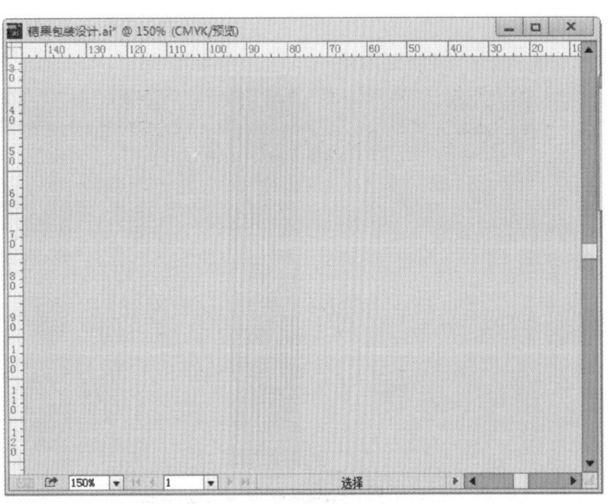

图 12-126

（13）将复制的矩形编组，移动到包装的合适位置。设置其“混合模式”为“正片叠底”，“不透明度”为 40%，画面效果如图 12-127 所示。将线段组复制到右侧，效果如图 12-128 所示。

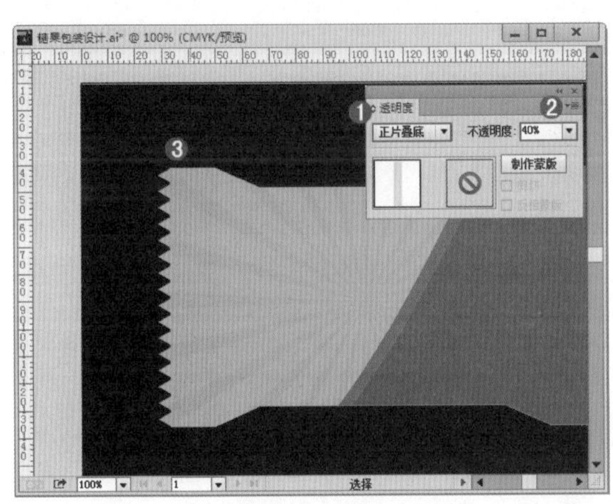

图 12-127

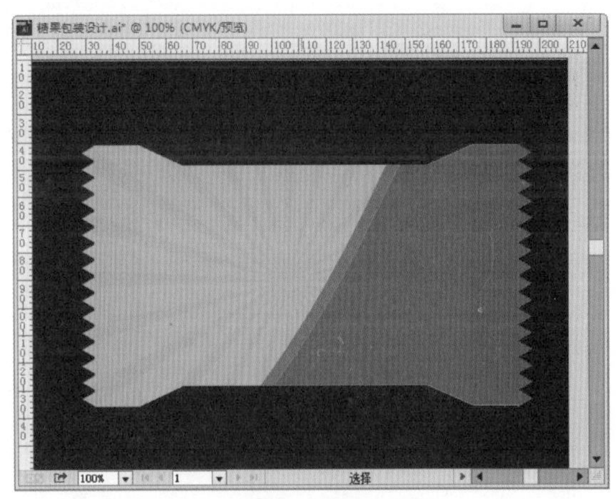

图 12-128

（14）制作包装的立体效果。使用“钢笔工具”绘制灰色的形状，设置其“混合模式”为“正片叠底”，“不透明度”为 40%，效果如图 12-129 所示。使用同样的方法制作其他部分的暗部效果，效果如图 12-130 所示。

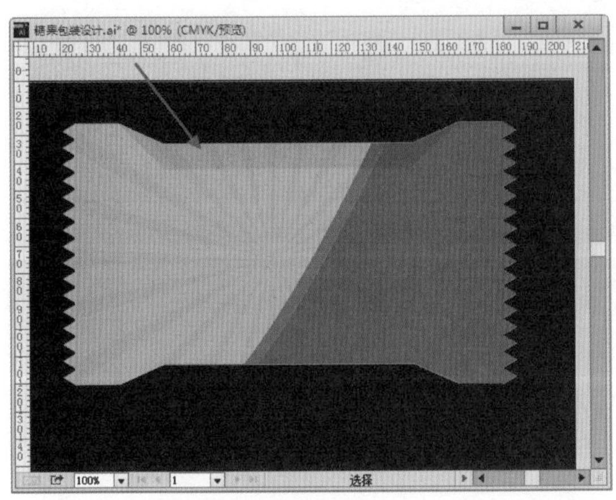

图 12-129

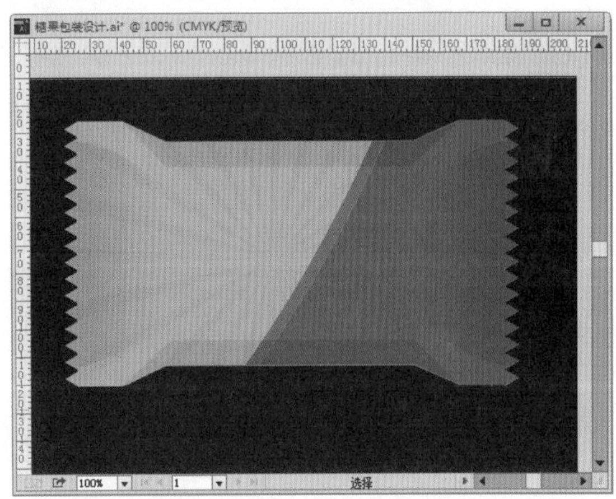

图 12-130

（15）制作包装上的高光部分。使用"矩形工具"在相应的位置绘制一个白色的矩形，如图 12-131 所示。选择这个白色的矩形，执行"效果"→"模糊"→"高斯模糊"命令，在"高斯模糊"窗口中设置"半径"为 15 像素，单击"确定"按钮，如图 12-132 所示。为矩形添加"高斯模糊"效果后，将其的"不透明度"设置为 60%，效果如图 12-133 所示。

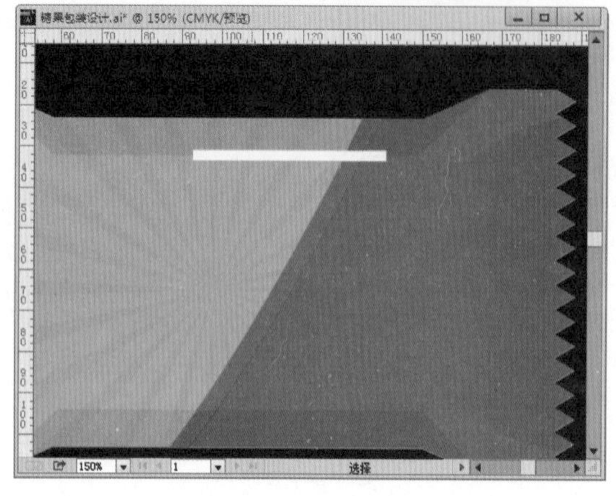

图 12-131

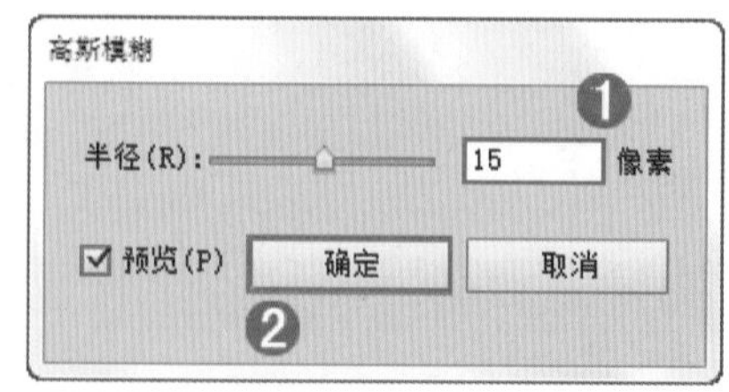

图 12-132

（16）使用"编辑"→"复制"与"编辑"→"粘贴"命令，将高光部分复制一份，移动到相应位置，如图 12-134 所示。

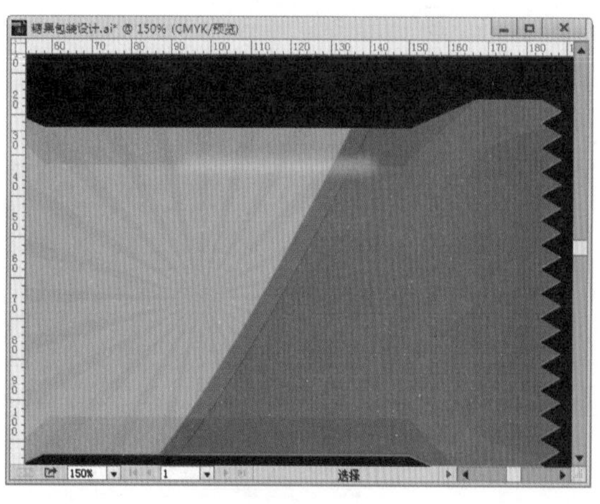

图 12-133

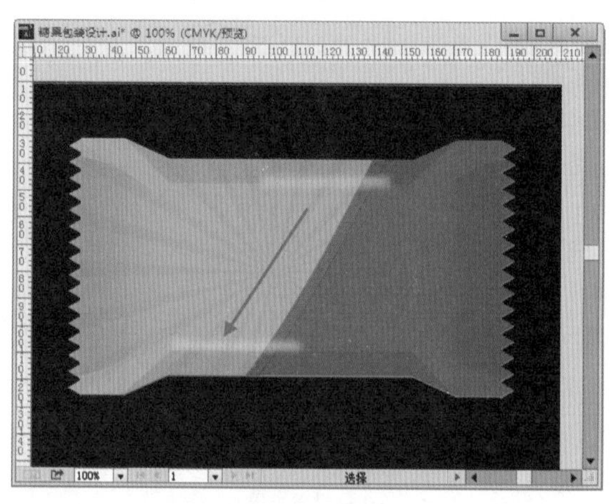

图 12-134

（17）在画面中相应位置输入文字，如图 12-135 所示。将素材"1. png"导入到画面中，放置合适位置，一个包装就制作完成，效果如图 12-136 所示。

图 12-135

图 12-136

（18）将这个包装复制一份，选中包装表面右侧的图形，并将其部分更改为黄色，本案例制作完成，效果如图 12-104 所示。

12.4 灵感补给站

参考优秀设计案例，启发设计灵感，如图 12-137 所示。

图 12-137

RIFLA
Sørlands CHIPS
SPRØ
SMAK
STOR
JOE'S

CONTRA BANDO
AÑEJO

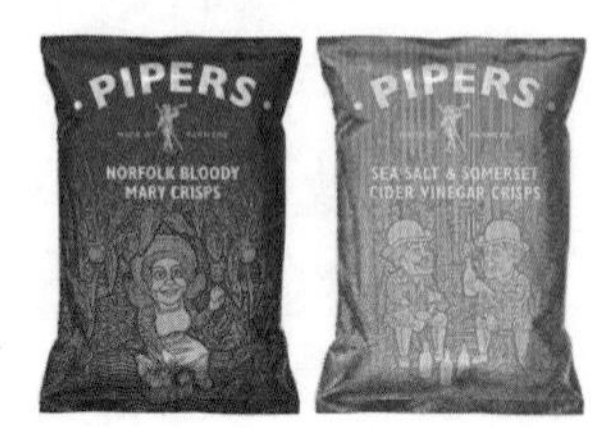
PIPERS
NORFOLK BLOODY MARY CRISPS
PIPERS
SEA SALT & SOMERSET CIDER VINEGAR CRISPS

23 A DAY
ALMONDS

TRIBUTE BLEND

图　12-137（续）

第 13 章

画册设计

• 课题概述

画册是企业形象推广和产品营销中的重要手段。一本高档、精美的画册设计，不仅具有传递信息的作用，还代表了企业对外的形象。

• 教学目标

在本章中，主要讲解企业画册的相关知识。在第一节中先去了解宣传画册的基础知识，然后动手操作练习画册设计。

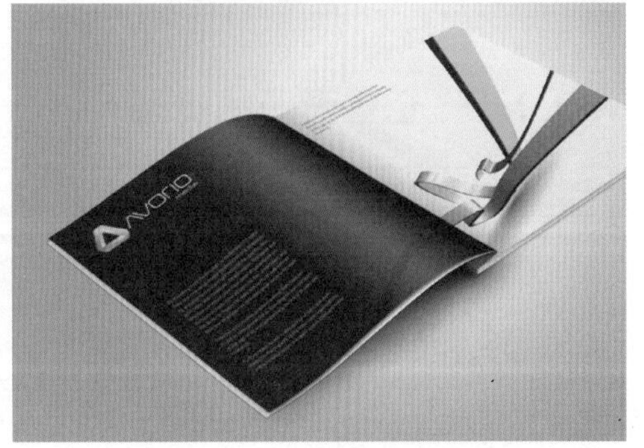

13.1 画册设计概述

宣传画册的种类繁多，有企业宣传画册、产品宣传画册、文化宣传画册等，画册就像一个展示的舞台，全方位的展示企业、商品或个人的风貌与理念，具有宣传产品、树立品牌形象的作用。图 13-1 和图 13-2 所示为优秀的画册设计作品。

图 13-1

图 13-2

13.1.1 认识画册

画册是由大量的图片、说明文字和色彩组成的，是介于书籍和 DM 之间的设计产品，既有说明作用又兼具宣传作用。目前常见的画册类型也多种多样，如组织/机构画册、产品画册、使用说明画册、个人作品画册、科普画册等。每个种类又可以按照画册内容的不同进行分类，如组织/机构画册可以包含企业宣传画册、医院画册、校庆画册等。图 13-3 和图 13-4 所示为优秀的画册设计作品。

图 13-3

图 13-4

13.1.2 企业画册的类型

在众多类型的画册中应用于企业的画册最为常见。企业画册通常可以分为企业形象画册、企业宣传画册、企业产品画册。

1. 企业形象画册

企业形象画册通常要体现企业的精神，文化，发展定位，企业性质等。企业形象画册的设计常以图文结合的形式，应用恰当的创意和表现形式来展示企业的形象，如图 13-5 和图 13-6 所示。

2. 企业宣传画册

企业宣传画册主要用于展会宣传、终端宣传、新闻发布会宣传等。根据宣传用途不同，采用不同的表现形式来

图 13-5

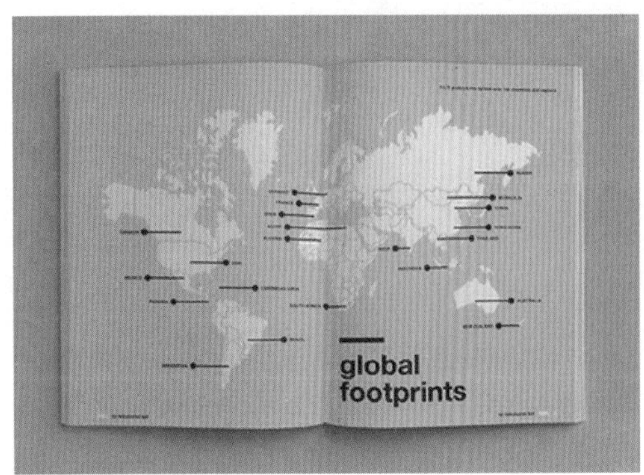

图 13-6

体现此次宣传的目的，如图 13-7 和图 13-8 所示。

图 13-7

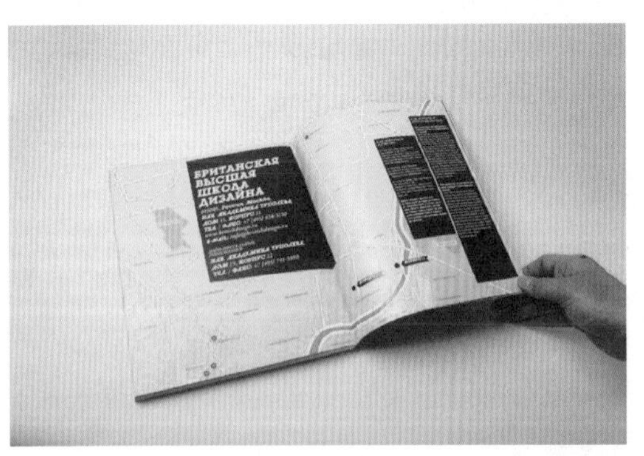

图 13-8

3. 企业产品画册

企业产品画册则主要用于产品的展示，从产品本身的特点出发，展示产品属性、特色及优势，使消费者了解并认同产品，进而增加产品的销售，如图 13-9 和图 13-10 所示。

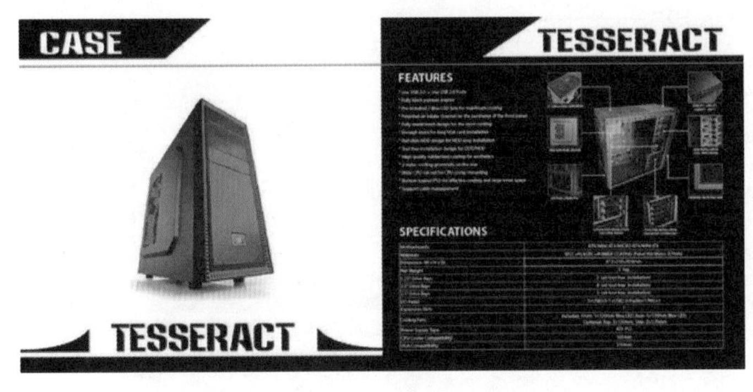

图 13-9

图 13-10

13.1.3 画册的设计原则

在竞争激烈的今天，为了增加市场竞争力，巩固品牌的实例，企业或个人都会采用不同的手段进行宣传，宣传画册就是重要的宣传手段之一。宣传画册的优势是将企业或产品信息以图文并茂的形式传递给消费者，从而达到宣传企业或商品的作用。所以画册在设计过程中应遵循思想性、简洁性、艺术性、装饰性、趣味性、独创性、整体性和协调性的原则。

1. 思想性

版面离不开内容，宣传画册的设计最重要的就是体现出画册内容的主题思想。画册的思想性表现在主题鲜明、一目了然，如图 13-11 和图 13-12 所示。

图 13-11

图 13-12

2. 简洁性

画面简洁凝练才能让信息传播最大化，这种“以少胜多”的设计方法已经广泛应用在平面设计中。版面的简洁性，既包括诉求内容的规划与提炼，又涉及版面形式的构成技巧，如图 13-13 和图 13-14 所示。

图 13-13

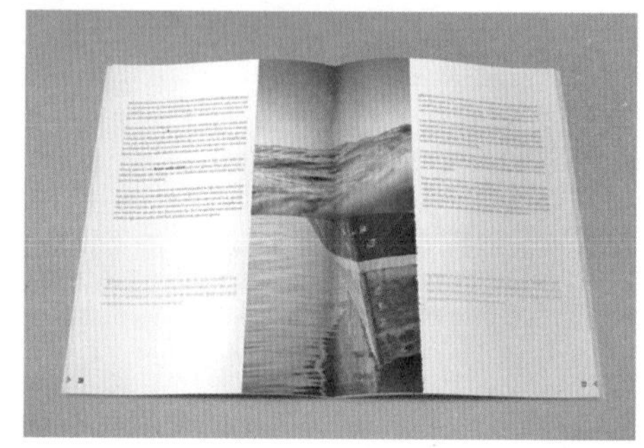

图 13-14

3. 艺术性

画册的艺术性是为了使画册版面构成更好地为版面内容服务，寻求合乎情理的版面视觉语言就显得非常重要，也是达到最佳诉求的体现，如图 13-15 和图 13-16 所示。

图 13-15

图 13-16

4. 装饰性

画册是由图案、文字和色彩组成的，通常采用夸张、比喻、象征的手法来进行版面的装饰。画册的装饰性可以增加版面的情趣、使读者从中获得美的享受，如图 13-17 和图 13-18 所示。

图 13-17

图 13-18

5. 趣味性

画册版面构成中的趣味性，主要是指形式美的情境。画册版面充满趣味性，使传媒信息如虎添翼，起到了画龙点睛的作用，从而更吸引人、打动人。趣味性可采用寓言、幽默和抒情等表现手法来获得，如图 13-19 和图 13-20 所示。

图 13-19

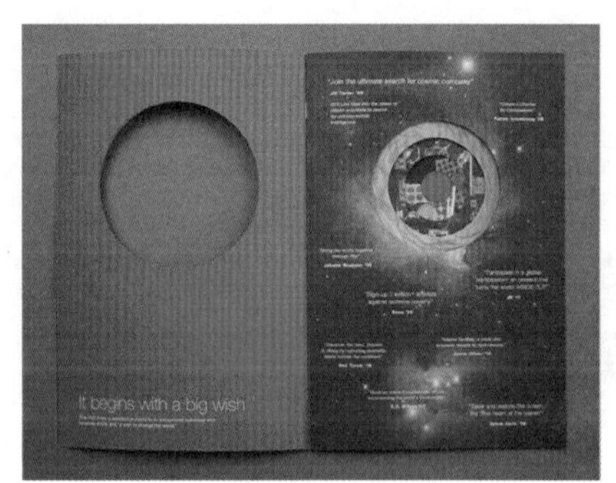

图 13-20

6. 独创性

独创性是个性化的原则。只有个性化的画册设计，才能赢得消费者的信赖，如图 13-21 和图 13-22 所示。

图 13-21

图 13-22

7. 整体性

画册的整体性即是整体颜色、文字、内容的统一，整个画册追求统一的艺术美感和思想内容。只讲表现形式而忽略内容，或只求内容而缺乏艺术表现的画册设计都是不成功的。只有把形式与内容合理地统一，强化整体布局，才能取得版面构成中独特的社会和艺术价值，才能解决设计应说什么，对谁说和怎么说的问题，如图 13-23 和图 13-24 所示。

图 13-23

图 13-24

8. 协调性

强调版面的协调性原则，也就是强化版面各种编排要素在版面中的结构以及色彩上的关联性。通过版面的文、图间的整体组合与协调性的编排，使画册版面具有秩序美、条理美，从而获得更良好的视觉效果如图 13-25 和图 13-26 所示。

图 13-25

图 13-26

13.1.4 画册封面设计

封面不仅具有保护画册内页的功能，更是一本画册给人的第一感觉，也是影响读者感受的最直观因素，所以画册封面的重要性是不言而喻的。画册的封面通常由企业的名称、标志、宣传图、标语等元素构成，下面介绍两种常见的封面设计类型。

1. 文字型

以文字为主的画册封面通常简单直接。通常为企业名、企业标志、企业口号等。直抒胸臆，使读者能够快速明确地了解到画册的内容，如图 13-27 和图 13-28 所示。

图 13-27

图 13-28

2. 图文结合型

文字是封面必不可少的元素，但图形、图案、照片、绘画这些“图”元素对人们的吸引力往往更大。将画册所要表达的内容以图案或照片的形式展现出来，更添象征性和趣味性，如图 13-29 和图 13-30 所示。

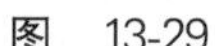
图 13-29

图 13-30

13.2 企业宣传画册

13.2.1 设计解析

本案例中的企业宣传画册采用了简约的设计风格，版面中以沉静的青蓝色和亮眼的柠檬黄贯穿始终，点缀少许洋红和草绿使画面更具动感。本案例重点讲解封面、目录和内容三个部分，制作过程中的难点在于图表部分。其他部分的制作需要注意文字排布以及版面中图形的秩序，图 13-31 和图 13-32 所示为优秀的画册设计作品。

图 13-31

图 13-32

13.2.2 制作流程

本案例画册版面主要由纯色色块和文字构成，色块部分主要使用工具箱中的“矩形工具”、“椭圆工具”以及“钢笔工具”进行绘制，内页中的图表则是使用“图表工具”创建出图表并进行颜色的更改。文字部分主要分为标题文字和正文文字，标题文字为点文字，正文部分则利用段落文字进行制作，图 13-33 所示为本案例的制作流程。

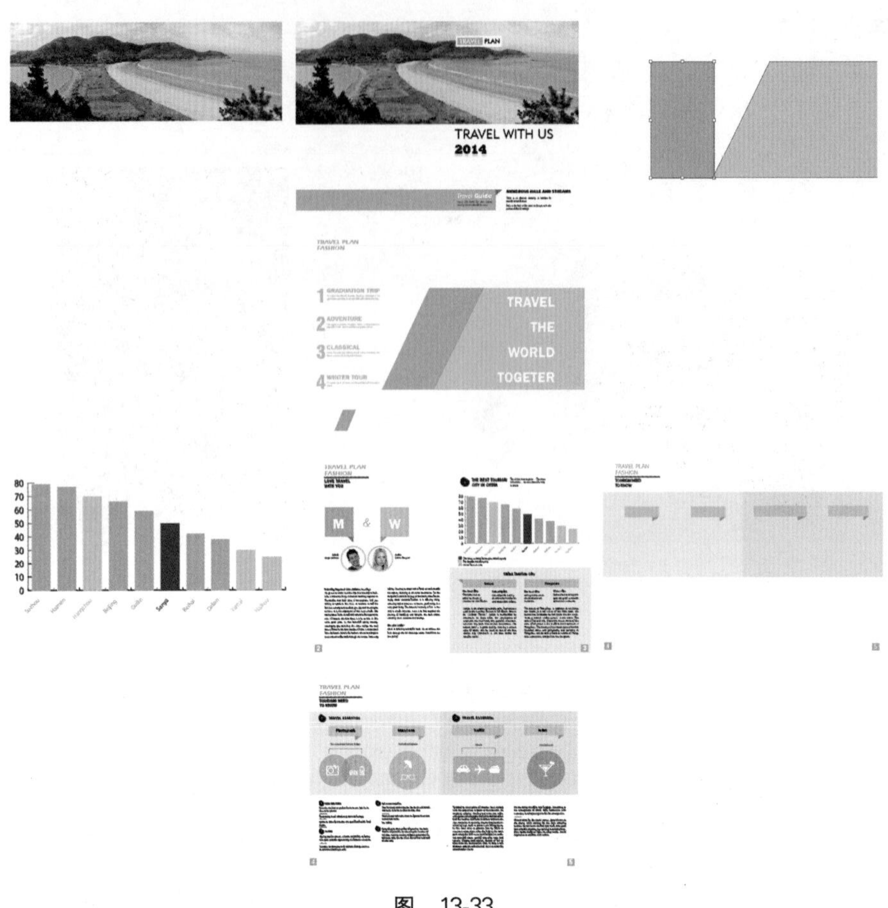

图 13-33

13.2.3 案例效果

最终制作的案例效果如图 13-34 所示。

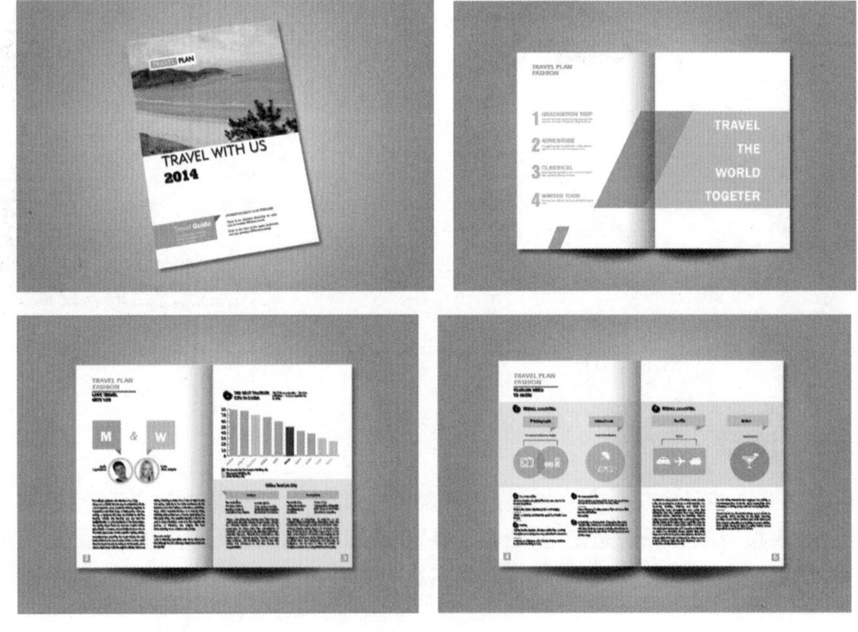

图 13-34

13.2.4 操作精讲

(1) 执行“文件”→“新建”命令，在弹出的“新建文档”窗口中设置“画板数量”为 4，单击“按列排列”按钮，继续设置“宽度”为 420mm，“高度”为 279mm，如图 13-35 所示。

(2) 将风景素材“1. jpg”导入到画面中，放置在合适位置，如图 13-36 所示。

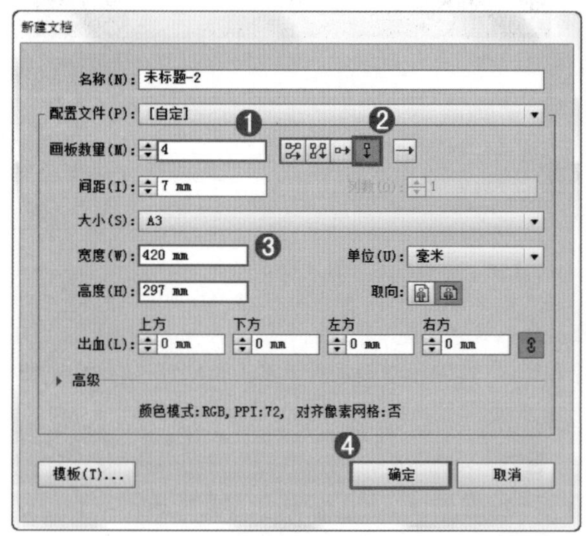

图 13-35

图 13-36

(3) 选择工具箱中的“矩形工具”，在控制栏中设在“填充”为白色，“描边”为“无”，在画面中绘制矩形，如图 13-37 所示。继续使用“矩形工具”在白色矩形的左半部分绘制一个蓝色的矩形，如图 13-38 所示。

图 13-37

(4) 保持上一次使用“矩形工具”的颜色设置方案，在底部的白色区域绘制一个较长的蓝色矩形，如图 13-39 所示。单击工具箱中的“钢笔工具”，设置填充颜色为青蓝色，在底部蓝色矩形的右侧绘制一个较小的三角形，如图 13-40 所示。

图 13-38

图 13-39

(5) 选择工具箱中的“文字工具”T，在控制栏中设置颜色为黑色，选择合适的字体与字号，在矩形的上方输入黑色文字，如图 13-41 所示。使用“文字工具”框选第一个单词，在控制栏中设置文字填充颜色为白色，如图 13-42 所示。此时文字效果如图 13-43 所示。

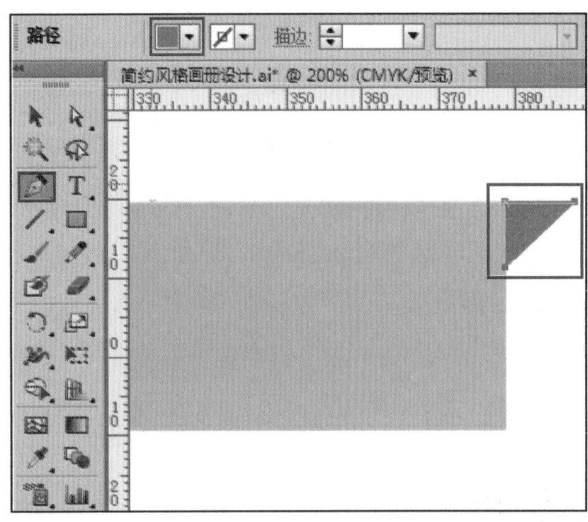

图 13-40

图 13-41

图 13-42

图 13-43

(6) 使用“文字工具”在画面右下角输入多组文字，除蓝色矩形上的第一行文字为白色外，其余文字均为黑色，如图 13-44 所示。由于右下角的三组文字并没有很好的对齐，显得版面有些乱，所以我们可以选中这三组文字，如图 13-45 所示。

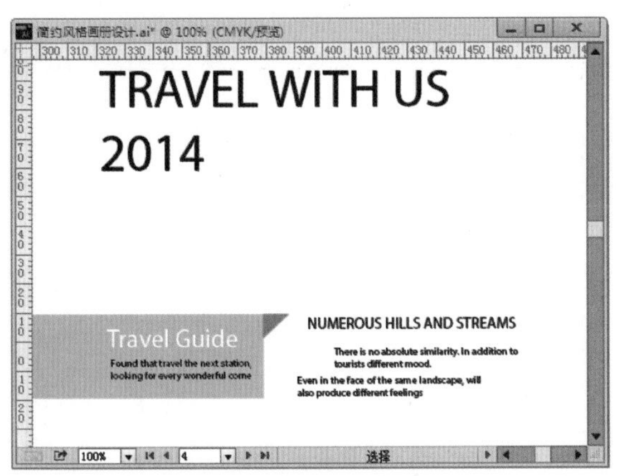

图 13-44

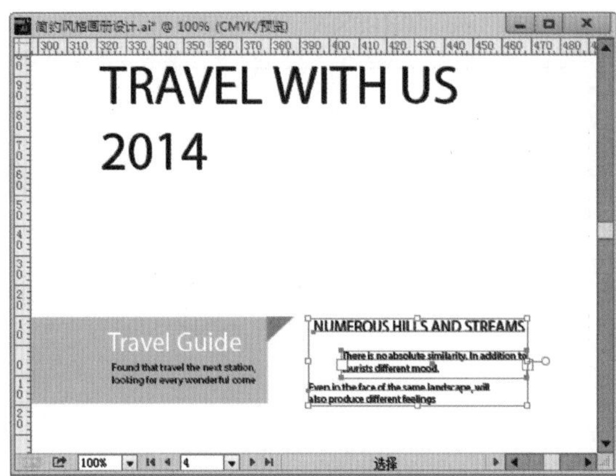

图 13-45

(7) 单击控制栏中的“对齐”按钮，在弹出的窗口中单击“水平左对齐”按钮与“垂直居中分布”按钮，如图 13-46 所示。此时效果如图 13-47 所示。

图 13-46

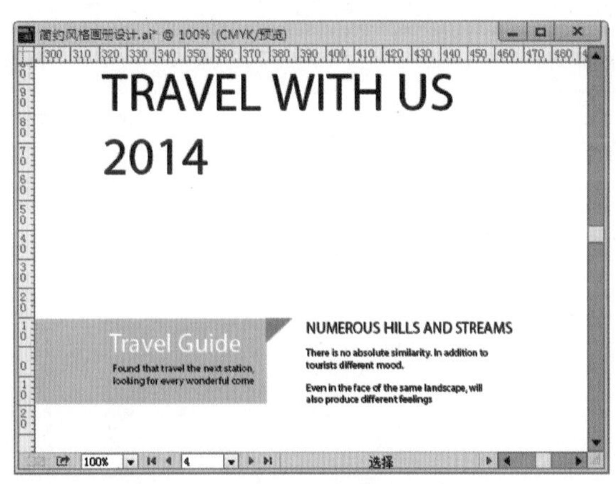

图 13-47

(8) 到这里封面封底部分制作完成，效果如图 13-48 所示。

图 13-48

（9）制作目录页。选择“矩形工具”，在控制栏中设置填充颜色为黄色，轮廓色为无，在“画板 2”的右侧绘制一个黄色的矩形，如图 13-49 所示。选择工具箱中的“直接选择工具”，选择矩形左上角的锚点，按住 Shift 键将锚点向右拖曳，效果如图 13-50 所示。

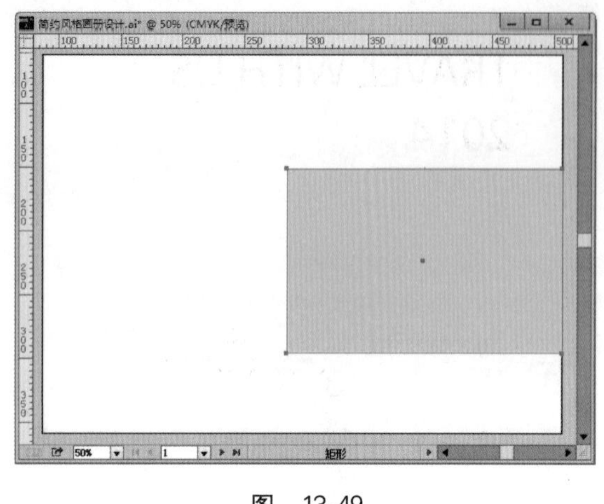

图 13-49

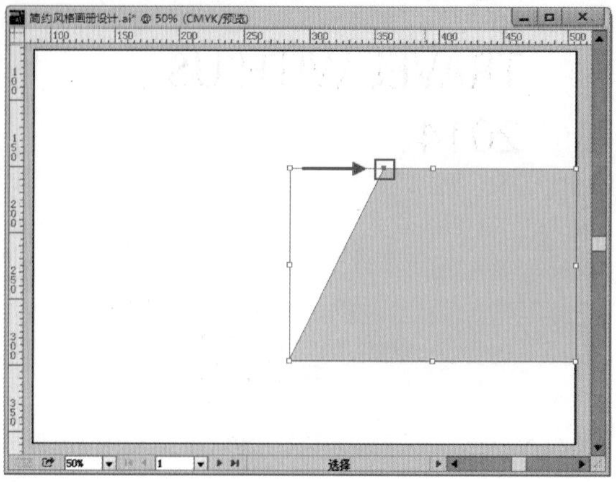

图 13-50

（10）使用“矩形工具”，在控制栏中设置填充颜色为蓝色，在画面中黄色图形左侧绘制一个与之高度相同的蓝色矩形，如图 13-51 所示。使用“直接选择工具”框选顶部的两个锚点，如图 13-52 所示。

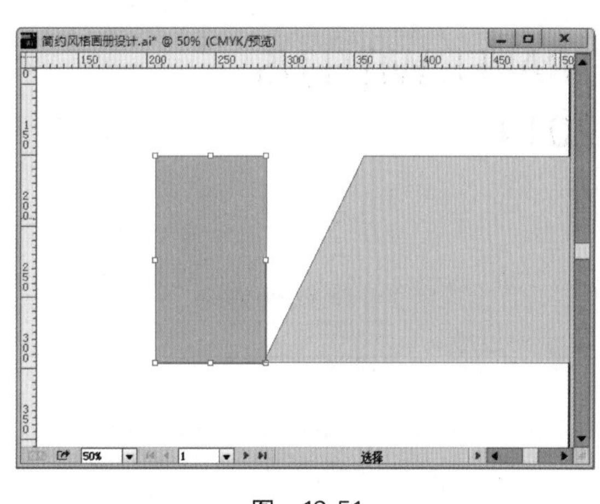

图 13-51

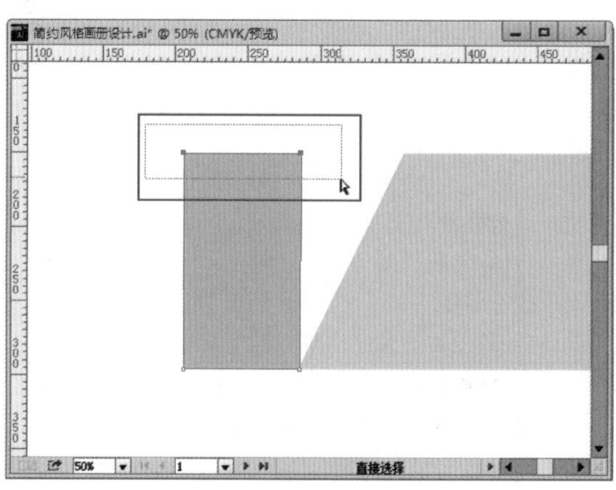

图 13-52

（11）将光标定位到选中的这两个锚点上，按住鼠标左键向右移动，如图 13-53 所示。此时效果如图 13-54 所示。

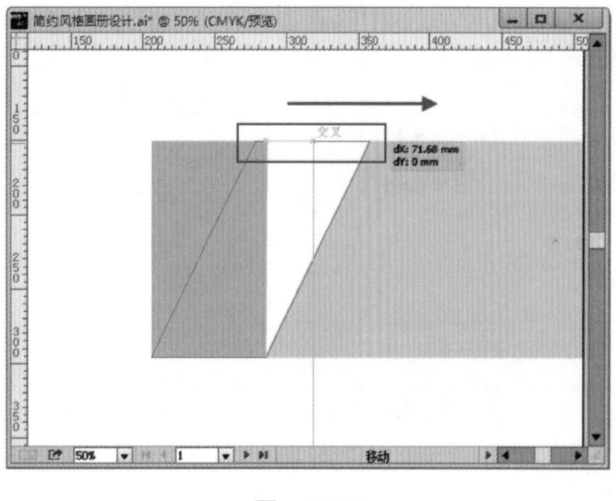

图 13-53

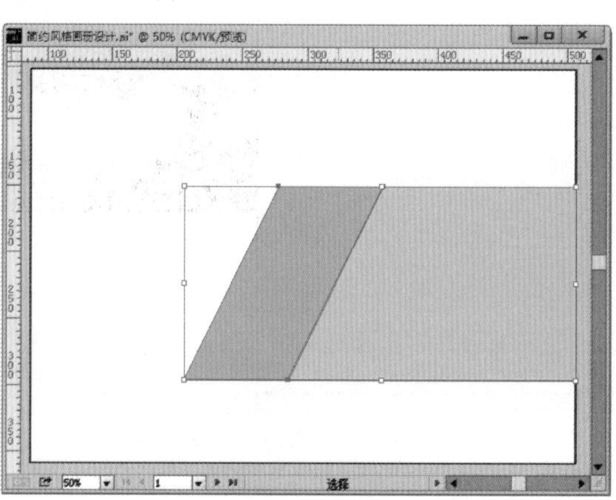

图 13-54

（12）文字部分的制作。单击工具箱中的“文字工具”，在控制栏中设置颜色为蓝色，设置合适的字体以及字号，在页面左上角输入两组文字，如图 13-55 所示。接下来要制作目录的部分，更改文字工具的填充颜色为黄色，依次在画面中单击输入数字和文字，数字的字号要大一些，如图 13-56 所示。

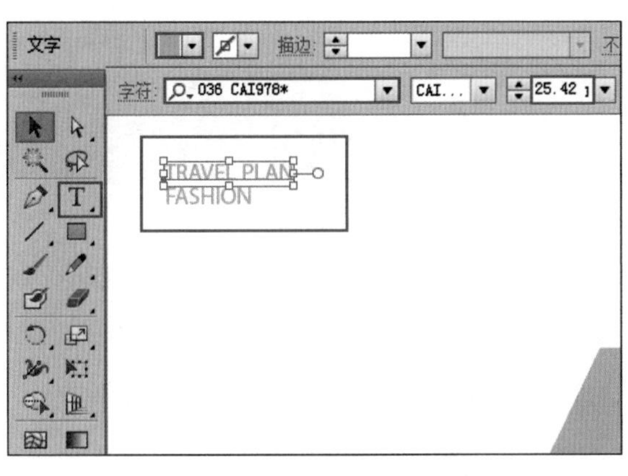

图 13-55

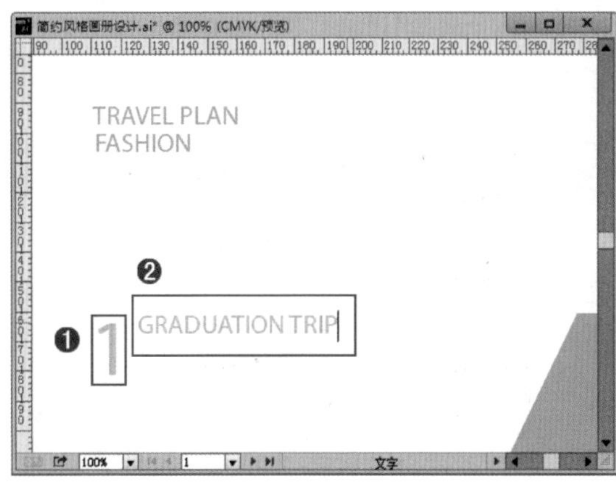

图 13-56

（13）使用“文字工具”在数字右侧的标题文字下方绘制一个矩形的段落文本框，如图 13-57 所示。设置较小的字号在其中输入一段话，如图 13-58 所示。

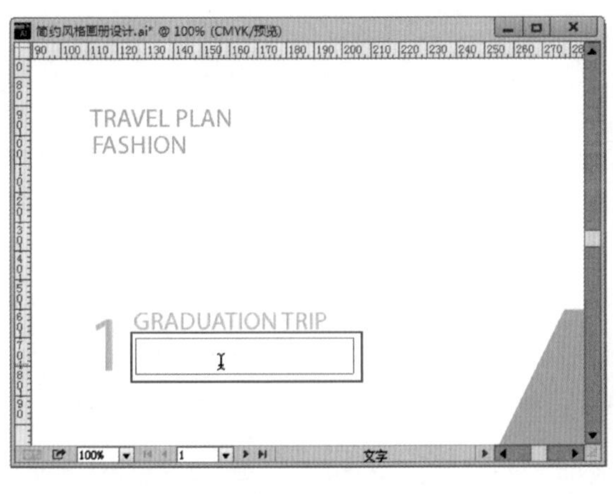

图 13-57

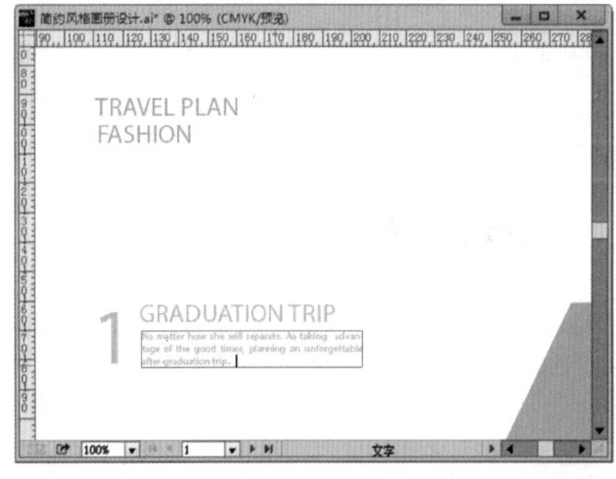

图 13-58

（14）到这里第 1 章的目录部分制作完成。为了方便管理，我们可以选中这三部分文字，执行“对象”→“编组”命令，将这三部分编为一组，如图 13-59 所示。使用“选择工具”，选中第一组目录文字组，按住键盘上的 Alt 键并向下进行移动复制，复制出另外三组目录，如图 13-60 所示。

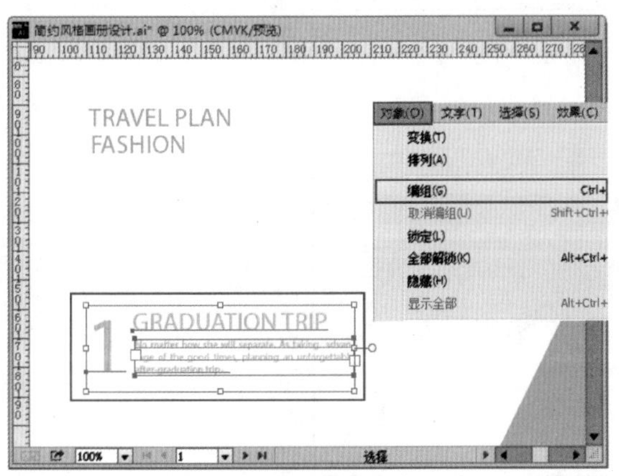

图 13-59

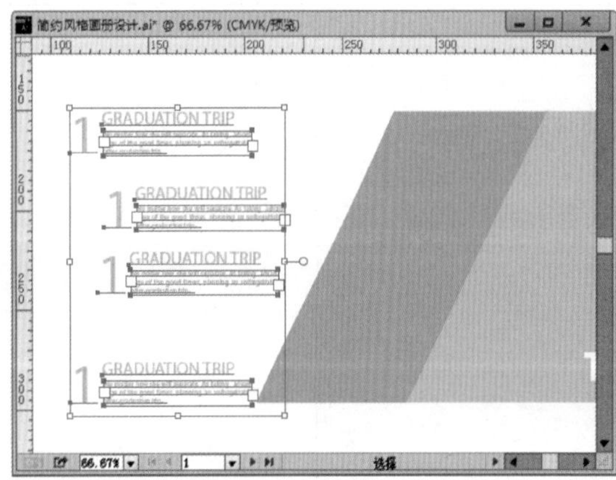

图 13-60

（15）为了使这四组目录文字能够均匀排布，可以选中这四个组，单击控制栏中的“对齐”按钮，在弹出的窗口中单击“水平左对齐”按钮与“垂直居中分布”按钮，如图 13-61 所示。此时效果如图 13-62 所示。

图 13-61

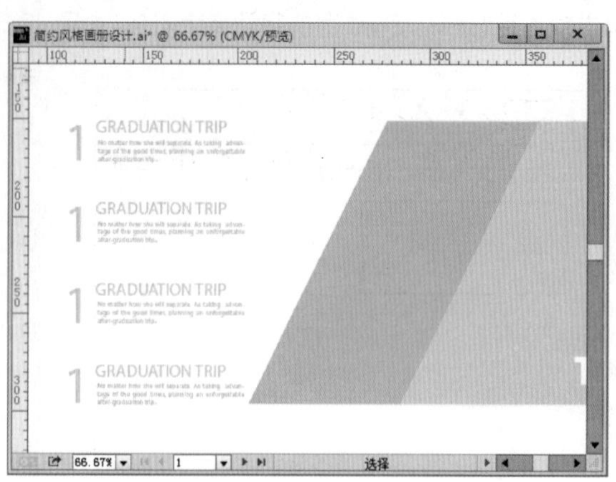

图 13-62

（16）对复制出的三组目录文字进行逐一更改，使用文字工具在需要更改的字符上按住鼠标左键并拖动，即可选择需要修改的字符，然后输入合适的字符即可，如图 13-63 所示。同样的方法更改其他文字，效果如图 13-64 所示。

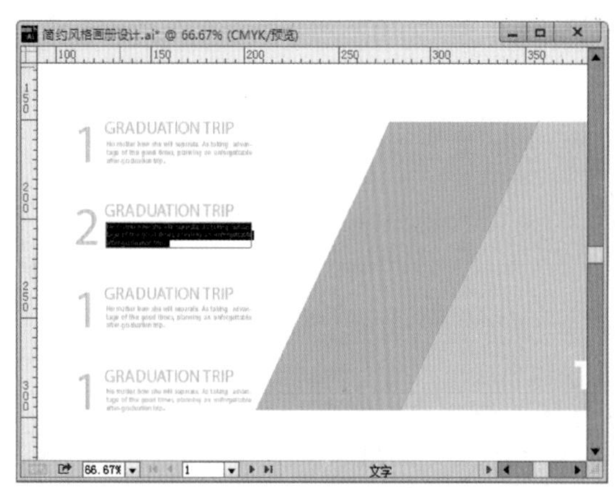

图 13-63

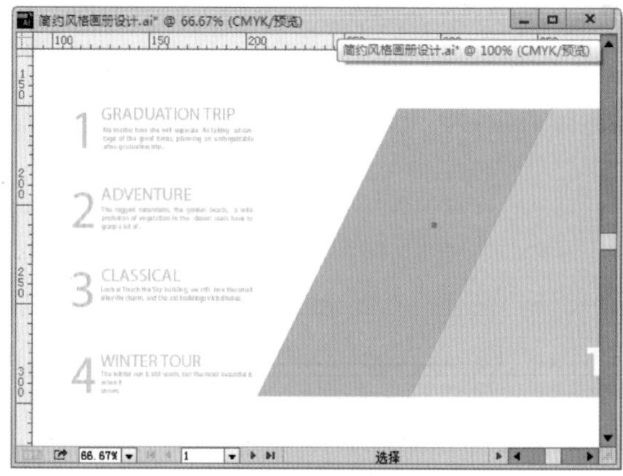

图 13-64

（17）在画面中右侧黄色图形上输入四行文字，设置对齐方式为右侧对齐，效果如图 13-65 所示。

图 13-65

(18) 接下来制作内页部分的内容，本页面的内容需要在“画板3”中进行操作，“画板3”中的内容的制作方法与之前制作的相似。在这里主要讲解剪切蒙版和表格的相关制作。执行“文件”→“置入”命令，将人物素材“2.jpg”导入到画面中，放置到合适位置，如图13-66所示。然后使用“椭圆工具”，在人物脸部按住Shift键绘制一个正圆，如图13-67所示。

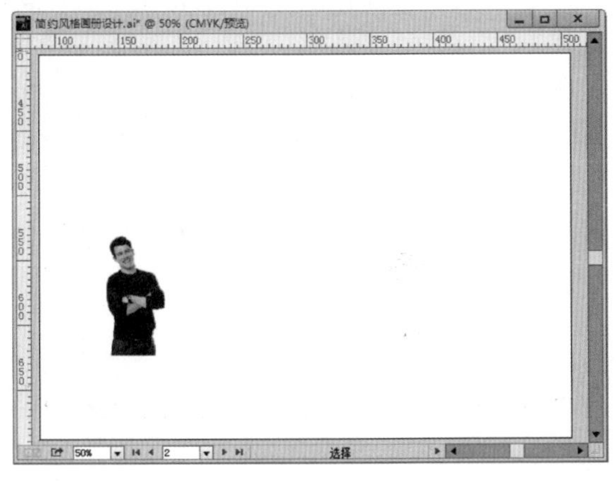

图 13-66

图 13-67

(19) 将正圆和人物同时选中，执行“对象”→“剪切蒙版”→“建立”命令，建立剪切蒙版。此时人物只显示出圆形以内的部分，效果如图13-68所示。然后在控制栏中为其设置一个灰色的描边，效果如图13-69所示。

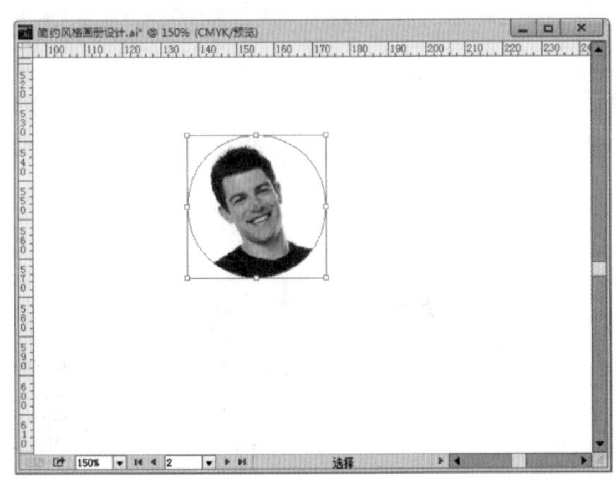

图 13-68

图 13-69

(20) 使用同样的方法制作另一处的人像部分，效果如图13-70所示。

图 13-70

（21）单击工具箱中的“矩形工具”，设置填充颜色为蓝色，在人像上方绘制一个矩形，如图 13-71 所示。使用“钢笔工具”在矩形右下角的位置绘制一个三角形。接着在三角形上单击右键执行“排列”→“置于底层”命令，效果如图 13-72 所示。

图 13-71

图 13-72

（22）使用“文字工具”在矩形上添加一个字母，如图 13-73 所示。下面开始制作另外一个图形。框选左侧的图形，按住 Alt 键并使用移动工具向右移动，移动复制出一个相同的图形，单击右键执行“变换”→“对称”命令，如图 13-74 所示。

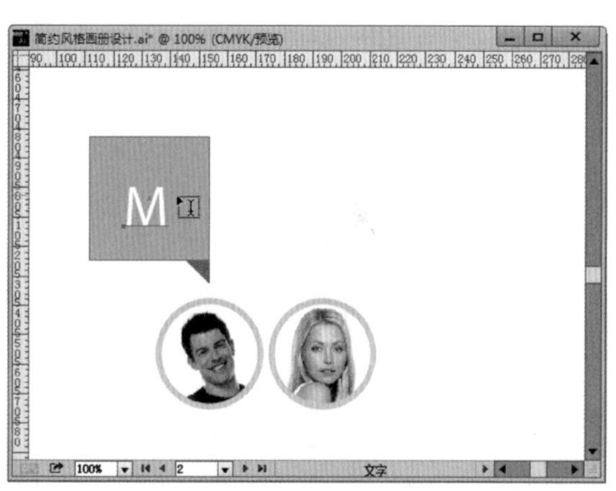

图 13-73

图 13-74

（23）然后需要依次更改对称之后的图形各部分的颜色，并更改表面的文字，效果如图 13-75 和图 13-76 所示。

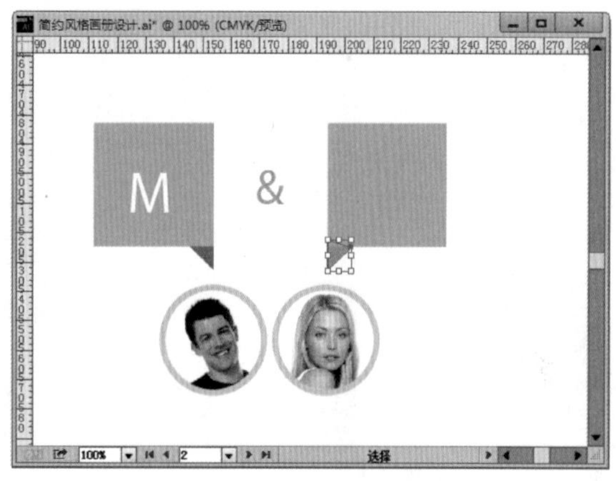

图 13-75

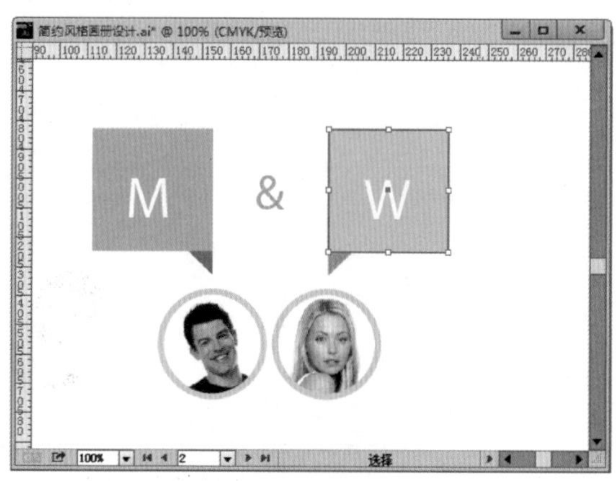

图 13-76

(24) 在画面中使用“文字工具”制作页面左上角的标题文字以及人像照片两侧的点文字，如图 13-77 所示。使用“文字工具”，设置稍小的字体，在人像照片下方绘制一个矩形段落文本框，如图 13-78 所示。

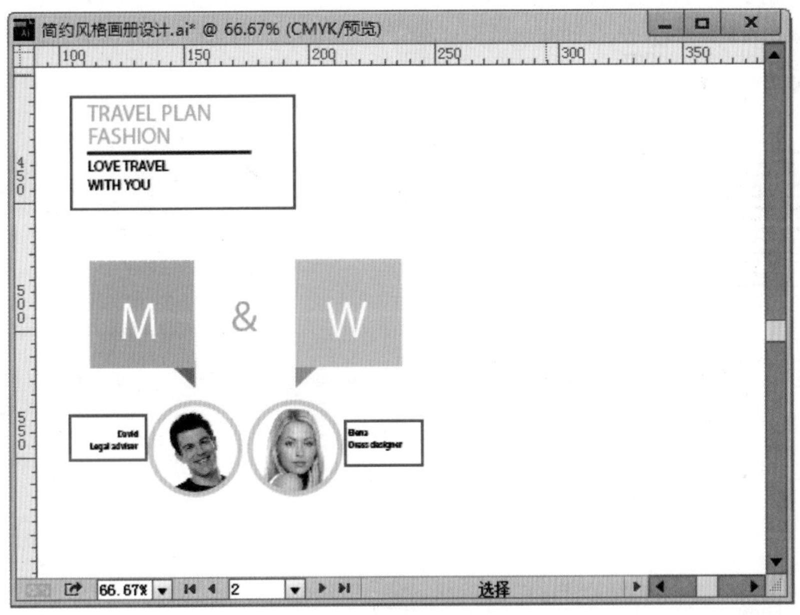

图 13-77

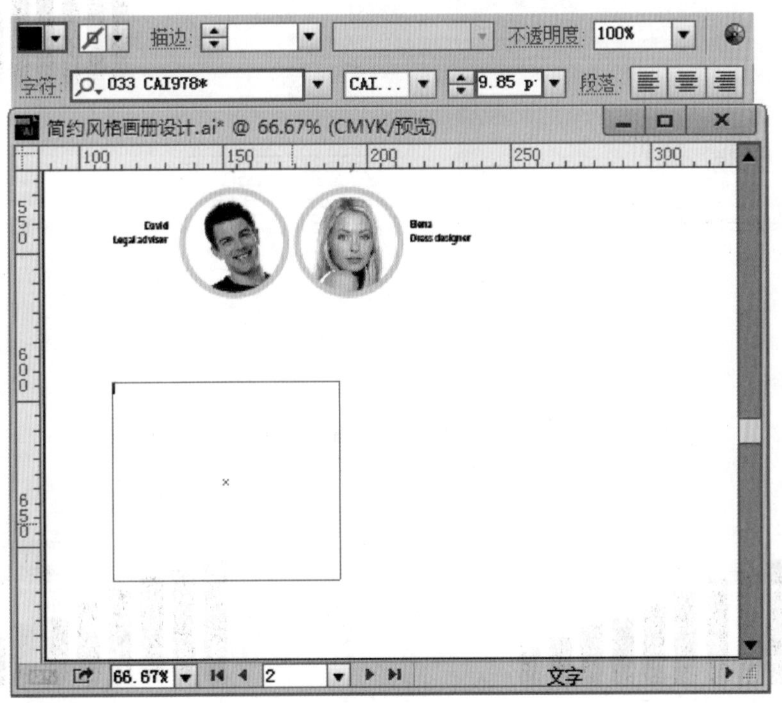

图 13-78

(25) 在其中输入文字，如图 13-79 所示。复制这个段落文字，移动到右侧，并更改其中的文字即可，如图 13-80 所示。

(26) 下面开始制作多彩的图表部分，选择工具箱中的“柱形图工具”按钮，在右侧页面绘制一个图表的区域。松开鼠标，在弹出的窗口中输入相应的数据，如图 13-81 所示。数据输入完成后，单击“应用”按钮，完成图表的绘制，此时图表出现在画面中，如图 13-82 所示。

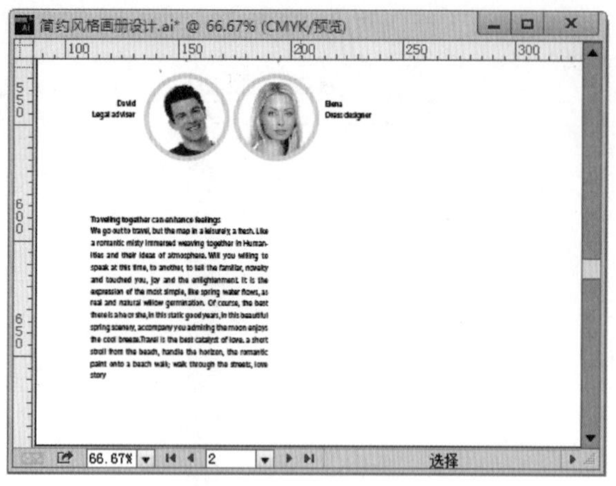

图 13-79

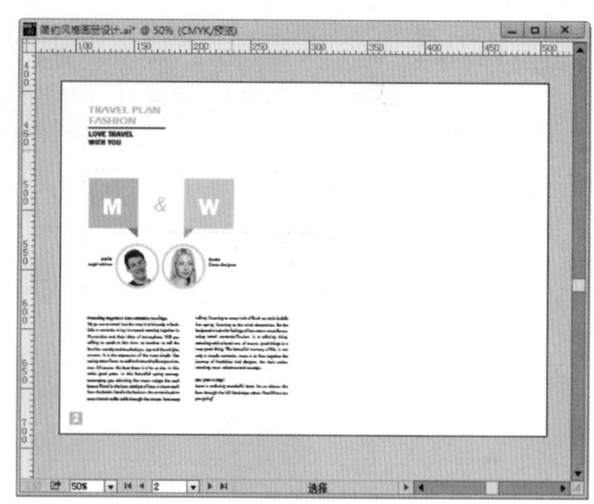

图 13-80

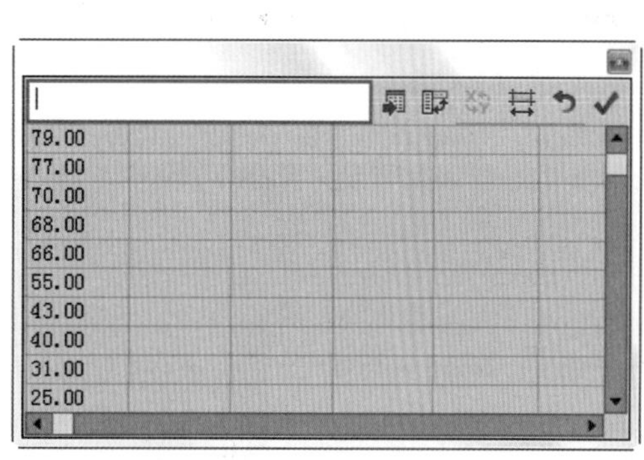

图 13-81

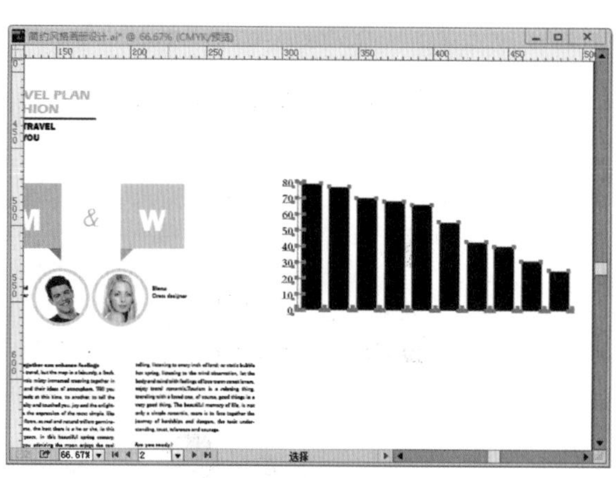

图 13-82

（27）下面需要制作图表的彩色效果。使用“直接选择工具”选择矩形图中的矩形，如图 13-83 所示。直接在控制栏中更改填充颜色即可，如图 13-84 所示。

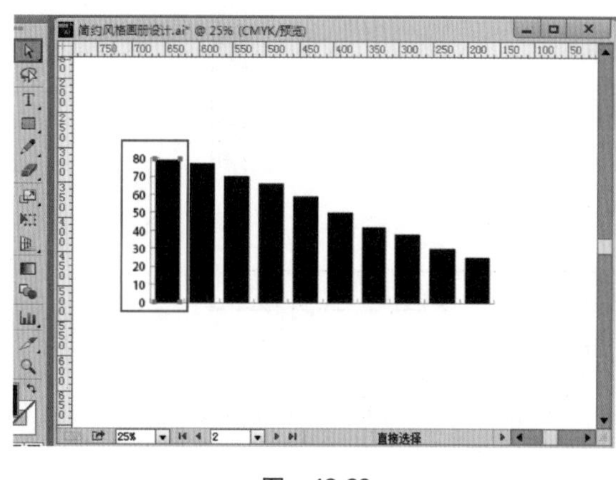

图 13-83

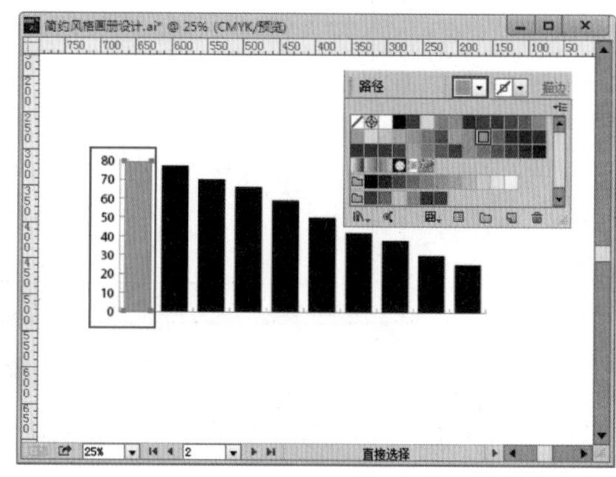

图 13-84

（28）同样的方法继续更改其他色块的颜色，如图 13-85 所示。接下来需要添加图表底部的文字，使用“文字工具”输入稍小一些的文字，如图 13-86 所示。

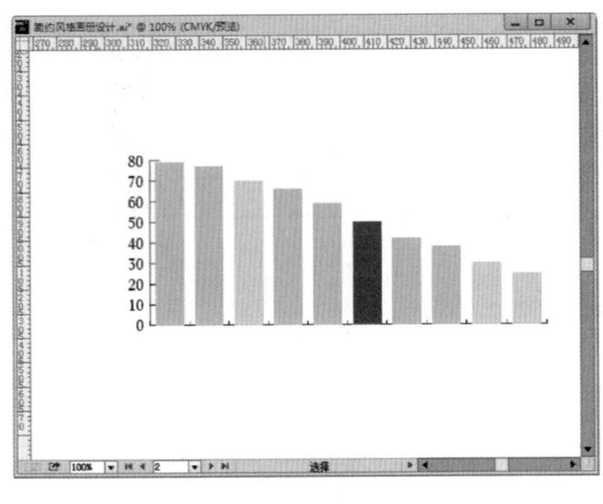

图 13-85

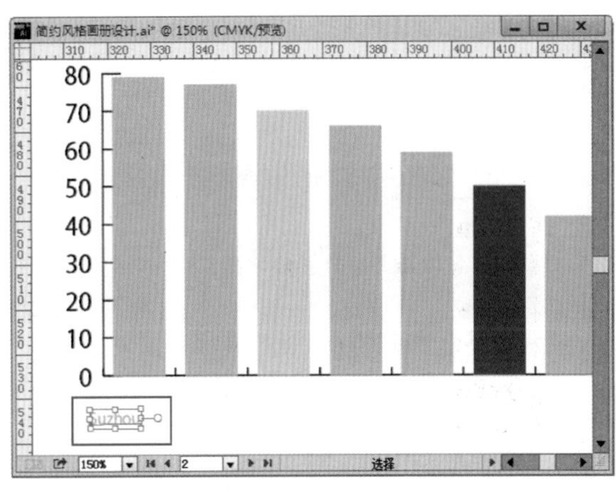

图 13-86

(29) 将光标定位到转角处,按住鼠标左键并移动即可进行旋转,如图 13-87 所示。此时效果如图 13-88 所示。

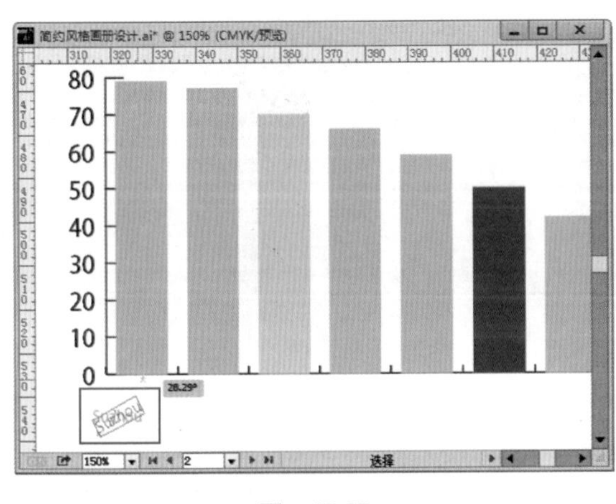

图 13-87

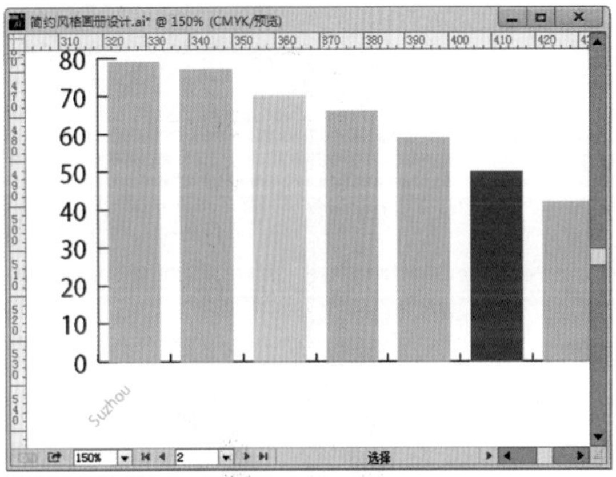

图 13-88

(30) 同样的方法制作其他文字。最后在画面中相应位置输入文字,如图 13-89 所示。

(31) 使用矩形工具在图表下方绘制一个矩形,进行两次移动复制,选中三个矩形,如图 13-90 所示。单击控制栏中的“对齐”按钮,在弹出的窗口中单击“水平左对齐”按钮与“垂直居中分布”按钮,如图 13-91 所示。此时效果如图 13-92 所示。

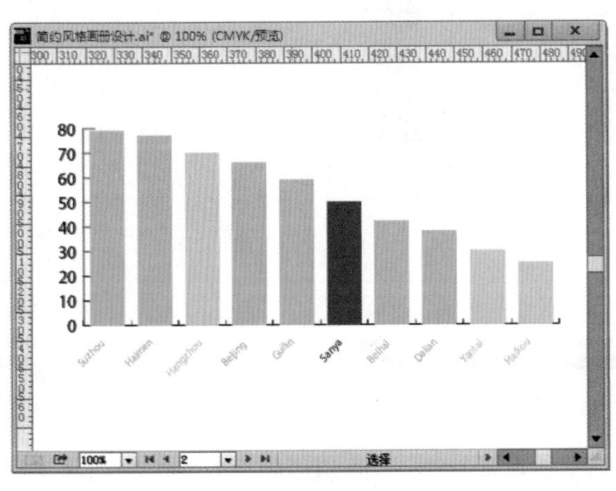

图 13-89

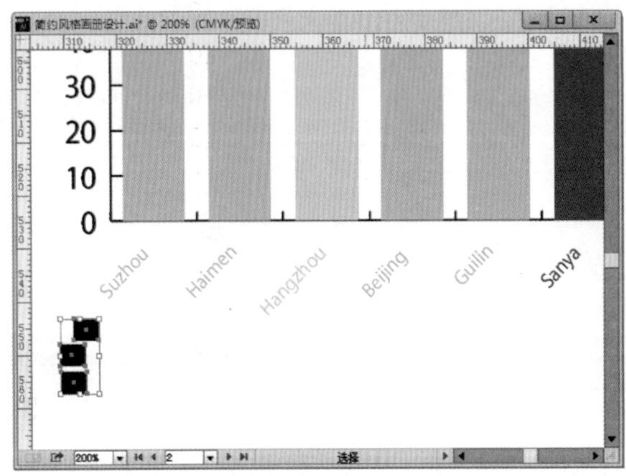

图 13-90

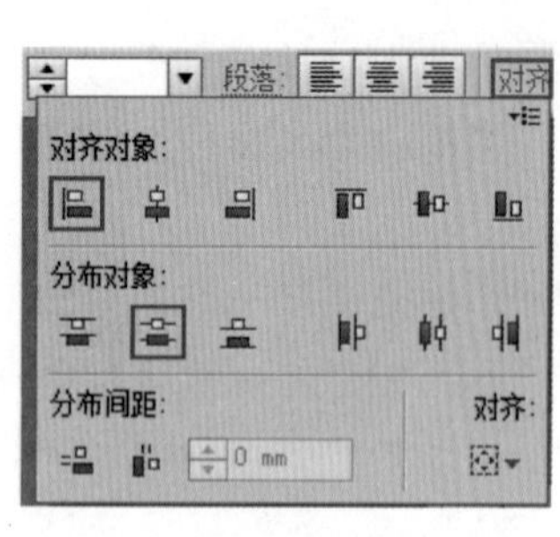

图 13-91

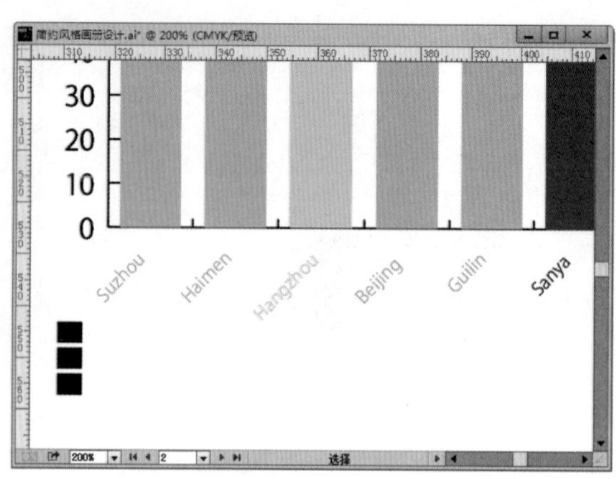

图 13-92

（32）选中第一个矩形，使用工具箱中的“吸管工具”吸取画面中洋红色的区域，此时这个矩形发生了颜色变化，如图 13-93 所示。同样的方法更改另外两个矩形的颜色，如图 13-94 所示。

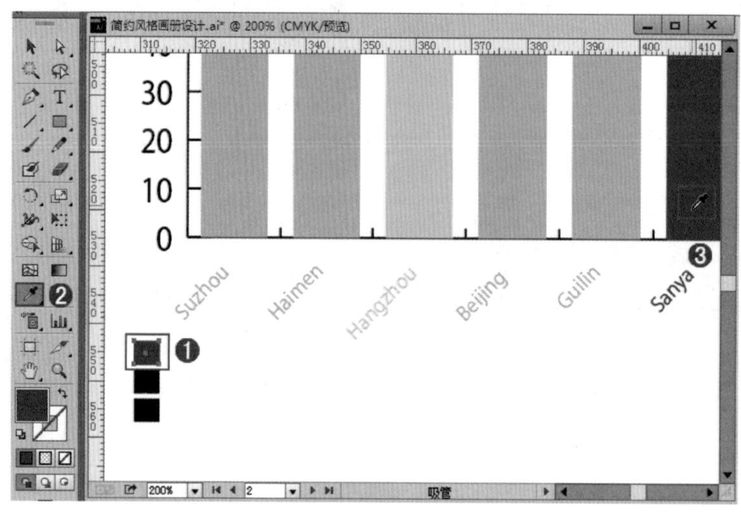

图 13-93

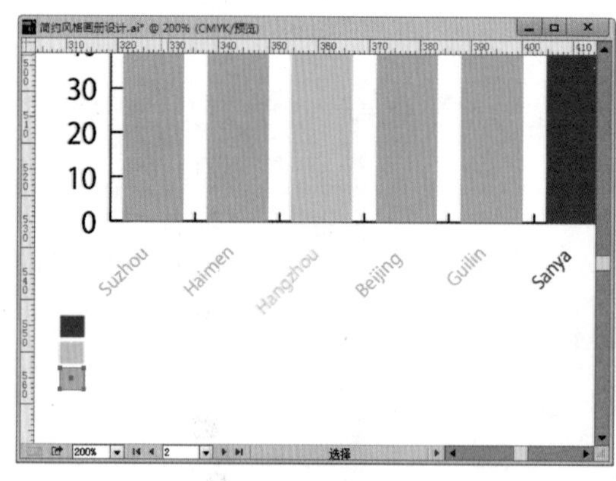

图 13-94

（33）绘制图表上方的小图标，单击工具箱中的“椭圆工具”，在画面中按住 Shift 键绘制一个黑色正圆，单击“剪刀工具”，在圆形上的两个位置进行单击，如图 13-95 所示。此时圆形分割为两个对象，选中右侧的小图形，设置填充颜色为深灰色，如图 13-96 所示。

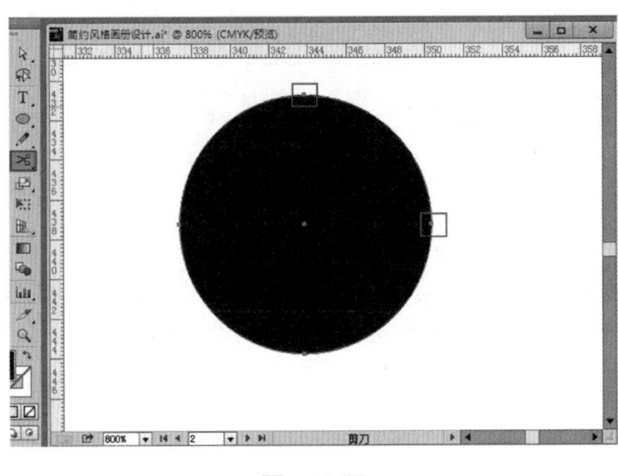
图 13-95

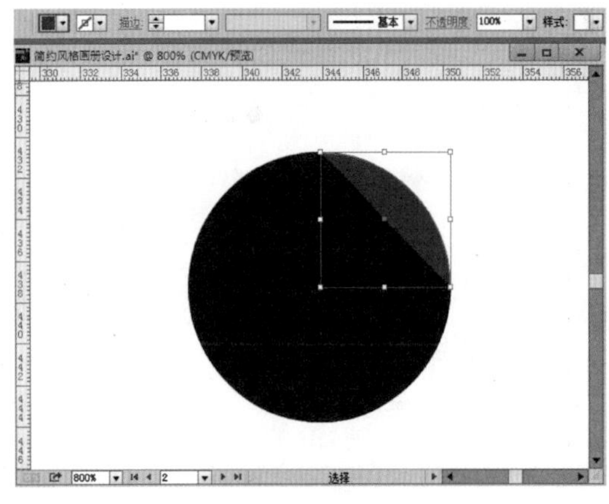
图 13-96

(34) 选中右侧小图形，将光标定位到控制框一角的控制点处，按住鼠标左键进行旋转，旋转 180 度左右，如图 13-97 所示。松开光标可以看到图表呈现出一种翻折的效果，如图 13-98 所示。

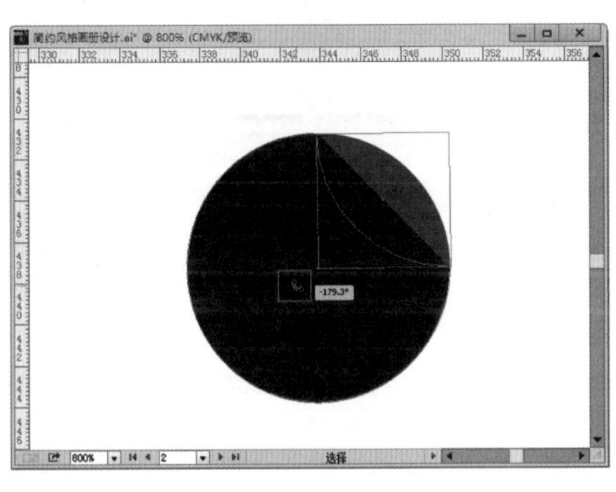
图 13-97

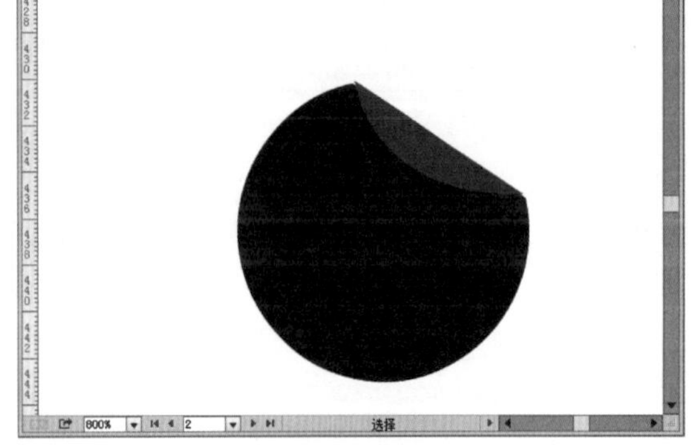
图 13-98

(35) 使用"文字工具"在底部彩色矩形右侧和图表右侧分别输入文字，如图 13-99 和图 13-100 所示。

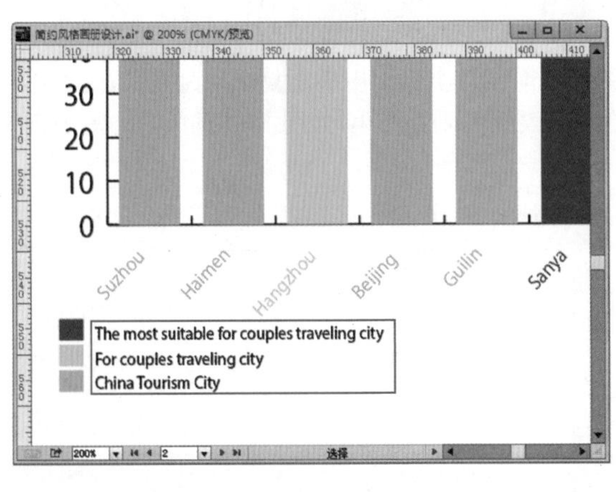

图 13-99

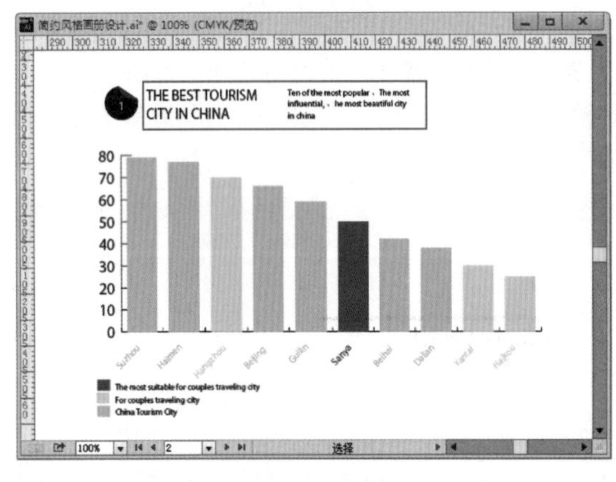

图 13-100

(36) 使用矩形工具在页面右侧下半部分绘制一些矩形，作为页面文字模块放置的区域，并在左侧页脚处也绘制一个矩形，作为页码的区域，如图 13-101 所示。并在其中添加文字，如图 13-102 所示。

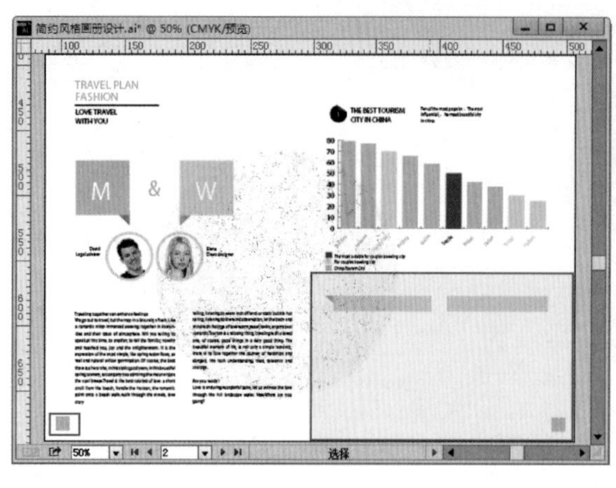

图 13-101

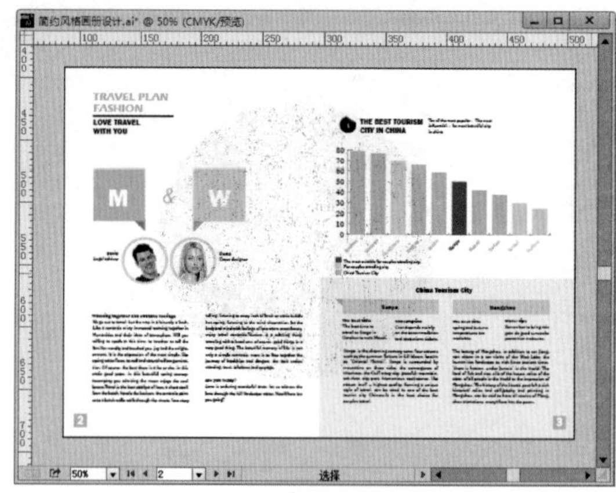

图 13-102

(37) 接下来制作第二组内页，也就是第4、5页，这一页面与之前制作好的内页版面中的页眉、页脚是相同的，所以可以直接选择页面2、3中的部分元素执行“编辑”→“复制”与“编辑”→“粘贴”命令，粘贴到当前页面中，并移动到合适位置，更改页码数值，如图13-103所示。接下来单击工具箱中的“矩形工具”，在页面上绘制两个相同大小的矩形，设置颜色为浅灰色与浅蓝色，如图13-104所示。

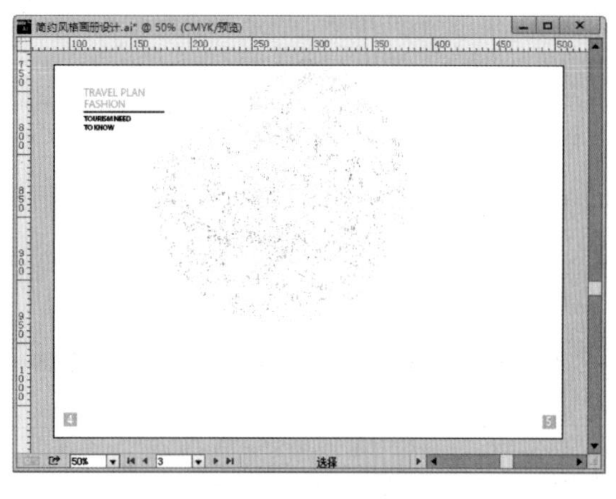

图 13-103

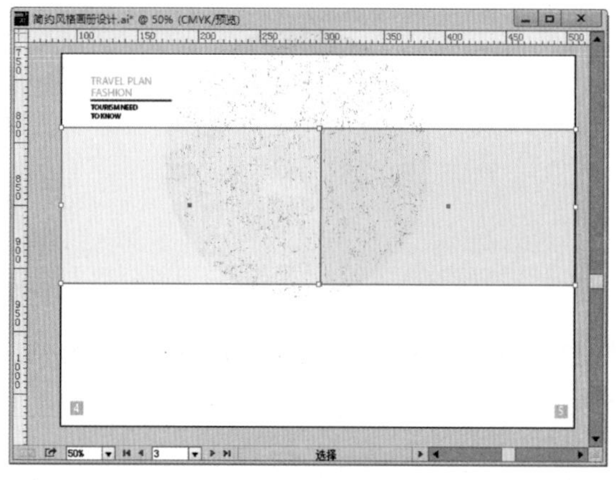

图 13-104

(38) 然后我们需要在页面中添加折页效果图形，这一图形在前面几个页面中被重复使用过多次，这里不再重复讲解，也可以直接将之前制作好的折页效果图形进行复制并更改颜色以及大小，如图13-105所示。复制多个并摆放在页面中，如图13-106所示。

图 13-105

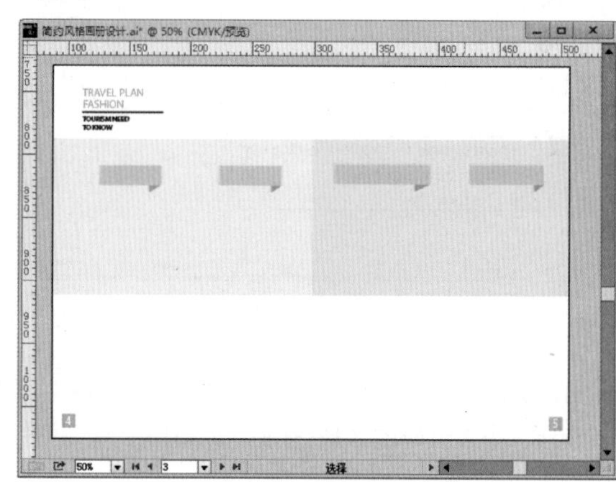

图 13-106

(39) 单击工具箱中的“椭圆选框工具”，在左侧页面中绘制两个互相叠加的圆形，并设置为不同的颜色，如图 13-107 所示。选择顶部的绿色圆形，单击选项栏中的“不透明度”按钮，设置混合模式为“正片叠底”，不透明度为 80%，如图 13-108 所示。

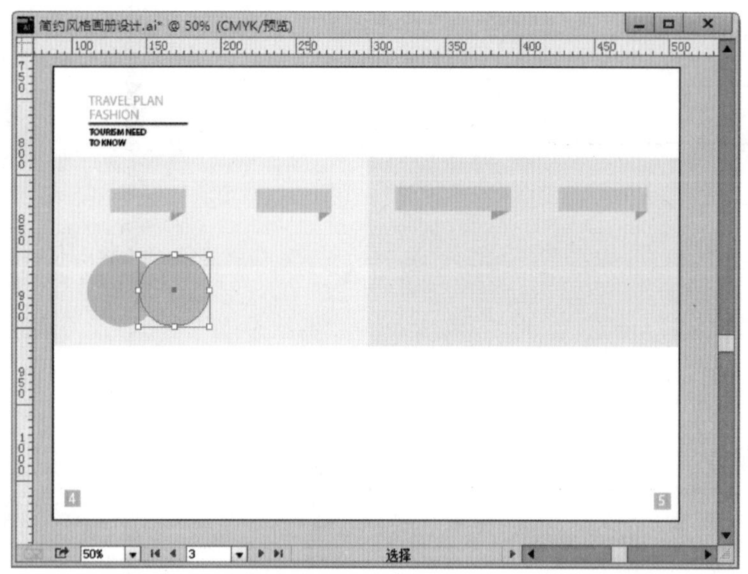

图 13-107

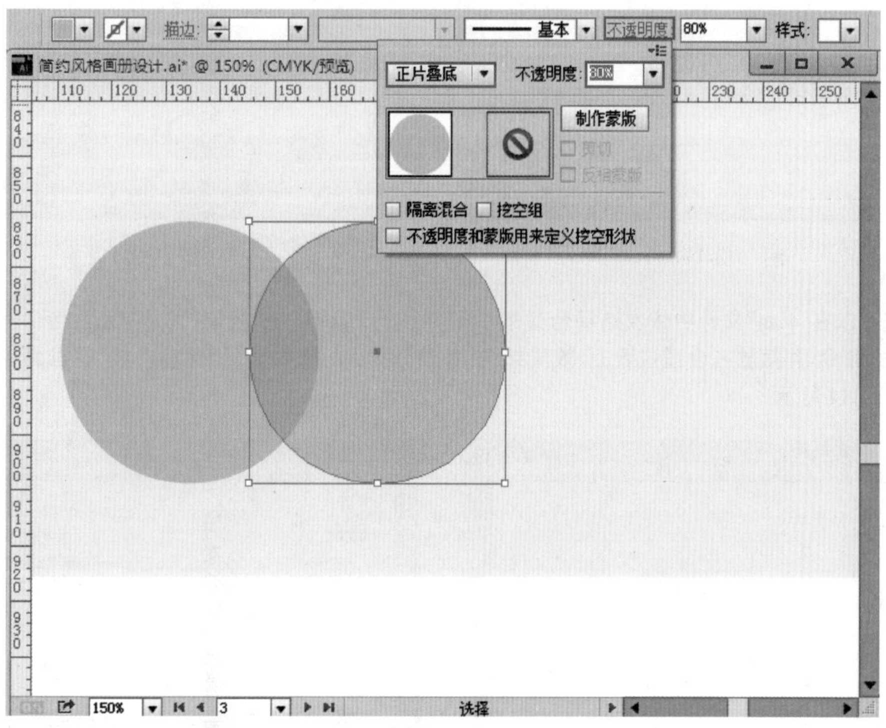

图 13-108

(40) 使用“圆角矩形工具”绘制一个圆角矩形线框，使用“剪刀工具”将其进行分割，如图 13-109 所示。删掉下半部分，如图 13-110 所示。

(41) 同样的方法绘制其他的图形，摆放在画面中合适的位置上，如图 13-111 所示。执行“文件”→“打开”命令，打开素材“4. ai”，在这里包括一些矢量图标，如图 13-112 所示。

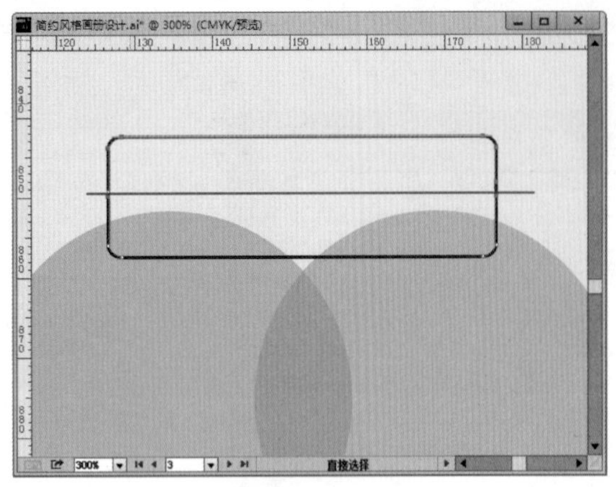

图 13-109

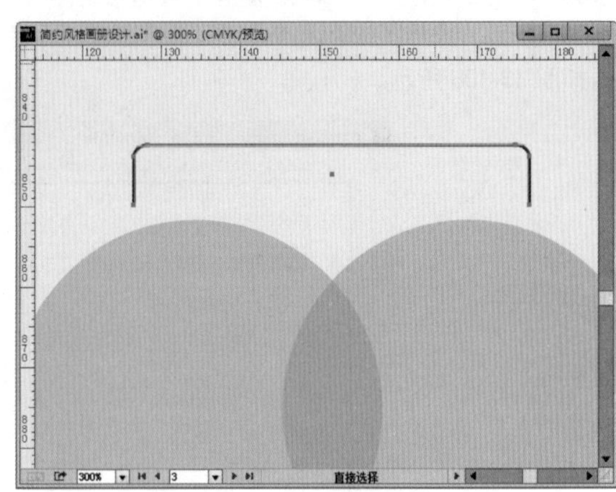

图 13-110

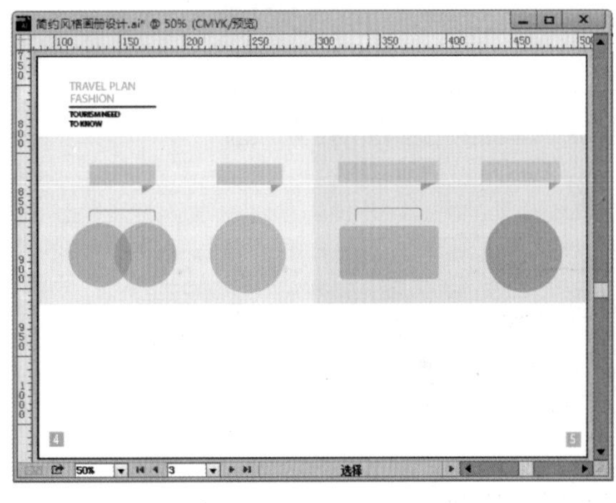

图 13-111

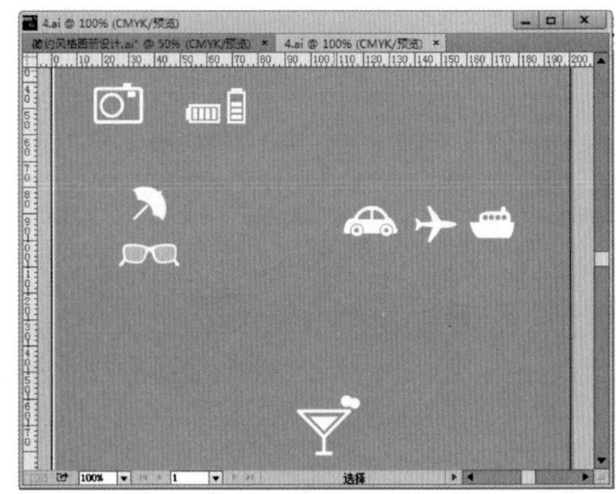

图 13-112

(42) 我们可以在“4. ai”文件中依次选择合适的图形并执行“编辑”→“复制”命令，然后回到画册文件中执行“编辑”→“粘贴”命令，并摆放在合适位置上，效果如图 13-113 所示。接着使用“文字工具”在画面中添加剩余的文字部分，如图 13-114 所示。

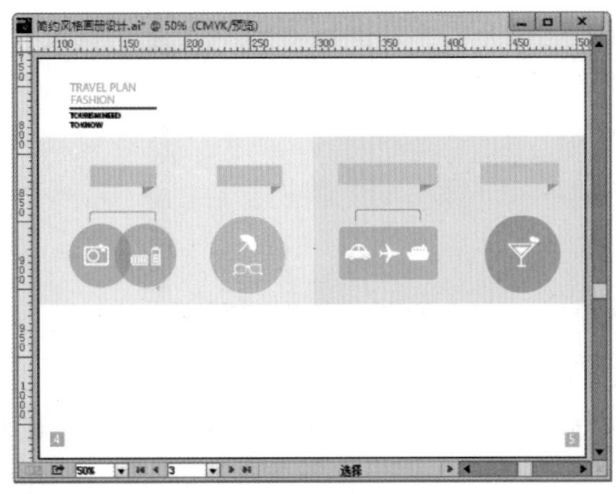

图 13-113

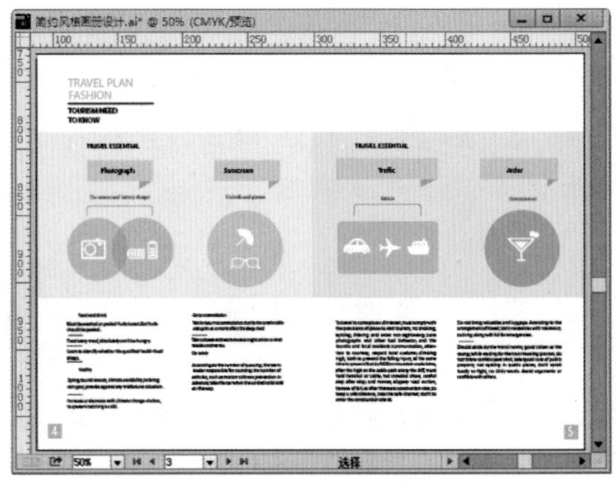

图 13-114

(43) 复制在第三页上方制作的翻折的圆形图标，并多次在当前页面上粘贴，更改其中的文字，摆放在合适位置上，如图 13-115 所示。

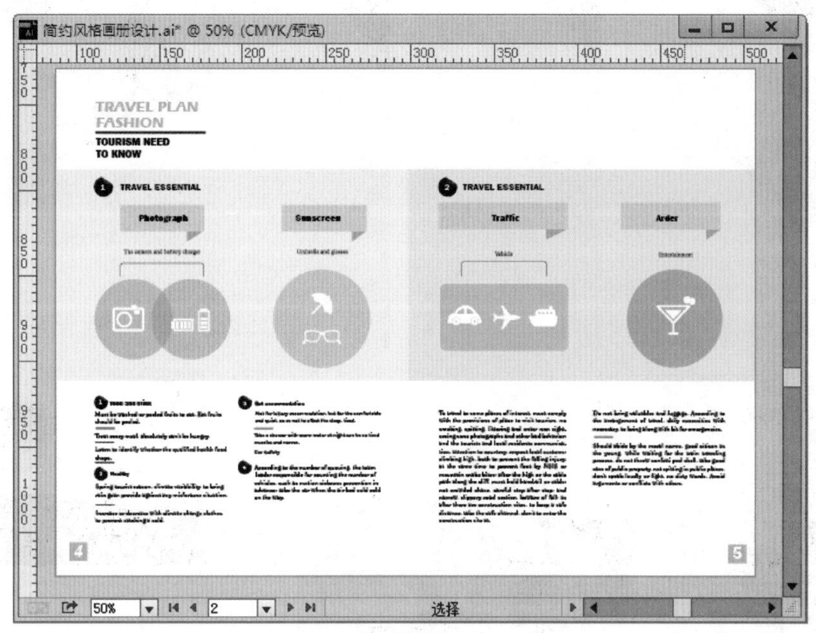

图 13-115

(44) 本案例制作完成，画册的最终效果如图 13-34 所示。

13.3 摄影机构宣传册

13.3.1 设计解析

本案例将要制作的是一款摄影机构的宣传册，宣传册采用竖开的小尺寸方式呈现，小巧、轻便。画册整体采用暖调的橙色系，在版面上多采用色块，将版面分割为多个部分，不同明度的橙色在棕色的衬托下更显年轻活力。图 13-116 所示为优秀的画册设计作品。

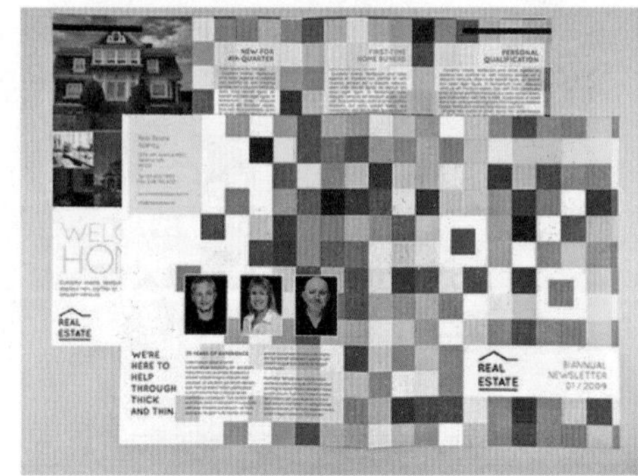

图 13-116

13.3.2 制作流程

在本案例中虽然包括多个版面，但是每个版面的制作方法基本相似。首先从封面封底的制作入手，使用矩形工具绘制背景底色，然后利用钢笔工具绘制色块，通过设置不透明度制作出混合效果。文字部分利用“文字工具”进行制作。而图片部分则主要用到了“剪切蒙版”工具，使图片呈现出不同的形态。本案例制作过程中主要使用到了钢笔工具、矩形工具、文字工具、椭圆工具、“不透明度”等技术。图 13-117 所示为本案例的基本制作流程。

图　13-117

13.3.3　案例效果

最终制作的案例效果如图 13-118 所示。

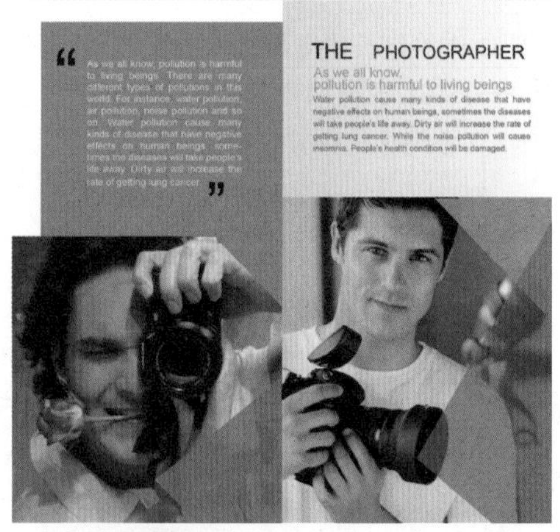

图　13-118

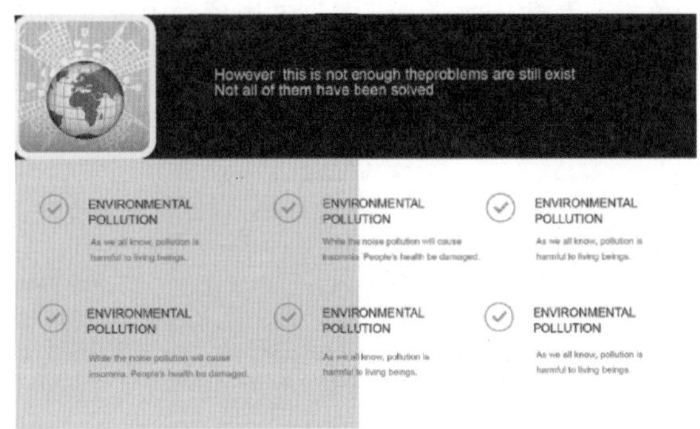

图 13-118(续)

13.3.4 操作精讲

(1) 执行“文件”→“操作”命令,在“新建文档”窗口中设置合适的名称,设置“画板数量”为 3,单击“按行设置网格”按钮,设置“宽度”为 180mm(两个页面的宽度),“高度”为 170mm,“取向”为横向,“出血”为 3mm,设置完成后单击“确定”按钮,如图 13-119 所示。画板效果如图 13-120 所示。

新建文档
名称(N):摄影机构宣传册
配置文件(P):[自定]
画板数量(M):3
间距(I):7.06 mm 列数(O):2
大小(S):[自定]
宽度(W):180 mm 单位(U):毫米
高度(H):170 mm 取向:
出血(L):上方 3 mm 下方 3 mm 左方 3 mm 右方 3 mm
高级
颜色模式:CMYK, PPI:300, 对齐像素网格:否
模板(T)... 确定 取消

图 13-119

图 13-120

（2）首先制作画册的封底。单击工具箱中的“矩形工具”，在选项栏中设置填充颜色为橙色，描边为无，然后在画面中绘制一个橙色的矩形，如图 13-121 所示。更改填充颜色为浅灰色，在橙色矩形下方绘制另外一个灰色矩形，如图 13-122 所示。

图 13-121

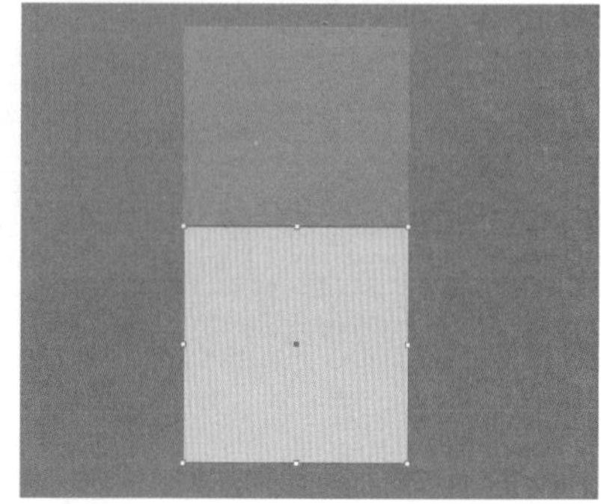

图 13-122

（3）继续更改填充颜色为稍深一些的橙色，在两个矩形左侧绘制一个细长矩形，如图 13-123 所示。下面使用工具箱中的钢笔工具，在选项栏中设置合适的填充颜色，然后在灰色矩形的左上角绘制一个三角，如图 13-124 所示。

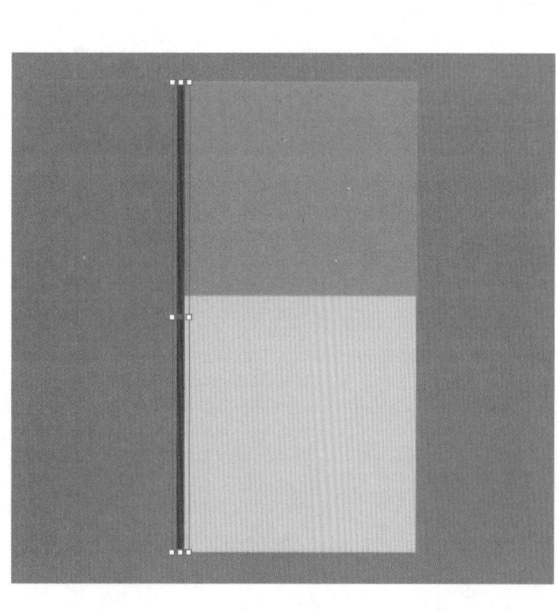

图 13-123

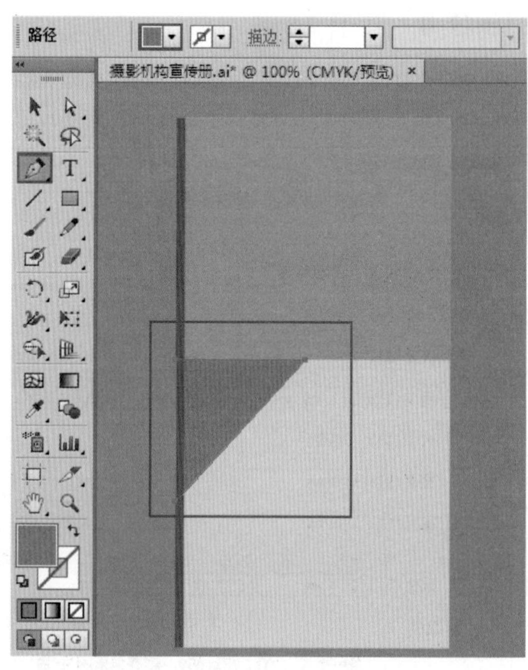

图 13-124

（4）选中刚绘制的三角形，执行“编辑”→“复制”和“编辑”→“粘贴”命令，复制出一个三角形，并移动到画册封底的左上角，将光标定位到界定框右下角，按住 Shift 键进行等比例缩放，如图 13-125 所示。缩放完毕后选中这个三角形，在选项栏中更改其填充颜色，如图 13-126 所示。

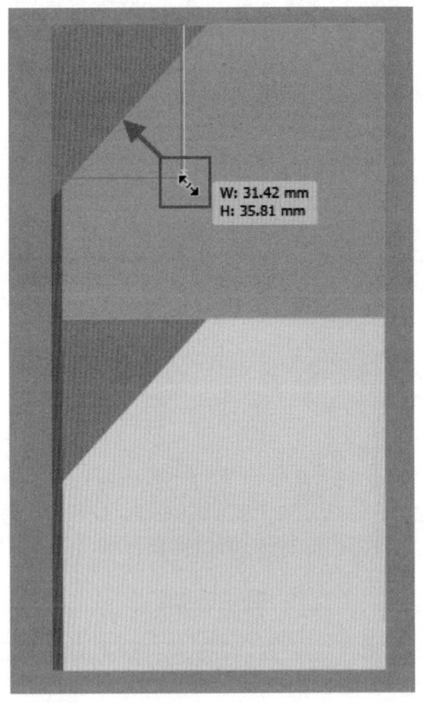

图 13-125

图 13-126

(5) 制作摄影机构的标志图形。选择工具箱中的"椭圆工具"，在控制栏中设置"填充"为"无"，"描边"为白色，设置合适的描边粗细，在画面中按住 Shift 键进行正圆的绘制，如图 13-127 所示。继续在之前绘制的圆形中绘制另外一个同心圆，如图 13-128 所示。

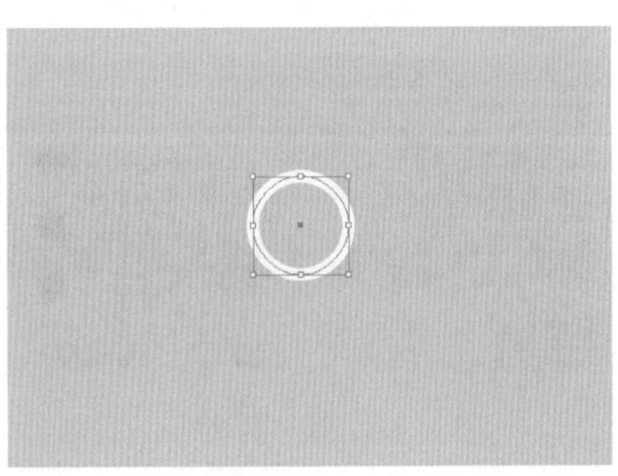

图 13-127

图 13-128

(6) 将这两个正圆选中，执行"对象"→"扩展"命令，将描边扩展为实体图形，效果如图 13-129 所示。使用"圆角矩形"绘制一个圆角矩形，适当旋转并放置在合适位置，如图 13-130 所示。

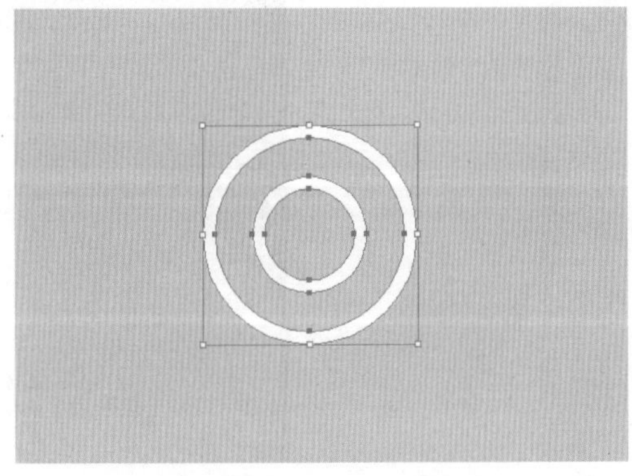

图 13-129

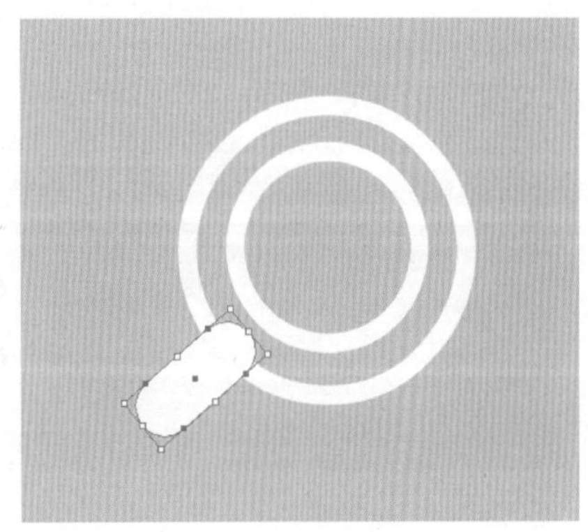

图 13-130

(7) 选中刚刚制作好的标志，将其移动到封底的合适位置，如图 13-131 所示。使用"文字工具"在标志图形的右侧和封底的下半部分输入文字，如图 13-132 所示。

图 13-131

图 13-132

(8) 使用"椭圆工具"在底部的文字右侧按住 Shift 键绘制一个褐色的正圆，如图 13-133 所示。将正圆选中，按住 Alt + Shift 组合键并向下移动，将其移动复制出另外两个，如图 13-134 所示。

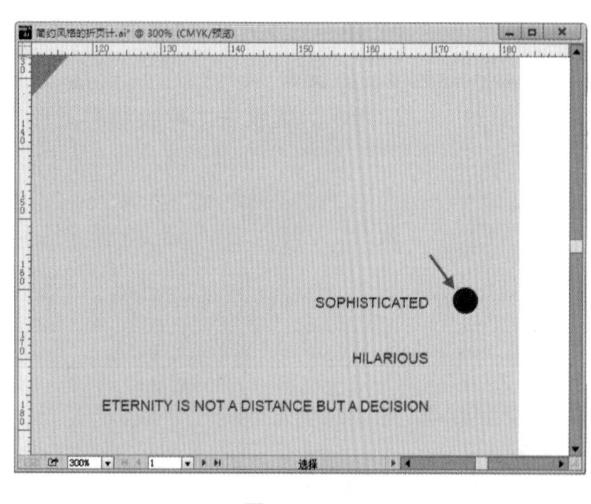

图 13-133

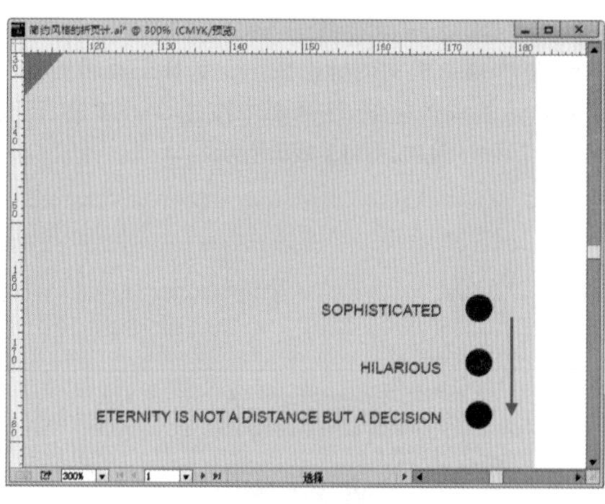

图 13-134

(9) 使用"文字工具"在正圆的上方输入文字，效果如图 13-135 所示。到这里封底部分制作完成，效果如图 13-136 所示。

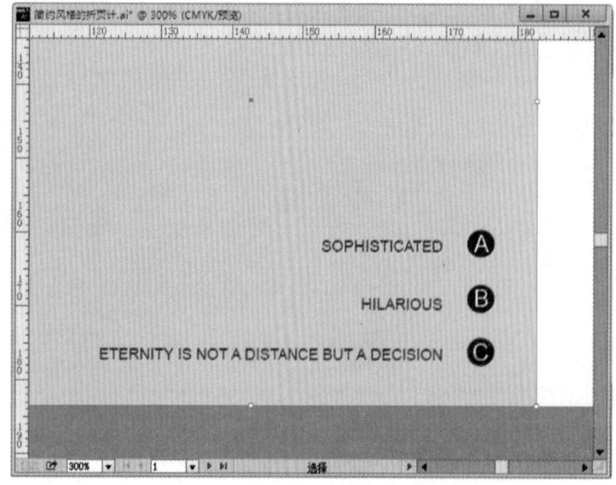

图 13-135

图 13-136

(10) 开始制作封面部分。封面部分的元素与封底非常相似，首先选中封底下半部分的矩形，移动复制到右侧，如图 13-137 所示。接着执行“窗口”→“渐变”命令，打开“渐变”面板，在这里编辑一种浅灰色系的渐变，设置渐变类型为“线性”，如图 13-138 所示。

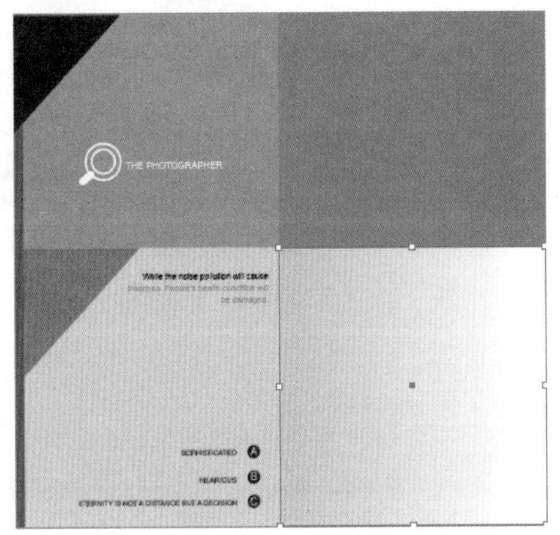

图 13-137

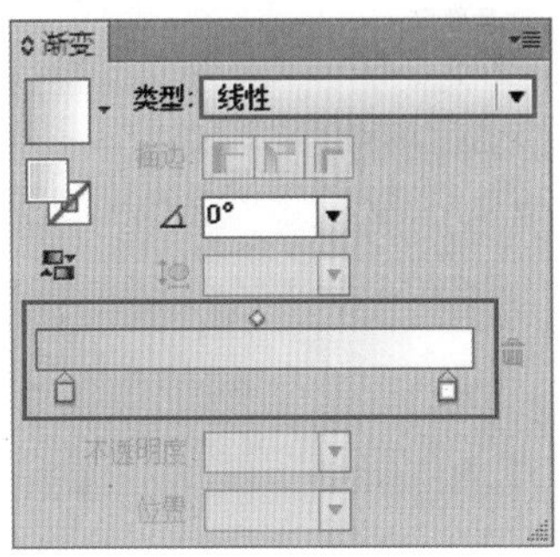

图 13-138

(11) 选中封底左侧的两个三角形，按住 Alt 键向右移动复制，如图 13-139 所示。松开光标后即可移动复制出另外一组三角形，如图 13-140 所示。

图 13-139

图 13-140

(12) 下面需要对这两个三角形进行对称操作，单击右键执行“变换”→“对称”命令，在弹出的“镜像”窗口中设置轴为“垂直”，然后单击“确定”按钮，如图 13-141 所示。接着将对称后的三角形移动到右侧，如图 13-142 所示。

(13) 此时效果如图 13-143 所示。单击工具箱中的“直接选择工具”按钮，将光标定位到下方的三角形锚点上，适当调整其大小，如图 13-144 所示。

(14) 单击工具箱中的“钢笔工具”，绘制一个橙色的三角形，如图 13-145 所示。单击选项栏中的“不透明度”按钮，在弹出的窗口中设置不透明度为 90%，效果如图 13-146 所示。

(15) 选中封底的白色标志，将其复制并移动到封面的底部，如图 13-147 所示。更改标志的颜色为橙色与灰色，如图 13-148 所示。

图 13-141

图 13-142

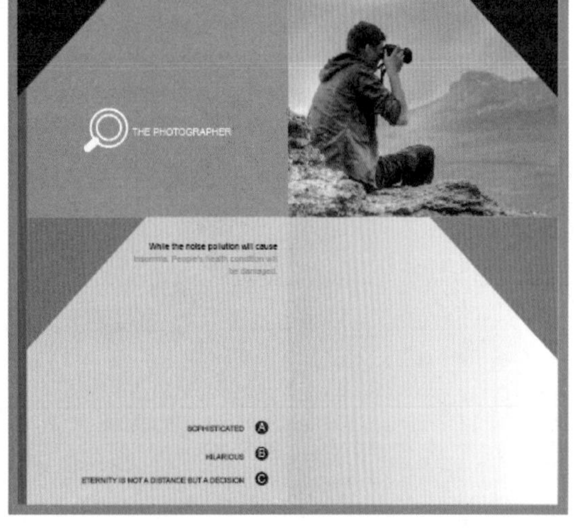

图 13-143

图 13-144

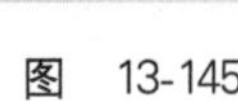

图 13-145

图 13-146

图 13-147

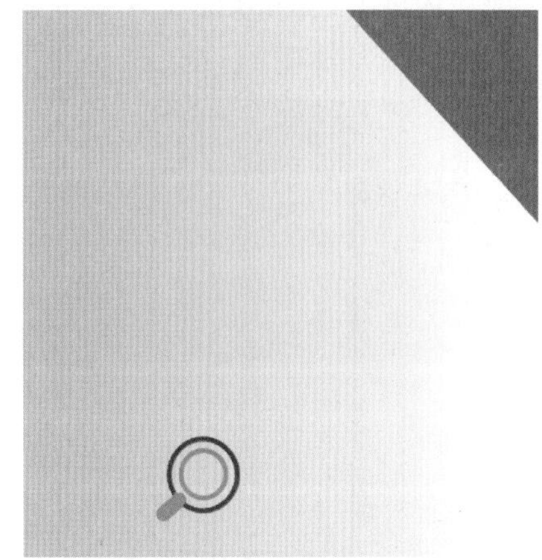

图 13-148

（16）在标志右侧以及上方分别输入两组文字，如图 13-149 和图 13-150 所示。

图 13-149

图 13-150

（17）到这里封面和封底就制作完成了，如图 13-151 所示。

图 13-151

（18）制作“内页 1”，使用“矩形工具”绘制一个白色矩形，如图 13-152 所示。并在其上绘制一个橘黄色的矩形，如图 13-153 所示。

图 13-152

图 13-153

（19）选择工具箱中的“文字工具”，在画面中绘制一个文字选框，如图 13-154 所示。在控制栏中设置合适的字体、字号，文字颜色为白色，然后在画面中输入文字，如图 13-155 所示。

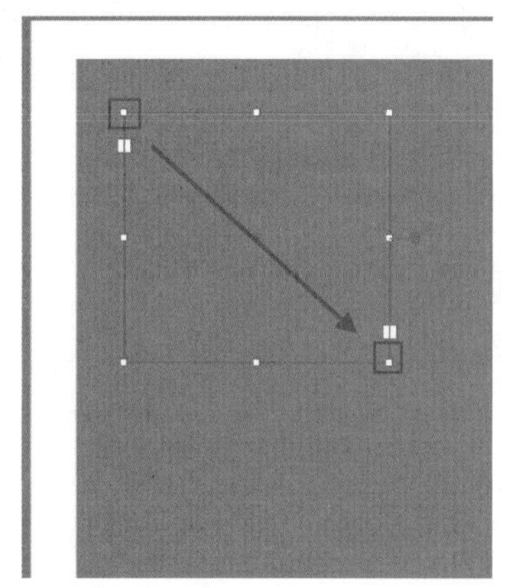
图 13-154

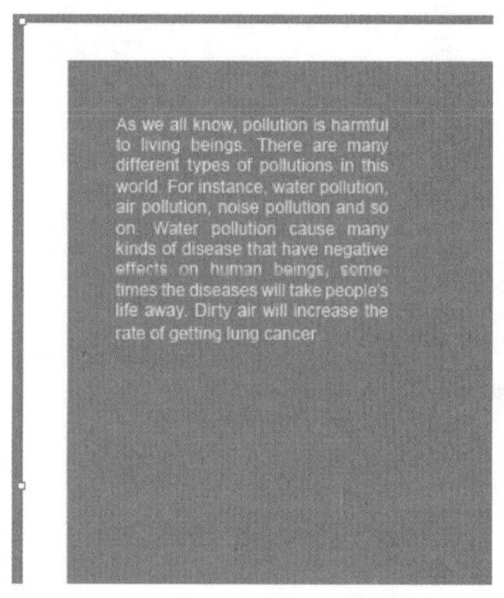

图 13-155

（20）装饰用的引号。使用“文字工具”在画面中输入黑色的引号。效果如图 13-156 所示。

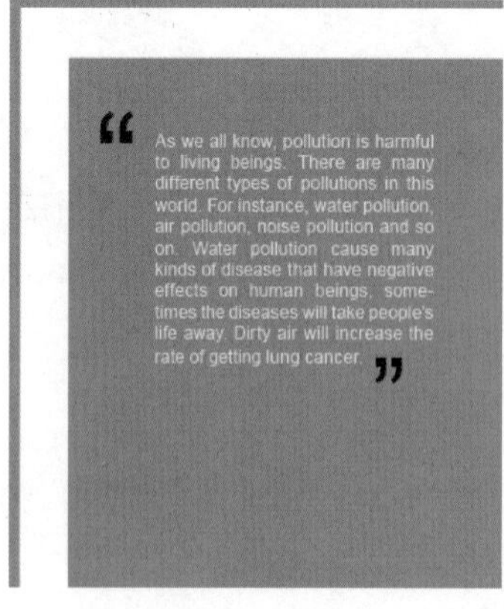

图 13-156

（21）将素材“1. jpg”导入到画面中，放置在画面中合适位置，如图 13-157 所示。使用“钢笔工具”绘制一个多边形的形状，如图 13-158 所示。

图 13-157

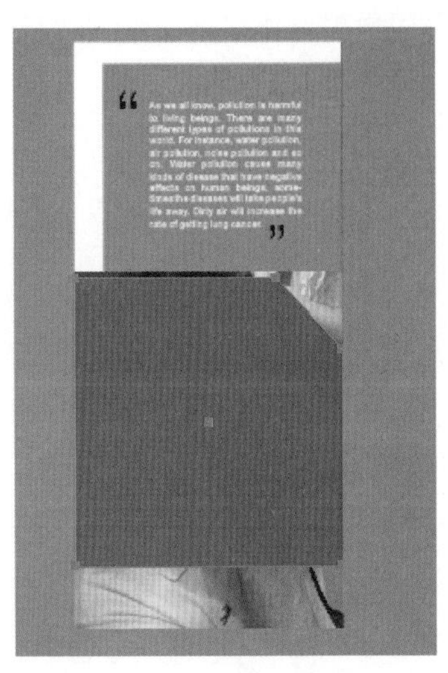

图 13-158

(22) 将图片素材和多边形同时选中。执行“对象”→“剪切蒙版”→“建立”命令,建立剪切蒙版。效果如图 13-159 所示。继续使用“矩形工具”绘制一个细长的矩形,如图 13-160 所示。

图 13-159

图 13-160

(23) 使用“钢笔工具”绘制形状,如图 13-161 所示。在控制栏中设置“不透明度”为 80%,如图 13-162 所示。

图 13-161

图 13-162

(24) 到这里“页面 1”制作完毕，如图 13-163 所示。下面开始制作“页面 2”，使用矩形工具在上方绘制一个白色矩形，如图 13-164 所示。

图 13-163

图 13-164

(25) 由于这一部分要赋予的颜色与封面部分的灰色渐变矩形相同，所以可以使用工具箱中的“吸管工具”，在封面的渐变图形上单击鼠标左键，如图 13-165 所示。此时矩形上出现了相同的效果，如图 13-166 所示。

图 13-165

图 13-166

(26) 执行“文件”→“置入”命令，置入一张照片素材，如图 13-167 所示。使用矩形工具在其上方绘制一个白色矩形，选中照片和矩形，单击右键执行“建立剪切蒙版”命令，如图 13-168 所示。

图 13-167

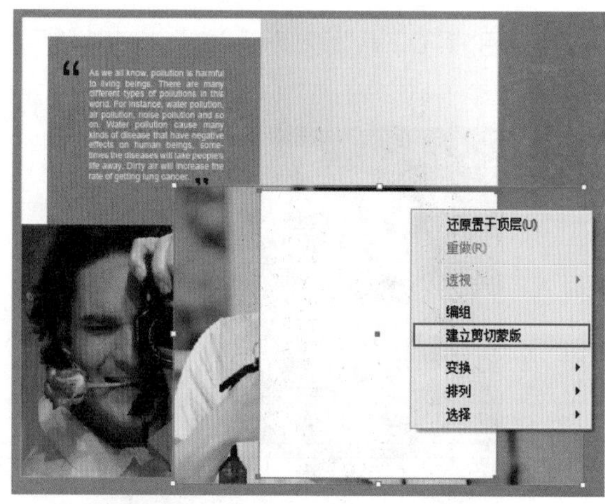

图 13-168

(27) 此时矩形以外的照片部分都被隐藏了，如图 13-169 所示。

图 13-169

(28) 使用“钢笔工具”在照片的右侧绘制两个三角形，设置不同的颜色以及不透明度，效果如图 13-170 和图 13-171 所示。

图 13-170

图 13-171

(29) 文字部分的制作。单击工具箱中的“文字工具”，在页面的上方单击并输入黑色文字，如图 13-172 所示。使用文字工具选中后半段文字，执行“窗口”→“字符”命令，打开“字符”面板，在这里更改字体大小，如图 13-173 所示。

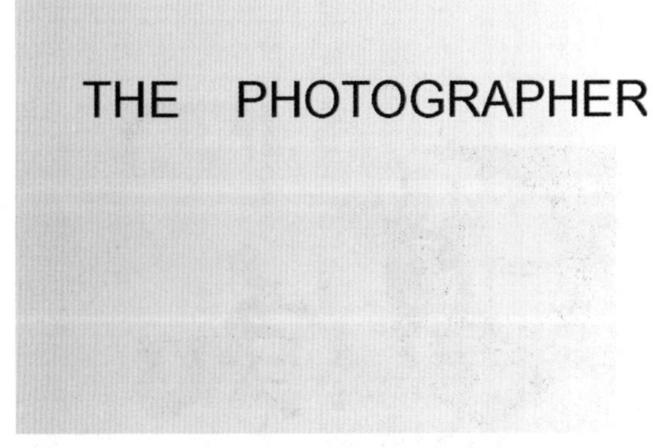

图 13-172

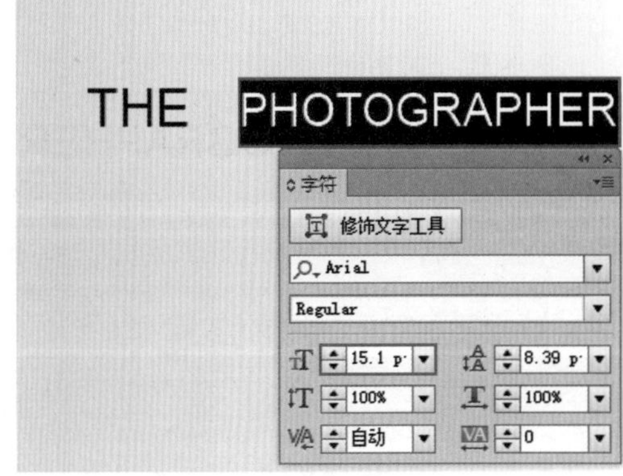

图 13-173

（30）更改了文字大小后选中部分字母，在选项栏中更改颜色为棕色，如图 13-174 所示。此时文字效果如图 13-175 所示。

图 13-174

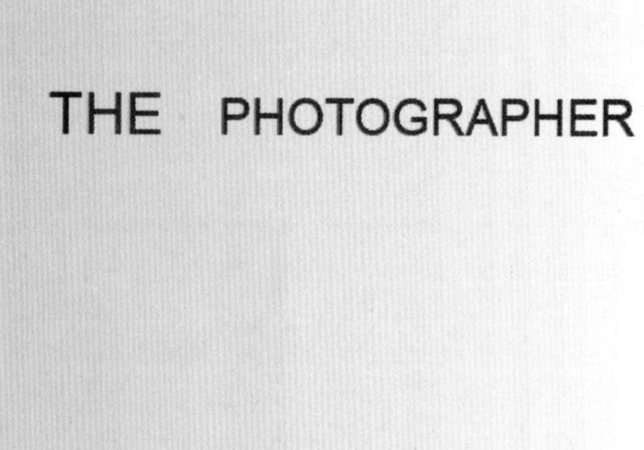

图 13-175

（31）使用“文字工具”，在选项栏中设置合适的字号和颜色，在标题文字的下方单击并输入两行文字，如图 13-176 所示。

（32）输入段落文字。使用“文字工具”在画面中按住鼠标左键并拖曳，制作出一个段落文本框，如图 13-177 所示。在其中输入文字，输入的文字在矩形框中整齐地排列，如图 13-178 所示。

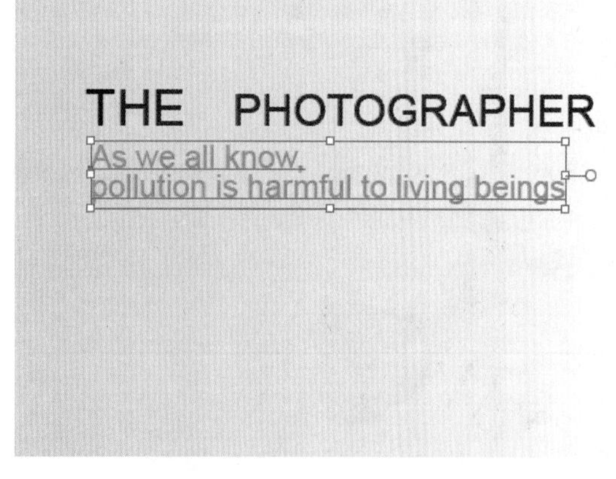

图 13-176

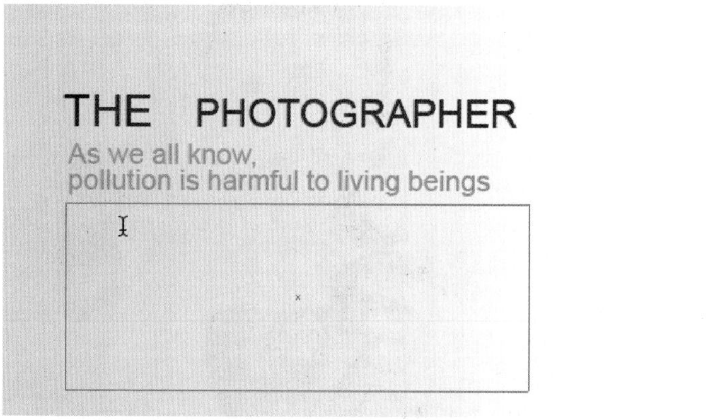

图 13-177

（33）此时页面 1、2 制作完毕，效果如图 13-179 所示。

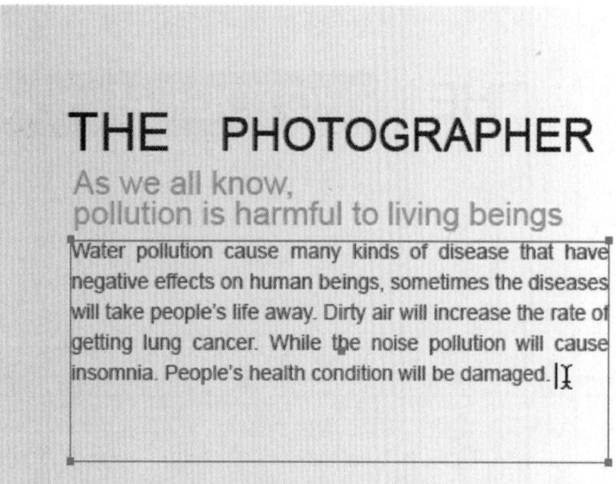

图 13-178

图 13-179

(34) 页面3、4的内容具有连续性,所以放在一起制作,单击工具箱中的"矩形工具",绘制一个大小为两个页面的白色矩形,作为底色,如图13-180所示。接着在左侧页面的下半部分绘制一个浅灰色的矩形,如图13-181所示。

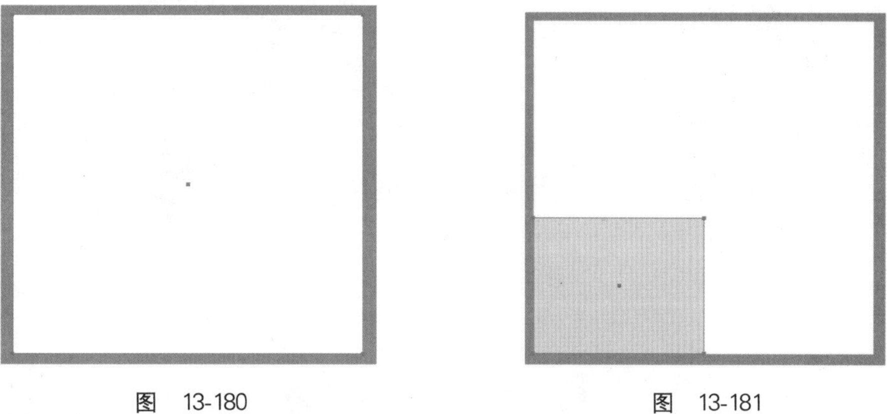

图 13-180　　图 13-181

(35) 在两个页面中央的区域绘制一个横向的矩形,设置填充颜色为棕色,如图13-182所示。

图 13-182

(36) 执行"文件"→"置入"命令,置入一张照片素材,并在照片上绘制一个矩形框,如图13-183所示。选中照片和矩形框单击鼠标右键执行"建立剪切蒙版"命令,此时照片效果如图13-184所示。

图 13-183

图 13-184

(37) 使用"钢笔工具"在照片的左上角绘制一个不透明度为80%的三角形,并在三角形上绘制另外一个橙色四边形,如图13-185和图13-186所示。

图 13-185

图 13-186

（38）制作页面下半部分的文字，使用椭圆工具按住 Shift 键绘制正圆，设置合适的描边粗细，去除填充，并在其中添加一个对号，如图 13-187 所示。接着在右侧输入两组文字，如图 13-188 所示。

图 13-187

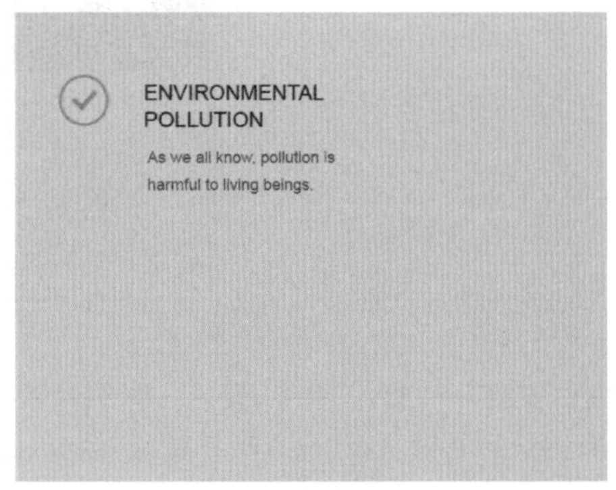

图 13-188

（39）第一组文字制作完成后可以复制这组文字并摆放在其他位置，然后更改文本信息即可，如图 13-189 所示。继续使用“文字工具”在中央的棕色矩形上输入一行文字，如图 13-190 所示。

图 13-189

图 13-190

(40) 执行“文件”→“打开”命令，打开素材“5. ai”文件，如图 13-191 所示。从中选中合适的素材，执行“编辑”→“复制”、“编辑”→“粘贴”命令，复制粘贴到当前文档中完成页面 3、4 的制作，如图 13-192 所示。

图 13-191

图 13-192

(41) 到这里宣传册的封面封底以及四个内页就制作完成了，在制作时需要注意背景部分要覆盖到红色出血框的边缘处，而主体内容及文字部分则不能在出血框内，如图 13-193 所示。最后我们可以利用“自由变换”工具制作出平放在桌面上的画册的效果，如图 13-194 所示。

图 13-193

图 13-194

13.4 灵感补给站

参考优秀设计案例，启发设计灵感，如图 13-195 所示。

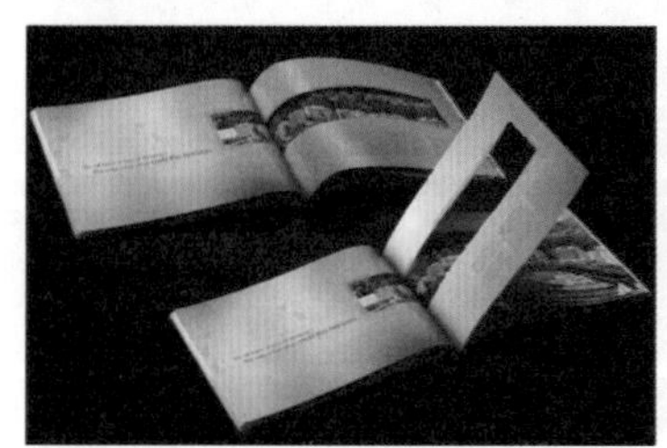

图 13-195

图 13-195（续）

第14章

书籍设计

• **课题概述**

“书籍是人类进步的阶梯”，随着物质文明的丰富，人类对精神层面的追求就更加强烈。书籍的品种数量逐年攀升，在经济社会中书籍作为一种特殊的商品，为了引起购买者的欲望，书籍的设计也越来越受到人们的重视。现在的书籍设计已经不是简单地停留在文字的排列，而是更加注重文字与版面之间的关系，封面设计等。

• **教学目标**

在本章中首先认识一下什么是书籍，了解纸张的开本、裁切方法以及书籍的装订方式。掌握了这些基础知识后开始学习封面设计和版式设计。最后通过项目案例进行书籍封面设计的实战。

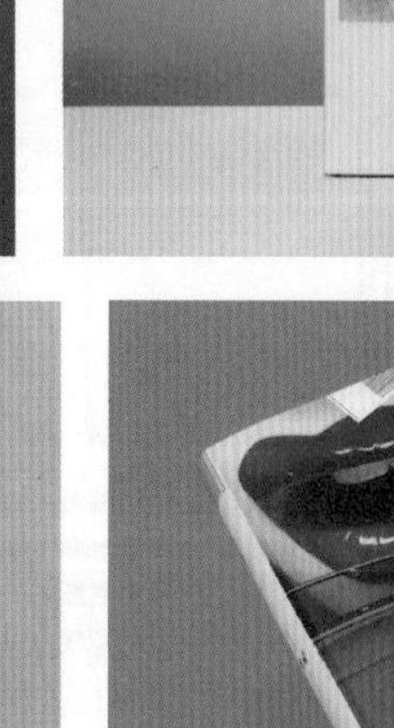

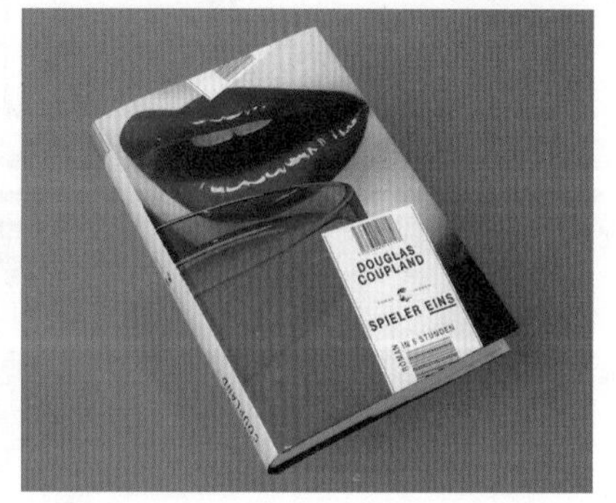

14.1 书籍设计概述

书籍是以传播知识为目的，用文字或图形符号记录于一定形式的材料之上的著作物。书籍也有狭义和广义之分。狭义上是指带有文字和图像的纸张的集合；广义上指一切传播信息的媒体。图书是人类社会实践的产物，是一种特定的不断发展着的知识传播工具。书籍是知识传播、文化交流的重要载体。随着人类文明的不断进步，图书不再仅仅是文字的集合及信息传播载体，而是越来越强调信息传递过程中的品质，读者感性层面的喜好程度、信息传递过程的绩效性、表现的独特性等都成为图书优劣的决定要素。图 14-1 和图 14-2 所示为优秀的书籍设计作品。

图 14-1

图 14-2

14.1.1 书籍的组成部分

书籍作为人类交流思想、传播知识的工具，其信息承载量巨大，其形态给人以美感。作为一名合格的设计师，就必须知道书籍各部分的名称以及设计要求。一般来说，书籍包括封面、封底、书脊、环衬、扉页、腰封、护封和切口，如图 14-3 所示。书籍内页的结构包括页眉、眉线、内白边、外白边、天头、地脚、版心、订口、页码等，如图 14-4 所示。

书籍
各部分名称

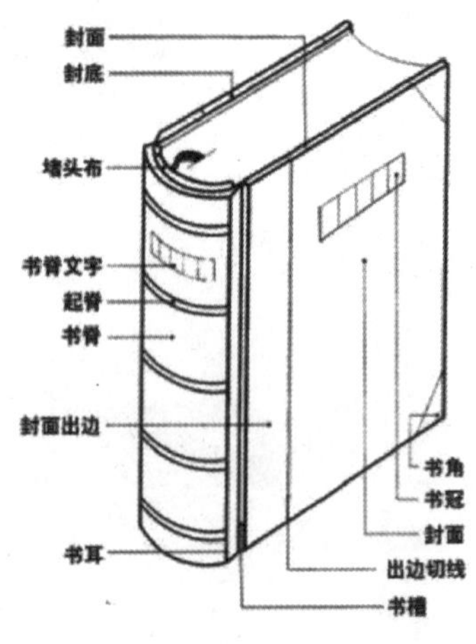

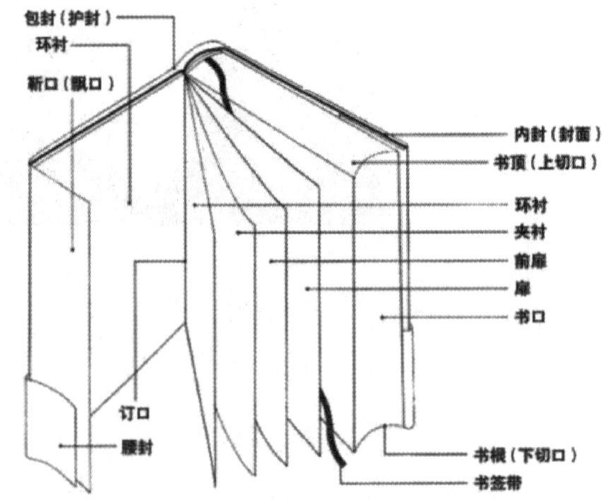

图 14-3

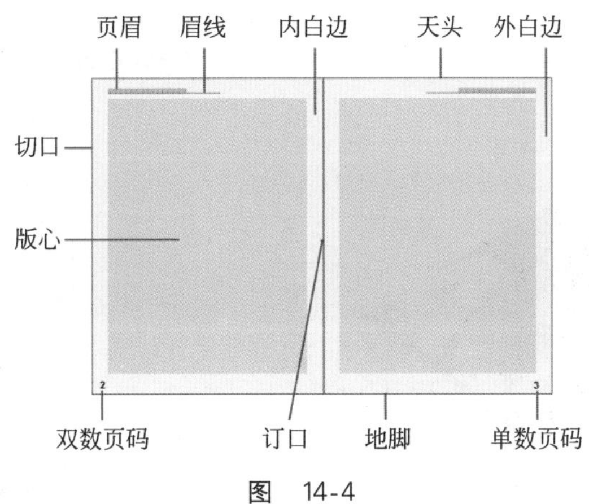

图 14-4

14.1.2 书籍的外部设计

书籍的外部设计就是书籍的"外衣",不仅起到保护书籍的作用,还有促进销售的作用。书籍的外部设计,决定了读者对书籍的第一印象,这个第一印象往往也是决定性的。漂亮且具有设计感的外部设计,可以吸引读者注意,然后让读者产生阅读兴趣,图 14-5 和图 14-6 所示为书籍的外部设计。

图 14-5

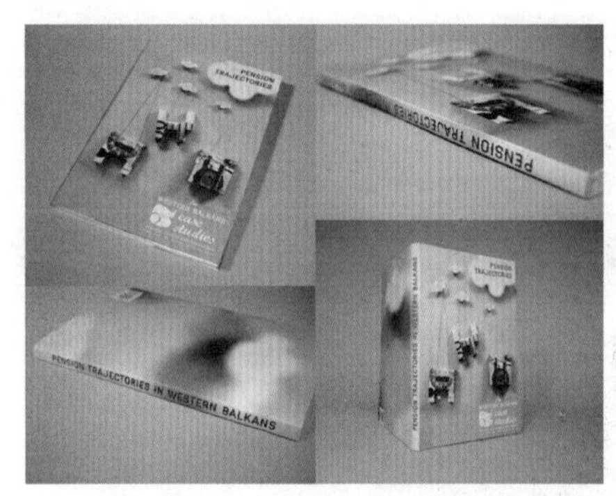

图 14-6

1. 封面

封面又称封皮、书面,在封面上印有书名、作者名和出版社名称。书籍的封面具有以下三方面的作用:保护书籍内页不受损害;充分表现书籍的主题;激发阅读兴趣,促进购买欲望,如图 14-7 和图 14-8 所示。

图 14-7

图 14-8

在设计封面时,简洁明了是一种很好的方式。简洁的封面更容易突出书籍的名字。在设计时,尽可能的简化封面中的内容,去掉一切多余的东西,把想象的空间留给读者。书籍的封面具有一定的引导作用,例如有很多人物传记都会以书中的人物作为封面的主体部分，其设计意图就是要告诉读者，这本书中的内容就是围绕“他”来写的。所以封面的风格要与书籍内容相匹配。封面上的文字应用有主次关系，并通过文字与图片相结合的方法使版面层次分明，主题突出，如图 14-9 和图 14-10 所示。

图 14-9

图 14-10

2. 封底

封底的内容通常有定价、条形码、内容简介等信息。封底的设计应该是封面的延伸和补充，在设计时，应该与封面放在一起，作为一个整体进行考虑，如图 14-11 和图 14-12 所示。

图 14-11

图 14-12

3. 书脊

书脊又称封脊，是指连接封面和封底的脊部。书脊上一般印有书名、册次、作者名和出版社名，以便于查找。书脊的面积虽然不大，但是一般情况下在书架上，大多都是以书脊版面展示给读者的。当书脊较厚时，有时也可能加上少量的图形进行装饰，从而呼应封面和封底的内容，如图 14-13 和图 14-14 所示。

图 14-13

图 14-14

书脊与封面和封底的艺术风格应该相一致，所以在进行书脊设计时，应该注意其整体性。书脊狭长的形态会给设计带来一定的难度，在设计中要根据书脊的宽窄比例选择适合的画面构图，使其符合形式美的法则，如图 14-15 和图 14-16 所示。

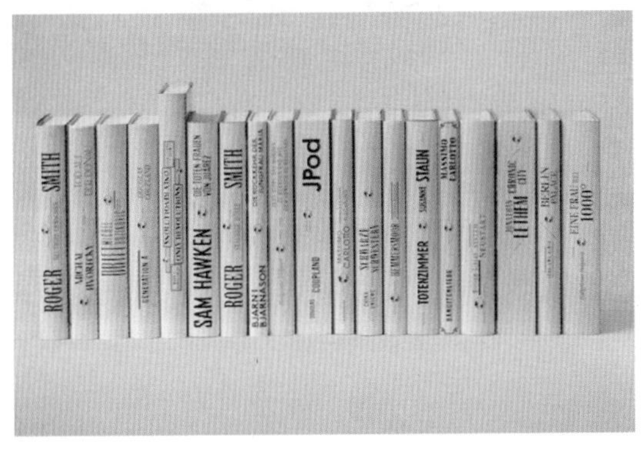

图 14-15

图 14-16

4. 环衬

环衬是封面与书芯之间的一张衬纸，通常一半粘在封面的背后，一半是活动的，因其以两页相连环的形式被使用，所以称为“环衬”。书前的一张称前环衬，书后的一张称后环衬。目的是加强封面和书芯的连接，如图 14-17 和图 14-18 所示。

图 14-17

图 14-18

5. 扉页

扉页是指书籍封面或前环衬之后，正文之前的一页。扉页上一般印有书名、作者、出版社和出版的年月等。扉页也起到装饰的作用，增强书籍的美观性，如图 14-19 和图 14-20 所示。

图 14-19

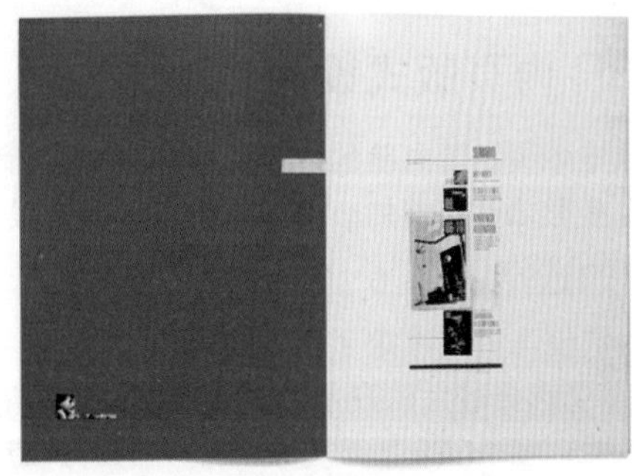

图 14-20

6. 腰封

腰封也称腰纸，属于外部装饰，是包裹在图书封面中部的一条纸带。它的高度一般相当于图书高度的三分之一。宽度则必须达到不但能包裹封面的面封、书脊和封底，而且两边还各有一个勒口。腰封上可印与该图书相关联的宣传、推荐文章和图案。腰封的主要作用是装饰封面或补充封面的表现不足，如图 14-21 和图 14-22 所示。

图 14-21

图 14-22

7. 护封

护封是一张扁方形的印刷品。它的高度与书相等，高度能包住封面、书脊和封底，并在两边各有一个 5～10cm 向里折进的勒口。护封的纸张应该选用质量较好的，不易撕坏的纸张，如图 14-23 和图 14-24 所示。

图 14-23

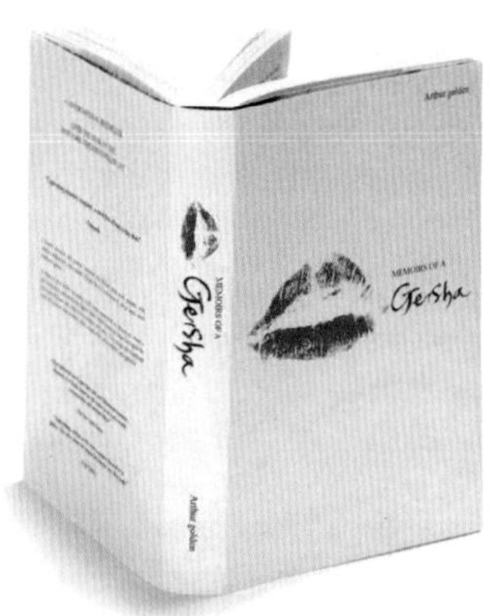

图 14-24

8. 切口

切口指的是书籍除订口之外的三个边，这三个边，相对于毛边来说，是要加工切齐的。上边的切口，称“上切口”，或称为“书顶”。下边的切口，称“下切口”。与订口相对的另一边切口，称为“书口”。

14.1.3 内页版式设计

封面的好与坏决定了书籍的外在形象，起到吸引读者的作用。书籍的内页设计是整部书的核心部分，内页设计的好与坏直接影响到读者的心情与信息表达的效果，在对书籍内页进行设计时，应该注意以下几点。

1. 开本的选择

印刷品的定位与特征决定了开本的选择，如图 14-25 所示。对于杂志类的书籍，既要注重形式，又要包含大量的信息，所以需要选择较大的开本形式。如果是以文字信息为主的书籍，就需要考虑携带方便和保存等因素，所以尽量选择小开本。图 14-26 所示为杂志版式，图 14-27 所示为书籍版式。

2. 版心的设置

版心是指翻开后，两页成对的双页上，被大面积印刷的部分，如图 14-28 所示。书籍的版心大小是由书籍的开本决定的，版心越小，版面中的文字数也会随之减少，版心太大会影响到整个画面的美感。版心的高度与宽度的尺寸，要根据正文中文字的具体字号与文字的行数与列数来决定。图 14-29 所示为稍小的版心，图 14-30 所示为稍大的版心。

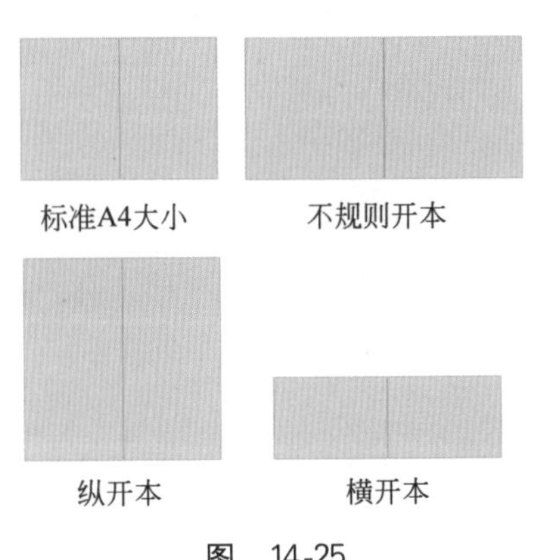

图 14-25

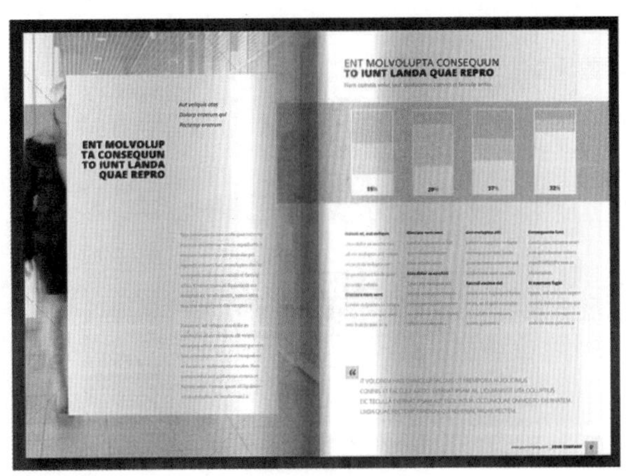

图 14-26

图 14-27

图 14-28

图 14-29

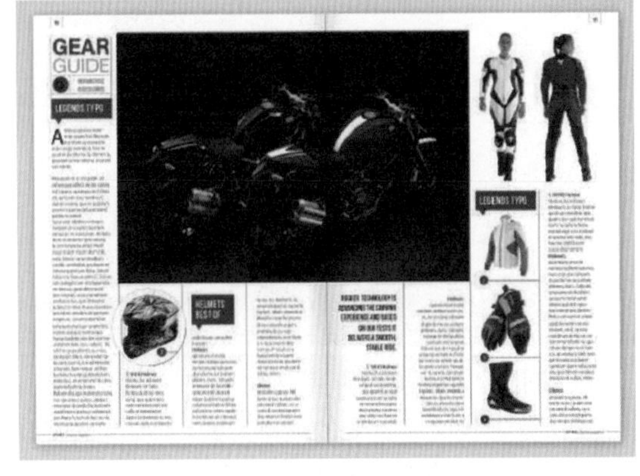

图 14-30

3. 网格设计

网格是现代版式设计中重要的构成元素。主要是用来帮助设计师在设计版面时有明确的设计思路。在版式设计中，可以将版面分为一栏、双栏、三栏或多栏，然后将文字与图片编排在栏中，使版面具有一定的节奏感。网格设计在实际版式设计中有严肃、规则、简洁、朴实等版面艺术风格。图 14-31 所示为将版面分为三栏。

图 14-31

4. 文字的编排形式

书籍的正文的编排设计必须依照书刊的内容，例如政治类应该严谨，文艺类的书刊应该高雅，生活娱乐类的书刊应该活泼。在编排不同书籍时，所采用的网格也要作不同的处理。书籍版式设计中，对正文的编排主要有两种形式，如图 14-32 所示。

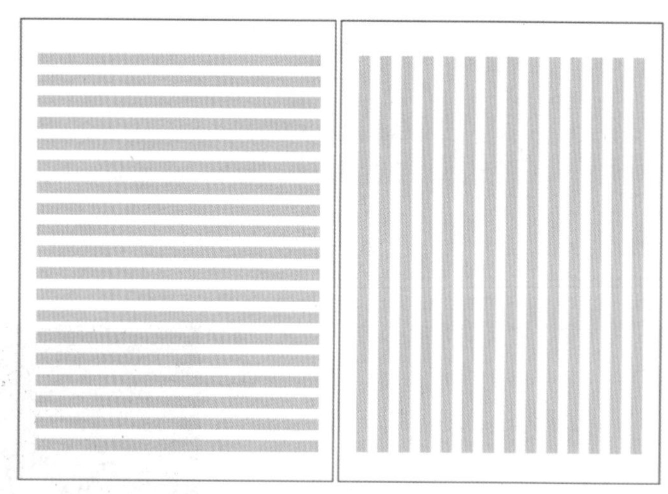

横排文字　　直排文字

图 14-32

1）横排和直排编排方式

横排是现代文字主要的编排方式，主要是文字从左到右的排列；直排编排方式是文字由上到下排列，这是我国古代使用的文字编排方法，现在的中国台湾地区和日本也会用到这样的编排方式。

2）密集型与疏散型编排方式

密集型编排方式是文字与文字之间没有空隙的编排方式，一般小说会采用这样的编排方式；疏散型的编排方式是加大字间距、行距的空隙的编排方式，大多用于儿童读物、老年读物或教科书。

5. 页眉和页脚的设置

表示页数的数字叫作页码，表示书名或章节的文字叫作页眉。在版式设计中，页眉和页脚虽是小细节，却能使版面达到精致完美的视觉感受。在书籍版式中，设置页眉和页脚可以使页面之间更加连贯，形成流畅的阅读节奏，如图 14-33 和图 14-34 所示。

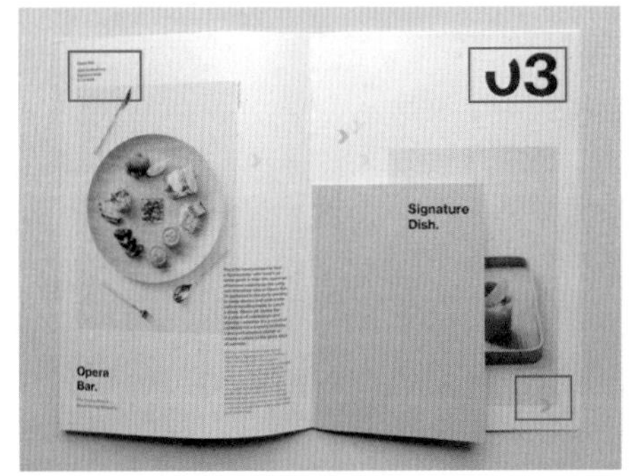

图 14-33

图 14-34

14.1.4 书籍的开本

在进行一部书籍的设计之前，首先我们需要明确这本书想要做成多大的“开本”。“开本”是指书刊幅面的规格大小，之所以称为“开”是指一张全开的印刷用纸裁切成多少页，也用来表示图书幅面的大小。通常把一张按国家标准开切好的全张印刷纸称为全开纸。在充分利用纸张、便于印刷和装订的前提下，把全开纸裁切成若干张被称为多少开数。例如常说的 16 开，指的是全开纸被开切成 16 张纸。常见的书籍开本为 32 开、16 开，64 开则多用于中小型字典或连环画等。图 14-35 所示为 16 开、32 开、64 开版面的对比效果。

图 14-35

在我国开本有统一的标准，所以全国各地同一开本的图书，规格都是一样的。常用的开切方法大概有 3 种，分别是几何级数开切法、直线开切法和纵横混合开切法。

1）几何级数开切法

几何级数开切法是一种比较常用的开切方法。就是将全张纸对折后裁切，裁切后的纸张幅面称为“半开”或“对开”。再把“对开”纸对折，裁切后的幅面称为 4 开，以此类推。几何级数开切法，经济、合理、正规，纸张利用率高，可机器折页，印刷、装订方便。缺点是开数的跳跃性大，可选择性相对较差，如图 14-36 所示。

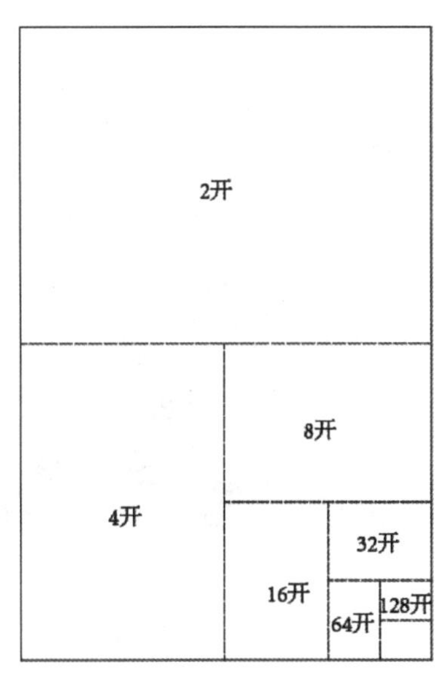

图 14-36

2）直线开切法

直线切开法是将全张纸按一个方向开切，即横向和纵向均按直线开切，可开出和几何级数开切法不同的 20 开、24 开、28 开、36 开等。这种开切法的优点在于开数的选择范围较广，缺点是无法用机器折页，为印刷带来了不便，如图 14-37 所示。

3）纵横混合开切法

纵横混合开切法是将全张纸根据需要裁切成两种以上的幅面，可根据需要任意搭配幅面，较为灵活，并且可以开切出异型开本，能最大限度满足客户的需要，但纸张会有一定的浪费，且印刷装订会有所不同，所以制作成本会比较高，如图 14-38 所示。

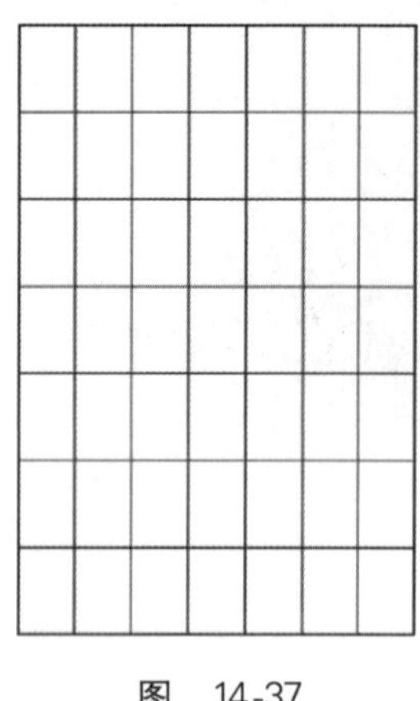

图 14-37

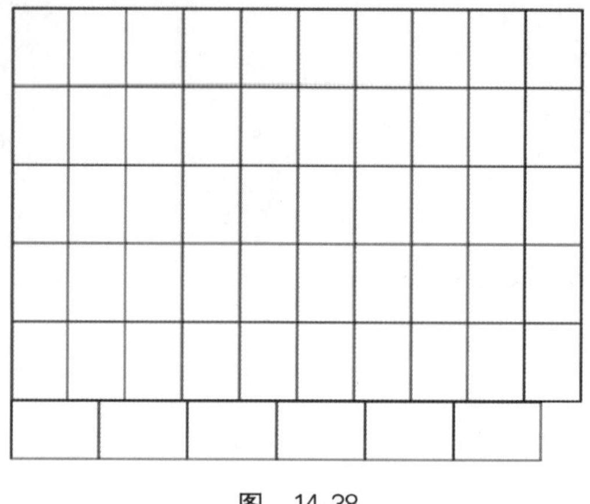

图 14-38

14.1.5 书籍的装订

选定了合适的开本之后，应确定书籍的装订方式。书籍的装订方式一般可分为平装、精装、活页装和散装四类。不同的装订方式适用于不同类型的书籍。下面我们就来了解一下。图 14-39 和图 14-40 所示为最为常见的平装书和精装书。

图 14-39

图 14-40

1. 平装

平装书是最普遍采用的一种装订方式，因为成本比较低廉，适用于篇幅少、印数较大的书籍。平装书常见的装订方式有，骑马订、平订、锁线胶订、无线胶订，如图 14-41 和图 14-42 所示。

图 14-41

图 14-42

1) 骑马订

骑马订是将书页和封面连同一起，在折页的中间用铁丝钉牢的方法。适用于页数不多的杂志和小册子。采用骑马钉装订的优点是，加工速度快，订合处不会占用有效版面空间，而且书页翻开时能够平摊。但是在装订时，书籍的页数必须是双数，而且书的页数不易太多，如图 14-43 所示。

2) 平订

平订是将书本折页、配贴成册后，在订口一边用铁丝订牢，再包上封面的装订方式。这种装订方式比较简单，缺点是在翻书的时候不能平摊，阅读起来不方便，而且订眼要占用 5 毫米左右的有效版面空间，降低了版面使用率。对于较厚的书籍，进行平订后，时间一长铁钉会折断，造成书页的脱落，如图 14-44 所示。

图 14-43　　图 14-44

3) 锁线胶订

装订时将各个书帖先锁线再上胶，这种装订方法装出的书结实且平整，目前使用这种方法的书籍也比较多，如图 14-45 所示。

4) 无线胶订

无线胶订是一种用胶水粘合书页的订合形式。使用不同的手段将书籍折缝割开或打毛，然后使用胶水将书页粘牢，再包上封面。使用这种这装订方式装订的书籍书页能够摊开、阅读方便且成本较低。但是翻阅久了，因为乳胶会老化而导致书页脱落，如图 14-46 所示。

图 14-45　　图 14-46

2. 精装

精装是书籍中造价比较高的一种装订形式。精装书最大的特点是用料讲究、装订结实。精装书特别适合用于质量要求较高、书页较多、需要反复阅读，且具有长期保持价值的书籍，如图 14-47 和图 14-48 所示。

图 14-47　　图 14-48

3. 活页装

活页装适用于需要经常抽出来，补充进去或更换使用的出版物，其装订方法常见的有穿孔结带活页装和螺旋活页装，如图 14-49 和图 14-50 所示。

图 14-49

图 14-50

4. 散装装订

散装装订是将零散的印刷品切齐后，用封袋、纸夹或盒子装订起来。主要用于造型艺术作品、摄影图片、教学图片、地图、统计图表等，如图 14-51 和图 14-52 所示。

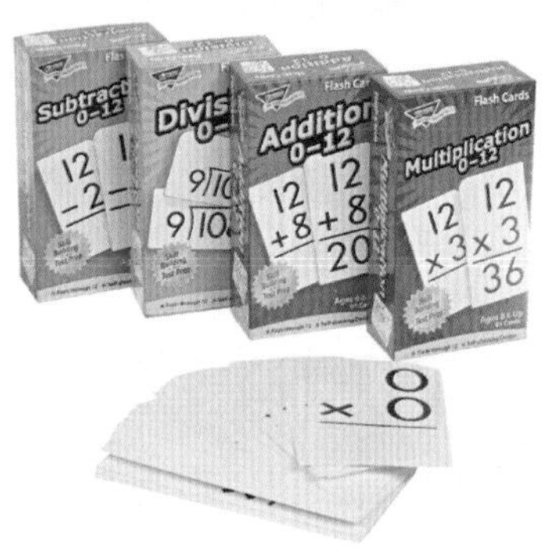

图 14-51

图 14-52

14.2 少儿读物版面设计

14.2.1 设计解析

本案例制作的是一款读者群体为青少年儿童的书籍内页版式，这类群体具有一定的阅读能力，好奇心较强，所以在版面的设计上宜采用图文结合的方式。本案例左侧页面以文字为主，整体倾斜排列。标题文字采用三种颜色，而这三种颜色则是从右侧插图中提取的三种颜色。正文部分为左右两栏，并在首字处制作了首字下沉的效果。右侧页面为全幅面的插图，在与左侧页面相接处以撕纸的形式呈现，更具童趣。图 14-53 所示为优秀的书籍版面设计作品。

图 14-53

14.2.2 制作流程

在本案中主要使用到了“置入”命令置入页面中的背景图和插图，利用“文字”工具以及“文字绕排”功能模拟出首字下沉的效果，并将左侧页面的文字全部旋转。右侧的插图部分利用了剪贴蒙版功能制作出撕纸效果，图 14-54 所示为案例基本制作流程。

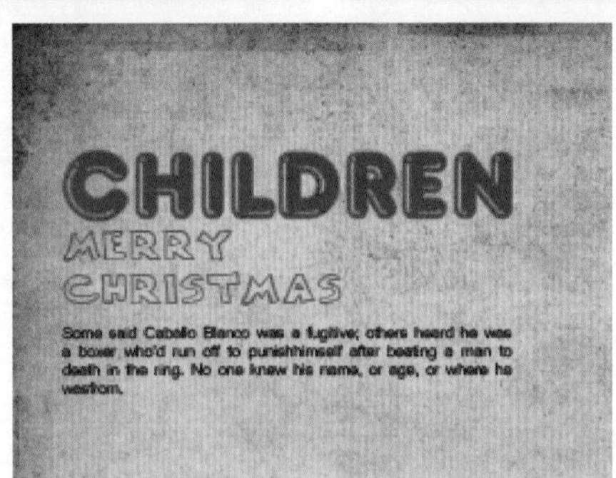

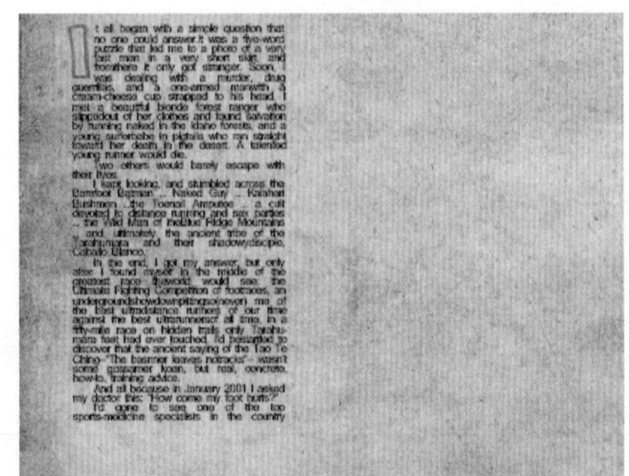
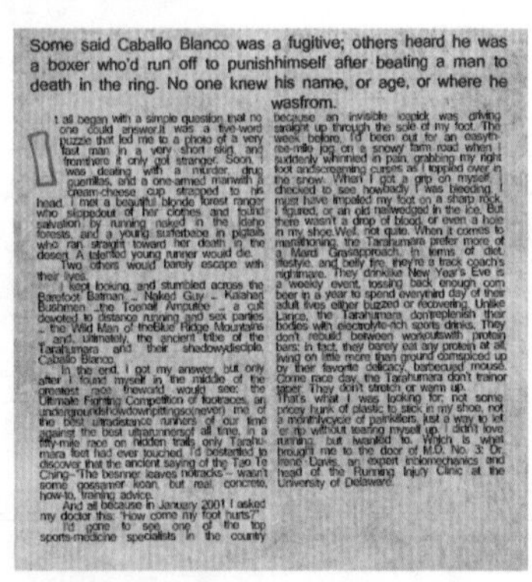

图 14-54

14.2.3 案例效果

最终制作的案例效果如图 14-55 所示。

图 14-55

14.2.4 操作精讲

(1) 执行“文件”→“新建”命令，设置文件大小为 A4，设置页面方向为横向，如图 14-56 所示。设置完成后按下“确定”按钮，如图 14-57 所示。

新建文档

名称(N):

配置文件(P): [自定]

画板数量(M): 1

间距(I): 7.06 mm　列数(O): 1

大小(S): A4

宽度(W): 297 mm　单位(U): 毫米

高度(H): 210 mm　取向:

出血(L): 上方 0 mm　下方 0 mm　左方 0 mm　右方 0 mm

高级

颜色模式:CMYK, PPI:300, 对齐像素网格:否

模板(T)...　确定　取消

图 14-56

图 14-57

(2) 执行“文件”→“置入”命令，将背景素材“1.jpg”置入到文件中，如图 14-58 所示。并将其缩放到与整个页面相同的大小，如图 14-59 所示。

(3) 执行“文件”→“置入”命令，将人物素材“2.jpg”导入到文件中，如图 14-60 所示。

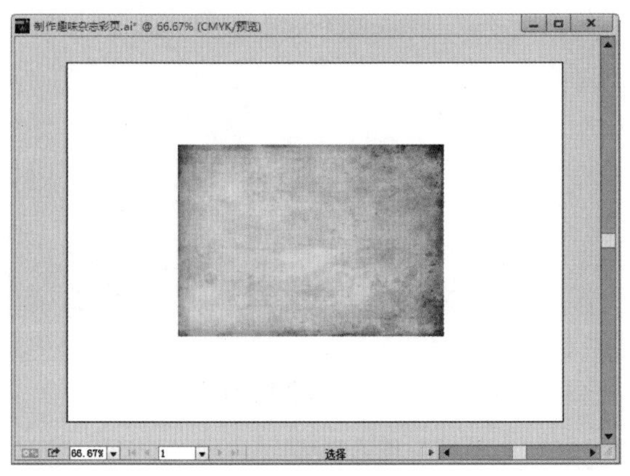

图 14-58

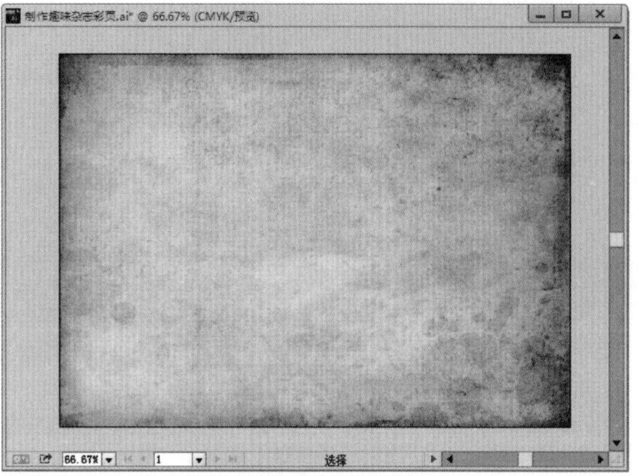

图 14-59

图 14-60

(4) 制作剪切蒙版部分。单击工具箱中的“矩形工具”按钮，在人物素材上方绘制一个矩形，如图 14-61 所示。单击工具箱中的“变形工具”按钮，使用该工具在矩形的左侧进行涂抹，使矩形产生变形效果，如图 14-62 所示。

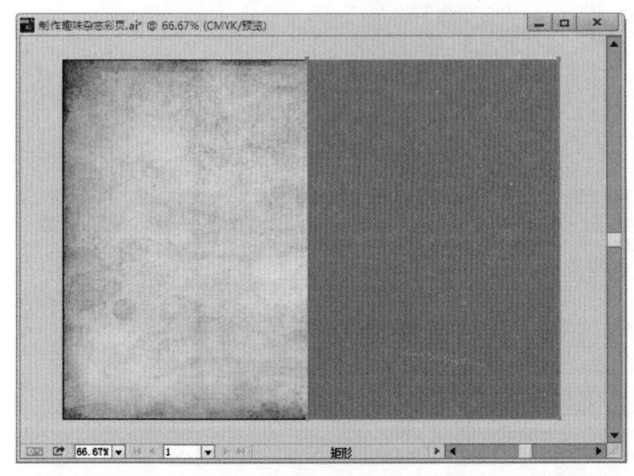

图 14-61

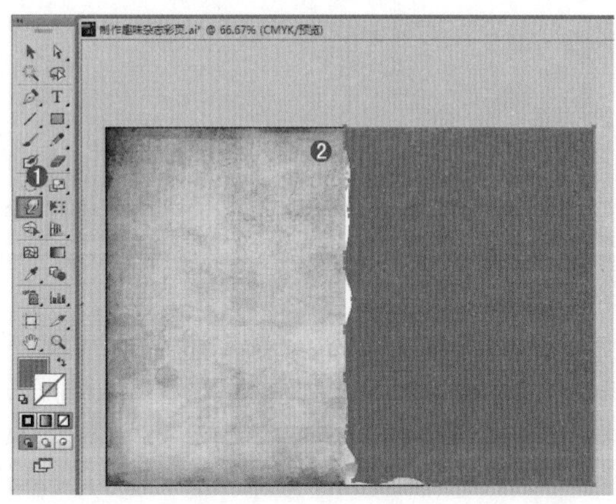

图 14-62

(5) 使用“扇贝工具”和“晶格化工具”调整矩形边缘的形状，如图 14-63 所示。选择该形状和人物照片，执行“对象”→“剪切蒙版”→“建立”命令，建立剪切蒙版，此时画面效果如图 14-64 所示。

图 14-63

图 14-64

（6）制作文字部分。单击工具箱中的“文字工具”按钮[T]，设置“填充”为朱红色，“描边”为橘黄色，“描边宽度”为 1pt，设置合适字体，设置“文字大小”为 65pt，设置完成后，在画面输入文字，如图 14-65 所示。使用同样的方法继续输入文字，如图 14-66 所示。

图 14-65

（7）制作段落文字。先输入字母“I”，如图 14-67 所示。使用“文字工具”绘制文本框并输入大段的正文文字，如图 14-68 所示。

（8）将段落文字和字母“I”同时选中，执行“对象”→“文本绕排”→“建立”命令，创建文本绕排，此时这一部分文字产生了首字下沉的效果，如图 14-69 所示。由于绘制的矩形文本框尺寸较小，所以文字无法完全显示，此时在矩形框的右下角可以看到一个[+]图标，如图 14-70 所示。

（9）单击该图标，然后在右侧绘制第二个文本框，如图 14-71 所示。此时右侧文本框中出现了文字，如图 14-72 所示。

图 14-66

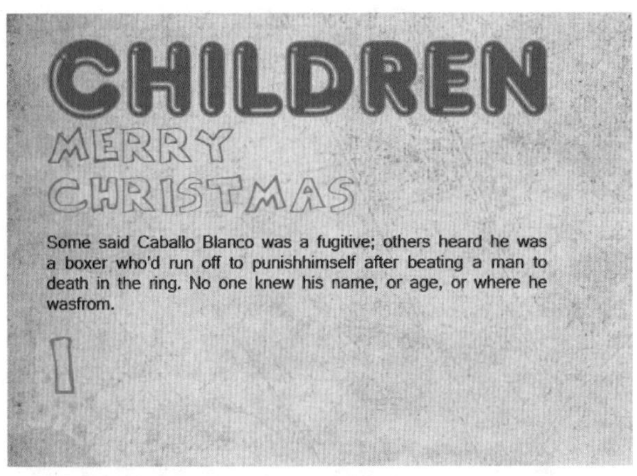

图 14-67

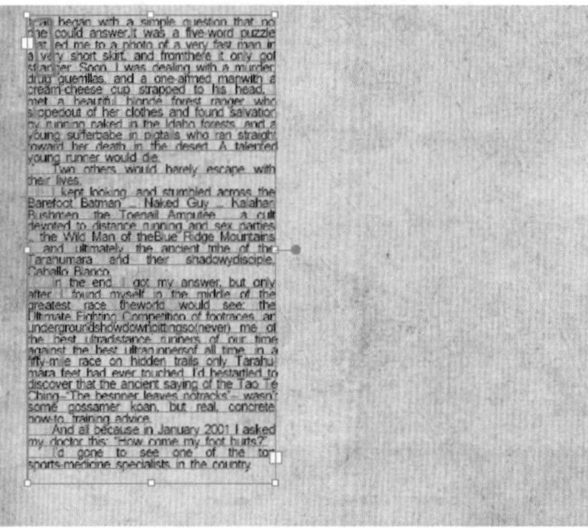

图 14-68

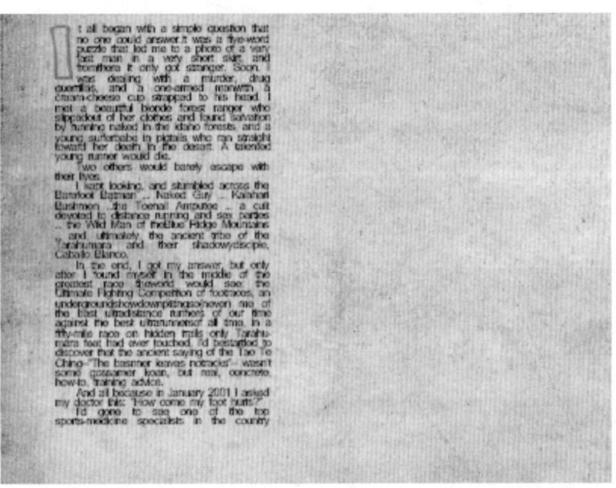

图 14-69

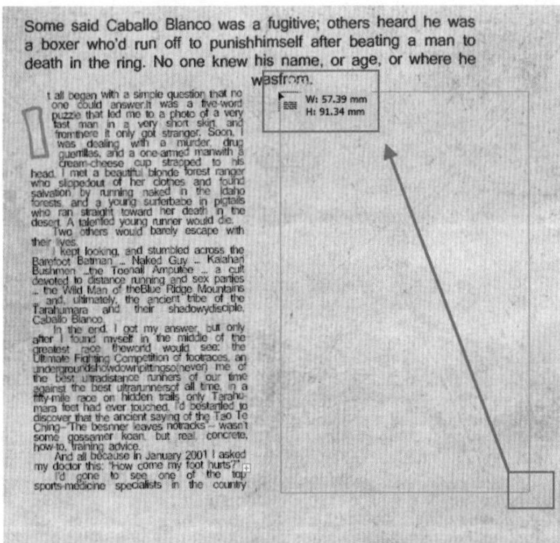

图 14-70

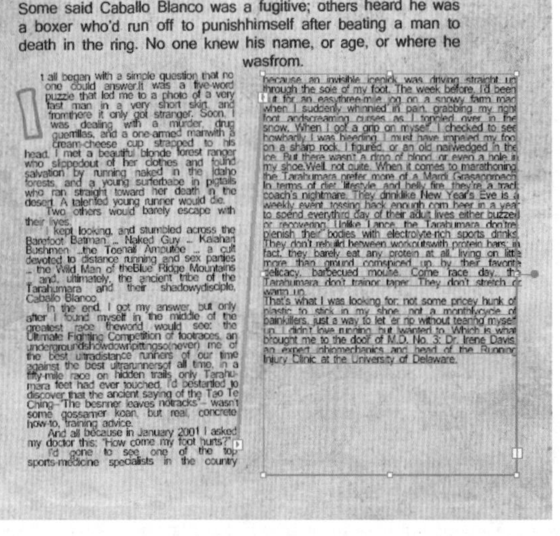

图 14-71

图 14-72

（10）将光标定位到文本框的右下角控制点上，向左上拖动，调整文本框大小，如图 14-73 所示。此时效果如图 14-74 所示。

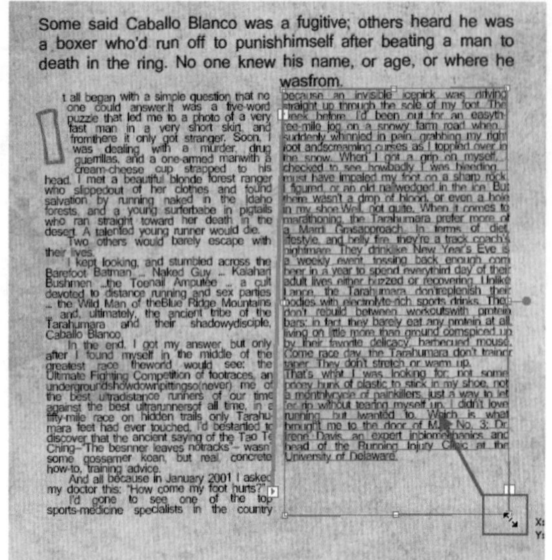

图　14-73

图　14-74

（11）将文字部分全选后适当旋转，如图 14-75 所示。完成本案例的制作，效果如图 14-55 所示。

图　14-75

14.3　奇幻类书籍封面设计

14.3.1　设计解析

本案例制作的是一部奇幻类书籍的封面设计，创意来源于扑克牌。人类利用纸牌进行占卜的历史非常久远，同时也是魔术师手中最好的道具，所以扑克牌也常常被蒙上神秘的面纱，本案例选取了“黑桃 A”作为主体意象，封面与封底的版面都比较简洁，以接近白色的花纹模拟扑克牌的底色。中央的黑色桃心图案被放大，书名文字放置其中，配以卡通仙女素材，使画面更添神秘之感。图 14-76 和图 14-77 所示为优秀的书籍封面设计作品。

图 14-76

图 14-77

14.3.2 制作流程

本案例主要讲解书籍封面的设计与制作。首先制作书籍封面、封底与书脊部分的平面图，平面图部分的制作比较简单，添加花纹素材元素，并利用“钢笔工具”绘制主体图形。接着添加文字，然后制作封面上的装饰，最后输入文字。平面图制作完成后，利用自由变换工具制作其立体效果。图 14-78 所示为本案例的基本制作流程。

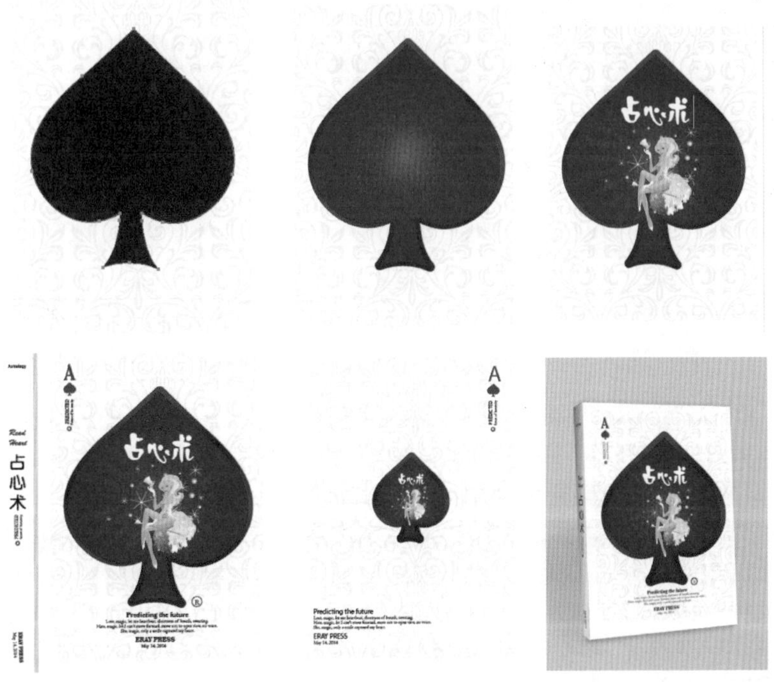

图 14-78

14.3.3 案例效果

最终制作的案例效果如图 14-79 所示。

图 14-79

14.3.4 操作精讲

（1）执行“文件”→“新建”命令，创建一个 A4 大小文件，如图 14-80 所示。选择工具箱中的“矩形工具”，绘制一个与画板等大的矩形，如图 14-81 所示。

新建文档
名称(N)：
配置文件(P)：[自定]
画板数量(M)：1
间距(I)：7.06 mm　列数(O)：1
大小(S)：A4
宽度(W)：297 mm　单位(U)：毫米
高度(H)：210 mm　取向：
出血(L)：上方 0 mm　下方 0 mm　左方 0 mm　右方 0 mm
高级
颜色模式:CMYK, PPI:300, 对齐像素网格:否
模板(T)...　确定　取消

图 14-80

图 14-81

（2）执行“文件”→“打开”命令，打开素材“1. ai”。使用“选择工具”将素材“1. ai”中的花纹素材选中，然后执行“编辑”→“复制”命令，如图 14-82 所示。回到新建的文件中，执行“编辑”→“粘贴”命令，粘贴到当前文档中，并移动到合适位置作为整个页面的底纹，如图 14-83 所示。

（3）单击工具箱中的“钢笔工具”，在画面中央的区域多次单击鼠标左键绘制出如图 14-84 所示的形状。接着需要调整这一形状的平滑效果，单击工具箱中的“转换锚点工具”，在需要转换为平滑弧线的点上按住鼠标左键并拖动，此时这个尖角的点就变为了平滑效果，如图 14-85 所示。接着调整其他的控制点，效果如图 14-86 所示。

（4）选中这个图形，执行“编辑”→“复制”与“编辑”→“粘贴”命令，粘贴出一个相同的对象，然后对复制出的图形执行“对象”→“路径”→“偏移路径”命令，在弹出窗口中设置位移数值为 4mm，连接为圆角，然后单击“确定”按钮，如图 14-87 所示。此时可以看到得到了一个与原始图形相似但是范围更大的图形，如图 14-88 所示。

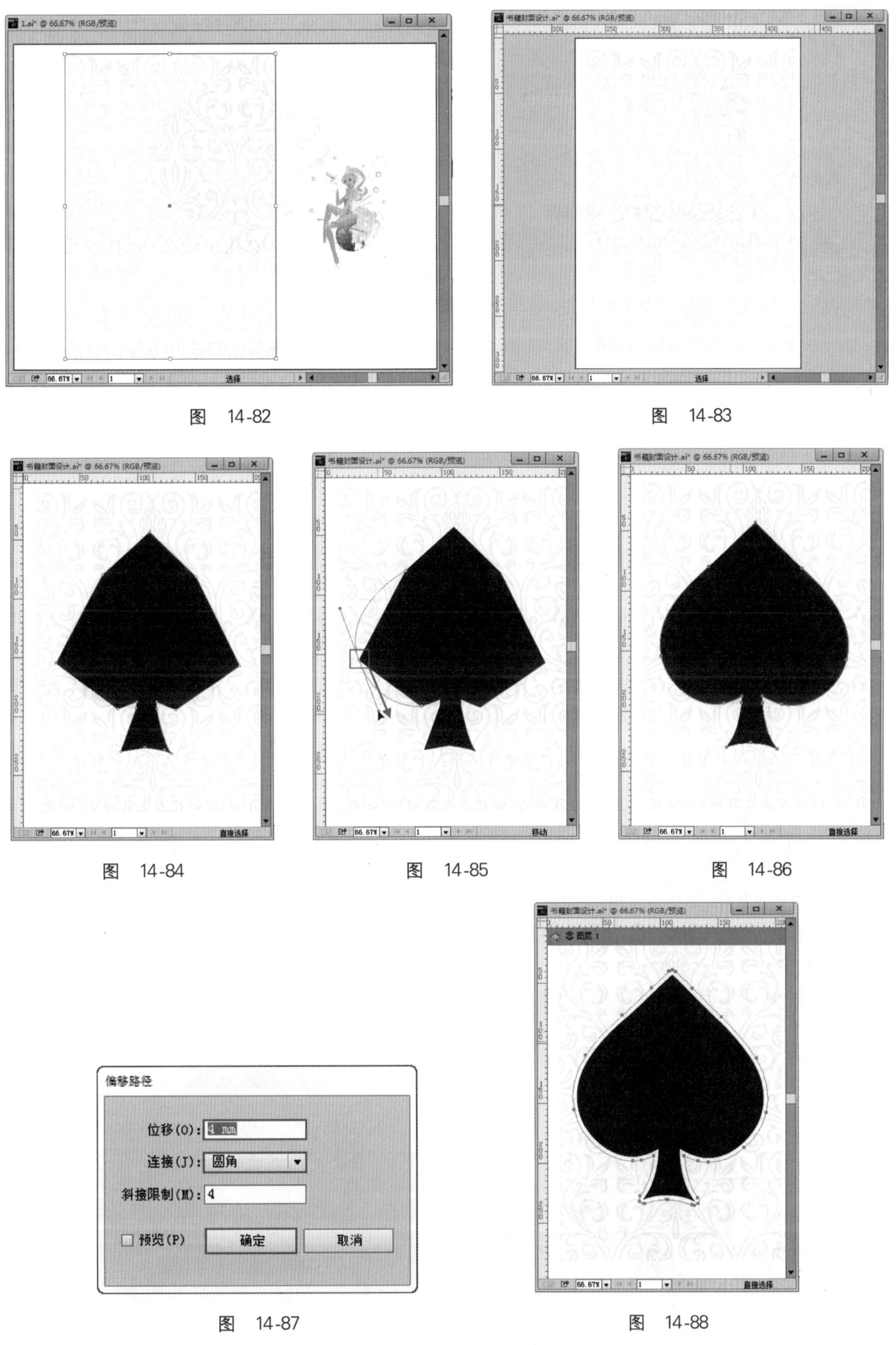

图 14-82

图 14-83

图 14-84

图 14-85

图 14-86

图 14-87

图 14-88

(5) 执行“窗口”→“渐变”命令，在弹出“渐变”面板中编辑一个红色系渐变，设置渐变类型为线性，角度为－74.4°，如图 14-89 所示。此时图形表面也产生了红色渐变效果，如图 14-90 所示。

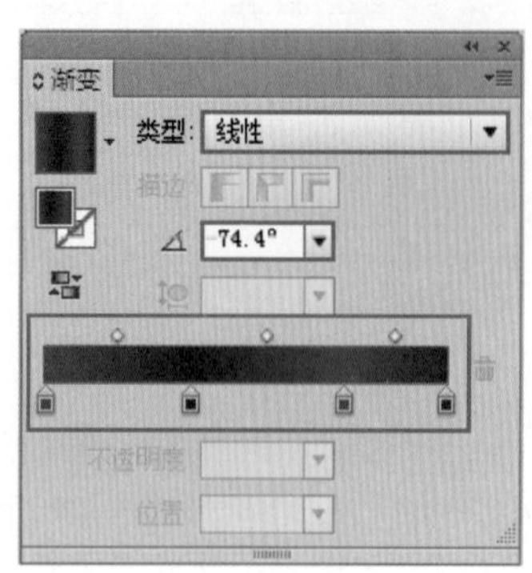

图 14-89

图 14-90

(6) 选中外圈的图形，单击右键执行“排列”→“向后一层”命令，使其位于原始图形的后方，如图 14-91 所示。同样执行“窗口”→“渐变”命令，在弹出“渐变”面板中编辑一个蓝色系渐变，设置渐变类型为径向，长宽比为 105.9%，如图 14-92 所示。此时图形表面产生了蓝色渐变效果，如图 14-93 所示。

图 14-91

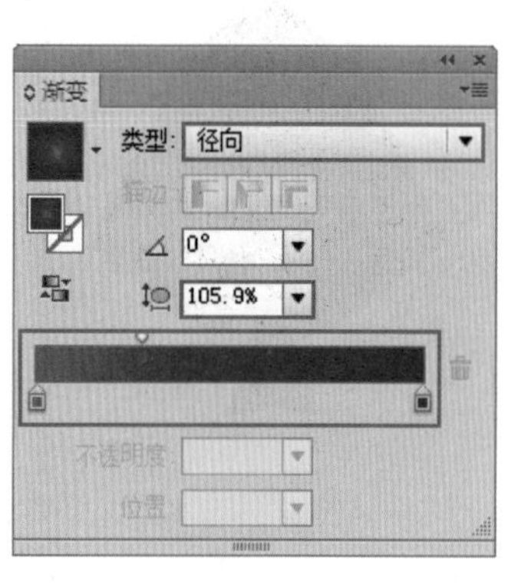

图 14-92

图 14-93

(7) 制作放射状效果，单击工具箱中的“钢笔工具”，在画面中绘制一个细长的三角形。执行“窗口”→“渐变”命令，在弹出“渐变”面板中编辑一个蓝色系渐变，设置渐变类型为径向，如图 14-94 所示。此时三角形表面产生了蓝色渐变效果，如图 14-95 所示。

图 14-94

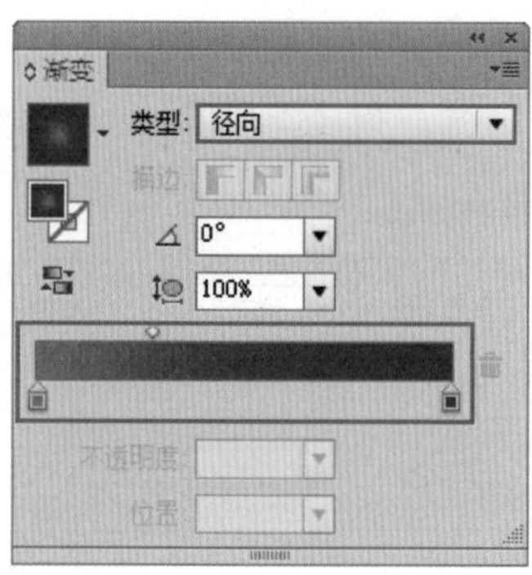

图 14-95

(8) 选中这个图形,如图 14-96 所示。单击右键执行"变换"→"镜像"命令,在弹出窗口中选择镜像轴为"垂直",单击"复制"按钮,如图 14-97 所示。

图 14-96

图 14-97

(9) 此时画面中出现了一个与原始图形相对称的三角形,选中这个三角形,按住 Shift 键沿水平方向向左移动,如图 14-98 所示。移动到合适位置后选中这两个三角形单击右键执行"编组"命令,如图 14-99 所示。

图 14-98

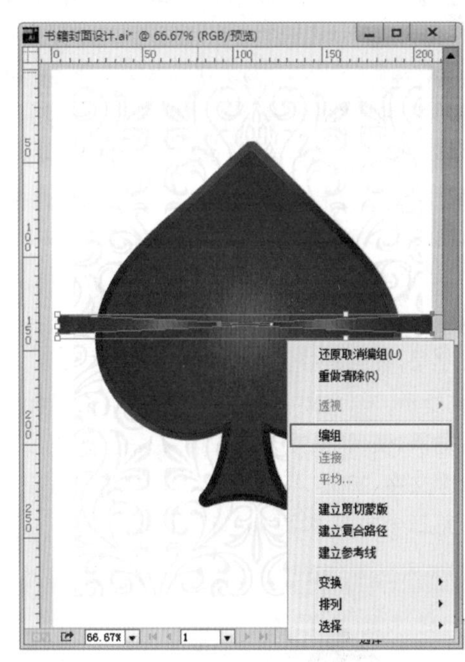

图 14-99

(10) 为了制作放射状效果就需要多次旋转复制这两个三角形,选中三角形组,双击工具箱中的"旋转工具"按钮,接着在弹出的窗口中设置角度为 15°,并单击"复制"按钮,如图 14-100 所示。此时画面中出现了一个与原始图形相同但是旋转 15°角的图形,如图 14-101 所示。

(11) 多次双击"旋转工具",并在弹出窗口中对所选图形进行旋转复制,很快就能够制作出环绕一周的放射状效果,如图 14-102 和图 14-103 所示。

图 14-100

图 14-101

图 14-102

图 14-103

（12）选择制作好的放射状效果图形，单击右键执行“编组”命令，接着选中这个组，在选项栏中设置“不透明度”为20%，效果如图 14-104 所示。接着选中下方蓝色的“桃心”图形，执行“编辑”→“复制”命令以及“编辑”→“贴在前面”命令，复制一份到放射状图形的上方，如图 14-105 所示。

（13）将复制得到桃心和放射状图形选中，执行“对象”→“剪切蒙版”→“建立”命令，建立剪切蒙版。此时放射状效果只显示了桃心形状中的部分，效果如图 14-106 所示。回到素材“1. ai”文档中，复制卡通人物部分，回到源文件中，进行粘贴。并移动到画面中合适位置，如图 14-107 所示。

（14）制作封面上的书名部分。单击工具箱中的“横排文字工具”按钮，在选项栏中设置颜色为白色，选择合适的字体以及字号，在画面中蓝色桃心的位置单击输入文字，如图 14-108 所示。一个文字输入完成后切换为其他工具结束文字的输入，使用“横排文字工具”在稍下方的位置单击输入第二个文字，如图 14-109 所示。同样的方法更换输入位置输入第三个文字，如图 14-110 所示。

图 14-104

图 14-105

图 14-106

图 14-107

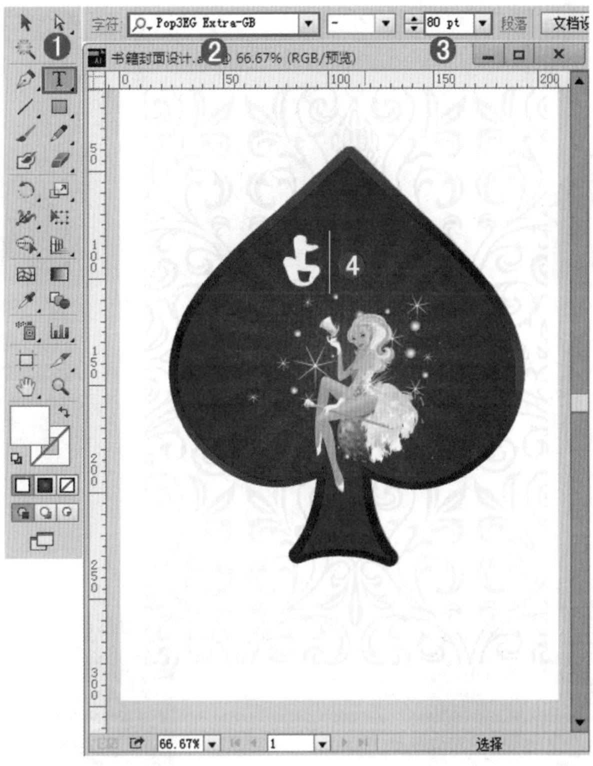

图 14-108

图 14-109

图 14-110

(15) 制作书名上方的装饰文字。同样使用“横排文字工具”,设置颜色为红色,选择合适的字体,设置较小的字号,分别输入两行文字,如图 14-111 所示。使用“钢笔工具”在第二行文字前方绘制一个与文字颜色相同的心形图框,选中文字与心形图框,将光标定位到界定框一角处,按住鼠标进行旋转,如图 14-112 所示。此时文字以及心形图框都产生了旋转效果,如图 14-113 所示。

(16) 制作封面底部的文字。单击“横排文字工具”,设置合适的字体以及字号,设置对齐方式为“居中对齐”,然后在底部输入三行文字,如图 14-114 所示。更改文字工具的属性,输入另外几组文字对象。为了使这些文字摆放效果更加美观,按住 Shift 键依次加选上这些文字对象,如图 14-115 所示。

图 14-111

图 14-112

图 14-113

图 14-114

图 14-115

（17）单击选项栏中的“对齐”按钮，在弹出的窗口中单击“水平居中对齐”按钮，如图 14-116 所示。此时这几组文字对齐排列，如图 14-117 所示。

图 14-116

图 14-117

(18) 制作封面左上角的文字效果。使用“横排文字工具”依次输入所需文字，复制封面主体桃心形状并缩放，填充为红色，摆放在字母“A”下方。选择中间的两组黑色文字，将光标定位到右上角处，按住 Shift 键进行旋转，如图 14-118 所示。旋转 90°后摆放到合适位置上，如图 14-119 所示。

图 14-118

图 14-119

(19) 制作书脊部分，单击工具箱中的“矩形工具”，在左侧绘制与封面等高的矩形，如图 14-120 所示。同样使用“横排文字工具” T ，在相应的位置输入书脊上的文字，如图 14-121 所示。

图 14-120

图 14-121

(20) 书籍的封底部分制作起来就比较简单了，因为封底的元素与封面是完全相同的，只不过大小或摆放位置有所不同。所以我们可以使用选择工具将封面进行移动复制，摆放在左侧的位置。单击“选择工具”，选中封面的全部内容，按住 Alt 键以及 Shift 键向左移动复制，如图 14-122 所示。

(21) 选中中央的桃心部分图形，将光标定位到右上角处，按住 Shift 键与 Alt 键以及鼠标左键向中心拖动，进行等比例缩放，如图 14-123 所示。

(22) 接着选择左上角的内容，按住 Shift 键沿水平方向向右移动，如图 14-124 和图 14-125 所示。

(23) 选中底部的几组文字，执行“窗口”→“文字”→“段落”命令，打开“段落”面板，单击“左对齐”按钮，如图 14-126 所示。此时文字的对齐方式发生了改变，如图 14-127 所示。

图 14-122

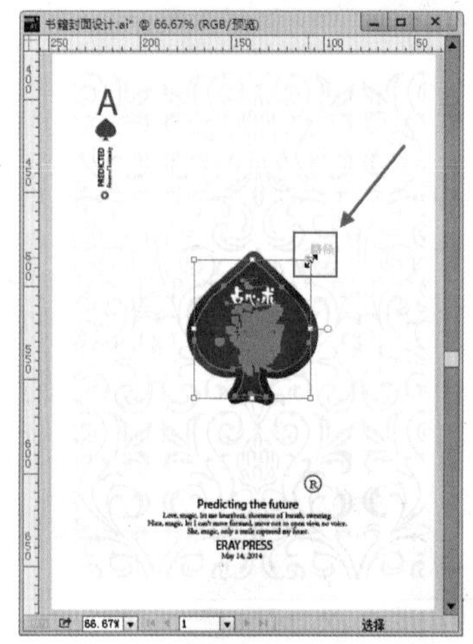

图 14-123

图 14-124

图 14-125

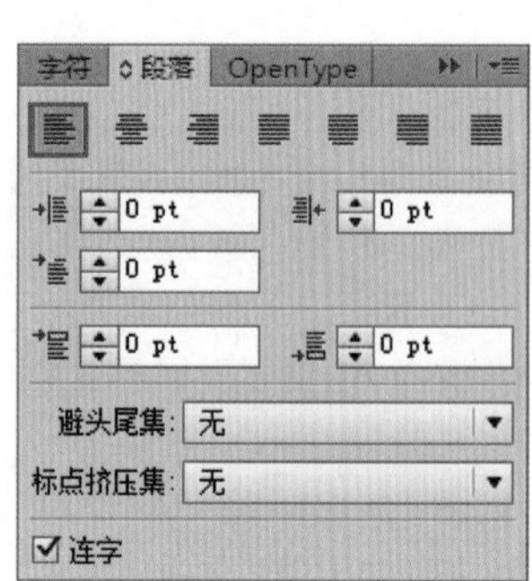

图 14-126

图 14-127

(24) 单击选项栏中的“对齐”按钮，在弹出窗口中单击“水平左对齐”按钮，如图 14-128 所示。并将对齐好的文字移动到画面左下角，如图 14-129 所示。到这里封底部分也制作完成了。

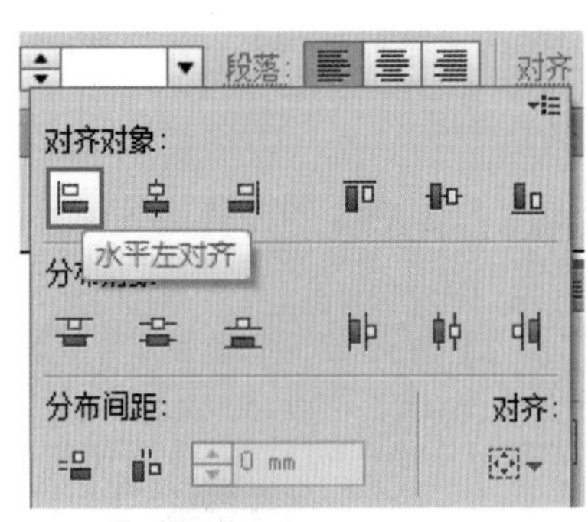

图 14-128

图 14-129

(25) 制作书籍的立体效果。将书籍的封面设计的平面图移动到画板以外。使用“矩形工具”绘制一个与画板等大的灰色矩形最为背景，如图 14-130 所示。将封面部分复制一份移动到画面合适位置并进行缩放，如图 14-131 所示。

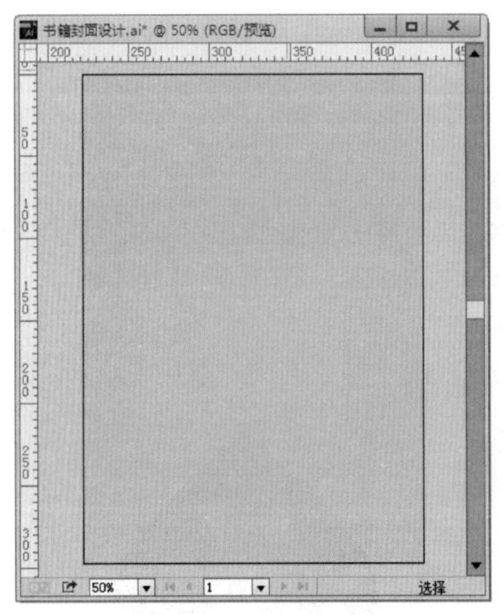

图 14-130

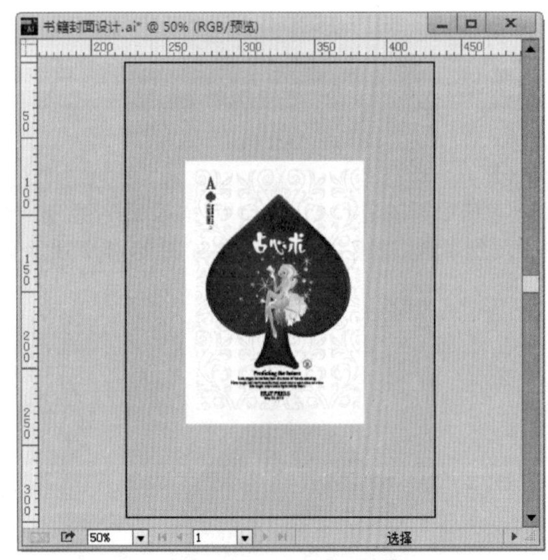

图 14-131

(26) 选中封面，单击工具箱中的“自由变换工具”，使用该工具进行变形，效果如图 14-132 所示。选中变形后的封面，执行“效果”→“风格化”→“投影”命令，在弹出的“投影”窗口中设置“模式”为“正片叠底”，“不透明度”为 50%，“X 位移”为 −2mm，“Y 位移”为 1mm，“模糊”为 2mm，“颜色”为黑色，参数设置如图 14-133 所示。设置完成后单击“确定”按钮，效果如图 14-134 所示。

(27) 使用同样的方法对书脊部分进行变形并添加投影效果，如图 14-135 所示。

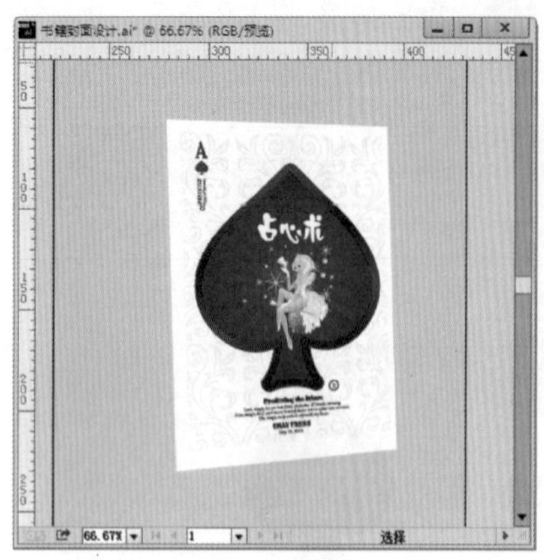
图 14-132

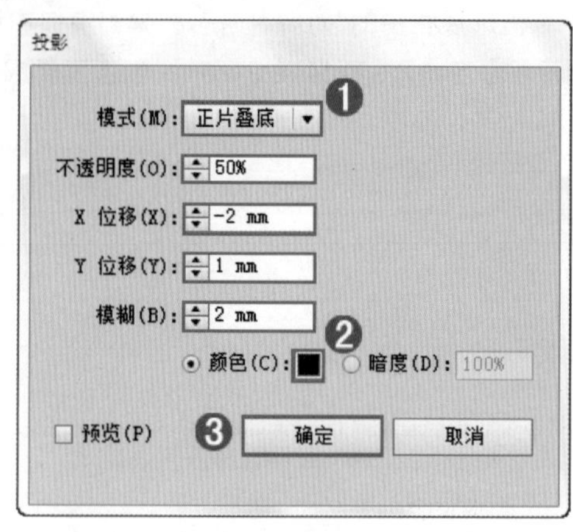

图 14-133

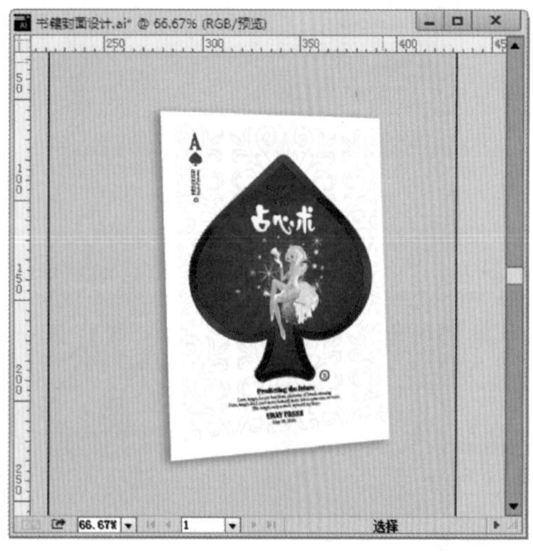
图 14-134

图 14-135

(28) 制作书脊的暗影效果。使用“钢笔工具”绘制一个与书脊相同的形状，如图 14-136 所示。为该形状填充一个由透明到半透明灰色的渐变，效果如图 14-137 所示。

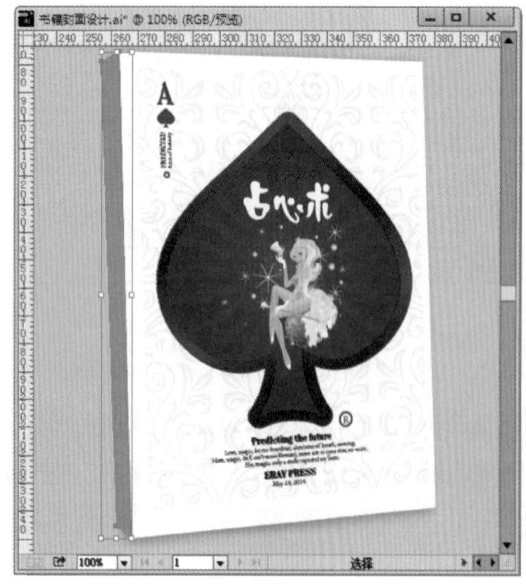
图 14-136

图 14-137

(29) 制作整个书籍的后方阴影，使用“椭圆工具”，绘制一个黑色的椭圆，单击右键执行“排列”→“置于底层”命令，将其移动到相应的位置，如图 14-138 所示。

(30) 选择这个形状，执行“效果”→“模糊”→“高斯模糊”命令，在弹出的“高斯模糊”窗口中，设置“半径”为 90 像素，参数设置如图 14-139 所示。效果如图 14-140 所示。

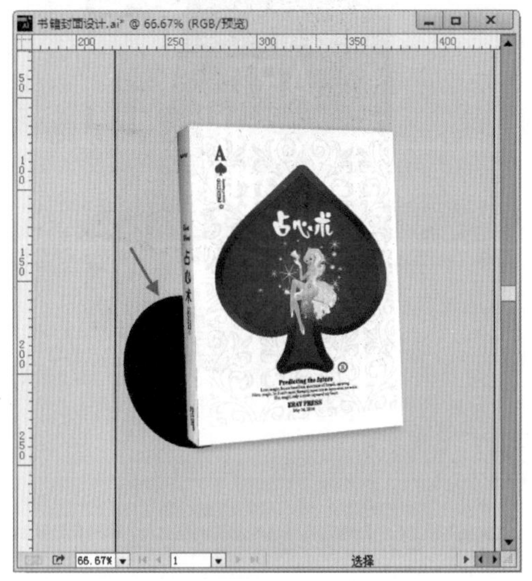

图 14-138

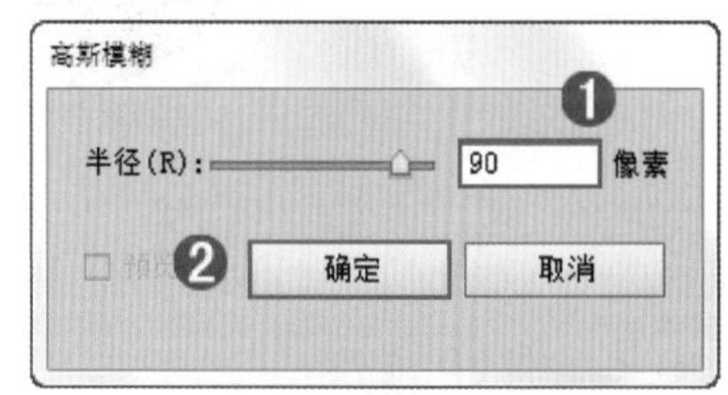

图 14-139

(31) 在选项栏中设置该形状的“不透明度”为 10%，完成本案例的制作。最终效果如图 14-141 所示。

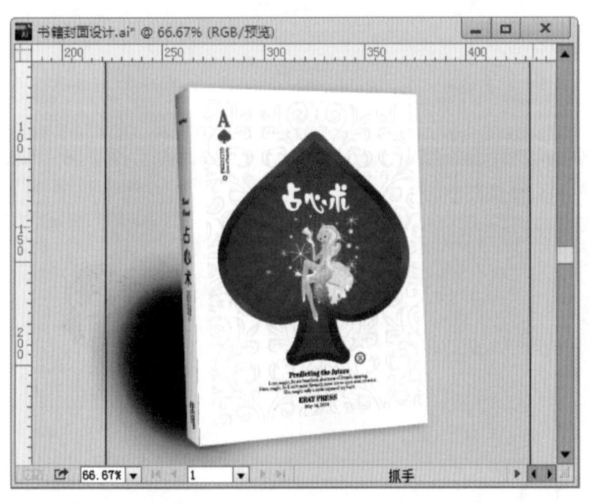

图 14-140

图 14-141

14.4 可爱风格少女读物封面设计

14.4.1 设计解析

本案例制作的是少女读物的封面设计，所以在设计时要抓住少女的心理特征，例如女孩子喜欢粉红色，喜欢可爱的元素，喜欢卡通形象。所以在本作品中，就采用了粉色调，添加小鸟、小女孩这样可爱的卡通形象进行装饰。而且，书籍名称选择了可爱活泼的字体，整个案例主题突出，风格明确。图 14-142 和图 14-143 所示为优秀的书籍设计作品。

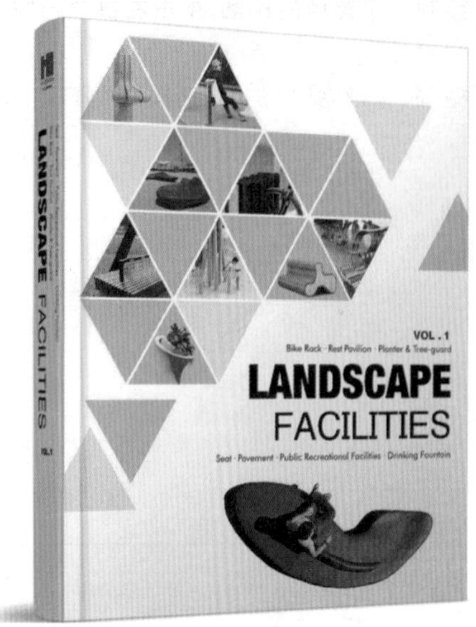

图 14-142

图 14-143

14.4.2 制作流程

本案例书籍的条纹背景部分主要利用矩形工具以及变形工具进行制作，前景的图案部分利用钢笔工具进行绘制，接着使用文字工具以及路径文字工具在封面、书脊以及封底输入文字完成平面图部分的制作。书籍的立体展示效果主要通过利用钢笔工具绘制书籍的内页、封底等结构，并利用自由变换工具将制作好的平面图进行变形而成。图 14-144 所示为本案例的制作流程。

图 14-144

14.4.3 案例效果

最终制作的案例效果如图 14-145 所示。

图 14-145

14.4.4 操作精讲

Part 1 制作平面效果

(1) 执行“文件”→“新建”命令，在弹出的“新建文档”窗口中设置“画板数量”为 2，单击“按行排列”按钮，“宽度”为 265mm，“高度”为 185mm，如图 14-146 所示。设置完成后，单击“确定”按钮，新建效果如图 14-147 所示。

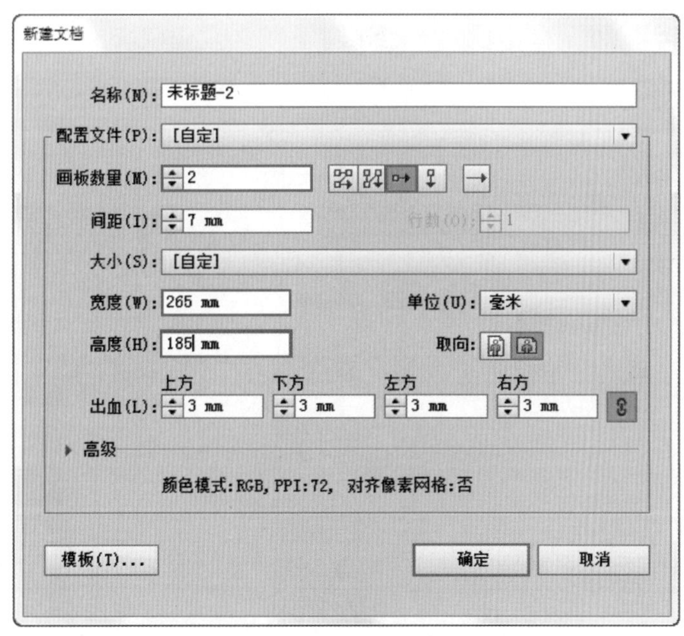

图 14-146

(2) 选择工具箱中的“矩形工具”，设置“填充”为白色，在右侧页面绘制一个白色矩形，效果如图 14-148 所示。

(3) 制作背景中的纹理。选择工具箱中的“矩形工具”，设置填充为淡黄色。在画板以外绘制一个狭长的矩形，如图 14-149 所示。单击工具箱中的“变形工具”按钮，按住 Shift + Alt 组合键拖曳“变形工具”调整笔尖大小，然后在矩形上方拖曳将矩形进行变形，效果如图 14-150 所示。

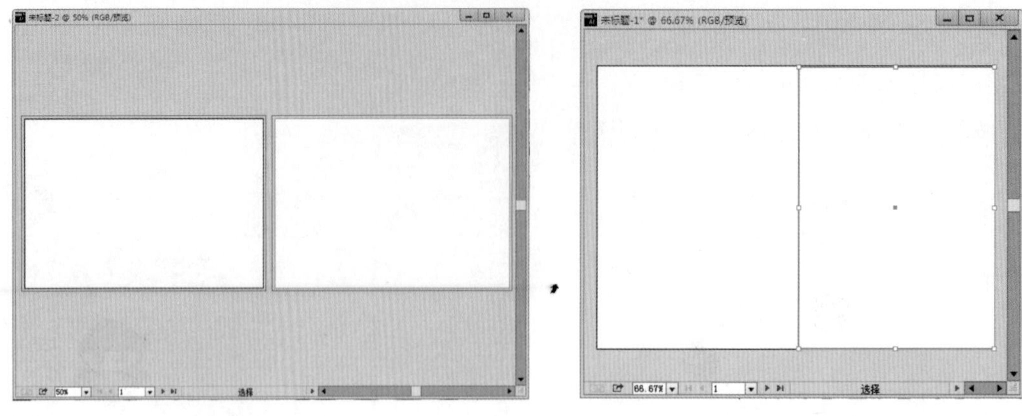

图 14-147　　图 14-148

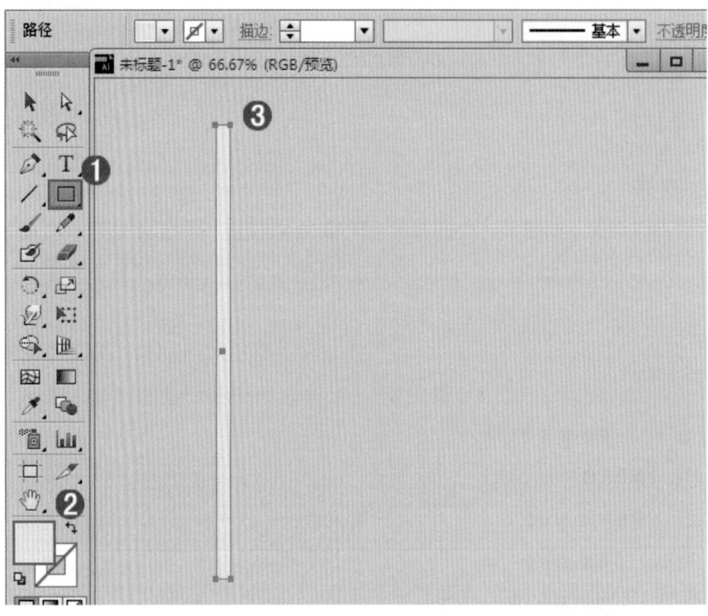

图 14-149

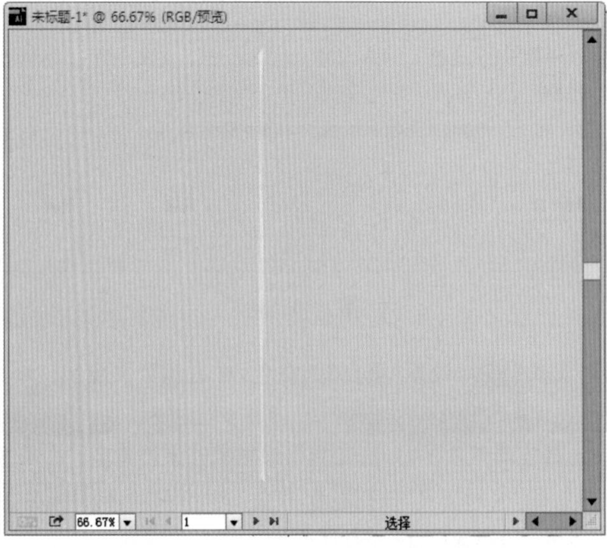

图 14-150

(4) 使用同样的方式制作出更多曲线，如图 14-151 所示。通过剪切蒙版将条纹装饰不规则的边缘隐藏。选择画板中的白色矩形，使用快捷键 Ctrl + C 将其复制，然后使用快捷键 Ctrl + V 进行粘贴，并将这个矩形移动到条纹装饰的上方，如图 14-152 所示。

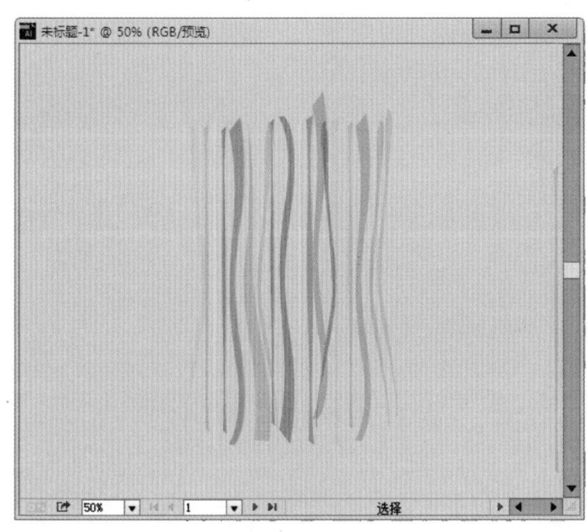

图 14-151

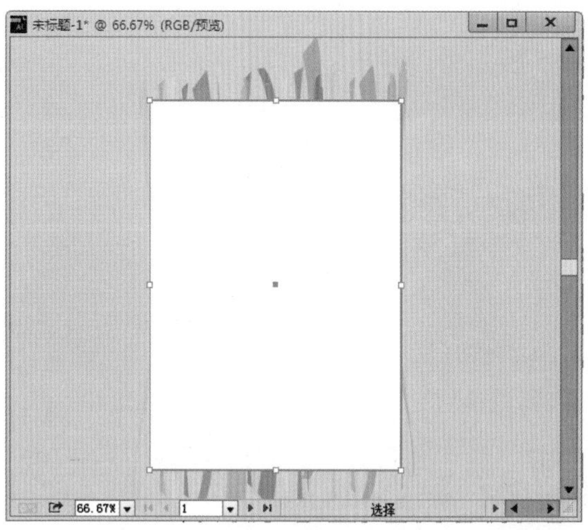

图 14-152

(5) 选择工具箱中的“选择工具”，将其框选，如图 14-153 所示。接着执行“编辑”→“剪切蒙版”→“建立”命令，制作出背景条纹，如图 14-154 所示。

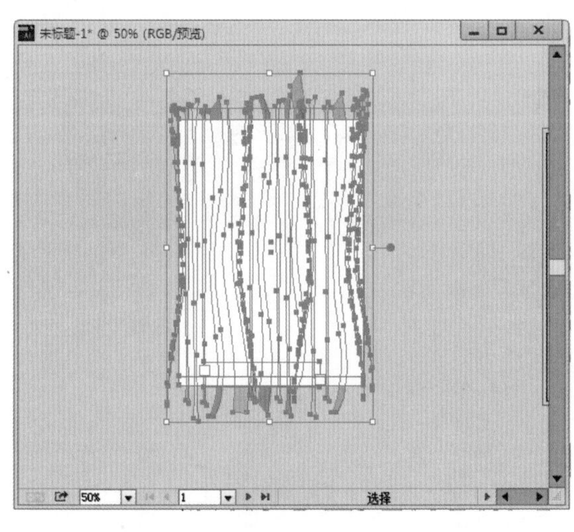

图 14-153

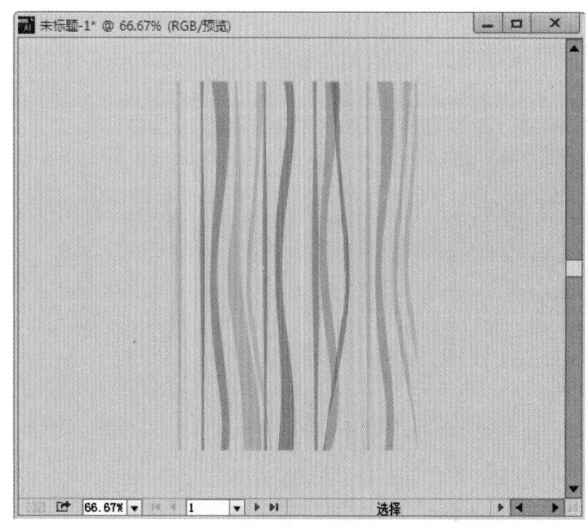

图 14-154

(6) 将这个条纹移动到画面的左侧，效果如图 14-155 所示。

(7) 选择工具箱中的“矩形工具”，填充为洋红色，描边为白色，“描边”为 2pt，在画面的上方绘制矩形，如图 14-156 所示。使用“变形工具”按钮将该形状进行变形，效果如图 14-157 所示。

(8) 选择工具箱中的“圆角矩形”工具，设置填充颜色为黄色。然后在画面中单击，在弹出的“圆角矩形”窗口中，设置“宽度”为 90mm，“高度”为 50mm，“圆角半径”为 15mm，参数设置如图 14-158 所示。设置单击“确定”按钮，并将这个黄色的圆角矩形移动到合适位置，效果如图 14-159 所示。

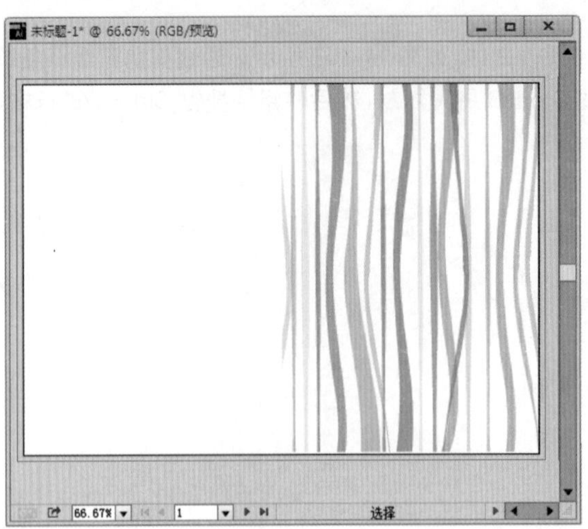

图 14-155

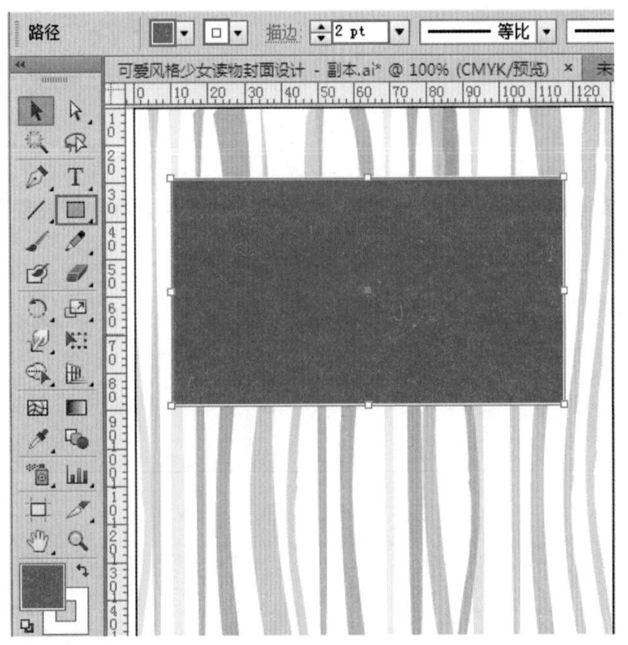

图 14-156

图 14-157

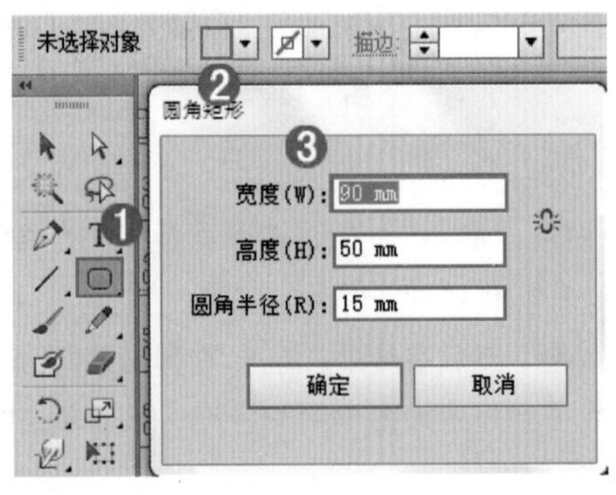

图 14-158

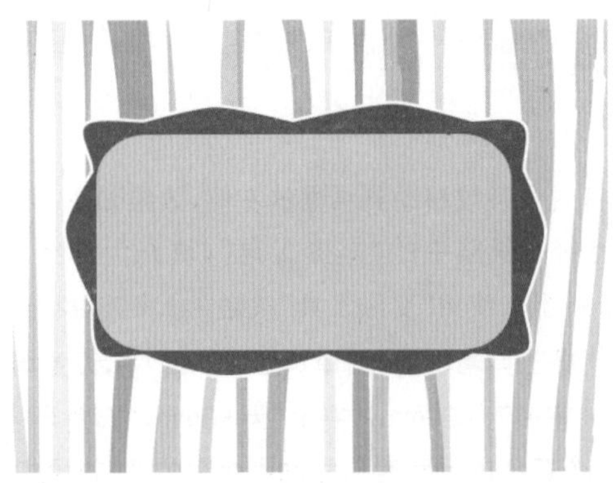

图 14-159

(9) 使用“矩形工具”在画板外绘制一个狭长的矩形，如图 14-160 所示。单击工具箱中的“椭圆工具”，在矩形的上方绘制一个正圆，如图 14-161 所示。

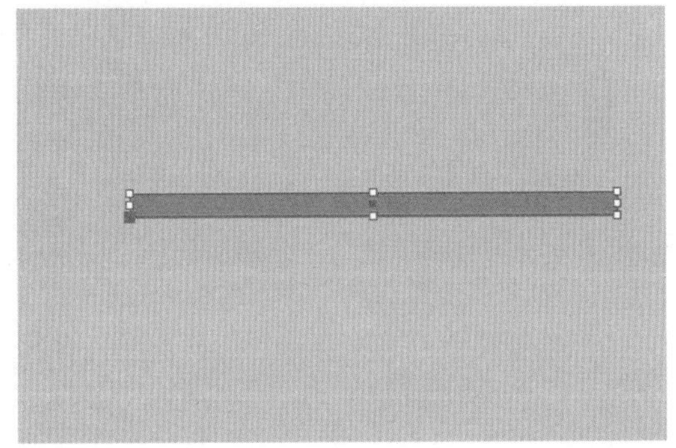

图 14-160

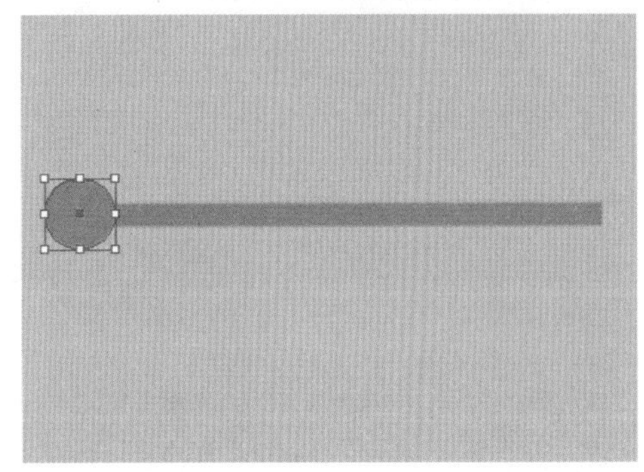

图 14-161

(10) 将矩形和正圆加选，执行“窗口”→“路径查找器”命令，在“路径查找器”面板中单击“联集”按钮，如图 14-162 所示。此时形状效果如图 14-163 所示。

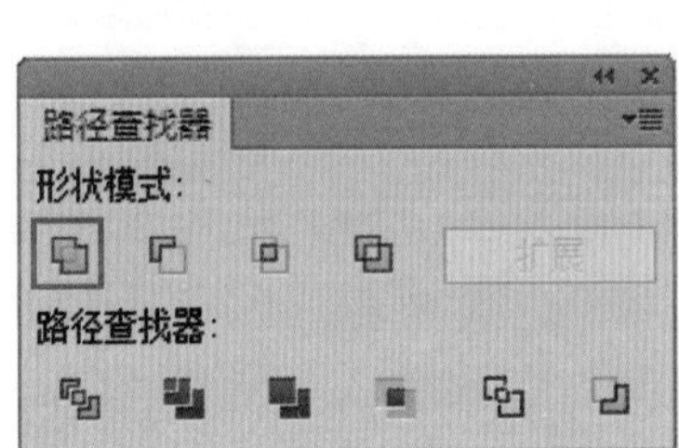

图 14-162

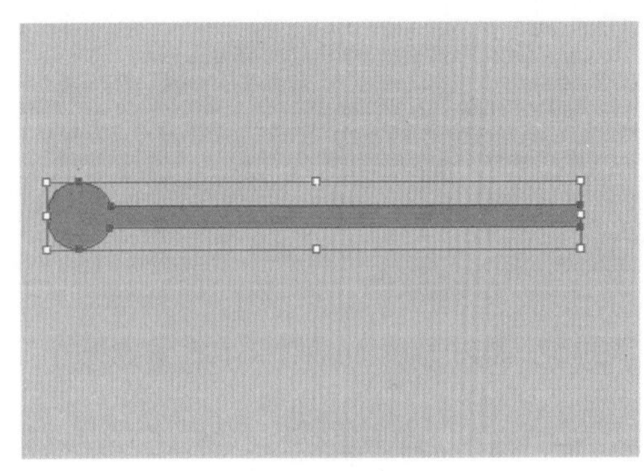

图 14-163

(11) 选择这个复合形状，单击工具箱中的“旋转扭曲”按钮，按住 Shift+Alt 组合键拖曳“旋转扭曲”调整笔尖大小，如图 14-164 所示。将光标移动到复合图形的上方，按住鼠标左键即可将形状进行变形，效果如图 14-165 所示。

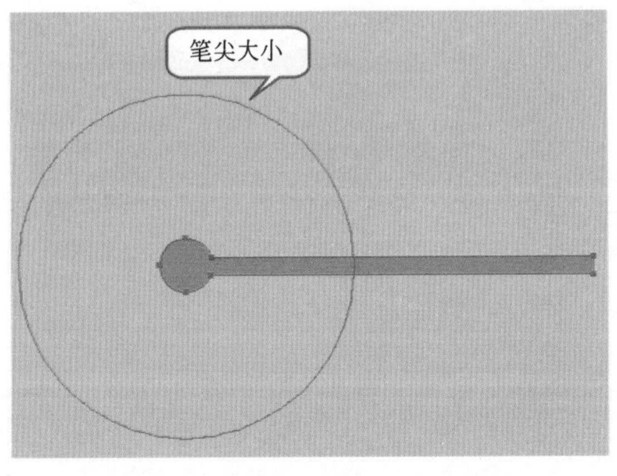

图 14-164

图 14-165

(12) 使用“选择工具”将刚刚制作的图形移动到合适位置，如图 14-166 所示。继续将这个图形进行复制，效果如图 14-167 所示。

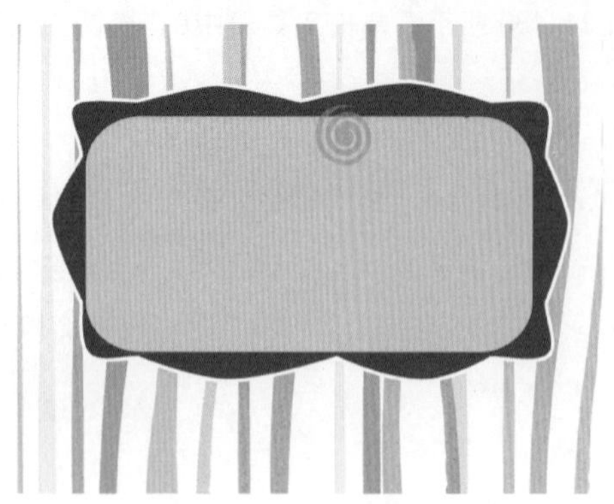
图 14-166

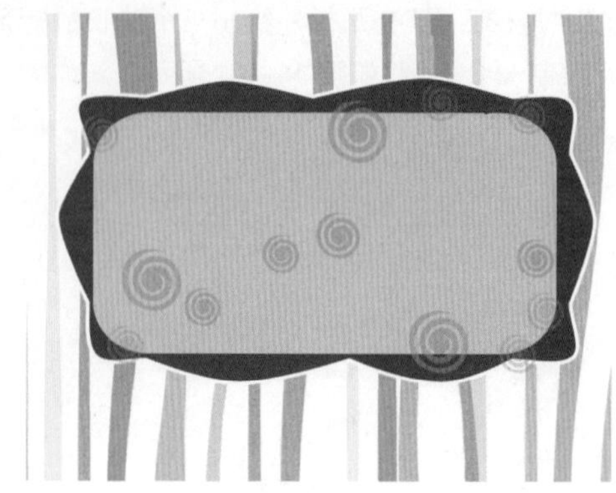
图 14-167

（13）选择工具箱中的“横排文字工具”T，然后在相应位置输入文字，如图 14-168 所示。将文字加选，执行“文字”→“创建轮廓”命令，将文字创建轮廓，然后将文字添加一个白色的描边，效果如图 14-169 所示。

图 14-168

图 14-169

（14）为标题添加装饰。选择“钢笔工具”，设置填充为洋红色，描边为白色，“描边”为 1pt，设置完成后，在相应位置绘制装饰形状，效果如图 14-170 所示。绘制装饰形状，效果如图 14-171 所示。

图 14-170

图 14-171

（15）下面制作星形。选择工具箱中的“星形工具”，在画面中单击，在弹出的“星形”面板中设置“半径 1”为 10mm，“半径 2”为 20mm，“角点数”为 5。参数设置如图 14-172 所示。设置完成后，星形效果如图 14-173 所示。

（16）调整星形形状。选择工具箱中的“转换角度工具”，将角点转换为平滑点，效果如图 14-174 所示。继续调整锚点，调整五角星的形状，并移动到相应的位置，效果如图 14-175 所示。

图 14-172

图 14-173

图 14-174

图 14-175

（17）选择工具箱中的“椭圆工具”，设置填充为黄色，然后在五角星的位置绘制正圆，效果如图 14-176 所示。继续使用文字工具，输入文字。效果如图 14-177 所示。

图 14-176

图 14-177

（18）打开素材“1. ai”，将小鸟素材复制到该文档中，并移动到画面中合适位置，效果如图 14-178 所示。将素材“1. ai”中小女孩复制到该文档中，放置在封面的中心位置，效果如图 14-179 所示。

图 14-178

图 14-179

（19）使用“钢笔工具”，在画面中绘制形状，如图 14-180 所示。接着，将黄色的小鸟粘贴到合适位置，效果如图 14-181 所示。

图 14-180

图 14-181

（20）制作路径文字。选择工具箱中的“钢笔工具”，设置“填充”为“无”，“描边”为“无”，然后在画面中绘制路径。效果如图 14-182 所示。

图 14-182

（21）选择工具箱中的“文字工具”，将光标移动到路径的上方，光标变为 状，如图 14-183 所示。单击鼠标左键，输入路径文字，效果如图 14-184 所示。

（22）选择工具箱中的“直排文字工具”，设置合适的字体、字号，在画面中相应位置输入文字，效果如图 14-185 所示。继续输入文字，效果如图 14-186 所示。

图 14-183

图 14-184

图 14-185

图 14-186

(23) 使用“钢笔工具”，设置“填充”为洋红色，设置“描边”为白色，“描边”为 0.5pt，设置完成后，在画面的下方绘制形状，如图 14-187 所示。继续绘制形状，效果如图 14-188 所示。封面部分制作完成，效果如图 14-189 所示。

图 14-187

图 14-188

图 14-189

Part 2 制作书脊部分

(1) 选择工具箱中的“矩形工具”，在封面的左侧绘制一个白色的矩形，效果如图 14-190 所示。继续使用“矩形工具”在白色矩形的上面绘制两个洋红色矩形，效果如图 14-191 所示。

(2) 使用“直排文字工具”在书脊的上方输入文字，效果如图 14-192 所示。

图 14-190

图 14-191

图 14-192

Part 3 制作封底

(1) 将封面部分复制一份，移动至画面的左侧，如图 14-193 所示。将不需要的内容删除，只保留需要的内容，效果如图 14-194 所示。

图 14-193

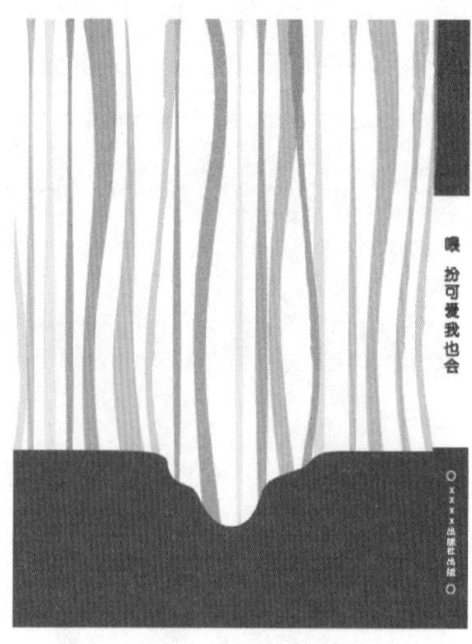
图 14-194

(2) 选择封底下方的洋红色图形，执行“对象”→“变换”→“对称”命令，如图 14-195 所示。在打开的“镜像”窗口中，设置“轴”为“水平”，如图 14-196 所示。

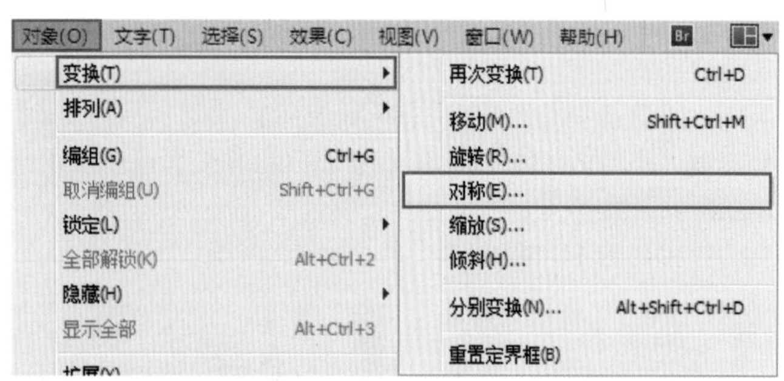

图 14-195

图 14-196

(3) 设置完成后，单击“确定”按钮，效果如图 14-197 所示。接着将该图形移动到画面的上方，效果如图 14-198 所示。

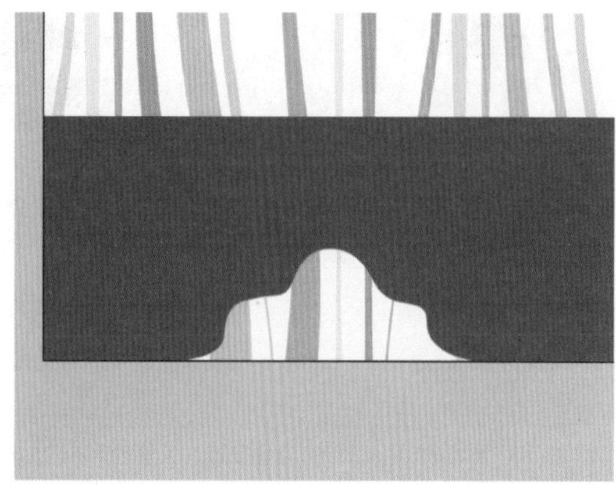
图 14-197

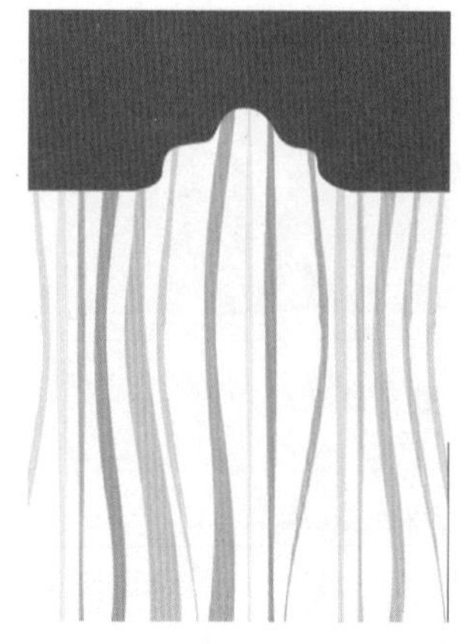
图 14-198

(4) 使用"文字工具"输入文字,效果如图 14-199 所示。然后将粉色的小鸟移动到文字的下方,效果如图 14-200 所示。

(5) 在"矩形工具"在封底的右下角绘制一个白色的矩形,作为条形码的放置区域,效果如图 14-201 所示。

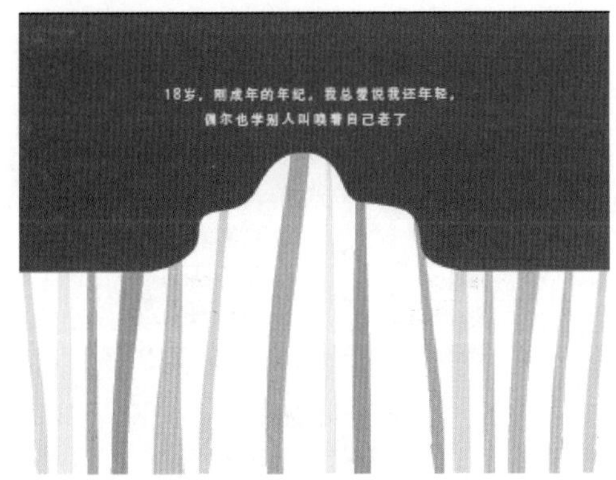

图 14-199

图 14-200

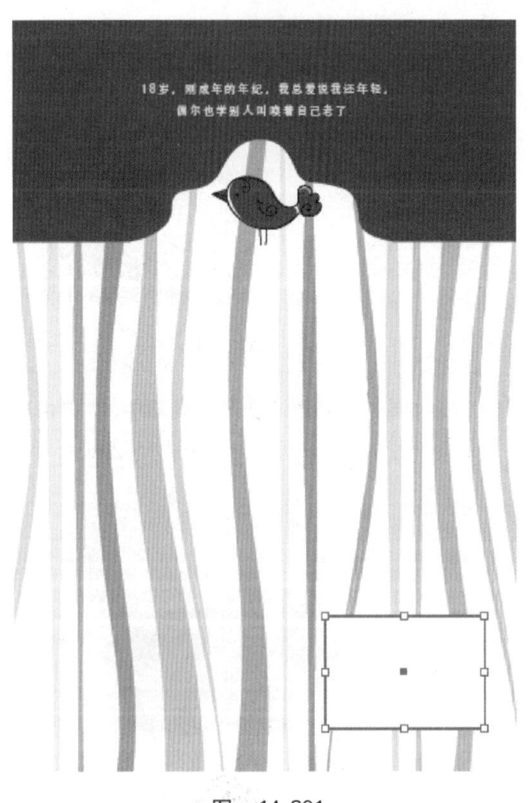

图 14-201

Part 4 制作书籍的立体效果

(1) 制作书籍的立体效果。执行"文件"→"置入"命令,在弹出"置入"窗口中选择"2. jpg",单击"置入"按钮,如图 14-202 所示。接着在画面中单击,然后单击 嵌入 按钮,将素材置入到画面中,移动到"画板 2"中,效果如图 14-203 所示。

图 14-202

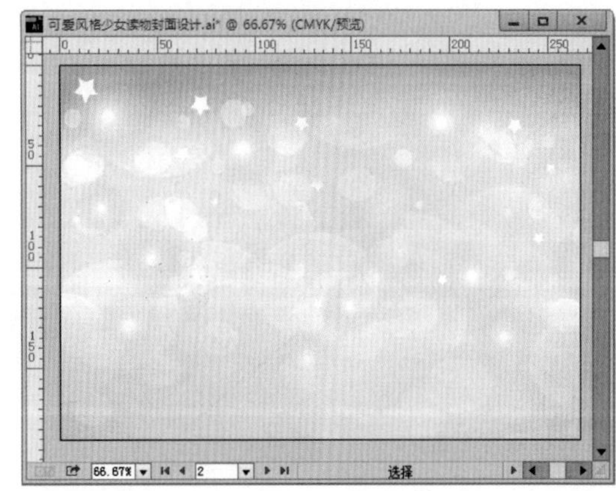

图 14-203

（2）选择背景，使用快捷键 Ctrl＋2 将其进行锁定。

（3）将封面复制一份放置在“画板 2”中，如图 14-204 所示。将封面部分框选，执行“对象”→“编组”命令，将封面进行编组，如图 14-205 所示。

图 14-204

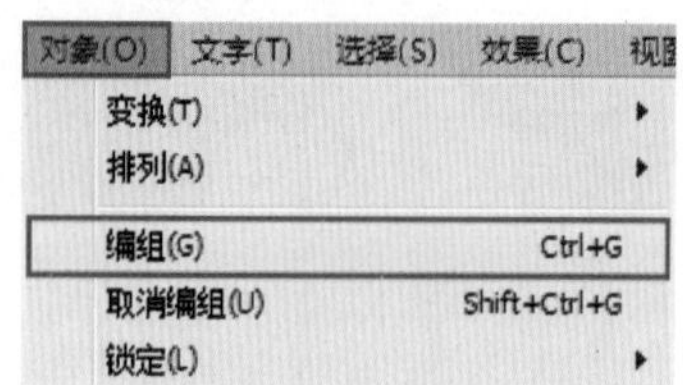

图 14-205

（4）将封面进行变形。选择工具箱中的“自由变换工具”，然后选择该工具组中的“自由扭曲”工具，拖曳封面的控制点，将其进行变形，如图 14-206 所示。继续调整控制点，制作其透视效果，如图 14-207 所示。

图 14-206

图 14-207

（5）制作书籍的书脊部分。效果如图 14-208 所示。

（6）制作书脊的弧形效果。在工具箱中找到“变形工具”，双击该按钮，在弹出的“变形工具选项”中，设置“宽度”为 30mm，“高度”为 30mm，“强度”为 50%，参数设置如图 14-209 所示。设置完成后，单击“确定”按钮，然后选择书籍，将书籍进行变形。效果如图 14-210 所示。

图 14-208

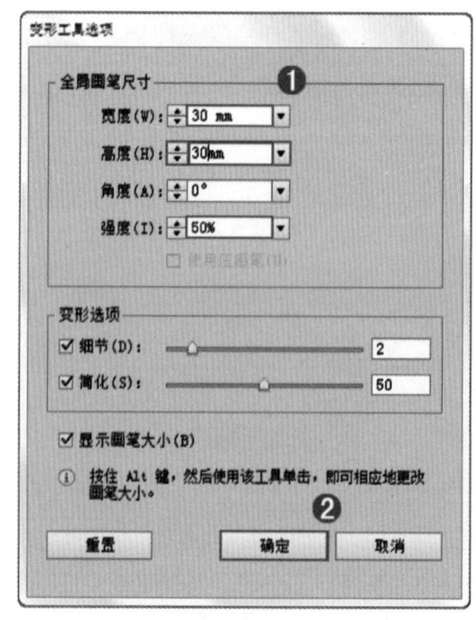

图 14-209

(7) 制作书籍的厚度。选择工具箱中的“钢笔工具”，在封面的上方绘制一个四边形，效果如图 14-211 所示。选择封面，执行“对象”→“排列”→“置于顶层”命令，如图 14-212 所示。此时效果如图 14-213 所示。

图 14-210

图 14-211

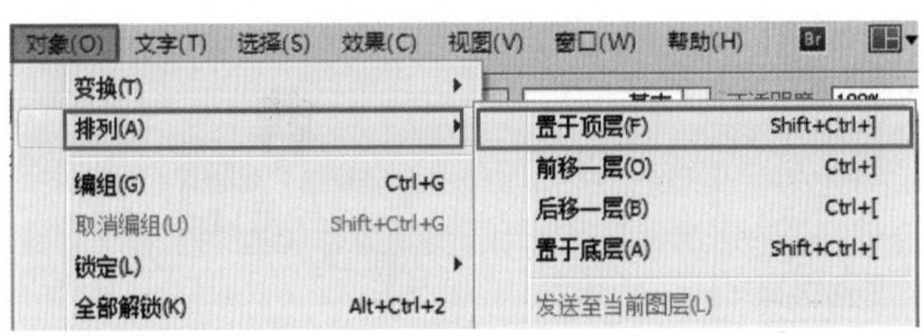

图 14-212

图 14-213

(8) 使用“钢笔工具”绘制形状，制作出封面的厚度和封底，效果如图 14-214 所示。

(9) 制作书籍的投影效果。选择工具箱中的“钢笔工具”，沿着书籍的边缘绘制一个不规则的黑色形状，效果如图 14-215 所示。

图 14-214

图 14-215

(10) 选择这个黑色的多边形，执行“效果”→“风格化”→“投影”命令，设置“模式”为“正片叠底”，“不透明度”为 75%，“X 位移”为 0.5mm，“Y 位移”为 0.5mm，“模糊”为 0.8mm，颜色为深紫色，设置完成后，单击“确定”按钮。参数设置如图 14-216 所示。效果如图 14-217 所示。

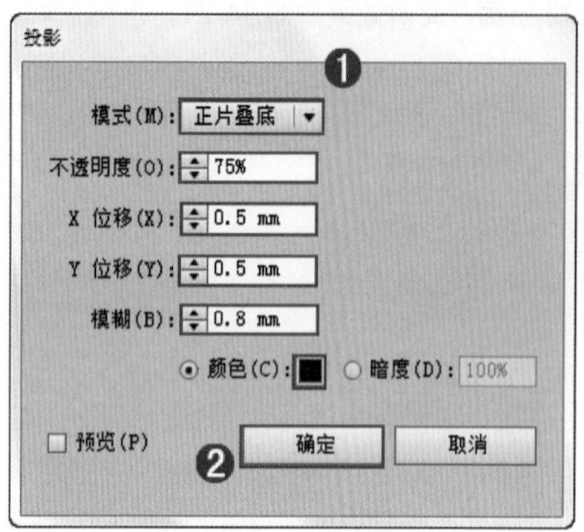

图 14-216

图 14-217

（11）选择这个形状，执行“对象”→“排列”→“后移一层”命令，或者使用快捷键 Ctrl + [，将其移动到书籍的后方，制作出书籍投影的效果，如图 14-218 所示。效果如图 14-219 所示。

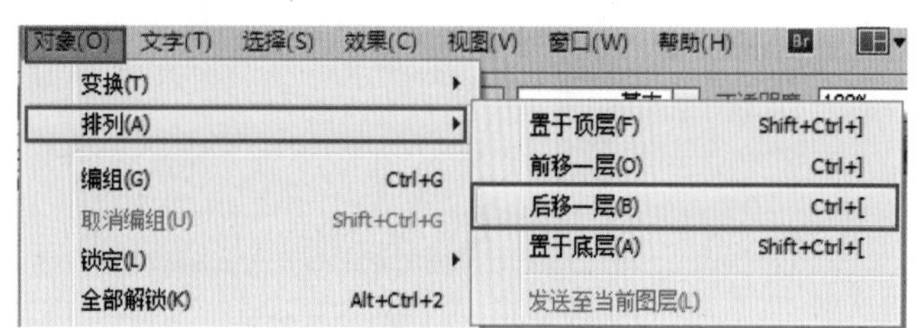

图 14-218

图 14-219

（12）制作书籍上方的光泽感。首先制作书脊部分。将光标移动至书籍上方，放置能够选择书脊轮廓形状的位置，如图 14-220 所示。然后在这个位置单击多次，随着单击即可进入到书脊图层组中，然后选中书脊的轮廓，如图 14-221 所示。

图 14-220

图 14-221

(13) 选中后，使用快捷键 Ctrl + C 将其复制，然后多次单击窗口上方的“后移一级”按钮，退出图层组的选择。使用快捷键 Ctrl + F 将复制的对象粘贴在画面的最前面，效果如图 14-222 所示。

图 14-222

(14) 下面为该形状填充渐变颜色。选择“渐变工具”，执行“窗口”→“渐变”命令，在渐变面板中，编辑一个粉色系的渐变，设置“类型”为“线性”，“角度”为 180°，参数设置如图 14-223 所示。设置完成后，将其进行填充，效果如图 14-224 所示。

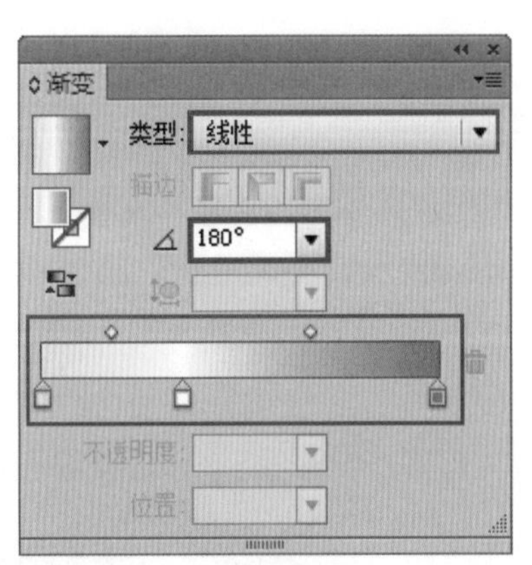

图 14-223

图 14-224

(15) 选择该图像，单击控制栏中的“不透明度”选项，在下拉面板中设置“混合模式”为“正片叠底”，参数设置如图 14-225 所示。此时书籍的效果如图 14-226 所示。

图 14-225

图 14-226

（16）使用同样的方法制作封面上方的光泽效果，如图 14-227 所示。

（17）将制作好的展示效果框选后编组，然后通过复制、旋转、移动的方法制作两份，完成效果如图 14-228 所示。

图 14-227

图 14-228

14.5 灵感补给站

参考优秀设计案例，启发设计灵感，如图 14-229 所示。

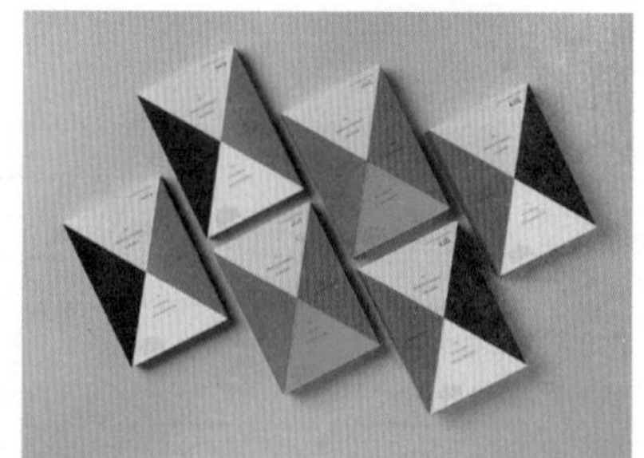

图 14-229

JUST A GAG
*gag

SUSANNE
STAUN
TOTEN
ZIMMER

Kapitalismus
und
Hautkrankheiten
Jasmin
Ramadan
Roman

PULP
HEAD

图 14-229(续)